【新装版】逆境のなかの記録

土本典昭

写真：長井勇さん、明水園にて
写真撮影＝塩野武史

付＝シナリオ
『医学としての水俣病・三部作』
『不知火海』

未來社

逆境のなかの記録　目次

写真
桑原 史成
塩田 武史
江西 浩一

逆境のなかの記録

I

何故映画か？——わが戦後30年の検証

私はいわゆる昭和ひと桁前半である。遊びを知らない世代である。青年のつもりでいるが、四十六歳、いまの映画のスタッフの中では、最年長であり、逆に若い人から世代論をもって遇されるこの頃である。

水俣病とその患者さんにかかわりをもってから九年、今も医学映画『水俣病・三部作』『不知火海』と仕事をつづけていることから、一本筋の通った生きかたのようにうけとられることもあるが、それは私の身勝手であり、戦後の私の思想のなかみは決してまっすぐなものではあり得ない。

〃赤心〃の履歴

昭和三年前後の生まれの人びとは、大不況の唯中に生まれ、同じ年、共産党の大弾圧によってそのテンポを早めた戦争への道を〃お国〃と共に生き育ったはずだ。大正デモクラシーも、ましてマルクス主義の洗礼もなく、日中戦争、太平洋戦争そのものを教育の柱とし、教材として学んできた。とくに第二次世界大戦を中学時代の初めから終わりにぴったり重ね体験した。原爆でついえることなく、もし戦争が一、二年続けば、兵士として戦場で散華することの出来た年頃である。散華が一つの人生の目的であり美であった。軍国主義教育の徹底していた麹町の小学校で、藤田東湖の素読から始まり、剣道、明治神宮遙拝等で洗いみがかれた少年兵的教育はそうであった。戦争の終わり（それは戦勝としての終幕であったが）までに間に合わなかったらどうしようと、死に急ぎの思いにすら駆られたこともあった。比較的自由主義的教育で知られる中学すらもその残り火すらなく、配属将校の愚直な教育が朝礼から課外までつづいた。国防研究会といったサークルが抜きんでてはばをきかせ、海軍兵学校、陸軍士官学校に進学の決まった秀才は、入学の日まで、学生服に羽をひろげたマークの刺しゅうの縫いとりをつけ、それが私にはまぶしいものに見えた。当時の価値はすべて戦争への参加の度合にむけられていた。中学二年の末からついに〝卒業〟まで勤労動員にあけくれたが、それも苦痛ではなかった。

体で覚えたものと頭で覚えたものが妙に一つのものに混合する時期であった。未分化の年頃であった。私は世の中のこと、戦争の正当性を自分なりに解くため、つまり納得するために、色々の書物を読んだ。むろん社会主義の本もマルクス主義の文献もない。友人のすすめで次々に読んだのは反ユダヤ文献である。四王天延孝中将のユダヤ、シオニズム、フリーメーソンについての著書から、マルクスもロスチャイルド家も、チャップリンもユダヤ人、その世界征服のためのかくれた組織、宣伝活動といったものが、一見知的パズルのように組み立てられていて、天皇崇拝をしいる神話的歴史より興味があった。ヒットラーの『わが闘争』の補助書にも値しないデマゴーグの本の中から「階級」とか「金融資本」とかの用語を新鮮に見つめたりしながら、十五、六歳の私たちは、知らない〝世界〟をつかもうとしていたようだ。

その中学時代、憲兵と特高は私たちのすぐ横あいに居た。一度は陸士への入学願書とりさげのとき、その事情を調べにきた。私の事情は学力不足で一年延期しただけである。だが憲兵の訊問は、私の「赤心」を頭から疑ってかかるものであったし、郊外の駅前にはった「××読書会の会員をつのる」のポスターが一夜にしてはがされたときもそうである。本の欠乏、読書欲をみたすために、本のまわし読みをしようというだけの話であったが——。家から『第二貧乏物語』やユダヤ文献まであらかた持ち去られた。

いささかも聖戦を疑うことなく育った世代、神州不滅の大義のために死に急ぎすら求めていた私たちにとって、この種の体験から、私たちの一つ前の世代なら知っている「ある世界観」「別の価値観」が秘匿され、触れざるものとしてあることを嗅がないわけにいかなかった。笑い話だが天皇が用便し、交接することすらその神格と矛盾すると考えた時代である。都市は空襲と疎開でどんどん空洞化し、青年の姿は兵士以外なくなった。日に日に迫る空襲の中で、私たちはどんなに裸の人間として、その思想の貧しさにふるえていたか、依るべき人間史もなく、明治以降、人々の獲得したデモクラシーやマルクス主義の細い糸すらぶっ切れた時代に、いかにすっぽりはまって生き育ったかを今もザラザラと思い返すのである。

敗戦を飢えと徒労感と負け犬根性の中でむかえた。都会育ちの私はせっせと農家に焼けのこりの母や姉の着物をはこんでイモに代え、アルバイトをみつけるためにその日暮らしに追われた。マッカーサーは民主主義を運んだつもりだが私には勝手がちがった。かつて皇国思想をやや知的に語って倦むことのなかった英語教師のつとめる高給とりの立川基地の通訳の助手として米軍に接した。基地の大工、土工の手伝いのための通訳である。一列に並んで排水口を掘る人夫を一日、二回見まわりの米兵が端から一人もれなくムチで叩いていく。土人の扱い方のABCである。兵舎の修理にいって米兵が皆に見せ合っている写真はどこかで見た少女である。暴行直後の全裸のスナップである。感情を失って強迫笑いすらうかべている日本の娘の顔――まだパンパンという言葉もない戦争直後のことである。教師が師たることを失い、男が男であることを失い、青年がその青年たることを失ってあがなった職が基地にあった。首都にみなぎるアメリカ民主主義のラッパはそこには皆無であった。敗戦によって生まれた私の戦後は、こうして首根をへし折るような暴力的植民地主義から始まったのである。私は十八歳であった。

幻視の「党」を求めて

映画に入って十八年、私は「水俣」までに至る映画歴は極めてわずかで年に一本にも及ばない。そしていつも〝前衛的〟ではなく〝後衛的〟というか、皆の走り駆けぬけたあとの落球を拾い歩いている気がする。時代を予感し先端を切るという鋭気と方向感覚は鈍い。

戦争の終わりを茫然とむかえ、あらゆる価値観が音をたてて崩れていくのをまのあたりにした時、その時を待っていたように獄中十八年、亡命何年の共産党員が日本共産党を再建した。私たち戦前に接触すらなかったものにとっては「まぶしいもの」でも「畏敬」に価する同世代の革命家でもなかった。だが大人が一斉にマルクス主義をかたり始め、戦争責任のことばは、直接的だったので日本共産党への帰依に結ばれ、私たちにもオルグは及んだ。戦争責任など負うべくもない私たちであるが、敗戦を機に、かくも一夜にして変身する都会人、インテリゲンチャーの出現に、むしろ保守的、右翼的にすらなった時期をも持った。変わり身への嫌悪というか、すばやい転向への憎悪がなま身について、マルクス主義に次第にあこがれを増しながらも、戦争中の御荷物をどのようにふり切るかにまよう。時流に二度とのるまい。ベストセラーは読むまい。徒党は組むまいといった私的十戒のような意地だけで耐える日々であった。

大人が大人たるだけで信じられなかった。中学時代の英語教師の転身しかり、大学の教授も同じであった。早大専門部法科に昭和二十一年に入学した。だが法科で教える最大の眼目の憲法は当時、製作中で、なかった。教授は旧六法から不敬罪や皇室典範を抜いてガタガタのカリキュラムを喋って時間をつぶしていた。それぞれ時の大人は人生を戦争によって二つに背骨をへし折られてきたであろう。知識人はことに転向をかかえて苦闘したであろう。しかしこれを私たち世代が寛容にゆるすとしたら、不変の価値とか人間性そのものを内に建立する精神の作業を自ら捨てることになるのである。

私が水俣から身を転じ得ないのは義務感でも何でもない。つまりそこのところを水俣の胸をかりて修業できるからである。そして転身はやはり何といっても私にとっての駄目につながるのである。

私は日本共産党に入るのに2・1ストの挫折が必要だった。理由はない。一見上り坂の戦後の革命的ふん囲気の終わりに、連れそうべきものとしての党を感じたことである。朝鮮戦争ただ中の党分裂の中では非主流の分派の中に身をおいた。その選択のうらには、どっちの人間が本物かという、およそ主義主張とは関係ない生き方への私的評価が基軸となって働くのである。その習性は、決して人間主義でなく、転身転向のむずかしさを戦争を中心に怖いほど知っているからである。

戦後のほぼ十年を、私は学生運動と日中友好運動の下働きをして過ごし、日本共産党員としてその末端で党生活者として生きた。今、党籍をもたずとも私には「党」が必要だし「党」の形成を強く求めつづけている。私は現実の党生活の中で、真に闘った時期、友と共生、共死を思ったとき、幻覚のようにみずみずしく生き動いた「党」の原形質の感触を忘れたくない。それはいつも、下部組織の中の自発的で集中的な行動のとき現れたし、ひとびとの中で絶体絶命のかかわりと闘いの中で、未だかつて見ない質の人間の闘争集団の形成、つまり「党」なるものの原基形態を目撃して来た。そのわずかの体験にかいまみた「党」ゆえに私は、戦後の価値観の転倒が、いつかは深化し、激化し、部分的にもせよ真の変革として成就し、そのために、自分の戦争体験を「そこで終わった」といえる一瞬に立ち会えるかも知れないという願望を捨てることは出来ないのである。

何故、映画を選んだのか？　何故革命家としてでなく映画であったのか？　岩波映画に入ってから、会社の望む大スポンサーのPR映画を作りながら、その矛盾に狂うとき、私の友人黒木和雄（映画監督）と語りながら、彼からいつもくり出される設問はそれであった。彼も山村工作隊出身である（私も同じ体験をしてきた）。「男子一生の仕事として、映画はそれに値するものなのか」そんな設問にキッと思いの流れを止める作用をするのも、昭和一ケタ派の固有の共通点かも知れない。今日、映画を選ぶ前も「映画」であったか、文学であったか、ジャーナリストであったか、いずれにせよ、映画はまさしく選びとられるべくして選びとれた人々が多い。それは私たちより若い世代の人々に共通している。私は映画で何か事を起こしたいと思うのであって、映画そのものが、完結した自己世界になることはないのである。もし出来うべくんば、映画と人々との中での仕事……つまりかつて、キラリと一瞬目撃した幻視の「党」なるものと重なったところで映画作りの人間として生きられたらとの思いが、まずある。だがそれは既成の党派的映画人や党専属作家のそれと無縁であることは分かっている。

私の希求する映画の作り方とその中での生き方はあまり見本のないものである。わずかに小川プロや、黒木や、青林舎の活動の中に散見するにすぎない。しかしそれらにしても、世にいう「新左翼」というかこいこみから放れた思想につき進んでいるといえるだろうか？　世にいうコミューンの枠でからめとられる範囲をつきやぶるべく映画とその生活を幻視の「党」とむき合わせているであろうか？　少なくとも私にとって、未だ否、未だ到らざるはるか遠い地平のすがたでしかない。

〃水俣〃というヤスリ

映画を目下「水俣」においている。かかわりの疎密のムラを省いて言うなら九年になる。その間、私は水俣からの逃亡を何度か試みた。第一回の出会いはNTVの仕事で『水俣の子は生きている』という一番組であった。私は一般の身障者や重症心身障害者すらカメラをむけることをさけてきた。だがこの場合、私たちが「便利」のひとことで許してきた新文明の生んだ毒であり、独占資本の体質そのものから生まれた殺人であるという観念の上のいかりから、その地に行けた。しかし、そんな物指しはこっぱみじんにこわれたのである。

水俣病、とくに胎児性の子供は一目見たら、いままでの人間なるものの観念を根こそぎうち破られる存在である。見なれた工場、コンビナートのイメージからありとあらゆる近代文明の生産物のことごとくの結末が、ここひとりの人間、ひとりの幼児の体にしかと負を定着して、固まったような存在なのである。自分の健康が、この対象の患者自身の病疾と、うらはらにはりつけられた関係者なのである。他の疾病に純医学的にいえば、これよりひどい症状の人もいよう。しかし原因結果が明確に病児の家のむこうにある工場から工場労働者もふくむ、すべての人々の手によって生み出され、その工場一つ廃棄しないまま、企業の、まるがかえで生きているという言いわけを封じないまま、この子供の身の内に毒を押し込んだ構造は、人間の類としての危機に公然と自らふみ込んだことになる。これは毒殺毒害の承認、否認のいずれかであって、中間はない。そのことを迫られる程の鮮烈な存在があったのである。

もし彼らに、死だけがあるなら、映画は絶対撮るべきでもなく、私は映画を捨てたであろう。しかし、致死量をわずかにまぬがれたが故に生きている患者たちは、残された脳幹の働きによって、ようやく人間の形をし、人間としての最低の喜怒哀楽を分かつことが出来る。それは人間であること、他の生きものでなく、まさしく人間のひとりであることを全存在で告げているのである。

私は最初に出会ったこのような「植物人間」や胎児性の子供を目撃したとき、それを撮るどころか、手をかけたり、言葉をかけたりすることも出来なかった。私ははじめて記録映画を選んだことの是非にむき合わされた気がした。これは写真や映画での間接体験では決して得られないものである。どのようにすぐれた描写をもってしても、直接の目撃に勝てない点で水俣病は一つの峰をつくっている。

映画に入って十年目に私は、いわば好調に歩んできた映画生活に一つのトゲがささった。文部大臣賞や芸術祭賞といったものが、いつしか作家的地位を世間的には保障しはじめ、もしこれを見なかったら、体制内エリートとして、いく分か変革的な方法をもつ「作家」とし保護され埋め込まれて、私の戦後をいやしたことになったかも知れない。私の党を見放すことに苦痛もなくなったかも知れない。また、私もそうしたかった。二度と水俣病を見るまいと思いもした。その後数年、ドミニカ、シベリア、キューバと仕事をつづけたうらには、その条件下でエリート・コースを拒絶する志向は辛うじて保ったものの、水俣で負った根源的な問いの棚上げの季節であったことはほぼ間違いない。単純にいえば、水俣で初めて、私は映画を撮りたくも、カメラをまわしたくも、金しばりにあったように、もっというなら、映画を撮るのがいやになり、反吐が出るまで自分に絶望した——それを正当に見つめ、自分を立て直すのが怖かったのであろう。

私は逃れるように他の仕事に横這いした。それは良い仕事ではなくなった。酒と女と精神の荒廃は一どきに来た。どういう因果か不幸はまとまって来た。二女は白血病で死んだ。そのわずかの罹患期にその子はあり余る程の献血を得、過分の野辺の送りをした。それは皆、友人たちによってであった。無名の不遇のひとりの少女のために動いた知己未知の人々に、私は子供とその死を託すことが出来た。そこに私はあらためて、私は人々の幻視の「党」と私自身の逃亡の距離のひどさを自ら恥じ責めることが出来た。

『水俣—患者さんとその世界』を作るまでの五年間に、私はそのような道程を辿らざるを得なかった。そして改めて体験した水俣は私にとって映画のためのやすりであった。「何故映画を選んだか?」と問いに答えられない程の現実が日々あるのである。

「患者さんの到った高みに身をゆだねている」といったことを他人から言われるときもある。そう言う人に反論はない。

患者さんのもつ明るさとともに、そのうかがい知れぬ懊悩もまだ私の未だ描けない所、つまりは私が未熟だからだ。漁民であり、生活者であり、固有の表現者（うた・おどり・講）であった人びと。その人々を疎外し、その極で毒殺毒害したとき、他所の地、東京からひきずった映画表現とその思想は、どこで真の価値観の変革を求められるか。

戦後二十九年、いまその試しのたしかな地として水俣にあいむかいたいだけなのだ。

II

演出ノート

映画企画案　（昭和四十八年七月三十日）

〝医学としての水俣病〟シリーズ　〈注・三部作の原型のため原題のまま〉

Ⅰ　水俣病の病像（病理篇）――有機水銀中毒とは何か――

Ⅱ　水俣病二十年の記録（資料篇）――水俣病を発掘した人びとの証言――

Ⅲ　ヒトと水俣病（疫学・臨床篇）――ある臨床医の記録――

企画・青林舎

プロデューサー・高木隆太郎

執筆責任・土本典昭

（注、この企画案は映画の撮影に先立ち、その製作意図と演出プランを明示したもので、協力医学者とスタッフ内部むけのノートである。これは撮影前も撮影中も基本的には変更しなかった。他の諸作品、たとえば「水俣一揆」や「不知火海」の場合にはこのような企画案はもたない。この一文を必要としたのは、錯綜する医学状況にむけて、一つの原点づくりを試み、この企画案にそって諸先生の協力の軸を作ろうとしたものである。したがって字句の修正はこのもつ資料性から殆んどしていない。映画の完録シナリオと対照されれば、映画製作の過程があきらかになるであろう―編者）

I　まえがき

一九七一年、東プロ（現・青林舎）で発表した長篇記録映画『水俣――患者さんとその世界』（二時間四十七分）においては、水俣病の医学面、とくにその病理の問題は、全くといっていいほど欠落していました。その理由は、一つには当時の諸状況からみて、その発表の機がいまだ熟していないというスタッフの考えがあり、いま一つは、この映画では、患者さんそのものの記録に視座をすえるという表現方法をとったことにあります。同時に、事、水俣に関する重厚なテーマは、必ず〝次の映画〟を連作せざるを得ない――とくに医学の問題は、次の機会を待つことにしていました。

上記映画は一九七二年よりストックホルム（スウェーデン）を初め、世界十一カ国で公開されていますが、その反響として、やはり医学面・科学面の欠落を補うものを作ってほしいという要望が残されました。また日本国内ではその声はさらに直接的・具体的にあり、われわれの企画をむちうつものでした。

昭和四十八年一月以降、水俣病患者の〝処理〟をめぐって、映画としては『実録・公調委』『水俣一揆――一生を問う人びと』と、主として社会的事実に的をしぼっての製作が重ねられてきましたが、いまようやく、全力をあげて〝医学〟に力を注げることになりました。

本年（昭・四十八）六月より七月にかけて、宇井純氏（註・東大助手）白木博次氏（註・当時東大教授）椿忠雄氏（註・新潟大教授）原田正純氏（註・熊大助教授）、および教師の立場から本田啓吉氏（註・熊本一高教師、水俣病を告発する会代表）らに直接御教示をえました。その内容は印刷にし発表したいほど厚味のあるものでしたが、諸氏の御協力は、ひとえに視覚化さるべきもの……映画・スライドの必要性を説かれての上のことであり、ここに映画企画案としてまとめさせて頂きました。おそらくは一知半解のそしりを免れず、誤りも少くないと思いますが、次に出来るべき映画のイメージをつくるための叩き台としてまとめたものです。以下〝案〟であり、この配布は御協力いただく方、スタッフの範囲にとどめます。

Ⅱ　映画『医学としての水俣病』シリーズに関する考え方（註・A項よりI項までの九項目に考え方を展開した）

A・水俣病は第一に〝社会病〟とみる

水俣病は、従来の人間の疾病、人体と病源菌の歴史とは、系の異なる、全く新しくかつ既成の病像とイメージを異にする化学中毒であり、〝文明〟のもたらした人間への反人間的リアクションであり、その破壊性は根源的である。しかも現在の水銀の大量使用は、すでに化学工業のマスプロの過程に組み込まれており、企業の生産活動の成否をにぎるまでになっている。

水俣病発見の二十年の歴史をふり返るとき、その原因究明は企業によってさまたげられ、県・国の行政でさえ、その隠匿に力をかし、その防止にいたっては、今日にいたるも根本的改善がなされ得ないでいることの裏には、水俣病が人体の病である以上に、決定的には社会病であることを物語る。

チッソの二十年にわたる防戦のプロセスには、水銀のもたらした〝技術革新〟、それによってもたらされる利潤があまりに大きく、仮に一部被害民に代償を支払っても、なお収支あいつぐなうに足るものであったこと、また水銀が化学工業にとって、成長の「鍵」的物質であることを明らかにした。

したがって、医学の面から水俣病をみる場合、その原因物質（毒）の所在を、未知のヴィールス発見と同じプロセスでつきとめ、摘出することではとどまらず、その治療と処置についても、たえず〝社会病〟としての水俣病の認識にふれない限り、臨床も病理も、その固有のサイクルを閉じ得ないできた。水俣病にかかわった医学者、科学者の足跡をみるとき、社会病であるが故に、たんに医学の分野に没頭することを許されず、たえざる社会化と公然化をもって医学の壁を破りつづけなければならぬことが分るのである。

しかし水銀はもともと劇物、猛毒でありながら、残念ながら、化学工業とむすびつく一部の化学者・薬学者・技術者の面から水俣病の原因物質として明らかにされたことはなかった。また、その使用・生産現場の労働者・技術者からの危機の呼応は、当時きわめてまれであった。まず「無機水銀は無害」といった教育をなさしめたものは、資本の暗示力であり、これを支えたのは、人間を機械視する、あるいは人間そのものの健康をみるのではなく、それを〝労働能力〟としてみる人間欠落の思想そのものである。つまり水俣病ほど、典型的にその毒、その有害物質についての非人間的・反人間的思考によって、長期にわたり、その誤りが維持された例は少ない。

したがって医学として、単にひとつの疾病として水俣病をみる医学プロパーの立場とともに、一方、社会的病いという哲学的解析の道をも求めざるを得ない。ゆえにわれわれが映画で『医学としての水俣病』をとり上げる場合、先進的医学者・研究者が放射しつづけている〝社会病〟としての病像の根底的把握にまず着眼しなければならない。ひとつの病理現象をみる場合にも、その被写体のどの病変・どの部位をみるにせよ、そこに全人体、全人間を復原する想像力をもたねばならず、その追究にあたって、その被害に対する加害者という、社会的複合体として「われわれ」を浮び上らせざるをえない。

医学について素人であるわれわれが水俣病を映画であきらかにするためには、あくまでも知的に実証的に追究した結果が、観る人の間接体験となって、必ずや実践的でアクチュアルな反自然・反人間的思想との闘いにおもむくことをねがう。おそらく、この〝社会病〟という概念を共有する立場が、この映画の生成の共通基盤となり、医学に新らしい哲学の芽を見出すモメントとなろう。

B　第二に水俣病は「毒物中毒」であり、その最終的病像はいまだ明らかでないとの立場にたつ

おそらく水俣病の病像の最終的把握には、胎児性として生まれた患児（者）がその一生を終えるまでのすべての症状をフォローする数十年あるいはそのつぎの世代を含め、長年月の〝実見〟を必要とするであろう。しかもそれは〝認定〟された顕性患者の場合をとってのことであり、不顕然（註・その多くは潜在している）患者の基盤的存在を考えるならば、今世紀からはじまった、類的人間の総破滅の予兆期から露頭期への過程にあたると位置づけられよう。したがって、臨床の線からも病理の線からも、今日注視されている、いわゆる〝疑わしい〟病像についても正確にふれる必要が求められよう。いわゆるハンター・ラッセルの主要症状のかげにかくれた、非典型的症状にメスを入れている現研究者の推理と予見に添うことであ

る。

あきらかに「毒物」であることが、いつしか病源菌的なパターンにむかっていないか。ゆえにあらためてこの毒性についてのイロハから映画をはじめてみたい。

そもそも、最初に、この有機水銀が激しい毒性をもち、人間のもっとも人間的なる部分を選択的に破壊し、他の毒物ならば、もっとも潜入困難な脳中毒、神経をおかす物質であるという、他に比をみないその特異な毒性を克明にあきらかにする必要がある。死亡率四十数%とは、水俣病発見期の急性激症の続出した時期の多量の毒物摂取による死のパーセンテージであったとしても、いま〝生存患者〟の体内にある毒物の死に至らせるまでの道程がどのようにあらわれているかを可視的に見たいのである。その一個の肉体(患者)が医学者に訴えている各因子は、その内臓や胎盤にいまだ〝不顕性〟として残留し、隠れているともみられるのである。その毒性の究明に徹底的でありたいのである。

C　水俣病は全生物の生活連鎖に発生機序をもつ病気であり、生物内での濃縮と蓄積が特徴である。

今日、〝水銀列島〟とか〝一億総水銀漬け〟とか言われている。しかし真に恐ろしい水銀のメカニズムは少しあやまれば、聞きなれた〝用語〟の世界に収斂しかねない。これは医学者の実験を重ねたはてのイマジネーションであったはずである。水俣湾と不知火海に日本列島の水銀化の縮図をみるという(白木博次氏)アプローチは、水俣から日本をみる逆照射的見方をさらにすすめて、すでに顕然化された有機水銀中毒＝水俣から総水銀のたれながされた列島＝全日本へと科学的予見の線をひかれたものと思う。その見地をうけてたつとき、われわれは病理・疫学・臨床のとらえてきた自然とヒトを含む全生物についての生態学的なアプローチに立ちかえる必要性があろう。

水銀がプランクトンをへて小魚・貝類に、その摂取により、より大きな魚・猫そしてヒトへの構造はすでに明らかにされている。それはまたヒトによる自然系の破壊による。

あらゆる医学者の探究のむくいは、その病気の原因の発見が、とりもなおさず、治療の発見につながることであろう。それは医学者にとって、他者にはうかがい知れねほどの歓びであるはずである。しかし水俣病はその趣きを異にする。治癒の途、全快の道は、その病因の根源＝有機水銀を発見したときに絶たれたのである。

その医学者の苦悩は『医学としての水俣病』を撮るわれわれの痛苦でもある。しかも水銀はその海への、大地への拡散を終え、それが生物連鎖の過程に入り、ヒトの破壊に到達した今日の現実からふたたび出発するのである。しかも有機水銀が、その特有の濃縮と蓄積のメカニズムをもっていることを明らかにする以上、そのすべての因果関係の源流であるその毒の発生源、その発生について放置する人間たちに対する焦点操作をも果さなければならない。

その発生源への攻撃がせめてもの防衛であり、今考えられる唯一の〝治療〟の前提であり方法であって、そのほかはテクニックの上の方便にすぎない。その点現在行われている不知火海漁民のチッソ工場の封鎖、操業停止、排水口の封じこめは、医学的にも、まったく正確無比な対策であり、他により以上の方法は考えられないのである。

この映画『医学としての水俣病』では医学と「漁民闘争」、医学と「ＳＦ」を並行して描こうとは思わない。想像力のベースはあくまでも〝水俣病とは何か〟の究明におかれる。だがその究明のはてにはひとつの医学思想の変革をせまる巨大な実在としての「水俣病」が存在することは予見できる。

「水俣病は決して治らない」という終末的イメージから眼をつむり、逃れることが出来ないところから研究はつづけられているし、この映画の対象世界はその点で動いている。もし〝人間〟に復元力があるとしたら、こうした終末的な病理のメカニズムに対するあくなき探究がつづけられていること自身に、新たな人間（医学）思想の芽ばえを見いだし、それに依拠するほかないであろう。

〝人間のあるがままの健康から何が奪われたか、それをしかと見、それを防ぐ医学が生れるにはあと百年かかるであろう〟という学者の意見は、こうした思考あっての復元力への基本的信頼とみたいのである。そこには水俣病の病理にみるその破滅性を究極まで知りぬいた人の中に、にんげんとしての闘いが同時に展開されねばならぬと思うからである。病因究明から治療の途へと辿り得た今までの〝医学〟の道すじを根本的に転換せざるを得なくさせるのが他ならぬ〝水俣病〟である。今までのようにその症状の特長から、対症療法的に適応する〝医学〟ではなく、この症状の特異性から、逆ににんげんの総体をみ、にんげんとかかわる自然の総体の異常へとメスは進まざるを得なかった——。数十トンの貝も数千匹の猫も、それゆえに供養の対象となった——。有機水銀のメカニズムをみると、貝すらも選択的にその神経節をおかされており、猫の狂死が人間のそれと酷似しているという自然世界の病いもヒトの場合と同じ重さで映画は表現しなければならない。それにはわれわれ記録者が被害と加害のコンプレックス体として、その矛盾をバネとし、表現者としての自分をこの自然系のあらゆる検体にむきあわせることである。

知る過程をつきつめると真実の発見にいたる。認識にいたる。その先に〝警世〟の論理をおくか、行動の原理をおくか——センセーショナリズムにいくか、おのれの自然性の再獲得におもむくか——それはこの映画のスタイルから内容のすべてにはっきりかかわることである。

D　何故、水俣病に焦点をしぼるのか

当然のことながら、今後、水俣病は他の数種類の公害物質と複合し、多様な非健康状態をともなって顕然化するであろう。いわゆる四大公害物質、水銀・ＰＣＢ・カドミウム・ＢＨＣのなかで、何故とくに水銀に照準をあてつづけるか。それはほとんど、われわれのこの数年の映画の作業が水俣病への継続であったことに規定される。しかし主な関心はその象徴性にあるといってよい。有機水銀の傷害は人間の人間なる部分、動物の最も動物たる部分を冒し、濃縮と蓄積をへるものであり、そこにはいやおうなく根源的な変革を余儀なくされる問題が集約されている。しかもその汚染の原理が端的に明快に、人為的・物質文明的に根拠をもち、技術主導、工業優先のパターンによるもの、つまりわれわれが作り上げてきた現代資本主義の源流そのものからのたれながしであることにある。

現実には水俣ばかりでなく有明海などにも見られるように、水銀はＰＣＢ、カドミウム等と複合しつつ登場している。その多因性疾病のなかから、水銀、とくに有機水銀のみを抽出することは、ある不自然さを免がれ得ないかもしれない。だがわれわれのいまもつ力量からは、水銀ひとつに傾注し、そのもたらす悲劇について、今の段階で映画として描きうるすべてを描くことであろう。ＰＣＢは全面的な生産中止においこみえたが、水銀については、全日本苛性ソーダ工業会によれば昭和五〇年時に五割の設備（工程）変更すら結論が出ていない、水銀触媒への固執はなお根強いのである。まして水銀ヘドロ

の処理についてはその方法論さえあきらかではない。つまりこれほどあきらかにされた毒性にたいして、いまだ技術論で処理しようとしている段階である。こうした実状を許しているのは、ひとつにはわれわれの感性の鈍化でもあるにちがいない。いつの間にか〝水俣病〟が手垢にまみれ、新らしいことでもショッキングなことでもなくなり、マスコミの意識操作によってその鮮度をいつしか失っていることではないだろうか。

われわれは映画というその限られた能力と守備範囲を考慮しつつも、上記のような観点にたって積極的に〝水銀〟に固執したいのである。おそらく〝医学映画〟を通じて発見される有機水銀のメカニズムとその社会病の病理原則は必ずPCBにもカドミウムにも本質的に通じるはずである。なにより映画をとる作業、その映画を普及する仕事により、われわれ自身がもつ、ふるい水銀とのなじみを洗いおとし、水俣病の原点にたちかえって、医学の実態とむきあうことである。そうすることにより、映画は医学の仕事をフォロウしつつ、それとは別に映画そのもののちからをあらためて帯びることができるだろう。

E　どの立場で撮るか

くり返しのべたように、われわれは被害者ではなく、また医学の専門家でもない。いわば映画プロパーであり、映画としての責任を負うものである。今日までの数篇の映画製作において、たえず患者さんの場から物事をみつめようと努めてきた。しかし「スローガン」的に政治性を出すことにはひとつの抑制を働かせてきた。それは人間がひとつの正しい認識にいたれば、その人間には必ず実践力が生まれでるであろうというリアリズムに立つからである。さらにストレートに言うならば、水俣病は現代、はじめて登場した毒物中毒であり、いかに不顕性とはいえ、その発生源を中心にうまれた総自然の破壊である以上、最終的には疫学的方法により、その地域住民に対する総被害として率直にこれをとらえ、毒の所在をつきとめ、その源をたち、ひいてはひとつの企業、県・国にいたるまで、糾弾し、制裁し、経済的にも物理的にもこれらを追いつめ破壊し、水俣病が畢竟、治癒不能としても、次善の策として取りうるものはすべてとるという立場にたって撮る。

だが、このことの困難の連続が水俣病の歴史であり、突明にあたった医学者の苦難の歴史であったことも知っている。いまでこその道程が、結果物としての研究資料・記録として残され、一定の評価を得てはいるが、この間の難儀の背後にある人間、人命軽視の巨大な流れはいまも変ることはない。今後も水俣病の発掘にあたって、おそらく現代の総公害・総健康異常のなかからあらためて〝水俣病〟をとり出すことへの政治的な諸反響はあろう。歴史的な水俣病裁判判決いご、水俣病の「行政的始末の段階に入った」とする風潮をみれば分ることである。今後の不顕性や他の疾病の形をとってあらわれる被害民にたいし、「純粋な水俣病かどうか」とか、「この人間の水俣病は、最低補償千六百万円に値するかどうか」というかたちで、つまり水俣病と認めないことで、その補償救済のみちをとざし、企業の支払い能力を云々し、その出費を防ごうとするのが、資本のこれまでも、また今後も一貫する方針であろう。

そのことを考えるとき、われわれは汚染された生活空間の被害民の立場にたって、病理・疫学の現代の研究事項に、よりスペースをさかねばならない。医学者のもつ想像力に映画的に正確に応えうるものでなければならない。その点この映画は、医学者の立場に添いつつ、その実証的、科学的な部分と、映画個有の感性的部分を有機的にむすぶことにより、かつて例を見ない質の表現をかくとくしなければ、映画をつくる意味は半ば失われるであろう。

F　記録・資料としての水俣病をいかに扱うか……いかに歴史として今日にとりだすか

（シリーズのうち〝資料篇〟と関連して）

水俣病の全記録はたとえ一枚の写真にしてもいかに貴重か言をまたない。水俣病二十年の歴史は、諸個人の手でその責任において記録されてきた。したがって、その記録・資料について最も正確にコメントできるのは他ならぬその記録者以外にはない。歴史的な映画フィルム、写真をもってする〝資料篇〟は水俣病にかかわった人びとの証言集でもある。その水俣病と出会った当時の回想・記録の意図、その事実の説明を中心に、その人と水俣病との〝関係〟をインタビュー、述懐・コメントをもって不可分に構成し、水俣病の歴史をたどろうとするものである。

前水俣市保健所所長の八ミリ映画が、昭和三十四年十月二十一日、国会で上映され、大きな衝撃を与え、国会議員の初の現地視察をつよくうながすきっかけとなったように、すでに社会的な力を発揮した例もあり、徳臣晴比古氏（熊大教授）の臨床記録は新潟水俣病の裁判に物証として提出され、すぐれた証言力を果したと聞いている。さらに昭和四十七年、ストックホルムで発表された原田正純氏の胎児性水俣病患児の認定時（昭和三十六・七年）の臨床記録は、世界の医学者に雄弁に水俣病をつたえた。こうした、医学の手になる映像資料がどのように高い価値をもち普遍性をもつかはのべるまでもないであろう。

また写真では桑原史成氏（フリー写真家）の体系的な水俣病のドキュメントや、その後の塩田武史氏（フリー）の長期の記録作業は汚染された地域社会の生活全域の記録であり、病状そのものや死者の肖像を記録するとともに、その社会的背景や運動まで克明に記録している。これらの発表までには長い時間をへなければならなかったにしても、映画フィルム・写真記録は、水俣病二十年の内側の記録として、それを記録した諸個人の思索と行為の外化として存在し、可視的なものとして残されている。オリジナル・フィルムは消耗している。その物理的耐用年数・その記録者の高齢化からみて、一度は力をあわせて、再コピーし、そのコメントをつけて資料とし、生きた歴史としなければならないだろう。〝資料篇〟はそのようなものとして企画されるものである。

また二十年間の資料にそのつど登場する患者を時間的にタテにつないでみるとき、その症状の変化、リハビリテーションの効果、その精神の年代的な変貌のあとをたどることも可能であろう。たとえば胎児性重症患児、半永一光君の場合、その父親をふくむ一家の歴史とともに、家族、主治医、特殊学級教師のそれぞれの証言や、診断、観察、療養日誌などにより胎児性患児としての十数年、その間の、感性、知能、運動能力、神経作用の今日の到達点をあらためて見ることも可能であろう。

また公文書によく行政者によって記入されるように水俣病とは「病状は固定、もしくは軽快」（公調委への申請書より）するものなのか。青・壮年期でありながら症状が、緩慢にときに急激に悪化し、かつての資料と比較した場合その病像の進行が一目瞭然たるものもあろう。

この資料篇はそれぞれの記録者の歴史的作業として、もっともふさわしい形でのこし、今までの行政の水俣病始末の歴史に対置したいのである。

G　水俣病に関する〝決定版〟の映画をつくるのではない

われわれは水俣病についてほぼひとつの病像をもっている。にもかかわらず、目下「水俣病とはなにか」という日々新たな問いがある。それにふれる研究を撮りたいとのぞんでいる。水俣病の病像探求のプロセスを今日見なおすとき、その底は深い。この映画も当然過程篇であり、中間報告篇であり、数年先になってみれば、落丁だらけの本のごときものであろう。したがってこの映画自体も、新たな〝資料〟の一部に組みこまれることを願って作られるだろう。

医学の専門的な分野、より高度な分析過程においては医学者・科学者間に、見解・学説の微妙な相違点も予想される。それはそのままのこし、かつての八ミリ映画の記録者、医学用フィルムの記録者のしごとがそのまま資料化されたように、この映画も現時点の記録資料としたい。

したがって統一見解は強いて必要としない。ゆえにそれを領導するような「監修」の形でなく、「執筆者」を明記する資料集のような形でありたい。その際、映画の責任はあげてスタッフにあり、その社会的な批判のすべてを負うこととしたい。

H　誰のためにつくるか

この映画の対象は専門家だけでなく、水俣病にかかわろうとするすべての人びとにむけられる。前作『水俣――患者さんとその世界』の海外需要からみて、欧州、アメリカ、オーストラリア、中国等の諸国に究極には普及されるであろう。

医学をテーマとする以上、医学・化学等の専門的知識なしには分らない概念やカテゴリーがあるであろうが、その難しさをさけて作ることはしない。しかし映画は映画であって、直接体験でも、専門書でも臨床カルテでもない。主として水俣病に関する医学者の思想の感性的、可視的表現をもっぱらとしよう。われわれが医学の側面から水俣病をみようとする上で、作り手のわれわれがもつ疑問や追究に、ある徹底性をもつ限り、映画の本質は見るひとに必ずつたわるはずである。

最後に自戒をのべる。

映画をつくるにあたって、われわれ自身がまず、よってたつ基本は〃警世家〃的映画にしないこと。〃客観的〃な説明映画にしないこと。ぶあつい経過をへての「結論」、公的「資料」となったものの最終段階を映画として横どりすることなく、つくり手であるわれわれが追体験し、その上でひとつの結論にたどりつく……そうしたプロセスの表明を映画とする。

「調べること」「学ぶこと」への敬虔な態度と、以上の主体的な姿勢が保持されるならば、それは必ず映画表現とその方法に像を結ぶであろう。それへの共感を基礎に、映画はそれを求める人びとのものとなるのではなかろうか。

「水俣病のことは患者さんにきけ」という原田氏の態度をわれわれも原点とすること、それ以外、何もない。

I　映画の形式

(a)　十六ミリ　カラー　スタンダード・サイズ
(b)　上映時間　各一時間
(c)　同時録音方式
(d)　日本語版ののち、英語版を作成することを考慮に入れる。

水俣病の未来像をさぐりつつ

「水俣病はもはや終った」などと私のまわりですら時に聞く。裁判とその後の自主直接交渉（昭和四十八年三月〜七月）を終えたあとからである。たしかに、補償金にプラス年金を獲得して二十年に及ぶ法的なレベルに決着を求める闘いは一つの節をむかえはした。

その後一年、水俣を通りすぎる人々は、新増築ラッシュによってリゾート・ゾーンのように変った旧多発部落地帯をある感懐をもって眺めよぎる。そして、一つの歴史が終ったかのような思いにとらわれる。だがその言葉をよく反芻するならば、水俣病のもつ〝関係〟――つまり一度それにかかわったものをひきつけつづけずにはおかないある関係がいかに深く、長く続くものであるかを知るものの声である場合が多い。裁判闘争が孤立無援の中で始まったとき、十年裁判を覚悟してその支援に立ち上がった人々がそのつきあいの濃さとそのどこまで意と心と体力を費やしても充分とはいえぬ関係に一つの区切りをつけたい、いわば〝健康者〟の側にある、あるゆとりが、この裁判後の一服の時期に冒頭の言葉をはかせたとしても無理はない。しかし少しでも水俣現地と、水俣病像を知った者ならば、これがあと十年二十年、あるいは二代、三代にわたって、この地の人々が負う病苦と業苦であること、そのリアリズムに眼をおおうわけにはいかない。

たしかに水俣病発生以来二十年余、漁民闘争あり、患者の孤独の座りこみ闘争（ともに昭和三十四年）あり、昭和四十三年九月の遅すぎた厚生省見解によって、「公害」と認定され、それに心をはげまされて、補償を求めるに至り、その一部二十九世帯が裁判へと事を起こした。この裁判闘争が、いわばすて身の「人命」を金にあがなっての方法を通して、「怨」を凝縮させ噴出させる闘いを生み出した。その過程で、ときに株主総会乗り込み闘争とか、非人行脚とか、厚生省、環境庁への訴求行動へと及び、ついにチッソ本社前のテント闘争、社長との直談判等、時に闘いの苦しさとともに、浄化作用、昇華作用さえともなうかのようなピークもあった。そして、それが昨年（一九七三年）春から夏にかけての一生を問う闘いに至って一つ節を終えたかにみえた。私にもそうみえた。

というのは、死者最高四〇〇万円という昭和四十五年五月の補償処理委（厚生省あっせんによる）の水俣病への始末にみられる「水俣土着民」への命の値段は、三年後、裁判をうった人も、息をつめて城下町や漁村のひだにひそんでいた人をもひとしく一八〇〇万円（死者）のレベルに引きあげた。これは訴訟派患者の闘いによってのみ可能であった。また昭和四十六年一一月から始まった、川本輝夫、佐藤武春さんらによる自主交渉闘争、チッソに鉄格子をつくらせ、五井工場での暴力事件をひきおこさせた根源からの闘争は、「厚生省次官通達」を出させるに至り、「疑わしきものをも救済せよ」と下達文書を発行させ、これによって、患者救済はいく分でも広く行われるようになり、いわゆる「新認定患者」を認めさせた（カッコをつけたのは依然としてチッソは新認定は水俣病にあらずという反駁の余地を今日も残しつづけているからである。それはのちに触れる）。そして、年金、医療費等をめぐっての執拗な闘争は、補償金のみで一切を始末しよう、あとビタ一文も払えぬと居なおったチッソに対し、不充分とはいえ生涯の保証という被害民との〝関係〟を結ばせた。この一連の交渉は、「告発する会」や「水俣病市民会議」の介ぞえがあったにせよ、基本的には、自らの病気の未来をだれよりも知る患者によって発起され、になわれ、決着がつけられてきたことである。そして闘争の結果、獲得した成果は、闘わなかった患者、闘い得なかった最も弱い部分の患者にも、皆ひとしく適用されることになった。それは以後、患者各派グループ内部に問題をいく分残したにせよ、水俣病闘争の中心の糸はそのようにないまぜられて一番たしかな糸すじになっているといえるだろう。

チッソは、昭和四十三年三月、判決の寸前控訴を断念した。これに似たケースとして新潟水俣病の際にとった昭和電工が先例となっている。チッソは、企業が補償の重荷のために倒産しかねないという危機感をふりまいて防戦につとめたが、当時の総資本のチッソへの蔭ながらのバックアップには極めて高度の政治的判断が働いていた。それは二つの動きに集約されるであろう。

一つは、チッソをしてあくまで補償当事者としての立場をまもらせ、その累が他企業、政治権力中枢に及ぶのを防ぐことである。そのためチッソの資産を譲渡売却の途をひらき、借金の金利をすえおき、切りさげ、資本に極めて強力なカンフルをうって当面の危機をのりこえさせるために手をうった。そして、「公害健康被害補償法」を次の公害闘争にむけての盾《タテ》にすべく、全力をあげて、その検討、整備を急いだといえよう。公害型企業の出資、基金によって、損害を与えた患者への即時的救済の名分を満たそうとする「損害保険」的構想である。しかも障害の程度によって、特級以下一級から三級までの四ランクをもうけ、生ける屍が一〇〇％、「日常生活に、制限をうけるか、労働に制限を加えなければならない程度のもの」で、かつ「環境庁長官が定める基準に該当するもの」が三〇％という格差をもうけ、且つ女子は男子の二分の一以下という性差別を内容とするものである。これらは、すでに「解決」をみた二大水俣病（熊本、新潟）やイタイイタイ病をのぞく、他の公害に適用するために全力をあげて成立させられようとしている。

チッソを正面きって防戦させながら、うらで公害病患者の大群をさばこうとした立案がいそがれてきた。政府は時をかせぎ「水俣病」はひとまず終ったといわしめる余裕を得たのであった。

いまひとつは「医学」なるものを通して、公害病をコントロールすることをこの間一貫して企図し実行してきたということである。私たちは今、「医学」としての水俣病を追求した記録映画『水俣病・三部作』を撮っている。昨年八月から始め、最終撮影は数日前に終り、いま仕上げ作業にかかっている。ちょうどこの一年、私たちは、医学がどのように水俣病に対応してきているのかをつぶさに見てきた。そしていまこの「医学」なるものが、自らの学問的権威を自らほりくずして、裁判以後の政治権力と歩調を合わせて、一つの患者処理システムを作り出そうとしていること、同時に新たな地区に水俣病が発生している可能性に学者としての眼をふさぎ、なべて「政医」ともいうべき動きをつよめていることに私はいきどおりを感じている。

たとえば水俣でも、新潟でも、事情は同じであると確信しているが、今は水俣の「水俣病」に限って話をすすめている。

話は少し前にさかのぼるが、昨年三月、チッソ首脳と自主直接交渉の患者との日夜連続の交渉の席上、島田賢一社長のことばの端々にでたもので、今日、改めて重要な意味あいをもつものがある。

この交渉は、裁判判決後、ただちに上京して行われ、チッソは、長年、直接に責任者が会わない……つまり責任ある言質をとられたことのない……いわば第三者仲介方式の崩壊のただ中に行われたためか、一挙にボロボロと本音を吐きだした感があった。その中で、島田社長は、患者の年金、治療費、介護等の諸手当の要求の中で、それが認められない事情を語りながら、「今日、参議院の委員会によばれて、田中、福田、三木、中曽根さんのおられるところで、いまの患者さんの要求をのんで、もしチッソがそれを払えなければ、国が代ってお払いになりますかと私は聞きたかった。どうするんですかと——。しかし、それはのどもとまで出たが言わないできた。しかし、本当のところ、そうですよ、私たちが払えなければ、国は見殺しにするんですか、患者さんをほっとくのですかと……」。このとき、私は社長の背後でマイクを把んでいたが、それが社長の正直さであることは分った。彼の思想構造、彼の脈絡、彼のスジからいえば、政府は、野党の追求の矢面にチッソをのみ立たせ、三木長官はさも患者の立場を理解しているようにいって点をかせいでいるが、チッソを倒産させ次にその結末をひっかぶるのは国家そのものになることを自覚しているのか、あなた方は！　といわば閣僚の前に啖呵を切った気持をのべているのである。だからそれは、「ですからね、私がこれから出てくる皆さん患者さん方の要求をのむことは、いわば、今後国家が払う補償金の額を私が決めることになるんですよ。ですから、とても私が軽々しくおひきうけするとは言えませんでしょ、そうでしょ?!」という「心情」吐露につながるのである。これが、患者の腑には一向におちることなく、かえって事態を「被害者かな、加害者かな、あなたは……」と煮つめる結果しか生まなかったが、世界を別にしてみれば、チッソはまさに、全資本、全権力を背にして、矛盾し、懊悩し、危機にひきずりこまれる一瞬であったことが分るのである。そして島田は、「知る人ぞ知る」をたよりに権力に代って見事に耐えたのである。そして交渉を長びかせ、その間に、権力内の調整をとりつけ、要求をのむ形で危機脱出をねらったのであろう。

そしてその際、さらに（私にとって）重大であったのは、彼が今後出る患者の総数について、ほぼ概算をたてていたことである。

昭和三十年代の終りから四十五年まで、医学は患者を典型例に限ったため、一〇〇名前後から一二一名までに数年間とどめ得た。しかし患者数は数千、数万といわれてきた。これが次第に患者の闘いによってつきくずされてきた時期でもあったが、社長は席上、彼の見通しをのべ、それに見あった補償をするだけで精一杯、「それも今成算はない。まして、生涯の保証はとても無理」とのべた上、「私は一五〇〇人位の患者が生まれるだろうと思っています」と白状した。これは、新聞や研究者の通説のうけうりと見るわけにはいかなかった。チッソはチッソなりの筋道を通って、「患者」として認めざるを得ないギリギリの数の試算をすでに判決までに終えていたことになるのである。当時(昭和四十八年四月五日現在)認定患者数四五一名(うち死者七十一名)そして認定をまつ申請者六二八名、合計一〇七九名であった。つまり、あと認定患者一〇〇〇名はふえるものとみなし、その根拠をかなり克明に洗っていたと思われる。今日、一年半後、申請者中、未だ認定されないものの二三六七名といわれているが、その後の認定作業は、遅々として進んでいない。隔月一回の審査会で各回七〇名前後、しかもその中で保留、棄却が半数近くになっている。世論の想定とはうらはらに、今日七〇〇名余しか患者として認められていないのである。にもかかわらずチッソは、その時点で一五〇〇名分の補償の試算をし、その支払い期間をコンピューター的に計算した上で、交渉の席上にのぞんでいたことになる。これは逆にいえば一五〇〇名以上の患者を認めることは、企業の限界限度であり、認められない、認めないという居直った意志に切りかえる変化値として想定していたことであっただろう。しかもその後、交渉の中で、年金、療養費等を認めるに従い、患者の〝発生〟をさらに厳しくせばめたい事情に追いこまれていると見るべきだとしたら、そこで医学がどのような役割をはたさざるを得ないか誰の目にも漠然と所業の輪郭が浮んでこざるを得ないではないか?

私は資料や出典をあげてこの稿を進めることも考えないではなかった。しかし私は論文や研究資料を書くつもりはいまのところはない。私ののべたいことは、「水俣病」をめぐる未来である。今日、本当に終っていないと感じる自分の中の苗床をそのままさらしたいのである。

私は医学に関しても科学に関しても、正直いって強くはない。精密さを欠くであろうし粗放な理解にとどまることも恐れる。したがって医学の映画を撮りすすめながらも、自分のその欠点にはつとめて補正し、原型資料、ナマの意見で構成し、水俣病の現状をそのまま呈示したいと努力している。

しかし、この一年、胸底に堆積しつつある怨念は、百例近い生きた人間、患者との交渉と見聞、その土地のありよう、歴史、現状とからんでの疫学的知識の蓄積といったものから、ほぼ確信に近いあるものがかたまりつつある。それをいま解放する作業の一助として、この一文をかりて、映画化に必要な行為としての心の中の整理をさせてもらいたいのである。

医学者とはそもそも何人であろうかと私は思う。大学の研究室や教授室をおとずれ、その部外秘にひとしい資料や記録をたずね、そして、医学的判断を聞いてまわる。それは神経病理の世界であることが多い。熊大助教授、原田正純氏との場合のように、現地水俣で、実際の患者との問診、触診、簡単な検査といった臨床的行動をとるときは、映画は生き生きと活動できる。しかし病理や医学的判断の場合、「水俣病」をめぐっての医学者の見解は、今日の現状に垂直におりなづんでいかないのである。

そこには、第三水俣病、第四水俣病といった、極めて国家的規模でパニックを起こしかねない大問題が、各医学者のひとりひとりの肩の上にあるのである。学問的良心にしたがい事実を事実のままレポートし、発表した学者が、今日いかに叩かれ、そのパニックを沈静せしめる学者が、いくつもの委員会の中で主要な座をしめていくことを見聞してきた。そしてその争点はいつも専門的な純医学論争の形をとって終るだけに、私たちが口をはさむ余地はほぼない形で結論づけられているのである。

たとえば、水俣病をどう見るかについて、病理学の所見が今日、ある程度はっきりした標本を作りあげている。「水俣病」と認定されないまま放置されていた人が死んだ。生きている間、臨床はそれに悪性性病による脳中枢障害だとして、水俣病とはみとめなかった。だが、その人の住いは、水俣の中でも最も高度汚染された百間港のほとりである。漁もすきで、魚も多食した人である。疫学的にみてほぼ、疑う余地がないとしても、臨床、つまり生きた患者を直接に対象する神経内科系の医師の判断が、病理学者の推論と矛盾する場合には、病理は解剖による症状のつきとめと証明によって初めて発言できるのであって、それは死んだ場合に限られる。

前記のケース(Tさん、昭和四十五年七月歿)の場合、死後解剖によって、初めて水俣病と追認され認定された。その場合、通常は誤診といわれ、医師としての判断の正否が問われるべきだと思うのだが、水俣病に限って、その責任が問われることがまずないのは不思議である。まして、加害者がチッソとはっきりしており、被害者は生命、健康の補償をうけるべきであった人間の場合、その生前に得べかりし救済が受けられず、それのみか水俣病と訴え出て、それによって起こる社会的圧迫の下で、他の病因をもって処理され、病苦の上に白眼視までされる状況の中での誤診である。それも疫学上議論の余地のないケースにおいてである。医師が水俣病に直面して当然考慮すべき疫学上の問題のネグレクトこそ誤診の起点ではないか？

これは私があえて〝誤診〟と善意の見方をした上での疑点である。しかし正直いって、医師の一部には、水俣病患者に対して、一定の基準を設け、それ以外は認めないとする医学判断が水俣病史の中で強固に作りあげられてしまっていると見ないわけにはいかない。

大学の中に一歩入って、講座制というか医局制というか、一人の教授に一人の助教授、二、三人の講師と数人の助手、といった構成が、独自、独立の医学的業績や、その医学的見解に対して、いかに排他的で、セクト的であるかを知らされる。水俣病発見史の中でも、共同して原因究明にあたったのは昭和三十五年頃までで、あとは各講座ごとに相互に業績づくりに埋没して、いかに相互に重複した研究を行ない、研究内容を片々たる競争心によって〝企業秘密〟化されたかをおぼろげながら知らされた。

たとえば、水俣病をひきおこす原因が、さかのぼっては有機水銀であり、それが工場から直接排出されたものであることを証明することが最後の課題となっていた時期、一人の教授が工場から資料を得られないまま、貝の分析に数年をかけていた一方で、他の教室では、排液を手に入れており、ひそかに分析をすませていたといった不快な話がある。そのことは大学医学部関係者なら周知のことであるが、これを相互に公然と批判しあうこともなかった。それまで、衆目の一致するところ、原因はチッソの排棄物にありとしながら、その確証のつかめぬまま、補償も死者三〇万円と値切られ、その証明を心まちしていた時期に、ある学者はその業績中心主義から、他の研究者の「さいの河原の石づみ」のような実験を知りながら、とびこえて成果を発表した。そのようなことが、大学内のコップの中の嵐ですむならばよい。しかし、被害者が加害者を求めて探してゆく過程のただ中での話である時、それがいかに大学、とくに医学部、そして特殊には講座制のセクト主義に毒されていたかを思い知らされないわけにはいかない。そのことはひいては、共同研究の相互の関係をこわしてきたことにつながる。

水俣病像について、いま極端にいって、熊大内の対立が最も鋭い、それに力を得て、有機水銀の汚染地区として問題視される、有明海、徳山湾、の水俣病患者の〝シロクロ論争〟を担う専門家間の全日本的レベルの論争も二つに割れているかの感がある。もし水俣病の発生の原地点の大学であり、その臨床例、解剖例も他に比べようがないほど多い熊大が、水俣病像について共同研究の実をあげ、今日的問題で一致点を多く見出していたなら、いま旧帝大系の学者によって、水銀中毒の新発生を当面、のばし、かくしておこうとするような策動に致命的なブレーキがかけられただろう。だが、いま事態は最悪のように思える。

水俣での患者の発生以前の生活については石牟礼道子氏や赤崎覚氏、そして最近では労組機関誌「月刊合化」誌上の岡本達明氏らのルポルタージュ、きき書きで辿ることが可能となっている。私はあまりに遅れて水俣にいった。しかしよそ者でもあり、特に汚染のひどい東京から行っただけに、確かに分ることがある。そこには、かつては稀にみる健康な暮しがあったであろう風土がある。貧しさもあろうし、非衛生もあったろうし、激しい労働からの早老もあったであろう。それはしかし、日本の農漁村の生活、そこに一生を送った平均的日本人の生活と比べるとき、仮に雪国と比較するにせよ、仮に瘠土、荒海の辺と比較するにせよ、水俣、とくに漁村部は、米作の平野が乏しい分だけ恵まれていなかったとはいえるが、いもと魚、それにはことかくことはなかったし、不知火海の内海のやさしさは夫婦だけでも舟を漕ぎ出せるたたずまいである。そこには、人工的食物チェーンに毒されない純粋の食と人とのつながりがあり、健康の基準があり、それに見合った労働の形があったはずである。

昭和七年チッソのアセトアルデヒド工場が出来てから、水銀は流しつづけられ、戦後にピークを形づくる。その時点に、いわば直撃型の毒害をうけたのは漁民であろう。私たちは今回、工場労働者にもその健康を中心にインタビューしたが、同じ市内にすみ同じものをたべながらも、工場労働者はいつもガスを吸い、水銀蒸気に触れて、いわば都市型公害そのものといえる病み方をしてきた人が多い。工場に隣接した民家で、ガスや粉塵のため呼吸器系統をやられた人々も多い。これも工場地帯型の公害被害であり、その歴史は古い。その点でチッソは戦前から人々の健康をうばい、そのことで富を作ってきた。しかし漁業専従の人々はそこはちがっていた。「私たちには一種の免疫があるとじゃなかですか」と元工員の老人は言う。そういう人も老化は早い。その通りかも知れない。水俣病が市民に少なく、漁家に多いことから、くさった食をたべたという説は今も水俣に生きている。「そういわれれば、にが潮（赤潮のこと）で死んだ魚は食べてもよいといわれてたもんで、当時浮いた魚もたべたこともあったなあ」と、正直な患者の中にはそう述懐する人もいる。だが、神戸大の喜田村正次教授によれば「有機水銀を摂取した魚は神経部や脳にそれを蓄積するのであって、ピンピンしており、鮮度も高い。それが有機水銀毒の特性であって、腐蝕毒やビラン性の毒とそこがちがう。またそういう特性であればこそ、プランクトンから魚に至るまでの食物連鎖が起こる。死んだ餌で食物連鎖は起こり難いからだ」という実験例からいって、漁民の多くはやはり、最も美味しそうな獲物を食卓にのせ、それ故に多食し、発病したことはまず間違いない。そうした健康な生活の純粋さのただ中に有機水銀が直撃型に作用したのが水俣での水俣病だったと思われる。そこにはいわば他の物質による複合汚染があったにせよ、いわば、生来の人間の食生活と近代工業の毒性のジカのぶつかりあいがあり、故に、急性激症型とよばれる水俣病の原型のような病像があらわれたのだと思う。

　いまは伝承化された古典的水俣病の病状は今回、私たちの映画で初めて全面的に公開されることになった。これは当時現地を三〇〇回訪れたといわれる熊大神経内科徳臣氏の提供によってフィルムとして記録にとどめられる。それは医学者の手によってしかうつすことの出来ない地獄図である。ヒトはのたうちまわり、吠え、悶絶してゆく。体力は失われないため、狂った神経によって操られる五体がけいれんし、ねじくれまわり、全力をふりしぼって死に至るのである。このショックを語るときの医師の追想はどの人も同じく敬虔であり厳粛ですらある。

　だが、このピークの病像の強烈な印象ゆえに、今日、ゆるやかに病状を発現してゆく慢性水俣病や遅発性水俣病、或いは加令性水俣病に対して、いかなる反応をもつだろうか？　それらは水俣病の症状を示しているにせよ、外見上時に沈静している時、めだった症状としてはあらわれにくい。ただ人なみの労働が出来ず、人なみの生活をいとなむことが出来ないといった障害をもってあらわれるのだ。

　「医師たるものが、かつての急性激症型を見てしまったから、あとの軽症について水俣病視しないなどということはあり得ない」と反論はあろう。しかし水俣病を死者まで看とり、或いは生死をさまよったかつての重症者を肉身にもつ家族（その遺族もすでに殆ど水俣病となっているが）さえ、「最近の患者は、俺《オル》げの父や母と比べれば、元気かもんな」と複雑な思いをこめて言っているのとどこかで気持がつながっていないだろうか?

かつて熊大の水俣病研究班の班長であり、発見期に官製学者や政医をむこうにまわして有機水銀説を貫き通した老医学者に熊本でお会いした時、その方の話に典型的に、水俣病像のよかれあしかれ肥大化を見ざるを得なかった。

水俣病はこれこれの症状をそろえ、急性激症はこのようであり、あとも重症のまま固定化して回復していない。実に重篤な病いである。「それにつけても、この頃の患者は水俣病とは言えないものが多い。とくに潜在的水俣病(症状のひそんでまだ顕著でない水銀保有者——かつての毛髪水銀値などよりみて健康の病気へのかたよりが水銀に起因すると思われる人々)という概念はあれは何ですか? 顕在しているから病気であって、潜在は病気ではない。伝染病菌にふれても、発症しているから伝染病患者といえるので、発症しない人を潜在性患者とはいわないのと同じことだ。医学の常識である」といわれる。老医学者は更にことばをついで「補償金が出るようになってから、患者でもないのに患者らしくふるまい、検査のときにわざとふるえて見せるものがあるそうだ。一直線に歩けといっても、わざとよろけた歩き方をする。そうした練習をしている不心得者もあると聞く」といって慨嘆された。私はそれをただじっと聞く以外なかった。氏は何十例という患者の生死をみてきた人であり、その人々への心からの哀悼と、チッソへの怒りと、中央行政への反骨、それはいまもまっすぐに貫いておられながら、同時に今日の水俣病の諸問題には、直接触れておられないからだ。もう十年有余、患者の脈をとっておられない筈だ。この退役された老教授の水俣病像と現役の神経内科の医学者と共通の心理があっても不思議ではない。恐らく水俣ほど、有機水銀が純粋、典型的に出たところはないし、それ故に死から疾病像を掌握してきた。つまり、死、最重症、そして中等、軽症という疾病観から水俣病を見る構造から、心理的にとき放たれていないのである。旧患者の視点から新患者の病気の訴えをきくとき、旧患者の典型をひながたに、非典型例を冷ややかに見るという医学観、疾病観が、この二十年間に固定したように思えてならない。そうでなければ、熊大の水俣病研究の一つの中心の柱である神経内科の医学者たちが、今日、非典型的、不全型患者(すべての症状を具有していない症例患者)を認定しようとしない気持は理解が更に困難だからである。

いま水俣病は、かつての急性激症型のような型ではもはやあらわれないであろうといわれる。それに代って、大人には脊椎変形症とか高血圧とか循環器障害といった成人病と重なって出てくる例が多いし、幼児の場合、生まれながらの脳性小児麻痺そのものとしてあらわれてくる例が圧倒的に多い。それもすべて不知火海沿岸の漁村、又、そこと同じ魚をたべた町から出ている。一つ一つ疫学的に辿る限り、魚との食生活のつながりは今日まで量こそ変化があれ、まず欠けるところはない人々ばかりである。（不知火海の禁漁区は水俣湾のみでそれ以外は今日も自由である）そして成人の場合、労働や生活に重大な支障が出て初めて、知覚や眼が調べられ、水俣病の疑いが出てくる場合が多い。

そもそも農漁村のかつての老人には、神経痛も中風も珍しいことではない。水俣病の多発部落にあって、体の異常を水俣病の方に寄せて考えることを避け、どちらかといえば老人病で片づけたかった人々が多い。中には、漁協の幹部で、漁協員からは患者の申請はせぬ様にと肝いりどんで動いたようなかつての現役の漁民が、老齢化して皮肉にも歴然たる症状が出てきたという人がある。水俣の多発地帯の人々の老化は早い。平均寿命は男で五十三歳、女で五十二歳、全国平均より二十歳も早く死ぬ。このデータには事故死もふくまれている。熊大の武内博士（病理）によれば、交通事故や転落死も水俣病特有の神経障害、共同運動障害に由来しているものとみてまず間違いなかろうという。

だが、この人々の多くは現在、認定審査会によって保留、もしくは棄却される場合が多い。つまり他の病因で説明される所見だからだという一語にほぼつきる。とくに寝たきり老人で卒中の場合は全員「卒中」である。たとえその一家の中にすでに「水俣病」認定患者がいても「卒中」である。

老人と共に患者認定から系統的に外されているのは重症の身心障害児、主に精薄、脳性小児麻痺様の子供たちである。その母親が歴然たる水俣病であり認定されている場合は、医学的判断として水俣病とみとめる場合もないではないが、母親が一見病気と認められない場合、いかに魚を食べたと訴えても、家が漁村地帯にあるとわかっても、棚上げされている。ひとつには昭和三十七年頃一斉に発見された「脳性小児マヒ」といわれてきた胎児性水俣病患者の典型例といささか趣きが違うということが言われている。知能も運動もそろって犯されたかつての胎児性とちがって、その片方だけだったりしているから、他地方の脳性小児麻痺との区別がつき難いという理由で、目下研究段階であり、改めて新しい水銀の影響の発見方法が出てくればその時に照合する外ない――つまり現状お手上げ状況で凍結されている。

私たちがじかに触れた例で、最も残酷なのは、一家に二人、そのような子供が発生している。母親は水俣の出月から嫁した。最多発地帯である。いま現住所は、水俣市と鹿児島の県境で接する出水市の農村地帯であり、職業としては農民であって漁家ではない。しかし父親は近隣に鳴りひびいた夜づりの名人であり、どちらかといえば狂するたぐいの気狂いである。潮のひいた夜の浜で三本歯をつけた二メートル余の棒一本で小魚からかれい、たこ、なまこまであらゆる生きものをそのひとつの道具でとるのである。父親はとるのが好きで食べるのは普通の人なみだが、母親は魚が飯より好きという。「農家」であるが漁家の生活なのだ。それは地元なら誰しも知っている。その一家の子供は長男（二十六歳）が健康であるのみ、あと五人はすべて異常である。内三人産後死亡、残る二人が重症な脳性小児マヒである。医学上の救済として重症心身障害者手当が最近給付されるようになったが、この数年水俣病としての認定は滞っている。この場合、鹿児島県と鹿児島大は、熊本県及び熊大より処理が早く、ていねいだという実績をもち、認定についてもフェアだと自負しているのだが、この子供たちの場合、次の点で、デッド・ロックにのり上げている。つまり、脳性小児マヒと区分できる水俣病の特徴のひとつとして、視野狭窄や眼球運動異常、聴力や他の小児科的所見もとりたいとして入院を条件とし、その検査によって医学判断を下そうとした。だが、両親は入院を拒否した。「この子は白衣きた医者をみたら、怖ろしうてあばれるとです。ぜったい眼など開けきらん。それは親がよう知っとる。何故家にきて見て下さらんか、何故親の介抱の手の中、腕の中で診られんとか」。成程親の言うとうりである。生まれてからこの方、両親としか接していない。日夜、小暗い部屋に押しこめられて生存してきた兄妹である。今まで医師に接して怖いことばかりつづいた。注射をくり返しされた。しかも水俣病の眼の検査は暗室で、あごとひたいを固定し、眼球をひらいて、動く光点を見たら意志的にブザーを押してその視野を記録するという、大人でも至難なテストである。この二人の兄妹にはじめから無理なことは分っているではないか？　このケースについて、医学はどこで結論を出すのであろうか。

この点について熊大の眼科教授にただすと、機器的開発によって他覚的に視覚を検出する方法を開始する以外にないという苦悩をこめた返事がもどってきた。

一時的に全身麻酔をかけ、まぶたをひらいて瞳孔から光をさしこみ、網膜の視神経の反応を電気的にとり出しコンピューターにかけるという構想である。これを私のじかに触れた兄妹の仮死状の表情と重ねあわせたとき、私は医学なるものに対して気の遠くなるような、血の気のひくようなめまいすら感じた。

このように厳密な検査を以て、水俣病の主要症状が、程度は別にして例挙としては典型的水俣病のそれにあてはめなければ、水俣病といえないものなのであるか？　そしてまた、検査の方法が、次第に機械化され、本人の訴えとは別に、ウソ発見器的探索法に傾いていかざるを得ないのは何故か？　そして疫学とか、生活歴、労働歴、食生活歴が何故比重として軽視されていくのか？　考えこまざるを得ないのである。

学問に純学問などあり得ようか。加害者と被害者しかない公害問題の中で医学だけが中立、客観の立場たり得ようか。一体水俣病をどこに依拠して研究してゆくのであろうか？

前出の原田正純氏は「水俣病の分らないことは患者に聞くしかない」「水俣病を学ぶには患者に学べ」と常に言い、その通り実践している最も臨床医らしい臨床医である。現地水俣での患者の氏への信頼はすこぶる厚い。つまりこの十数年、現地水俣から身を離したことがないのである。その彼が収集しているカルテ、そのカルテの中につまっている庞大な事実記録、症例は恐らく世界で最高、最良のものであろう。彼の大学医学部内の立場は、体質医学研究所の研究員であり、精神神経科の臨床医のほか、一切の講座制、医局制からつとめて身を離し、自由に水俣病ととりくめる立場を選んでいるように思える。また行政上の認定審査会とも無縁である。県の事務局からひそかに勧めもあるといわれるが、いまその委員会からも無縁である。そして一途に、多彩、多様に出現してやまない水俣病像を現地の患者と対面しつつ記録しつづけている。私はいま映画をとりながら、彼の態度と彼の方法に依拠し、それを学ぶことで映画の方法もたてている気がする。

カメラとマイクを手にして患者の家や、患者を一堂にあつめた活動家の一室での診察に立ちあうとき、ときに胸をしめつけられる。

大学には立派な検査機器があり、ベッドがあり、看護婦の助力もあり、冷暖房つきの室もありながら、何故、冬も夏も、何一つないところで、せめて着衣をぬぐ患者に毛布をきせ、患者の心をなごませるために冗談をいい、ときに叱り、縦横の気づかいにくたくたになりながら、先輩上司の構成する認定審査会あての診断書を書きつづけるのか？　県の検診が一応撫でまわした地区の患者を見なおすことは普通のことだが、時に彼の学んだ恩師の診断・審査の上「棄却」としたケースにかかわりづりあい、改めて診断記録を書かなければならないか、彼の仕事の背景をみつめていると、彼の手によってしか救われず、拾いあげられることのない患者像とその患者たちの存在が何人何十人となく重なって見えるのである。何と酷烈な日本医学、水俣病医学の現状であろうか？

だが、彼は水俣病のとらえ方からいって、水俣病像が決して完成、固定したものでなく、同一患者をみるごとに、どこか新しい変化を発見し、かつてからの疑問がとけるという風で「失われた環《ミッシング・リング》」を見出す人のように充血しているのである。

私は有機水銀中毒としての水俣病像はすでに医学者によってすみずみまで解明され、専門医ならば、すくなくとも水俣病像については疑問の余地なく、ただその臨床上の適用や判断の上で、いわゆる「専門家」としての特殊な立場で、判断操作をしているものと考えてきた。一つには先にのべた水俣病を死から逆算して考える疾病観、一つには心理的に最重症をあつかってのちの軽症への軽視または無視、そして今一つ、残念乍ら、水俣病のひきおこす政治的・社会的パニックの自己規制、そして県、政府の水俣病始末への同調、こうした一連のファクターによって、知悉している水俣病像を、その都度、専門家として限定し、それによって、認定患者の果しない発生に対し、対処力を失うことを恐れ、臆した消極的な態度をとっているものと考えていた。水俣病が、社会の病いである以上、その病いをあつかう医師にも社会的圧力が加わらない方がむしろ奇異ですらあるからだ。

以上のことを立証せよといわれたら、一つ一つ事例をあげ、歴史的に記録されたものをもって証明できる。しかし私の最近の体験に限るなら、県当局も、環境庁も、つねに医学者の医学的判断を唯一よりどころとし、医学者を最も重視、尊重しているかのようにしながら、「医者」をたてに新手の水俣病の始末を急いでいる出来事をあえてのべなければならない。

八月十七日、環境庁にほぼ一年ぶりに大勢の認定申請中の患者が陳情に来た。川本輝夫さん（自主交渉を闘ってきた患者）が世話役となっているものの、訴訟派で闘いつづけた旧知の患者はひとりもいない。皆、新しい患者ばかりである。一言はなせば構音障害のわかる婦人、胎児性患者の祖父、旧漁協指導者、いずれも多発地帯の中から事情あって、申請を遅らせた人ばかりである。この人たちの要求のさし迫ったものは、いま水俣地区で認定を早めるためと称し、県と環境庁で作った「検討促進委」による乱暴な診察に対する抗議である。

まず水俣病かどうかの診察に当って、この検討促進委がどういう診察ぶりであったか、その陳述を拾ってみよう。医師はその大部分が、水俣病の患者の診察は初めてという初心者で、中にはインターンの学生まで駆り出されている。(この委員会の役割についてはあとにのべる)

(1) A(女性、大正六年生) 津奈木在住(水俣市の隣町)

この人は漁夫の妻、寝たきりの患者で入院歴九年、「目まいがしたり、手足がしびれたり、目も耳も遠くなり、頭がしびれてガンガンして、なんもかんも分らない悪い症状になりました……私の症状が悪くなったのでくり上げ検診をしてくれることになり、足腰立たない私をハイヤーでやっと連れて検診に行きました。足腰がかなわない患者になっておるのに、『歩きなさい』と医者がいいましに。

主人が私のことを検診前に(註・歩けないと……)話を通しておるのに、医者が歩かせようとしました。立った時、すぐ倒れました。医者も看護婦さんたちも、びっくりして起こしてくれました。残念でたまりませんじゃった……」(四十九年二月下旬、水俣・検診センター)

(2) E(女性) 芦北町在住(水俣より約十キロ北)

「耳鼻科の検診の時でした。検診医が機械を操作しながら『音が聞えたらブザーを押せ』といわれましたが、聞えないのでブザーを押さないでいると、自分が持っているボールペンを見せて、このボールペンを上に動かすときが音の出る時だからブザーを押せといわれましたので、私は検診医が、ボールペンを上に動かすたびに、耳に聞えなくてもブザーを押しました。検診医は女性で名前も分りません。控室に帰りこのことを話すと、前に検診をうけた人も私と同じことをさせられたそうです……」(四十九年二月、水俣・検診センター)

(3) G(男性) 津奈木町

「……耳鼻科の検診……最初に医師が小さなビンに入った薬のようなもので、そのビンにはA、Bのレッテルが貼られてありました。が、器具は針金のようなのの先に脱脂綿を取付けて薬をにじませて、両方の鼻の穴に奥まで押込まれて痛さの為に涙は出るし、気分は悪くなるし、医者は異臭がするだろうと言いましたが、自分には一つも嗅覚することができませんでした……その次には口の中の検査でした。今考えてみると味覚の検査だったかと思います。何種類かの薬を容器に一様につけて舌の上にのせたり、舌の上をつついたりして『解るか?』というのですが、自分では全然解らんため、その通りにいいますと、医師は何度も何度も同じことをきくのです。『あんたの答えは信用できん』と大声で、自分に命令調で言いました……。

妻にも、眼の検査のとき、目印を見えるか見えるかと何べんも聞くのです……そして『あんたがウソを言ってもすぐに解る!』と……犯罪を起こして警察に行って取調べされているような状態でした。最後には眼の中に医師の指がふれ、眼は真赤になり何日も薬で洗眼するありさまです」(四十九年七月三十日、水俣・検診センター)

(4) H(女性) 津奈木町福浜

「……初めに女の人から視力の検査をうけました。『見えますか?』ときかれて『ボーとして見えんとですが……』とこたえると、まるで私がウソを言っているというように、いかにも疑わしいような、バカにしたような口調で『よくここまで、こられましたね』といわれました。来られないほどなら盲と同じで、わたしはまだ一人で歩くことはできます……次に目で追う検査、電気の球が動いて……検査の男の人は『皆が出来るのだから出来ないはずはない』といって何十ぺんとなくさせられました。……そしてバンソーコーで目を引っぱって開けさせられ、頭をおさえられたまま検査は五時まで(昼からかかりました。……終っても目が見えず、検査室のドアにぶつかってしまいました……『四時間位は見えにくいから気をつけるように……』といわれました……。何とかバス停まで行き、行き先の地名も人に読んでもらって家に帰りつきました……」(四十九年七月二十七日、八月三日、水俣・検診センター)

これは環境庁長官毛利松平殿あて供述書の一部にすぎないが、この他、知覚マヒを調べるため、普通は、軽いバネつきの針でつんつんしらべる程度だが、注射針でつつかれ、痛くないと答えると大きな注射針で同じ部位をつつかれ、体をみまわすと血が流れ出している。「大事な検査だから我慢しなさい」といわれ、「そんなにまでしなければ解らないのなら手でも足でも切って下さい」とつい叫んでしまった……という月浦のK等、枚挙にいとまがない。

この不信感に満ちた検査方法の構造はとどのつまり、患者の訴えを病者とみないで、「補償受給者」とみなす医学側のいやしいカングリの思想ぬきにはとても考えることが出来ない。そして患者をして耐えさせる強制力は相手が「医学者」であり、認定のために、必要な不可避の門としての構造を医学的検査として権威づけているからに外ならない。しかもこの陳情で明らかにされたことは、医師が患者の抗議に誰一人としてその所属と氏名を知らすことを拒んだというのである。

この検討促進委は、現在二四〇〇名にのぼる患者をさばくために、従来の認定審査会の能率を早めるためにということで急造されたものであるが、ここで明らかになったことは、寄せあつめの診療医に対し、ある神経内科医が、水俣病の検診方法の即成教育を行い、しらずしらずのうちに患者の訴えに対して不信感をもって対処するような心理教育をはかったとしか考えられない。そのことは初心者の罪ではなく、今日まで水俣病の歴史を担ってきた臨床医の思想そのもの、つまり、軽症を無視し、水俣病の進行性やその深部の障害を無視し、本人の訴えを無視し、その疫学を無視し、「あなたの健康被害は一六〇〇万の補償にあたいするか否かを医学判断しています」というに等しい非医学的因子で患者にたちむかっているとしか考えられない思想そのものにある。

ところで、果して、専門医たちは水俣病像について本当にその全貌をつかんでいると判断できるか、否である。

病理面から水俣病をみつめている熊大の病理担当武内忠男氏は第三水俣病の可能性を指摘し、去る六月七日環境庁で開かれた水銀汚染調査検討委員会・健康調査分科会（椿忠雄会長）で激論の末、「老人性疾患」としてその所見を否定された。だがこの武内氏の病理を通じての水俣病像への探求は、今日の政治力学に屈していられない程、大きな問題をはらんでいる。

氏の研究の詳論に立入る余裕はないが、環境庁発表の汚染度のデータと現実の不知火海の魚摂取の実態、そして水銀の体内蓄積とその半減期（註・氏は半減期を脳、神経等の場合二〇〇日余としており、七十日説―つまり安全説につながる学説と対立している）からみて、不知火海、とくに水俣湾内外での新たな発症の可能性を指摘している。しかも、今日、かつて重大な汚染をうけながら顕然化に至らなかった患者が、他の疾病をともないながら、時にその疾病にマスクされて発症するという事例を解剖例から推定しているのである。「仮に、アル中であっても、水俣病がそれを死に至らしめたひき金になっているのではないか」「仮に脳血管障害であっても、水銀がその起因子になっていないか」「仮に高血圧として顕われ出ようと、その血管のコレステロール肥大に内臓臓器の水銀中毒が作用していないか」。こうした一連の考え方が一方にあるとすれば、もう一方にある、そうだとしてもこの病状は臨床的には「アル中で説明できる」「卒中で説明できる」「高血圧で説明できる」という現在横行する学説と比較するとき、どちらが、医学観としてより根源的であり、より弁証法的に物事をみつめようとしているかがわかる。

ある病理学者がいかに有能でも、不幸にも死者をもって検証しなければ、臨床家の判断をくつがえすことは至難である。水俣病者の声をもってすれば、「俺らが死んでみなければ、(解剖してみなければ)水俣病とせんとか!」という直観的不安は、いまの水俣病の認定審査会の枠組みとその政治力学的作業力をみていると、まさに当っていると見ないわけにはいかない。

東大の白木博次教授は、『一人の死者の出現はその地域に数百、数千の患者を生んでいる事は医学の常識である。医学が外の病因で説明しようとすればいくらでも出来るが、そこにはあとは疫学的な判断しかない』と映画で語ったが、そのことは水俣病患者の、不安にも不幸にも、秘かに心の中で覚悟として確乎たる負の信念と正対する考え方である。患者は、誰も水俣病たることを望みはしない。物事が政治や社会の壁にぶつかるとき、「何もいらん。元の健康にしてもどせ」という初めの想いに立ち返るのである。

白木氏も機会あるごとに述べているように、健康から疾病をみる……健康のかたむきから、疾病そして死を見るという医学概念が日本の医学には育ち得なかった。水俣病の場合正しくそれである。

ところで去年九月、水俣湯堂の一青年が急激に発症した。姉は惨死、父母とも水俣病である。当人は水俣病から逃れるように出かせぎに歩き、一家を作り、健康そのもののように働きつづけた。検査は一度もうけなかった。高所労働を要求されるトビ工、鉛管工として十年余。そしてある日急に発症した。一夜のうちに、酒席で体に変調をきたした。席上人々はお前の口は何だ、言うことがいっちょん(一寸も)わからんと言った。生よいでボーリングにいき足がもつれて倒れた。その翌日から、ビッコをひき、構音障害とふるえに悩まされた。幼い子はそのドモリ、つかえる口調をまねて父につきまとった。彼は子供をはり倒した。妻はおびえ、父母は姉と同じ死に方を思った。母まで病状は進行した。彼は新車を買ったばかりである。左足がマヒし、アクセルは右手で介助し、ひざ部をもち上げて操作する。そんな不自由の身でも車に乗った。運転歴八年なのに、あっちこっちこすり傷をつけた。私たちは撮影のためと称して、彼を熊大の眼科につれていった。町の医者も原田さんも、十五年ぶりの発症、しかも急性激症型という古典的ともいえる水俣病はさすがに近年見たこともなかった。だが認定申請番号二四〇〇番台、少くとも機関（認定審査委員会）の精密検査までには早くて三年は待たなければならないと思われた。せめて視野狭窄の有無だけでも確認したいという原田氏の希望もあって、筒井眼科でゴールドマン検査器にかけた。その結果、不幸にもまざまざと視野狭窄が図形化された。

原田氏は「もしこれが水俣病とすれば……私は水俣病と思うが……今までの水俣病の医学は根底からくつがえされなければならないだろう。年齢からいっても、臨床的にも卒中や血管障害の疑いは殆どなく、毛髪中の水銀値も平常人よりやや高い程度しかない。十五年前に水銀に汚染され、急に、しかも典型的に水俣病の症状が全部そろってしまっているとは……」。それは絶句に近いものだった。

水俣では裁判後、補償によって患者が出てくるようになったと一部の医学関係者は言う。それも一助であろう。それは結構な事ではないか。年月を経てもなお特異な中毒作用をやめない有機水銀である。それをたれながしたチッソは今日健在である。水俣湾のヘドロ中の水銀は未回収のままであり、いまも埋立ともしゅんせつともせきとめとも、水俣湾のヘドロ処理はその方法すら決まっていない。誰も火中の栗をひろおうとしない。どうして水俣病のみ「終ること」があろうか？　死体は焼却しても人体が人間として生きる限り、患者の子どもが生まれ、更にその子に子どもが生まれ、毒の海と共に生きていくであろう。この水俣の終りなき構図は、日本のＧＮＰが健康と人命を犠牲にしてあがなった結果である以上、そのＧＮＰのすべてを、それを生んだ構造をすべて、人間、人命、その生命の上に返すことなしには、日本の全水俣化が進行してやまないのである。

（一九七四・八・一七）

「水俣」から「不知火海」まで

映画『水俣——患者さんとその世界』を発表してからこの五年の間に、私たちは、その都度、とりのこしたものを撮ってきた気がする。勿論、一巻の映画で事足りる現実世界はなく、まして水俣病のように、十数年後にのこのこ行って初めてその根深さを思い知らされたような課題にとっては、今日も、過去も未来も、そして今日といっても日々患者さんとその前面に立ちはだかる壁との闘いが持続している問題であれば、一つの映画は何事かを描きつつもとりあえず〝ここに筆を擱く〟といった終りでしかない。だから気になり、のこりつづけた問題、さしせまって、映画のメディアとしてしておかなければならないものをとりつづけてきた。

映画『不知火海』の構想は、私がストックホルムの環境広場にフィルムをもって出席し、その帰路、事情があって、パリの知人宅に一夏をすごしていた折、プロデューサー高木隆太郎氏との往復書簡の中で芽生えたものである。ストックホルムの環境広場での上映のなかで、医学の側面の欠落は指摘されたし、その批判をうけて、それが今日『医学としての水俣病』（三部作）をつくるきっかけとなったことは他の機会にもすでにのべてきた。もうひとつは『不知火海』についてである。この映画を着想するのに、高木は日本でそのことを考えつづけていたし、私は国の外でそのことを同時的に考えていた。それが手紙で確認しえたとき、同じ映画の作業を共にしつづけたものの感性のふれ合いを感じたものである。

ストックホルムから始まった一連の上映の旅で、私は〝先進国〟といわれる国の人々のうけとり方と、発展途上国の人々のうけとり方との間に、原理的にかなりのちがいを見た。およそ近代化学工業を獲得している国の中でも、チッソの技術水準は技術オンリーの見方をすれば群をぬいた高度のものかもしれない。日本の中でも、チッソのアセトアルデヒドと全く同じ工程の工場は、新潟の旧昭電鹿瀬工場を含め八つあるといわれる。チッソはその中でずば抜けた生産量を誇ってきた。その生成技術は他の先進国といえども、水銀を触媒とする意味では同じであるかもしれない。それ故にというかそれに反してといおうか、〝先進国〟の人々が、自分の国の問題としてシリアスに受けとめていながらも、どこかに、衛生学的に、都市工学的に、あるいは医学的に解決できるものとしてのよりどころをもちつつ、啓蒙家的に、警世家的に、あるいは教育家的発想をのべているといったおもむきを感じとらないわけにはいかなかった。住民運動も日本の経験が特異であって、ラルフ・ネーダーのように突出したリーダーシップの下に、現代社会のゆがみを正すのに、かなり健全に動き《アクション》をうちだし、社会の是正力というか補修力というか、いったん、世の中に警鐘を乱打すれば、つまり情報が正しくつたえられれば、自治体をうごかし、議会をうごかし、政府が政治力学としての一つの作用を貫通するといった民主主義の健在を予定しているような気がする。スエーデンの公害対策を現地で聞かされたときもそうだったし、イギリスでも、反体制的知識人であり知的な映画人ノエル・バーチ氏とテームス川のほとりを歩きながら、かつて真黒だった酸素欠乏のテームス川に巨大な浄化装置をつくって、川のすべての水をクリーンアップし、最近魚が復活してきた……イギリスでは、そこまでの徹底性はもっていると、ひかえ目ながら、ロンドン市の仕事ぶりを聞かされたときもそんな気がした。

　それにひきかえ、国連としての環境会議のおもむきをつたえる新聞によって、先進国の海洋汚染についての警告と共同対策事業の提起に対し、中国はじめこれから化学工場をどんどん建設しなければならない国家を、先進国の文明＝新旧植民地主義によって発展した工業社会の結果をもって、発展途上国の自由な企画力、近代工業化の意義にたがをかけ、旧態のままに、〝環境問題〟をタネに押し止めておこうとするのか？　帝国主義、経済大国の身勝手がそこに底流としてありはしないか？　ということへの詰問をそこに私は読みとった。太平洋はじめ、外洋にタレ流すことによって、産業廃棄物を処理してきた日本と、海一つへだたった中国やマレーシア、シンガポールという地図上の認識を思い浮べただけでそれは分る。だが、水俣病は一体どんなものとしてうけとられているだろうか？　私は〝地球的〟な人々にいやでも多く会った。そしてその反応を見た。概してインターナショナルな人間というより、コスモポリタン的な発想からの意見に出あうことがあった。例えば水俣を、地域の住民全部をひとしく殺す意味で、ヴェトナム戦争のジェノサイド（皆殺し作戦）と同じだとして憤激する青年。あるいは次の世代をおかし、人間を根源から破壊する意味で、文明が人間そのものを滅亡に追いやる原爆時代、原爆下の生活の時代を告げる知識人、あるいは、反科学論的な視点から生命の生化学的単位にまでに分け入って、人間と自然との接点を説く学者、その他、未来学者的な発想や、世界連邦的な構想まで含め、いっしょくたにこのフィルムをぶら下げてきたにすぎない私にぶつけられた。すると私はどこかで醒めるのである。ショッキングな映画、烈しいプロテスト映画などと紹介されると、これでいいのかというおびえが足下からはい上るのである。そこでしきりに、平凡な不知火海の生活を思った。日常があり、自然があり、海があり、魚をとり、それを味わい、栄養としてというより食の美しさまでふくむあり方があり、それが一つの会社のたれ流した有機水銀によって、狂い死から短命まで、胎児性水俣病から、死産、流産の嬰児、何とも外に説明のつかぬ精薄様の子供を今日も生みつづけている不知火海、その静かな、あまりにも日常的日常の中からの水俣病をとらえなくては、このおびただしい諸説の浮遊をとめられないのではないか、と。私は前作でも〝日常〟をより濃くとったつもりでいた。しかし一株総会での社長と患者さんの対決といったエピローグで結ばれる映画は、どこかドラマティックなものを期待する人々の心に添い、そして一種の浄化作用をすませてしまったのではないか、と。たしかに運動そのものには映画は多くのスペースをさかないで作ったが、にもかかわらず運動の形象化が映画の一つの筋となってしまったのではないか？　などあれこれ考え悩んだはての『不知火海』であった。

一方、高木隆太郎は、日本で上映活動の反応を手ざわりに、もう一歩、深いところへふみ出すには、不知火海に限って見つめ、そこからものを考え煮つめたいという思いが蓄積されていたに違いない。またひとつ、彼を水俣、不知火海にたえずかりたててやまないのは、彼が宇土半島の南岸の浜で育ち、まさに水俣と一衣帯水の不知火海から切り離されたことのない人間であったからでもあろう。その個人史的な側面は紙数に限りがあるし、私のうかがい知れない底があるので立ち入ることはしないが、期せずして、前作『水俣——患者さんとその世界』を作ってしまった人間の〝後遺症〟としてののこり方から、何を新たにスタートすることで〝後遺症〟を創造物に転化していくかを迫られていたといえる。

この間、高木はある機会から、中国に青年学生訪問団の一員として訪問した東プロ（青林舎の前身）の重松良周、米田正篤の両君に託して、前作をプレゼントした。その機会に上映（北京・上海）もされた。その反応については公表されていないし、又聞きのまたぎきなので私の主観も入るかも知れないが次のようなものであったと思う……。水俣病とそれをめぐる闘争については理解できた。（以下ある映画専門家の意見としては）これを中国の各部門に見せたい。しかし、少し長いし、またこのままの形で、つまり中国の今日の化学工業の発展強化の運動の中に、そのまま何の解説もつけずに上映すれば、工業化即公害とむすびついてしまうだろう。中国でもこの問題に真剣にとりくんでおり、廃水処理を何段階かのプールで濾過し、最終水槽では金魚や鯉に全く異常のないところまで浄化・還元することに成功している。従って、日本資本主義の下ではこうだ。これを克服して実用化することが、われわれの事業だ、——という風にこの映画を反面教師的に見せたいと思うが……と、私の推論を含め、ほぼ以上のようなうけとり方であったと思う。

また、附言すれば朝鮮民主主義人民共和国での上映の場合もほぼ同じニュアンスであった。これは訪朝した未来社の松本昌次編集長によって、私あてに託された朝鮮対外文化連絡協会参事キム・ウ・ジョン氏からのメッセージの一部である。「水俣病のひどさがよく理解でき、公害という問題が深刻な社会問題であることがよく分った……。この映画をみた労働者、婦人たちの反響は大きい。しかし、わが国には公害はない。それもキム・イルソン主席の秀れた洞察力の深さである。」とのべ次のようにつづいている。「……復活した日本軍国主義は、経済援助という名で南朝鮮に侵略しており、怒りをおぼえるとともに、断固戦わねばならない。」とし、終りを映画・資料の提供への感謝のことばで結んである。

私は社会主義建設中の国々が何より人間尊重で貫かれていると思う。一つ疑わしい汚染がおこれば、その工場の作動を全面的にストップする主権者の存在も知っている。しかし食物として、とくに魚介類を介しての有機水銀中毒は、まだ発見されて日の浅い疾病であり、病像としてもまだ研究の緒についたにすぎないといわれている。とすれば、政治体制での解決策のみでは計り知れない今後の進行を思う。大ざっぱには、二つのタイプの国の人の反応を見ながら、私は前作の映画だけで終ることは出来ないと感じたし、いまは人々が意見の根拠とすべきものを記録作業として可能なところから映画にしていかなければ相済まぬ事態だと感じた。

それも漠然とながら、不知火海の全体像を追求してみるという基本姿勢に求心的に導かれるのみで、映画としてのイメージはそれ以上のものではなかった。それが昭和四十七年までの経過である。

この一年半余『医学としての水俣病』と『不知火海』とそれぞれに一時間二十分から二時間半までの四本の映画を撮影し、まとめている。うち二本、つまり医学の中の『資料・証言篇』（歴史と記録を中心にしたもの）『病理・病像篇』（今日の研究を中心にしたもの）は昭和四十九年十月末に完成、『不知火海』は十二月末、医学の『臨床・疫学篇』は二月中に完成の予定であり、それぞれの海外篇、さしあたり完全な英語版の完成にはまだ数ヵ月かかりそうである。東京・目黒の民家のだだっ広い部屋、元ガレージを改造した一角に編集室をしつらえ、台所で食事をつくってもらって、朝から夜十時頃までの編集作業も、すでに七ヵ月をこえた。冷房が要るだの、暑さにフィルムが汗でべとつくだの文句をいっていた夏、近くの柿の木の色づきが浅いといっていたのに枯葉はすべておち、てっぺんの二個の柿が熟れきって、いまだに落ちないその梢の先と秋の空。そして本格的な冬のおとずれに暖房だの換気扇がないとガス中毒になるぞとあわてたりしつつ、暮しとも仕事とも分ちがたく棲息している。

二年に一本とか、せいぜい年に一本とか作るのがやっとだったのに、一挙に四本の長篇記録をかかえ、盲、蛇におじずのたとえのように、三十時間のフィルム、二百時間近いテープを扱い、それぞれの編集をしている。だから、一本一本のフィルムの残像が別の映画に重なって、七時間分の映画となって頭の中にあるようだ。私にとっては一つの必然でもあるこの重複作業は、しかし映画をつくるものとしてはその所業は、あるいは神に恥じるものであるかも知れない。何ゆえこんな事になったかといえば自分で言い出したことなので自業自得であり、プロデューサーの高木隆太郎を責めることは出来ない。彼も、この映画をどんな形で上映普及しようかと、頭の中は、今四つの御神輿があばれぶりしているような状態であろう。先に完成した医学映画を二本、たっての希望もあって、十一月ジュネーブのWHO（国際保険機構）本部と、イラクのバグダッドでの水銀中毒の会議にもっていき、早く完全な英語版で作ってきなさいと注文され、眉根を寄せて帰国した。そして『不知火海』は一月二十三日から三日間、東京・神田の共立講堂での第一回上映会が決っている。しかし、何故、こんなことになったのか。

私たちは映画『水俣』にひきつづき、ニュース『実録公調委』をとり、ついで昭和四十三年六月、『水俣一揆』を発表した。これはもともと『不知火海』のプロローグとして裁判の判決からクランク・インしようと考えていて、もしそうなるとしたら通常、長くて十分位の一シェークエンス（場面）になるはずのものであった。しかし、三月二十日の判決から東京・チッソ本社での直接交渉、患者さんの泊り込みの闘いを記録する中で、この闘いの焦点を知ってもらいたいという気持がつよまり、一本の映画にして発表した。発表と時期を同じくして、一応、東京での三ヵ月余の闘争は終り、現地水俣での交渉に変った。この間『水俣一揆』はそれなりに短時日にまとめの作業を集中したので疲労感も重なり、『不知火海』の構想を、この事態の経過の上にたって改めなければならないと考えている間に、水俣病とはそもそも何かを端的に描くスライドもしくは映画がほしいということが、熊本「告発」の代表者、本田啓吉さんから出てきた。たしかに前作『水俣——患者さんとその世界』はあまりに長篇であり、一個の完結した映画であり、教材として教師の主導する余地を時間的にはもちえないものであり、限られた教育現場には入りにくいものであった。

漠然とそうした教材も必要であろうと思いながら、改めて、医学的なデータや、歴史的資料性を最低そなえるものであるならば、その基礎的学習と計画を組まなければということになり、そのための行動を始めることになった。

今までの水俣とのかかわりの中から、私たちは病状そのものを患者さんから直接に知らされてきた。成人患者の場合、あるいは幼児期に急性症状をもった人、そして胎児性の固有の症状を体験的に、視覚的聴覚的には知ったつもりである。しかし医学的には殆んど知ろうとする努力をしなかった。「いったん消失した脳細胞は二度と再生しない」という絶対性に依拠して、そこから水俣病の本質を組みたててきた。そして、もう一つ、これは肉体的な病気という医学面のみの把握の切り口のみを語る「医学」への反撥があった。これは〝社会病〟であり、社会の病理の集中的具現であり、この症状をひきおこす原因も、その悲劇的経過も、今後も発生を予知される根本《ねもと》も、すべて社会のやめる病理にもとづいており、その社会そのものを指弾する以外に、〝水俣病〟を見つめることは出来ないと考えてきた。

一方、数年前までは、医学の側も、建前として医学の専門カテゴリーに準拠しつつも、その発見と判断、ひいては救済に至る一連の医学者としての自由な働きを失い、水俣病認定審査会での医学的判断の局面に、非医学的配慮がうごいていはしないかという疑念が濃く、また、水俣病裁判の中で、証拠資料として提出を要求した弁護団の請求にもかかわらず、裁判の場にそれが出されることはなかったという経過などから、医学もまた社会病理の一部になっていはしないかと考えてきた。

私の中にあるそうした疑念から、私自身、映画で医学的側面を描くことに熱心ではなかったし、医学者へのアプローチもそれまで通り一ぺんの事でしかなかった。だから、水俣病とはそもそも何かを、教育教材として扱うにしても、改めて医学についての勉強のしなおしと、医学者とのフランクなつき合いを獲得することからしか始まるものではなかった。

ちょうどその頃、熊本大学医学部の原田正純氏と回を重ねて助言をうけるうちに、興味のポイントは、医師としての原田氏の思考と行動の様式の上にひきつけられるようになった。昭和四十八年七月頃のことである。

ある日、たまたま上京中の原田氏と話しをしているうちに、「私自身がいま水俣病に対する医学的判断について、迷いに迷っていることが一ぱいある。かつての教科書的な、ハンター・ラッセル症候群の型にはまらない患者、新らしい病像をもった患者にぶちあたって、いま医学的にすっきりとした判断を下せないでいる。この迷いそのものを記録映画にとったら、恐らくいまの水俣病の医学についての最も現実的な課題を描くことになるにちがいない」といわれたのである。

それまでにも、原田正純氏は、多くの研究者が法廷証人に求められて会社側弁護士側から請求された証人になっている中で、患者側のほとんどただひとりの証人として、きわめて重大な証言を行なった人であり、この数年間、日曜、休日をさいて、現地水俣の患者を看とり、水俣病を訴える潜在患者を個別訪問しながら医学と運動の接点を歩んでこられた人である。私たちが医学としての水俣病の映画をとる場合、彼のいかにも臨床医らしい医学者としての行動をフォローすることなしには何事も進まないであろうことは熟知していた。しかしそれまでには、医学者はすでに「水俣病」については研究しつくしており、その研究の適用の部分で、手びかえたり、沈黙しているものと推測していた。しかし、もっとも臨床体験ゆたかで、業績としての各先生の論文を精読し、現実の診断にあてはめて理論的にも高い水準にいるものと考えていた原田氏自身の口から、〝迷い〟の局面ばかりだという告白めいた述懐を聞いたときから、私は、自分の〝医学〟へのこだわりからわずかながら身をひきはがすことが出来た気がした。それは同時に、水俣病の医学のむつかしさもうかがい知れたし、その医学者内部のいわゆるセクトも、専門領域不可侵の世界であることも、ひいては医学が体制によって、そのどこが扼されているかも漠然とながら感知できた。

裁判の判決以後、私たちの眼にも医学の問題が前面に見えはじめた。判決の出るまで、言葉の上では、チッソは「すみません」というのみで、因果関係については、その責任を明言しないまま、裁判の係争上の問題として下駄をあずけてきた。判決は、その点を判断し、チッソに責任ありとして、慰謝料の支払いを命じ、その時点で、チッソは控訴を断念するという形で、その判決に服した。その後の東京での交渉で、医療と生活年金が闘いとられた時点で、その成果は、闘った患者以外にも等しく全患者に適用されるものとなった。従って、患者として認定されれば、補償については、ほぼ、裁判を闘った患者と同等の救済が得られるルールが一応形づくられたのだ。これは周知のことである。その頃から患者の認定それ自体、つまり医学的判断の〝厳しさ〟が誰の眼にも分るように変化してきた。〝医学的良心〟がときに逆用されたかたちで、〝保留〟患者を増やし、棄却患者を多く生み出す傾向が出てきた。医学者間の対立は局外者の私達の眼にも事ごとにうつるようになった。そして、それまで医学的権威ある判断から〝分らない症例〟として〝保留〟に附されるように、まだ医学として未解明という内実がうかがい知られるようになったのである。

私たちは、企画のために、水俣病に経験のある方々を歴訪した。東京では宇井純氏、白木博次氏、新潟大の椿忠雄氏、そして熊本大学では、かつての水俣病研究班の世良完介元班長はじめ、各班員だった先生方を訪問、同時に今は開業している、かつての新日窒附属病院長で、水俣病発見の功労者のひとり故細川一氏の時代にいっしょに勤務していた医局員まで、数十名の方々に会った。その歴訪の中から、『医学としての水俣病』の構想がふくらみ、ついに対象とすべき映画のテーマとなっていった。始めは高校生用スライドづくりだった話がひきがねになり二ヶ月後には、現状の三部作よりなる各一時間前後の映画であり、完成された〝学術医学映画〟ではなく、水俣病医学の映画による「中間報告」であり、一人にせよ、複数にせよ、いわゆる監修者方式ではなく、いっさいの表現の責任を映画製作者が負う立場で、異論も反論もふくめ、討議の材料としての医学的記録映画をつくることになった。

こうして、全く新しい一つのテーマ「医学シリーズ」を懐胎しつつある過程で、昭和四十八年六月より、不知火海漁民のチッソとの交渉は、原料港の海上封鎖をふくめ、正門、専用鉄道ゲート、他各門の原料、製品の輸送手段の封鎖を含む実力闘争が始まり、カメラマン一之瀬正史夫妻が現地駐在となり、一方では明らかに映画『不知火海』への序走がはじまっていた。

そして医学映画も、夏休みを利用して現地で自主診察をはじめた原田正純氏の、いうところの「迷いの医学」を軸に撮影に入った。そして、諸先生方の協力のとりつけも順調に進んでいった。とくに、昭和三十一年より二年ほどの間に出現した急性期患者の記録は、当時水俣市の保健所長をしていた伊藤蓮雄現熊本県衛生部長と、熊本大学内科で、直接水俣病の現地臨床や病院内での症例を記録した徳臣晴比古教授や、病理実験で段階的に動物実験をくりかえした実証的研究者武内忠男教授の学用フィルムやスライド等、映像的にしか正確に把握しがたいフィルムが、裁判判決という一つの区切りもあって、すべて公開される情勢となった。

頃を同じくして、水俣病センター・相思社の建設計画が進み、その中に、文献・写真と共に、映画資料も半永久的に保存したいという機能上の構想も鮮明になるにつれて、映画フィルムのすべては、私たちの映画に有用であると否とを問わず、この際リコピーすることを青林舎として決定し、借用したフィルムを洗滌し、フィルム面の痛みを補修し、カラー・白黒とも、そのまま複写ネガをとることにした。これらのフィルムは、例外なく反転現像フィルムといって、通常われわれの使用する、ネガを作り、ポジ画フイルムに焼つけるというプロ用の映画フィルムではなく、いわゆるアマチュア用の、そのままポジ・フイルムに反転されるフイルムであったため、天にも地にも、それ一本しかなく、複写する以外方法のないものであった。だから、私たちが望むクリアな画面ではなく、重要な学用フィルム程、何十回の映写により、満身創痍といった態の縦きずが入っており、それ自身、あと磨滅をまつばかりのものさえあった。しかし逆に見れば、研究のくりかえしをしのばせ、歴史にこのような形でしか記録しのこされ得なかったいわゆる原像的な水俣病急性死亡患者や猫の水俣病が、その土砂ぶりの画面の中に刻まれていて、そのフイルムの学術的価値をおのずと教えてくれていた。こうして全資料フイルムがコピーされることになったのである。

それらのフイルムの記録はほぼ昭和三十六、七年で終っている。とくに、その時期、胎児性水俣病の患児の記録は貴重なものだが、その時期で学用フイルムの製作は終っている。以後、研究的にも十年の空白があったのと照応している。そして、私たちは以後九年目にはじめて前作によって、水俣病の映画化に着手したのである。(その間勿論TVの取材は間歇的につづいたであろうが、そのコピーと半永久的保存は全く別の収集方式が必要だろう。)

『医学としての水俣病』の企画書(昭和四十八・七・三十)がある。スタートに当って、何を意図したかが分るので、抜萃してみたい。これは諸先生の協力を仰ぐにあたって、各氏の判断の材料となったものである。

○映画『医学としての水俣病』に関する考え方

A　水俣病は第一に〝社会病〟とみる

水俣病は、従来の人間の疾病、人体と病源菌の歴史とは、系の異なる、全く新しくかつ既成の病像とイメージを異にする化学中毒であり、〝文明〟のもたらした人間への反人間的リアクションであり、その破壊性は根源的である。しかも現在の水銀の大量使用は、すでに化学工業のマスプロの過程に組み込まれており、企業の生産活動の存否をにぎるまでになっている。

水俣病発見の二十年の歴史をふり返るときその原因究明は企業によってさまたげられ、県・国の行政でさえ、その隠匿に力をかし、その防止に至っては、今日に至るも根本的改善がなされ得ないでいることのうらには、水俣病が人体の病である以上に、決定的には社会病であることを物語る。

チッソの二十年にわたる防戦のプロセスには、水銀のもたらした〝技術革新〟、それによってもたらされる利潤があまりに大きく、仮に一部被害民に代償を支払っても、なお収支あいつぐなうに足るものであったこと、また水銀が化学工業にとっての成長の「鍵」的物質であったことを明らかにした。

したがって医学の面から水俣病をみる場合、――その原因物質（毒）の所在を、未知のヴィールス発見と同じプロセスでつきとめ摘出することではとどまらず、その治療と処置についても、たえず〝社会病〟としての水俣病の認識にふれない限り、臨床も病理もその固有のサイクルを閉じ得ないで来た。（中略）

しかし水銀はもともと劇物、猛毒でありながら、残念ながら、化学工業とむすびつく一部の化学者、薬学者、技術者の面から水俣病の原因物質として明らかにされたことはなかった。またその使用・生産現場の労働者、技術者からの危機の呼応は当時極めて稀であった。まず〝無機水銀は無害〟といった教育をなさしめたものは資本の暗示力であり、これを支えたのは、人間を機械視する、あるいは、人間そのものの健康をみるのではなく、それを〝労働能力〟としてみる人間欠落の思想そのものである。つまり水俣病ほど、典型的にその毒、その有害物質についての非人間的・反人間的思考によって、長期にわたりその誤りが維持された例は少ない――（以下略）

B　第二に水俣病は「毒物中毒」であり、その最終的病像はいまだに明かでないとの立場にたつ

おそらく水俣病の病像の最終的把握には胎児性として生まれた患児（者）がその一生を終えるまでのすべての症状をフォローする数十年、あるいはその次の世代を含め、長年月の〝実見〟を必要とするであろう。しかもそれは認定された顕性患者の場合をとってのことであり、不顕性（註・その多くは潜在している）患者の基盤的存在を考えるならば、（中略）臨床の線からも、病理の線からも、今日注視されている〝疑わしい〟病像についても正確にふれつづける必要が求められよう。いわゆるハンター・ラッセルの主要症候群のかげにかくれた、非典型的症状にメスを入れている現研究者の推理と予見の側に添いたい。

あきらかに「毒物」であることが、いつしか病源菌的なパターンに向っていないか、ゆえにあらためて、この「毒性」についてのイロハから映画をはじめたい。（以下略）

もう少し企画書の引用をゆるしていただきたいが、以上二項で、私は医学外の人間としての常識から知りたいことを知りたい、つまり医学についてのレポーターであり、確認者としての立場を冒頭に語ったつもりである。そして、次の一項は、

『医学としての水俣病』の企画案としてかかれながら、私は『不知火海』への企画をも重ねのべている気がするのだ。

C　水俣病は全生物の生活連鎖に発生機序をもつ病気であり、生物内での濃縮と蓄積が特徴である

——今日〝水銀列島〟とか〝一億総水銀漬け〟とか言われている。しかし真に恐ろしい水銀のメカニズムは少しあやまれば聞きなれた〝用語〟の世界に収斂しかねない。これは医学者の実験を重ねたはてのイマジネーションのひとつであったはずである。（中略）

水銀がプランクトンをへて魚・貝類に、その摂取により魚類、猫類そしてヒトへの構造が明らかにされている。それは、またヒトによる自然系の破壊である。

あらゆる医学者の探究のむくいは、その病気の原因の発見がとりもなおさず、治療の発見につながることにあるであろう。それは医学者にとって、他者にはうかがい知れぬほどの歓びであるはずである。しかし水俣病はその趣きを異にする。治癒の途、全快の道は、その病因の根源＝有機水銀を発見したときに絶たれたのである。その医学者の苦悩は『医学としての水俣病』を撮るわれわれの痛苦でもある。しかも水銀はその海への大地への拡散を終え、それが生物連鎖の過程に入り、ヒトの破壊に到達した今日の現実から、再び出発するのである。しかも、有機水銀が、その特有の濃縮と蓄積のメカニズムをもっていることを明らかにする以上、そのすべての因果関係の源流であるその毒の発生源、その発生について放置する人間達に対する焦点操作をも果さなければならない。その発生源への攻撃が、せめてもの防衛であり、今考えられる唯一の〝治療〟の前提であり、方法であって、他はテクニックの上の方便にすぎない。その点現在行われている不知火海漁民の工場封鎖、操業停止、排水口の封じこめは、まったく正確無比な対策であり、他により以上の方法は考えられないのである。

この映画『医学としての水俣病』では、医学と「漁民闘争」、医学と「SF」を並行して描こうとは思わない。想像力のベースはあくまでも〝水俣病とは何か?〟の究明におかれる。だが、その究明のはてには一つの（医学）思想の変革をせまる巨大な実在としての「水俣病」が存在することは予見できる。

「水俣病は決して治らない」という終末的イメージから眼をつむり、のがれることが出来ないところから研究はつづけ

られているし、この映画の対象世界は、その点で動いている。（以下略）

D　何故水俣病に焦点をしぼるのか（略）

E　どの立場でとるか

くり返しのべたように、われわれは被害者ではなく、また医学の専門家でもない映画プロパーであり、映画としての責任を負うものである。今日までの数篇の映画製作において、たえず患者さんの場から物事をみつめようと努めてきた。しかし「スローガン」的に、政治性を出すことにはひとつの抑制を働かせてきた。それは人間がひとつの正しい認識に至ればその人間には必ず、実践力が生まれ出るであろうというリアリズムに立つからである。今も、ストレートに言うならば、水俣病は現代、始めて登場した毒物中毒であり、いかに不顕性とはいえ、その発生源を中心に生まれた総自然の破壊である以上、最終的には疫学的方法によって、その地域住民に対する総被害として、率直にこれをとらえ、毒の所在をつきとめ、その源を絶ち、ひいては、ひとつの企業、県、国に至るまで、糾弾し、制裁し、経済的にも、物理的にも、これを追いつめ破壊し、水俣病が畢竟、治癒不能としても次善の策として取りうるものはすべてとるという立場にたって撮る。（以下略）

どうも今、読み返して、複雑な思いであるが、医学の映画をとるに当って、かなりの視点づくりをしてからでしか、重畳たる医学の世界にむきあえなかった当時を思い出す。そして医学映画をとるにあたって、私は過去の医学フィルムをいったん、その撮影した当時の撮った順につなぎ直し、そのカメラをまわすときの研究者の目標、その主要関心、その研究の手順、撮影の条件を逆に読みとることから始めた。おそらくはカメラずきの助手、講師たちが初めて十六ミリカメラをまわしたであろう。技術上ピンボケや、露出の狂いは随所にあるが、医学的に記録したいものを狙う点では、いつも正確に表現されていた。水俣病は、一瞬間をとる写真では捕捉できない症状をもっている。このことから少ない研究費の中からも映画で記録した。その価値は片々たる映画の枠をこえて、重要な価値をもっている。私は、ほぼ撮影時の時間順序に復元したフィルムにしてから、当時の記録者＝現在の水俣病の第一線研究者に会い、そのフィルムを映写して、当時を追想しつつ、研究の道すじをのべてもらう方法をとった。今日、医学上の判断では、意見を全く異にする学者諸氏も、中央政治、医学界の官僚の、チッソ側にたっての妨害、圧力に抗して、有機水銀中毒の発見に至った過程では、今日では失われた共同性をもち、その点、医学の初心がにじみ出て、心を動かすものがあった。その映画による研究も昭和三十七年頃に終り、以後は、個別研究の記録に入る。そして、昭和四十四年の段階に、当時の患者の殆んどの記録が再び映画で行われる。それは私たちの映画に収録する性質のものではなかった。一つのテストのパターンを全患者がしている。その同じシーンの連続であった。聞くところによると、それは症度の軽重を判断するための映画素材であり、その記録は、当時、水俣病補償処理委員会による患者の補償に差を設けるための症度別ランクづけの資料とされる可能性ももっていたかも知れない。これは推論である。しかしこの推論の根拠は、映画の第一部『資料・証言篇』のために先にのべたように、旧フィルムを追体験してみて、そのフィルムの研究上のきわめて高い質をいったん見てしまった眼には、それはあきらかに、一つの行政作業の反映のような規則的な、何のためにそれをとったか理解に苦しむパターンばかりであり、もしそれを必要とするなら、ある行政的判断者（それが医学者であったかも知れない）が症度を見わけるための判断素材であったろうとしか思えないのである。

私は医学に素人であり、医学の映画の中では、私の判断はきわめてひかえめにし、医学者自身のコメントをそのまま厳密に附して構成した。しかしもとより、医学に二つの潮流が生まれた時期のただ中の撮影の仕事である。ある学者は第三水俣病（有明）について、否定の立場をとり、ある学者はその可能性について固執する。そしてそのベースとなる有明海の水銀汚染は政府のデータによっても明らかにされている。そのさ中では、医学の門外漢である私はその環境汚染の現実を不知火海に見据えつづけた眼でしか医学論争を見、きく外はない。

今回の撮影中に、有明海区の最も疑わしい患者はほぼ全員シロとなって裁定された。ある病理学者は、病理所見の正しさは死後解剖によってのみ立論が証明できる——逆に言えば、その時にしか学問的立証が出来ないという「病理学」専門領域固有の苦しさをのべられる。しかし先生とて何十例の水俣病の臨床体験をもち、臨床領域に立ち入ることを許されれば、症状から水俣病特有の症状を発見出来たかも知れない。臨床と病理が、あるいは疫学とが、それぞれ固有の専門領域の「相互不可侵条約」をつくって、領域の相互自由往来の方途がないのが日本の医学界の現下の慣習なのであろう。その慣習に研究が足をひっぱられ、一つの明快な進展を遮られているのを見ないわけにはいかなかった。そして私達の医学映画が、基本的な方法として、医学者の研究データはその医学者のジカのコメントによるという原則からして、データが発表されていない、いまだ秘匿されている第三水俣病（有明）についてはついに映画にすることが出来なかった。その悔恨は、次なる作業によって克服する以外にないであろう。それは私たちが医学映画をとることによってより明確になった表現で再度チャレンジする以外にない。その思いをつよめたのは、第三水俣病が環境庁で組織された委員会（水銀汚染調査検討委員会・健康調査分科会＝昭和四十八年八月十七日、於東京）において、最終的判断の資料として運動失調のあり方をうつした八ミリ映画がひとつのキメ手になったという新聞報道（朝日新聞・昭和四十八年八月二十一日付）を見たことによる。それによると、「……熊本大学徳臣晴比古教授が研究班の報告したうちの二つの例につき、『水俣病の疑いはなく、老人性疾患である』との診断結果を示し、運動機能をテストした際に撮影したフィルムを映写した。五時間にわたる両者の激論に決着をつけたのが、このフィルムであった……」このフィルムがどういう役割をはたしたかがうかがえる。映画をとるものにとって、一つの立場に立って探求するカメラワークであるなら、高度の資料性と共に、見逃しかねない特異な症例について、分析力をもって、より精密な表現に至れたであろうからである。かつて水俣病発見当時に果した映像（学用フィルム）の作業力が、いま八ミリで、しかも現実の患者さんを見ることなく、その画面だけで、シロクロが判断され、根拠づけられることに心痛まないわけにはいかない。かつて昭和三十一、二年には現場にあくまで密着した医学が、他の研究者に症状を分析しつたえるためにとり、その研究を前進せしめるに役立った学用フィルムが、今、現場、現実の患者に触わることなく、「委員会」の裁定の具に堕している気がしてならないのである。勿論、どんな八ミリであったか知る由もない。私の偏見であれば救われる。しかし、奇しくも学用フィルムを歴史的に見ることの出来た稀有の証人としての、これはひとつの直観で、動かしがたい偏見なのである。

さて、私は企画書にかいたことを実現出来たかどうかを検証しなければならない。まだのこる一篇『臨床・疫学篇』が未完であるので、感想の域に止めたいが、この医学レポートは水俣病研究の中間報告と規定したことは正しかったし、今後、研究の進展によって、補正、変更、撮りたしをして行くべきものとして、今日医学研究の総体は紹介したつもりでいる。しかし、「社会病」と冒頭に規定したことの重大さは、まだ充分に明らかにし得ていないうらみがのこる。たとえば目下の水俣病医学の問題は、慣行として二十年近くの実績をもつ水俣病認定審査制度そのものの存在を問うところまできている。もし医学が「社会病」としての基盤的認識を実践的に医学判断の基礎とするものなら、不知火海の総汚染と、そこでの食生活について、もっと実際的な人間的な、個性的な現場体験をもって当るべきだろう。子供が胎児性なのに、何故母親は脊椎変形症なのか、あるいは同じ漁家として漁を競いあった家々の患者を、Aは「水俣病」、Bは「保留すべき段階の患者」、Cは「他の病名で説明しうるから棄却」とピンセットで同じダイヤモンドながら宝石と工業用ダイヤによりわけるような作業の方法をするのであろうか。

その矛盾をテーマにしたのが〝迷える医者〟原田正純氏のケースワークを中心に描いた『臨床・疫学篇』である。

原田氏の直面した臨床例は容易なものではなかった。立場上、恩師にあたる先生方が認定審査会の委員として、棄却し、保留しているケースばかりを映画で記録した。例えば、湯堂の漁家の主婦で、あらゆる点で完璧の水俣病であるが、視野狭窄のテストが、テストごとにちがう。つまり、これは見えるか、見えないか、という簡単なテストでも、たたみこまれて問われれば、一種の逆上現象を起すのも、また重度の水俣病のもつ精神障害といわれている。つつしみぶかいこの主婦は、「見えません」というひとことをいうにも、ぶっきらぼうで、刻々に「心因性」との疑いを深めてゆく医者にむきあってさらに気が動顛し、答えはしどろもどろになる。それを医学的に判断すれば、「心因性」の視野狭窄、つまり嘘と紙一重の記録としてのこる。認定審査会は、書面審議であり、臨床医の報告を「信頼」してかかるシステムであり、せいぜい出る結論は保留にして、再検査という形になる。だが、この多発部落では、誰もが、彼女を水俣病と信じてうたがわない。

もう一つ例をあげよう。水俣に隣接する津奈木の浜部落に浜本亨さんという棄却されたケースの患者さんがいる。特に名を出したのは、一昨年来、環境庁に行政不服のうったえを出している方だからだ。元、網子であり、今、小さな魚屋を営んでいる。この次男は精薄様の症状のつよいことから胎児性水俣病のうたがいがあり申請中だが、目下保留であり、おくれて妻も申請を出した。しかし、浜本亨さん自身が棄却されたことから、論理的にはこの一家の認定は複雑である。同じものをたべているのに一人に症状をみとめ他の一人に症状をみとめられないということは疫学のABCからいってもおかしなことになる。

浜本亨さんの場合、難聴、手足のしびれはあるが「脊椎変形症で説明出来る」という理由である。原田氏によれば、たしかに脊椎変形症もあるという。ただ視野狭窄があまりなく、末梢神経の麻痺も典型的ではない。これはいまの段階では患者の条件として不全である。しかし、それが水俣病と併発したり、水俣病がひき金になっていることは当然考えられるという立場から見てゆく。もう一つ棄却の外因と考えられるのは、病歴、個人歴の問診の際、彼は「魚はあまり喰べとりません」と答えたという。そのことが関りないとはいえない。映画で、私たちは、この一家のすむ浜部落二百戸の調査から始めて、いわば疫学の真似事を見よう見まねでやってみた。彼の過去の仕事、食生活、近所の人の見た彼の症状の経過などの証言あつめである。延十日程の作業であったが、実に明々白々な事実が容易に、次々に出てきた。彼が三十代に網子として働いた網元は典型的水俣病で親子二代が死亡している。そこの魚をもちかえっていつも食べていたという。その網元の発病時期に胎児性水俣病のうたがいある次男は生まれている。その後、魚屋となり、水俣の魚市場で仕入れた魚を行商し、そのための世間への気がねから「魚はくうとらん」と地元の人なら、あきれ返るようなうそを言ったというのである。「魚のあきないしてて、魚をくわんちゅうことがあるもんですか。うれのこりの品物ば、じゃ見むきもせんというんかと兄にゆうてやりました。何で嘘ゆうかち言うてやれば、そのときにはそのときの気持じゃったというでしょうが、商売や子供の将来を思ってうそゆうたというんです……」と実の妹（彼女も水俣病認定患者である）が言う。今でこそ、この浜部落も水俣病を口にすることが出来るが、それでも一つ町をへだてただけで、十年前の水俣とほぼ同じ状況なのだ。このケースの場合、ストレートに医学所見を出すわけにはいかない。すでに「棄却」という結論がいったん出されているからだ。原田氏は疫学的にみれば明々白々といいながらも、医学の先輩たちの「棄却」という判断をくつがえすために、何がキメ手かを探るのである。それが果してキメ手として有効かどうか私は知らないが、彼の妻の視野狭窄を計った結果、彼女のそれからは、教科書的な視野狭窄のパターンが見られた。素人の私たちではそれで充分足りると思えた。だが、この一事があっても、なお、現状では彼が臨床所見の上で、水俣病の特有の病像をとり出さなければ、「棄却」の結論をくつがえすわけにはいかないのである。

このフィルムは編集過程のまま、録音を附して環境庁の資料とし、環境庁の人々に見てもらった。その立証能力と資料性がどのように働いたか未だ明らかではないが、「やはり、現地に行って、実際を見てこなくては裁決出来ない」という合意を生んだことはたしかだ。

水俣病が発生以来二十年、病像がどんどん修正されなければならない時点である。にもかかわらず、旧来の水俣病の臨床像、とくに急性期の患者像を尺度にしての判断が主流をなしているのが現状のようだ。

こうした苦しい条件下で、胎児性様の子供、高血圧の一言で片づけられた患者の体そのものにむきあっている原田氏の仕事は苛酷にすぎるものがあった。新潟水俣病の場合には不全片麻痺は水俣病の五十パーセント以上の症例であるのに、熊本では血管障害として水俣病から除外されていたり、動物実験であきらかにされているように、全身病としての水俣病、つまり神経学の対象に限られることなく、経口摂取したものであることから、肝臓、膵臓、心臓等の諸臓器にも障害がみとめられているにもかかわらず、それは、既成の肝臓病、心臓病として「説明しうる」とする〝引き算〟的医学判断とまともに対決せざるを得ないのである。

この迷いに迷う臨床をテーマにする映画の中に今日の水俣病から疫学の思想、「社会病」の思想がどのようにうすめられてきたかをくみとって頂きたい。

映画をとり終えてから、さらに重大な医学上糾弾さるべき事件が去年夏より水俣で続発している。急増する水俣病を処理するために、インターン生まで動員して、俄ごしらえの検診部隊をつくり、申請患者の検診を行った。これは県の行政がどたん場でうった医学行政の暴走となった。武内氏、原田氏他、かつての水俣病研究者はさすがに一人も参加していない。これをいつか映画としてフォローしなければならないと思っている。

しかし、それにしても、長い映画として完成した。『医学としての水俣病』だけでのべ四時間半である。一つ一つに遊びはない。医学研究の現状までの中間報告としてまとめた意図から言えば、講義の実例サンプルにも、コンパクトな視聴覚教材にもならなかった。またも「有用の長物」を生んだのではないかをおそれる。

余談ながら、この事にふれて、高木隆太郎プロデューサーがヨーロッパとアラブの二地点で上映したときの話を思い出す。WHO（国際保健機構）では、一本一本が長すぎる、一体誰に見せるためのものか考えて一時間以内に短縮した方がいい、内容は貴重なものだから全面的な協力は惜しまないというニュアンスであり、一方、アラブ、ブラジル等第三世界の人々は、長い短いを問わず、分っているデータをすべて見たいという意見であったと聞く。これは一つの光明であった。やはり第三世界の人々のうけとり方は先進国とはちがったのだ。これからオイル・ダラーを軸に石油化学工業をはじめ重工業型の国家へと脱皮しようとする国々の医学者、科学者が乾いた砂漠が水を吸いこむごとく、映画に対して強烈な関心を示してくれたことによって、同じ、日本の第三世界的領域に追いこまれている水俣病患者の、即ち病めるが故に映画のモデルになった一つの甲斐が果されたとしたら、映画を作るものとして、これほどつぐなわれる思いはないのである。

つい最近、アメリカの五大湖附近のインディオ居住区で湖の魚を摂取するインディアンに典型的な水俣病が発生していることを写真家ユージン・スミスの妻アイリーンは報告してくれた。また今度、アラブまでフイルムをもっていったきっかけとなったイラクでは、公式数字をもってしても患者六千人余、死者四百五十人余という。日本の公式数字（認定された患者）をもってしても熊本、新潟の三倍近くに及ぶ。この原因となったメキシコ産小麦にアメリカで殺菌剤＝有機水銀をしみこませた種子は、イラクだけでなく、イランその他周辺諸国にも送られ同様の事件をひきおこしているという。やはり、第三世界から水俣病は発生するのだという黒い思いに駆られる。

紙数もほぼ限られた今、『不知火海』について触れよう。これは五年間水俣にかかわった私たちの行きついた映画的世界である。医学も行政も目撃しようとしないできた事実を撮ったものである。この『不知火海』は、先に企画書に触れて少しのべたように、発想の根というべきものは、広く疫学的世界と重なる。しかし、何より心ひかれたのは、水俣すらつつむ自然の賦活力であった。真黒なヘドロのある百間港のひき汐のあとに出来た水たまりに、十センチほどの稚魚をみたときの衝撃は大きかった。こんなところにも魚は帰ってきたのかという驚きである。三年前にも見ることが出来なかった。そしてまた、最多発地区月の浦の鼻の岩膚にカキの稚貝をみつけた。絶滅したと思われたヒバリガイモドキもたった一つだがあった。一人の娘を失い、一人が最重症の患者である少女の父、自らも水俣病である田中義光さんは夢中になって、カキの稚貝をうってその鮮度をたしかめていた。その時、何とも滋味あふるる表情でその貝に語りかけているのをみた。海は復活しつつあるようだった。毒と共にありながら、生きものが帰ってきたのだ。以来、私たちは不知火海への見方を変えることになった。水俣湾内はいまでも高汚染のままである。湾内の底魚はいまも高い水銀値を示し、武内氏によれば、回遊魚もふくむ十検体の平均をとっても〇・三PPM以上、底にすむ魚類は一PPM以上はあるだろうという。かりに〇・五PPMとしても、五百グラムずつ毎日たべれば、約百日で最低発症値に達するという。その対策として、県は定置網を設け、湾内の魚を一斉に捕獲して、それをプラスチックの大タンクにつめ、いずれはコンクリートで埋めこむ予定を立てている。しかし現実には、湾に出入する貨物船や巡航船のために、網は中間二百五十メートルがそのためにあけられており、魚は自由に往来できる。つまり全く見せかけの汚染魚対策にすぎない。映画で何回かその捕獲現場を見にいったが、実に大物が不幸にして網にからめられている。それは一見して、鮮度を疑い得ない活きのよさである。カレイ、タコ、スズキ、フグ、イカ等さまざまである。

水俣湾内とそのぎりぎりの隣接海区には漁船の影もない。水俣市の漁協中、船を動かすのは汚染魚とりの役目だけである。それ故にかくも豊饒な漁場となったのであろうか。単に水銀滓だけでなく、チッソはありとあらゆる物質を水俣湾に流した。にもかかわらずこの湾の海流と湾の構造はこのように魚に快適なのであろうか。古くからの漁師が恋路島から丸島、月の浦にかけての漁場を誇ったのも、今はっきりと肯ける。そして、医学者の研究によれば、魚に入った有機水銀は、人と同じく、やはりその脳と神経細胞に蓄積され、その動き、鮮度、肉づきは、他の鮮魚と全く変らない。それはプランクトンの場合にも、ミジンコの場合にも、毒によって腐蝕も死滅もすることなく、生きつづけているからこそ、その食物連鎖が続くのだと指摘していた。つまり、水銀測定器で計って始めてその水銀は顕然化するのであって、魚の日常の姿は、太古からの魚についての好悪の判断の基準たりえた、美しいえらとすきとおった眼のままの、まさに活き魚であるのである。どうして毒魚として忌むことが出来よう。そう語りかけたくなる魚が湾内に群れているのである。

私たちは水俣から離れて再び水俣をみつめたい気がして、同じ不知火海の浜をたずねてみた。水俣病である限り死んだ海とみえた不知火海は、宇土、天草、御所浦の側から見ればまさに活況ともいうべき漁業がいとなまれていた。これは驚きであった。医学の映画を撮りながら得た知識によれば、それはあるいは今も長期微量摂取による慢性型発症をひきおこすとか、かつてダメージをうけた身体にさらに水銀を加重することによって急性発症を見る危険性があるとか、おぼろげながら知っているつもりでいる。また、まさしくそうなり果てたと思われる患者にも会った。そして撮影し、その人々の食の歴史も現況も聞いた同じ耳と眼で、活況の不知火の漁業を見聞きするのである。それでいて、私たちスタッフの誰もが魚に魅せられ、どこにいっても、久しぶりの活き作りに箸をせっせと運ぶのである。すぐれた映画手法によってもあらわし切れない美しさをもつ不知火海のたたずまいと、そこになりわいとしてともたのしみとも分ちがたい漁夫をみているうちに彼らの生活感に同化されるのか、また、魚の活きのよさがうながす美味しさに魅せられるのか、どのすべても作用しているのであろう、何の怖れもためらいもなくなるのである。そこが指呼の間に水俣の工場の煙を望むところであろうと、位置を水俣からすこしでも引きはがしてむかいの浜から見れば、そこは都市のよごれ方を知らぬ天然の海があり、そこでの私の海ともいえるものが安堵感とともにあるのである。それは魚好きとか、焼酎くらいの肴好みとかではなく、そこの自然に、はるかなる先祖がそこに定住の思いをさだめた時に働かせたであろうような、直感的な愛着がよみがえるのである。今回、私はそれを自らを怪しむほど、感じとってきた。まして、天草の御所浦の人々のように、そこをこよなく愛し自慢する土着の人々であれば、私の〝意外〟こそ意外であるだろう。つまり昔同様食べつづけているのだ。そのときも、私たちは〝医学映画〟で深く刻まれたデータを忘れ去っているわけではない、むしろ頭にこびりついてさえいる。しかし決して生理に浮上してこないのである。これは一体何なのかと考える。それがつまり人間のえらびとった、あるいは生れながらそこにいるとしても、心交しあった「環境」というものなのではないか。そこにタバコのすいがら一つ放りなげても気になる海があり、魚の寄らねば腹から何かこみ上げてくるわが海、わが浜としての「環境」ではないだろうか。その海のものを喰うのをやめて、チッソの海上封鎖にいくわけでは決してない。毒ある魚をくらい焼酎をくらいながら、チッソの「悪水」をせめたて、海を汚すなと工場幹部の胸ぐらをつき上げているのであろう。とすれば、不知火海の人々の「環境」まるごとの破壊への抗議の根っこはどこにあるのであろうか。それはそこに生きつづけ、漁業をいとなみつづけ、その魚を喰いつづけ死に至る、その全人生の実在こそ、チッソを恐怖させ、行政、医学を根本からゆすぶるものそのものなのではないだろうか。その行動の根拠はそのまるごとの生活そのものであることを不知火海は完璧な形で具現しているのだ。

三本の医学の映画をとりながら『不知火海』をどうしても撮らなければならなかったのは、医学が凝視すべき、その自然性に依拠してほしかったからである。原田正純氏は「へその緒でつながっている海とヒト」という表現で、不知火海と患者＝漁民を語った。胎児性水俣病の最も深い理解者であるのと重ね思うとき、人は不知火海を子宮としてはぐくまれ、毒をそのまま受容した胎児であると言っているようにも思える。これは因果である。

この映画には「闘争」らしいものは何一つ出てこない。いわば静的な水俣病の世界とそれをつつむ母なる不知火海そのものをみつめたものである。

補償金をもらって、何が救われたであろうか。一家全滅の代償に数千万を手にした患者家庭に「社会病」としての水俣病の病巣はどんな形で進行していっているか。また、患者さんがどんな生命力によって各自の治療方法をそれぞれに発見し、うみ出そうとしているか。水俣病はいわば、公けにみとめられ、補償はされたが、そのあとこそ個人の業苦のみ残る。しかし業苦を認めつつ、そこにいかに人間的な理知の輝きがえらびとられたか——そうした一連の人間の個人史的闘争のいとぐちを映画はいく分でもとらえたつもりである。ことに、かつて、その身長、体重の過少、そして四肢不自由、表現機能の欠如といった胎児性水俣病特有の諸症状から、いくつになっても「子供」としか見えなかった少年、少女が、青年期に達し、明らかに強靱な意志を発揮しはじめている。長い間にからかわれ、おとしめられつづけた体験から、ひかえめで遠慮がちながら、いま精一杯、彼らの方からつき合いを求めはじめている。この映画をみて、幾分でもストレートなつき合い方を見出して頂ければ幸いである。私たちは彼らの中にゆたかな愛すべき人間を見たつもりである。と同時に、絶対に理解を超えた深部もみた。しかしそれとて、つき合いを求める彼らの表現の果てに知り得たことである。水俣病を生んだ同時代人として、これはどこかに水俣病の刻印として止めてほしいのである。しかし、それは陽性に展開しているのだ。

どうやら、私はいわゆる「終末論」と反対の地平にきてしまったようだ。なるほど、水俣という文明のもたらした極北をみれば、終末としかいいようがない。しかし、そこで自滅を願わぬ以上、自らの律し方、自らの意志で終末してゆきたいのである。その地獄にも人のかたちどった恐ろしさのみではなく、黒々としたユーモアもあろう。現実をまじろがずにみつめれば、海の底から生類の賑わいがきこえてくる。この声と和して、体制を恐怖のどん底におとし入れる策を計りたいのである。なお語りたいことはつきないが紙数を越えている。やはり映画で見て頂きたいのである。

（一九七四・一二・一一）

水俣病の病像を求めて

『医学としての水俣病』（三部作・四時間三十八分）を撮るなかで、私たちは新たなおどろきをいくたびも味わった。そして新たな疑問も抱いた。その驚きと疑問をありのまま、この映画のなかにこめたつもりでいる。医学理論が完璧にあって、それを映画的に解析したというものでは全くない。その意味では〝学術映画〟の名称には入らないものである。

水俣病そのものは確実に重大な死と健康被害を人間に与え、一定の法則の下に人体を冒しつづけている。それに対応する医学的判断や、その病像が、いくつにも分かれ、また進歩するものもあれば、後退した医学判断にひきもどりもする。今日問題なのは、医学がどれだけ現実の水俣病のあり方に迫るか、患者の健康の被害のかたちにつれそうかであろう。ところが、水俣病をめぐる医学には、純学問的研究の領域のど真ん中に〝認定制度〟がつきささっている。その制度は、行政者の国・県が医学者に「医学判断」を求める形になっており、認定・即補償につながる。しかも、その健康被害の度合いにランク別の〝定価〟をつける作業までもりこまれ、これらが医学者にゲタをあずける格好になっており、この〝第三者〟的認定制度は、水俣病の補償が問題となった昭和三十四年末以来今日までの慣例とされてきた。以上は周知のことであろう。だが医学者にとって、自分の学問的良心にしたがった判断が、審査会とか何々分科会とかいった〝委員会〟によって、シロ・クロつけられることを自ら認めることによって、どんなに確信ある判断をもっても、それが〝委員会〟で満場一致で認められるかどうかに余計な配慮が要るようである。まして、その委員会がじかに脈もとっていない、ただ〝関係者〟〝専門家〟〝何々問題の権威者〟といった人々を加えて構成されている場合、一医師の良心は、風前の灯である。事実、消えたロウソクになった医学者を見てきた。医師の個人的研究が公的にみとめられない限り、あるいは海外で評価されない限り、行政下の医学データにとりこまれないようだ。

私たちが水俣病という社会病に映画でアプローチを試みたときに、ひとりひとりの医師との関係を第一義に重んじたつもりである。しかしそのひとりひとりの研究者の視野に、厳然と〝認定審査会〟にパスする所見、あるいは研究であるか否かについての、どうしようもないいらだたしさがつきまとっていた。熊本や新潟の学者ほどそうである。その研究の一挙手一投足が認定・補償にひびく。その点、純理論研究を保証された中央の学者ほど、とらわれない自由さをもって、水俣病像について一つの極まで推論をたてることが出来ていた。だが、それが現場の臨床家に支持され、彼らに積極的にとり入れられない限り、有効に水俣病の救済には機能していないのである。つまり研究室内の実験段階として無視されているようなのだ。まぎれもなく、水俣病は不知火海住民の中にあり、時間経過と共に脳に、臓器に侵入している。だがそれを追う医学はだれひとり自由にはばたいていない。これが映画をとりながらベースにあった私たちの悲憤であった。

以下、具体的に私たち素人のおどろきを述べてみよう。

熊本の水俣病では片マヒ例は、脳循環器障害とされ、認定審査会ではまず否定因子となっている。なぜならば中毒学の常識によれば脳の半分だけやられることは考えられないとする。もしやられるならば両側性にやられ、したがって左右ともマヒするはずである。これは水俣病発見以前の医学では常識とされていたものだ。

編集中に訪ねてこられた原田正純氏（熊大・精神神経学）に、新潟水俣病で取材した青壮年世代の連発した不全片マヒの臨床フイルムをおみせした。新潟では年寄りを除いても五〇％以上にこれが出現しているという新潟大白川健一氏（神経内科）のコメントのついたものである。原田氏は嘆声とともに、「新潟はよく追跡調査してるなあ。だから認定審査にも不全片マヒは主要症状のひとつとして入ってるでしょう。熊本（の審査会）では、これを症状とはとらんですもんね。このフイルムは熊本の審査会のメンバーにぜひ見てもらわんといかん」と語ったものだ。

これを聞いて私はあらためて水俣病の二地点ですら情報が交流されていないことを知らされた。熊本は熊本、新潟は新潟であるのか。

余談ながら新潟の患者をみたあとの私たちに、新潟大のある教授は、「熊本の患者をみているあなた方は新潟の患者をみてどう思われるか。熊本では、もっと重い患者しか認定していないんじゃないか」といい、また新潟のある研究者は、「熊本で保留中の患者の中には、新潟では最重症の部類に入るひとがいるようですね」と語った。

これらの述懐は映画には入っていない。撮影作業の合間に肩の力を抜いて話されたことばかりである。このつぶやきのような見解を映画は増幅して聞こえるものとするよう努力したつもりである。なにゆえに、同じ日本でありながら新潟と熊本の医学がこのように亀裂しているのか、これは驚きではすまされない。私たちは短兵急に批判を述べなかった。まずこの不条理を映画で克明に報告することに専念した。

同様の疑念をもう少し列記したい。素人なりのこの種の疑問が、実は映画をつくりつづけるバネとなり、映画の骨格をつくる上で強い力となったからである。

地方の人びとは、主治医・町の医者とのつきあいは深く、情でつながっている。主治医の判断に逆らって、他の医師に診てもらうことにはある勇気と決断がいる。そうした情のつきあいを、私はいつもある口惜しさで見てきたものだ。およそ何百人という水俣病患者を診療している地元の医師に、視野狭窄を「とりめ」だといわれたり、胎児性様患者を「小児マヒ」、慢性水俣病様患者を「中風」「アル中」「老人病」といわれて果てた人が何十人いるであろうか。だから、患者さんは、良きにつけ、悪しきにつけ、医師を個人名でよぶ。その医師が「水俣病の疑い」として診断書をかき、当人に申請をすすめてからのちは、患者さん対医師個人との関係は見事に絶たれ、しかも診断の内容は原則的に一切公表されないという医学的闇の世界に送られるのである。認定審査会とはそういう存在であり、患者に確実に威圧感と疎外感を与える〝機関〟なのだ。「検診医はその氏名を患者に教えよ」という奇妙な要求をあえて患者がするのは、医学者が認定制度の中では無記名制にひとしい集団的〝医学判断〟をとりつづけてきたことへの不安と抗議のあらわれである。

そのひとりひとりの医学者に私たちは映画で面会をもとめ、見解をきくことをくり返した。医学者の方々は、私たちの言動から、少なくとも医学者の味方とは感じられなかったに違いない。時に話は交差せず、表現にベールのかかる場合が多かった。ときには、ある種尋問に近い質問をする失礼までせざるを得なかった。しかし辛うじて協力を得られたのは、それぞれひとりひとりの医学者が半生をそれにかかわらせた「水俣病」がテーマであったこと、これ以外にはない。

水俣病研究はひとくちにいって、その全体像や未知の部分を探る活動がつづけられているものの、問題は現実の認定作業とクロスしていないことだ。

熊本では高血圧や肝臓等臓器の障害が水俣病様の症状と重なってあらわれた場合、「これは高血圧としか現時点では言いようがない」とか「これは神経症状が著名ではなく、肝臓病で説明しうる」とかの理由で認定されないか、または保留されているのと同じ時、東京のある学者の実験では猿にメチル水銀を与えて、そこにも有機水銀が沈着していることが実証されており、また同氏の資料には四歳、八歳の小児水俣病にも、脳をやしなう血管に動脈硬化があらわれているというデータが、なぜ参考にされず「一学説」にとどまっているのか。現に水俣で患者さんを個別訪問している支援者や巡回看護活動家は、患者から肝臓・腎臓の重篤な症状が訴えられている。猿の実験で、日時を経過しても一向におとろえないそれら臓器への有機水銀の蓄積例は、臨床家の間になぜ、求められ、つたわらないでいるのだろうか？

知覚神経症状は、他の症状がまだ顕然化しないうちにも、つまり運動神経がぴちぴちしており、小脳にまでまだつよい症状が出ない段階でも、末梢神経にはまずしびれや麻痺が先んじて起こるという、熊大宮川太平氏のねずみの実験が、なぜ最重視されないのであろう。他の原因——たとえば脊椎変形症——でも起こるということはあろう。しかし、汚染地区での検査であれば、予防医学としても、まずその学説を応用してしかるべきではないか？

また、例えば一家の中で、しかも有機水銀＝魚と切っても切れない元漁民であり、いま鮮魚商の一家で、主人の男子は「脊椎変形症」であり水俣病ではないとされ、その息子は、検査不能の精薄であり、その後のしらべで妻に強度の視野狭窄が実証された場合、なぜ、少なくとも、主人の〝棄却〟だけは保留、せめて再考慮の線に訂正できないのか。即刻、審査会の事務局レベルででも、つまり県レベルで間違いを正す機能が働かないのか？

つまり、研究のレベルでも、実践面でも、交流とか、フィードバックとか、すみやかな対応とかが、何かにへだてられて、それ自身、老化・動脈硬化あるいは視野狭窄を来たしているのが、現在の水俣病の医学につきまとった〝病状〟に見える。もちろん、私は門外漢であり、ただ映画をつくる人間でしかない。しかしというか、それゆえにというか、私たちはあたりまえのことで驚くことが多かった。それが二十年間、自分の体を知りつくし、まわりの患者さんの日常を観察しつづけている汚染地区の申請患者であれば、医学への疑問、不信は当然のことに思えるのである。

医学者の苦悩がそれなりに素直につたわったのは、胎児性水俣病と疑われている子供たちについて判断に苦しんでいた数々の場合に出会ったときである。昭和三十年代でその発生はやんだとした学説に、いま医学者は自らとらわれることになった。ところが水俣地区を中心に、四十年代になって、知恵おくれ、精薄といった知能障害のパターンと、重い運動障害の小児マヒ様のパターンの子供たちが次々に訴え出ている。その母親は一見健康にみえたり、または症状は軽いといわれる。動物実験でも、それは見事に証明されている。ところが、かつて昭和三十六、七年の胎児性の子供と趣がちがうのである。

「脳性小児マヒの原因はいろいろあり、どこで有機水銀の影響をとり出すか、それがいま出来ない」と審査会長はその母親たちに言う。しかし、その症状は極めて重いものばかり、あまりの重さに検査できない、だから保留という、悲惨な図式である。

水俣病は前例のない疾病である。どういう症状が起こるかまだ分からない。それ自体恐怖である。発狂、自殺がそれを物語っている。だがそこにはもともとの健康な時の体の記憶がベースにあってのことだ。しかし胎児性の子供はなぜ、どのようにそうなったか、未知の部分があまりに大きい。親ですら、その子の正体が分からないのである。医学は、その発生のメカニズムはほぼつきとめているが、その症状について分からないとしか言いようがなく、したがって認定の基準がまだない。だが多発地区に確実に異常な新生児が生まれている。ではなぜ疫学的調査によって決断しないのであろうか？

この胎児性水俣病様の子供の問題は先鋭である。彼らはこの汚染地帯に生まれたという一事でしか救済できない——つきつめると、その方法しかない——としたら、不知火海全体の不健康者を、なんらかの形の「有機水銀中毒」と見ざるを得ないことに、どこかで一気に通じてしまうのだ。かつて環境庁が「有機水銀の影響を否定しえないものまで救済せよ」とした裁決の直後、旧来のハンター・ラッセル症候群をもって水俣病を判断していたある神経内科医は「それでは水俣の神経症はすべて水俣病ということになる」と憤然、審査会をやめられたという。ではこの地区の胎児性水俣病様の子供については同じ論法で拒否できるだろうか。今日の医学の焦点は、この次の世代に不気味に発顕しているかもしれない胎児性にこそむけられ、その解明をテコに、全水俣病病像の底知れぬ深刻さを思い知るべきであろう。水俣病には患者さんの訴えをきくことが一番大事だと、映画の中で原田正純氏はくり返し語っている（臨床・疫学篇）。しかし、この子らに問診はない。訴えず、しゃべれず、検査不能という水俣病の痛苦の結晶体がまさにこの子供たちではないだろうか。不知火海全域のこうした疫学的に蓋然性のある異常児を一人もれなく救済し、そして集団的にその子供たちから病像を分析総合してこそ、はじめて一歩すすむのではなかろうか。

こうした疑問はさしあたっては個々の研究者に発したものである。しかし、それでは解決しないこともおぼろげながら分かる気がする。

行政は医学にゲタをあずけたと前にのべた。しかしゲタをあずけられる医学の姿勢も、またあったと言わないわけにはいかない。それは認定審査制度をひきうけて以来十六年の歴史が生んだ矛盾である。町の主治医の診断に、さらに行政的にふるいにかけるという、医師の上に医師をおいて上下関係をつくるという、一般には全く非常識な構造である。私たちの映画を、別の権威がバラバラにしてまた別の映画を作るようなものである。だれしも自分の責任ある診断が〝委員会〟でふるいにかけられることを認めるわけにはいくまい。人間として許せない行為である。

これと相似形の出来事は、つい最近の熊大第二次研究班のいわゆる「第三有明水俣病」の判断に対する中央の環境庁・水銀汚染調査検討委、健康調査分科会によるシロ・クロ裁決である。脈をとり、研究しぬいた所見を、現地と無縁な関係者を含む「委員会」で否定していくこのやり方だ。医師の上に医師をおくことでは熊本の認定審査会の文字通り全国版ではないか？　行政の中央集権と、医学的権威の縦構造との見事な癒着であるが、それと同じことを、水俣病は十六年間くり返しているといったら間違いだろうか。

もちろん、医師間の所見の叩きあいも必要であろう。ならば、診断書をかいた現地の医師を含む、水俣で最も臨床経験をもつ町医者が、どうしてひとりも、そして一回も認定審査会に登場しないのであろう。悪名高い水俣市立病院の医師は、この際論外として、町の主治医の存在無視だけは一貫している。

率直にいって、私は映画から水俣にふれた。記録作業を通じて水俣病を知った。水俣湾のヘドロに竿さして調べもしたし、いまも水俣沖で操業する漁船で網あげをみた。そして多くの家でご馳走になり、魚を腹一杯たべる人びとと接してきた。何ひとつ変わっていない。仏壇の遺影の故人の脳を撮影した数日のち、その兄弟の今日的発症の悲嘆を聞き、それを映画にとっている。だから、熊本大医学部ですら、そこからは遠い遠い存在である。医学者がその医学的良心にかけて、「いま臨床的には分からないのです」という弁明をきくとき、とっさに「では、疫学的にはどうなんですか」と反語する習性が身についてしまっている（今回、その疫学面を医学的にとれなかったことが一番残念である。だから『不知火海』を同時にとらなければならなかった）。患者さんにとって〝疫学〟という言葉は、ここにすんで、漁をして、魚をたべていましたということにつきる。そのことが臨床という検診にはつき通らぬことも、また知らされてきた。審査会長の経験のある武内忠男氏（熊大・病理学）はこう言われた――「病理は死んで解剖してみてはじめてつきとめられる学問でしょう。生きてるうちは臨床にたよるほかない。臨床所見がどこから水俣病症状をとり出してくるか待つほかないのです」。

これは水俣病の認定の中での病理の位置を物語ると同時に、氏の臨床、とくに神経内科への批判とも聞きとれた。認定作業の主導力は臨床なのである。しかも、その審査の理由も経過も、ここの部分が一番秘密にされている。

この映画では、「何が水俣病か」についてをそれぞれの考え方のまま克明にとり出し、それを知ることから始めなければならないと考えた。すでに人類の経験した疾病ならば、「自分の病気はもしや……」と想像もつくが、患者さんにとって、どういう症状が水俣病か、比べるものがないからである。私は映画的方法は水俣病の記録に一つの役割をもっていると信じている。まず、医学から水俣病の全資料を映画化しようと考えたのは、現下の水俣病問題ではまず水俣病を知的にどう再獲得し、どう力量をわがものとするかから始めようと思ったからだ。私の〝疫学論議〟が現実、何の役に立とう。

さしあたり、医学の歩んだ道をふりかえり、今日到達した病理・病像を学び、現実の臨床にどうかかわるか、今日の疫学はどのようにあらなければならないかを、医学者との交渉のプロセスの中で明らかにしようと考えた。監修者をあえてお願いしなかった。同様に、私の散文的疫学論もあえてうめこみ、自分のナレーションでつづることをしなかった。出来るだけ、各自の研究と意見を生《なま》に、そしてその部分には責任をもっていただく形で構成した。ある人によっては異議のある意見も討議の資料となるよう、そのまま収録した。そして、研究内容に最も適した映画表現につとめ、素人の私なりの疑問や分からない点は、私の理解力をめやすに撮ったつもりである。

十九人にのぼる協力医学者の方々は、その方法を了承され、各個人の責任において固有の役割を果たされ、同時に、その資料や学術フィルムも公開された。そして撮ったフィルムにさらに助言を加えられ、その責任部分を明らかになされた。さらに、難解な用語や、研究のデテールについて、多くの時間をさくことを求めたにもかかわらず、その労を惜しまれなかった熊本大原田正純氏、元東京都公害研の土井陸雄氏に感謝のことばもない。

こうして資料収集―研究発表・インタビュー―フィルムへのコメント―編集・構成という作業に二年を要した。この間に、映画は、縦には歴史をたどり、横には各分野の研究を横断することになった。この二年は、水俣病の医学の中で、歴史にのこる激動期でもあった。そのプロセスと波動をまともに映画はあびながらの製作であった。私が、研究者、協力者の形成について述べたのは、ただに感謝の気持ちだけではなく、この映画を作る過程で、ともに苦しみ、ときに対立し、新たな意見をさぐり、あるいはその所見の公表をあえて求めるといったジグザグの連続であったことを述べたいからでもあるのだ。すなわち、まえに述べたように私たちには完成した〝水俣病像〟はないという地点からのスタートであった。ゆえに、完結したとされる研究をそのまま映画に模写するのではなく、研究の動くさまを見、その志向の方向が、新たなる水俣病像のどの部分に成熟していくものなのか、それが水俣病患者のかかえている問題とどこで交差するものかを考えつづけた。その過程をはらんだこの映画『医学としての水俣病―三部作』は、当然、中間報告であり、その完結した全体像のレポートが、いつ出来るか、私には改めて果てしなく思えるのである。

映画の三部作となったことを、簡単に図式化するなら、水俣病についての、歴史篇、理論篇、実践篇に分かたれていると言える。

『資料・証言篇』は、水俣病の発生前の海の追憶から始まり、水俣病の発生の確認からその病因の追求、そして有機水銀中毒とつきとめるまでを前史に、以後胎児性水俣病の存在を確認し、患者の救済を求めての二十年の闘いを回顧し、今日もあるヘドロの現状までを描いている。この中でとくに、「証言」という言葉をおいたのは、猫の自然発症にせよ、ヘドロへの着目にせよ、あるいは工場内の水銀の取り扱いにせよ、医学外の人びとの直観がつねに医学より先行し、医学研究の基底部であったことを記録したかったからである。

『病理・病像篇』は、人類初めての食物連鎖による有機水銀中毒の病理の古典例を示しつつ、それが急性期には、工場での直接被曝による有機水銀中毒の研究から導き出された「ハンター・ラッセル症候群」を引きあいに水俣病の症状を限定してきた経過および理由を冒頭に、ついで、現在の病理研究の実情を述べている。この映画で「ハンター・ラッセル症候群」とは異なった概念で、〝水俣病症候群〟という独特の呼び方が出されている。いったい水俣病とは何かについての病理の見地からの予見と、その実験および理論化の作業が始まったともいえる。そしてその、新しい水俣病像が、現実の水俣病、とくに胎児性様の患者および老人病、高血圧症、不全片マヒといった症状が認定作業の中にいまだとり入れられていない矛盾を報告し、さらに不知火海一帯の汚染魚の調査からみて、いまも慢性水俣病の発生の可能性の告示に終わっている。

『臨床・疫学篇』は認定制度のゆがみからこぼし落とされた患者の数ケースについて、最も現場での臨床経験をもつ熊大原田正純氏のレポートとその意見である。この篇で、疫学的アプローチにも触れているが、現場での臨床を撮影できる条件が、現実の認定作業の診断の秘密主義から、彼の実践だけに限られたことをも物語ることになった。原田氏のコメントは、ある抑制に終始しているが、水俣病の論争のすべてを背負っている氏のギリギリの反論をレポートした。

この映画の企画、調査の時期は、昭和四十八年春、水俣病裁判の判決とひきつづくチッソ本社との直接交渉があり、その地熱に支えられての準備であった。一方、熊大第二次研究班は〝第三有明水俣病〟を発表、これに勢いを得て、水銀汚染の明らかな全国各地で水銀中毒患者の洗い出しが連鎖反応のように起こった。大牟田、長崎、佐賀、徳山、そして水俣から転職移住した人が、大阪、東京、千葉で明らかにされはじめた。水銀の点検はしぶしぶながら国の手でおこなわれ、厚生省は魚の摂取量の規制値を「アジ週十二匹」と発表、漁連の反対で三日後に「アジ週四十六匹までは心配ない」と訂正され、つまるところ行政不信をさらに深めた。こうした激動期に、映画は多くの医学者の協力を得たのであった。

門外不出の学術用フィルムも、行政資料フィルムもはじめて半永久的に保存することとともに陽の目をみることとなった。以来、数カ月の間に、環境庁の組織した〝委員会〟はまず有明町の二人をシロ（昭和四十八年八月七日）とする判断を手はじめに、徳山、大牟田、佐賀、長崎の疑わしい水俣病をすべて反論し終えた。八月二十四日、熊大医学部教授会（田中正三学部長）は「今後、社会的影響が大きい研究に関しては、その結果の発表にはつねに慎重な配慮をするよう自戒する。又、地方自治体等から委託をうけて行う研究の公表には、学部長・学長等の許可が必要である」（昭和四十八年八月二十四日「朝日新聞」より）とし、事実上箝口令を敷いたのである。

映画で病理を詳説された武内氏は、追われるように認定審査会を下り、第二次研究班は解消された。また、眼科で新所見、眼球運動異常から他覚的に脳の視領野の障害をみる方法を考えた筒井純氏（熊大・眼科）は、第三有明水俣病の糾問の中で、その所見が入れられず熊本大を去られた。そうした最も反動期に映画は撮影され、昭和四十九年五月、熊本から帰った。以後十カ月編集に没頭した。

その間、認定審査会は一回も開かれず、熊本では一人の認定者も出ていない。認定制度の矛盾といえばそれまでだが、今日、水俣病につねに反動的役割を演じつづけ、三井三池のCO患者を、あれは組合が作り出した組合病だとして批判をあびた九大神経内科の黒岩義五郎氏を中心に水俣病認定業務促進検討委員会が動き出した。今回作った映画の方向と全く逆な水俣病像観の方々である。この委員会が熊大神経内科のレクチャーにより実施した五〇〇人の検診は、担当医の氏名も言わず（大学を出たての研修医を含む）、水俣病の臨床観を旧水俣病像をなぞって叩きこまれた医学者たちによって行われた。申請患者の闘いは急速に広がり、この検査結果の採用を阻止している。

私たちは、医学が再び水俣病史の暗黒期に入ろうとしているのを見ないわけにはいかない。当分、医学の城砦の中から、医学の映像を人々の前に運ぶ仕事は不可能となるであろう。『水俣——患者さんとその世界』等で行ったように、申請患者の群れの中にまじって、関門を破り、医学と現実の接点で、患者さんにとっての医学を撮る以外ない。

「これが水俣病のすべてだ」という映画がいつ出来るか、今は夢想の外である。

III

水俣から帰って

水俣病との縁はまだ切れない。そこにかりに「患者さん」がいようといまいと、彼らをふくめたその他の「人々」や海とのつき合いはまだ私を魅了してつきるところない。いま半年のロケを終えて帰京したところだが、前作で撮りのこしたもの、新たに視野の中心に座をしめてきたものを撮った。一つは医学的側面からのアプローチであり、一つは「不知火海」の自然と魚と人の話である。

話は飛ぶが、今年に入って天草・御所浦のゴチ網漁でマナガツオを二時間で魚箱百五十、市場おろしで百五十万円かせいだという話をきいた。まさかと思って聞き訊すのだが、やはり漁師一代に何回とはない僥倖であるらしい。群泳するマナガツオがずぼっと網にかかってきたという。百万円、七十万円はざら、少ないもので二十万円は水揚げしたという。カメラがそれを撮るチャンスは再びなかったが、不知火海という内海の漁業はあれこれ心ひかれるものであり、詳細にカメラにおさめた。

ひとくちにいって、不知火海は湖である。のったりとしたおだやかな内海であり、遠浅の汐のみちひきで変化にとんだ漁法が工夫されている。それは男だけの世界ではない。貝やあおさというのりや、シャコ漁は女の仕事であり、いわゆる「浜遊び」である。干潟のシャコ漁は二時間の引き汐どきの仕事、女ひとりで二キロ三キロは手でとらえる。

それはシャコと遊んだ先人の智慧から生まれた奇抜なとり方である。すでにとらえたシャコを干潟にあいた丸い穴の奥にひそむシャコめがけて頭からつっこませる。糸ヒモでつながれた仕掛人のシャコはせっせと穴へもぐる。と、巣ごもりのシャコは出てゆけとばかり、頭突きをくり返して二十センチ余の穴をはい上る。それを習字用の太筆で更におびき出し、はさみをとらえてずり出すのである。部落の浜で数十人の女房たちが、筆を手につんつんとシャコとたわむれて、日に千五百円から二千円の日銭をかせぎ、夕餉の卓に料理している。

これは不知火海の水俣から遠い浜辺の光景である。いま水俣だけにはその漁どりの姿は皆無である。水俣から見れば彼岸の天草での漁は盛大であり豊かである。陽の出と共にさばの餌にくらいつくふぐの群の真上に、夫婦舟が数百隻、海底のふぐの群のただずまいもかくやとばかりむれている。そして日に何万の水揚げをしている。不知火海は死ぬどころか大らかに原始からの魚の匂いにみちた生活を包んでいまもあるのである。

前作では失われゆく漁民の生活はみたつもりである。しかし今回あらためて不知火海に、内海ゆえの多彩な漁民の生活と腕を見てきた。捲上げ仕事などは機械化もされ力仕事は減った。「漁師ほど楽な仕事はなかでしょ」とはにかんで手の内を見せる漁師の顔は、汚染魚さわぎや工場封鎖のときの殺気と全くちがって自然と魚への信頼感に和み切っているのである。だが、この内海性のゆえにこそ、チッソの水銀は人間に至るまでの食物連鎖をへてのぼりつめたことが更にわかる。これが日本海、太平洋の臨海工業地帯なら外洋にそのまま流され問題は顕然化をまぬがれつづけたであろう。新潟にしても一すじの川の上流で水銀はたれ流された。出るべくして出た人類破壊である。

熊大の良心的なT教授は、不知火海の回遊魚の水銀保有量（政府発表のもの）をもとにして、たとえ水俣から遠くの浜であれ、魚の摂取量を半分に減らさねばならんと語られた。しかし、半分くって箸をおくということは漁民にとっても、私にとっても不可能である。汚染魚といえ見かけは鮮度もよく、その魚の身は甘味さえある。煮付けにしてもよし、さしみによし、汁によし、どうして半分にしてすませようか。だから、十万人の沿岸漁民、住民を全員他の地へ移住させない限り、この食生活の流れを断つことは出来ない。断乎として喰いつづけ、そして慢性的に水銀を蓄積し、病者となって狂う晩年をむかえるであろう。医学も行政も、この二十年間、チッソ工場一つ潰せずヘドロひとつ処理してこなかった。漁獲禁止区域内の汚染魚を毎日殺しつづけているだけだ。

しかし、最危険地区で漁師が殺し捨てるべき魚を網から揚げ、目をみはる大物のタコやすずきを手にしたとき、さも自分の漁師の腕であったかのように高々と私たちにかかげ見せる心根が施政者に分るだろうか。そのすずきの二、三本を「一寸喰うだけ」といって、そのまま夕餉にもち帰るのを知っているだろうか？　誰も平和な晩年を送ることがねがっているが、まだ水銀は現役の毒として海にあり、その海の生命力、魚類の生命力ゆえに、海は生きているのだ。不知火の人々は毒を多少くっても、この生命への止みがたい信頼を失う気にならないのである。

私は毒された海をへめぐって、その毒と共に生きる人々を見た。資本による人工的な環境汚染とはつまるところ人間の類、魚の類への総体的汚染であり、つまり非日常が日常に見える倒錯の光景の世界である。

その海とむきあう漁民＝患者さん＝いまだあらわれざる水銀中毒者の海への熱い思いをくまない限り、医学者や行政者の規制や戒告をこえて病めるエネルギーを蓄えつづけるだろう。

水俣病についての映画状況報告

昨四十八年三月、水俣病裁判の判決があり、その後の患者さんとチッソとの直接自主交渉の記録『水俣一揆』をまとめているころから、この時期に、水俣病の医学的側面を描いた映画を作っておかなければという思いが強く動いた。

それまで、水俣病にかかわりをもちながら「脳が黒くやけこげ消失し」とか「細胞がタコのイボイボのように丸くなって」とか、散文的にしかのべられなかった。もちろんハンター・ラッセル症候群とよばれる知覚障害、運動失調、視野狭窄、構音障害の外、難聴等ぐらいは現実の患者さんから知らされたし、文献的にも知ることが出来た。だが映画にそれを獲得出来なかった。

ある患者さんから「うちの父の死ぬ前の写真（映画）をT先生はうつしていかれたつばい」とか「Iさんは八ミリがうまかで、よう撮らした」という話をきいていたし、それをたどって、断片的には前々作『水俣』にも使用したが、それが全面的に解放される日を待っていたといえる。裁判のある間は「色々問題もあるのでテレビや、新聞などに出さないようにしようと先生方とも話していた」とI氏はあとで語られた。恐らく、水俣病の原像ともいえる急性期の患者の学用フィルムは、それだけで社会的に強い衝撃をあらためてひきおこすに足るものであったからだ。とくにI氏のように今なお水俣病の行政を掌握する立場にあったり、T先生のように第三水俣病のシロクロ論争の一方の立論に立ち、その医学的発言が行政の根幹にかかわる立場にあったりする場合、フィルムの管理に個人的責任以上の対社会的判断があったであろう。

医学が私有化されてはならないことは明らかである。同様に人類史上初めてのこの惨害の実態を秘匿することもあってはならない。そして、その発表のタイミングも政治的に操作されてはならない。事あらためて言うなら、この学用フィルムも、おびただしい写真も、大学病院や県庁の中に葬られることなく、発表さるべきである。しかし、水俣病の歴史の示すところ物事はそうなってこなかった。それを「隠匿」といい「密ペイ」といわれても仕方のないことである。

裁判の一応の決着のあと、初めて、諸先生や各関係者からフィルムの公開についての応諾が得られた。一つには社会状況の変化があった外に、貴重なフィルムそのものの寿命が、いま手を入れなければ、破損しつくすまでになっており、その再生と半永久的保存は、いつに政府でも県でもなく、映画を仕事とするわれわれでなければならぬと思ったことが、事を動かしたと思う。

裁判の終わりころから、有明海、徳山湾等に第三、第四の水俣病の危険があり、水俣病にかかわった日本中の学者が二つに分かれ、論争をはじめた時期、私たちのように非体制的な立場で、つねに患者さん側から物事をみようとする記録映画グループで、かつ「告発」運動の一員でもあるわれわれの立脚点は、時にある立場の先生にとってみれば異相のものであったに違いない。しかし、今回医学フィルムの公開に関しては、だれひとり拒否した方はいなかった。そのコメントには永い間の見解があり、固執もあったが、フィルムをすべて（十時間余）リコピーし、ネガを作ることには協力が得られた。感謝にたえないところである。

私は水俣病の歴史的位置づけを原爆による放射能被害と同じほど重く見ている。そしてヒロシマ・ナガサキの場合、アメリカは、日本側で撮影した記録を十数年にわたって返還せず、その後も、日本政府の管理の中におかれているのを知っている。行政は、水俣病のフィルムについても、出来ればそうしたかったに違いない。私たちが、前作において痛感したのも水俣病の病像がいかに知らされていないかを自ら恥じたが故に、許された全患者を克明に撮りまくることになった。

映画を撮る間に「水俣病」とは何かについての行政色の濃い医学論争がつづいた。とくに、汚染については何一つ底をさらうような抜本的対策のないまま放置されている。水銀はチッソ工場敷地そのもの、その残渣プール、そして百間港、水俣湾、ひいては不知火海全域に、今も推定約一千トンの水銀が拡散しつづけ、それによる長期微量摂取型の新しい形の水俣病の可能性が叫ばれてきた。この時期、一方では申請せずにうめいていた患者さんが次第に申請をはじめ、その数が一ヵ月に七十名に達し、行政が十数年、それをかくれみのとしてきた「水俣病認定審査会」がほぼ処理能力としても医学判断の力もその機能を失いはじめた時期でもあった。

私たちは、この事態の中で、何が水俣病なのか？　医学という特殊な学問の城砦の中に特殊に管理されている水俣病の病理、病像を患者さんの世界にもちはこび、開きたいと胸中念じつづけた。もし、水俣病の病像がわが知識になったら、どんなに臆せず、正面から物が言えるだろうか。そんな事を考えつづけた。「知は力なり」とも自らに言い聞かせた。

『医学としての水俣病』（三部作）と『不知火海』はこうした基盤的作業として、今日の水俣病を考える場合の討論の素材として役立てたいのである。

ネガ・ポジタイプのフィルムではなく、反転現像フィルムのため、たった一本のプリントしかなく、それが何十回の学用試写、上映のため、すり切れ破損し、土砂ぶりの雨のようなかき傷の画面の中で、人が、猫が、マウスが狂い死んでいく。そのさまは、映画でしか他者に伝え得なかったであろう。素人の助手、講師らによって、当時の少ない研究費の中で撮られたフィルムは、その映画という方法を誤たなかった故に、世界的な業績となっている。この間、やっと完成した『資料・証言篇』と『病理・病像篇』をプロデューサーの高木隆太郎と英語版責任者、郡谷炳浚がイラクに飛び、世界保健機構（ＷＨＯ）の会議で初公開した。イラクは有機水銀剤で消毒されたアメリカからの種小麦をパンとして直接摂取し死者六百名、患者は一説に十万名に及ぶといわれる。その地で上映され、とくに発展途上国の科学者に強い衝撃を与えたという。文明がそのものを死に追いやる段階に入った今日、文明化を急ぐ発展途上国の人々にこそ最も直観的にうけとめられたに違いない。人類とくに被害民は漁民に集中したことを貧しい第三世界と重ねうつして読みとったのだと感じないわけにはいかない。「水俣病の教師は患者さんである」と原田正純氏（熊大精神神経）は言う。映画は医学者のそれぞれの医学を、立場の異なるものをこもごもそのままのべたつもりである。しかし、その対象世界は患者さんであり、その現実の病像は究極ひとつのものであろう。今日、過去の医学観、臨床観の線上から同一地帯の病者を「患者」「非患者」と分けることが、最後まで疑問として残る。有機水銀によるまるごとの汚染という現実、これが一つも改められていないという事実からこそ医学は立論さるべきであろう。医学映画を作りながら、究極には別に新しく長篇ドキュメンタリー『不知火海』を製作している理由と動機はそこにある。歴史を予見する母胎、医学の依拠する母胎、政治のみつめるべき母胎、あらゆる発想の母なる海としての『不知火海』をいまいちど、まじろがずにみつめ直し、答えを背に負いたいのだ。

逆境のなかの記録

よく人からさり気なく「君は何故劇映画はとらないのか」ときかれる。「ドキュメンタリーはまだ若い芸術だし、やりたいことがあるから」と当たりさわりのない返事をする。問答はほとんどそこで終わる。しかし、私には記録という作業の中でしか足をふみ出せないところがある。まして水俣病のようにどうにもならないものごとを撮るにはそれしかない。私は、そうした私にとってのいわば〝逆境〟いわば〝最下限〟の状態での耐え方と歩み出し方は、物事の記録、それも明確な目的のない作業からしか始まってこなかった気がする。まして劇映画的ピークや爆発の本来ない現実世界、そして、映画の対象自身、いわば逆境下であり、最下限である場合が多いのである。

現代の知識人にとって、精神的な逆境といえば三十年前までの戦争体験であり、或いは天皇制軍隊の組織内の生活であろう。しかし昭和三年生まれの私にはそれはない。敗戦前後の東京での都会人生活のなれの果ての体験が強烈である。一家が食べるものについてである。一升ビンで玄米を精白する方法。じゃがいもをつぶしてデンプンをとるやり方。そして電気の両極を利用したパンやき器とかタバコ巻き器のしかけ等の物の像などが、私の記憶の底にある。そのことからこみ上げての戦争体験がある。人間の果てしないいやしさも、また、ほのぼのといえるものもある。だがこれは記憶であって、記録ではない。

いま私の手許に二十三年前の古ノートが三冊ある。獄中メモである。昭和二十七年、日本共産党の「軍事方針」のもと、小河内山村工作隊員となり、小河内＝軍事的多目的ダム粉砕、山林解放の闘争の中で、官憲のわなにはまってのタイ捕であった。その時の、具体的な戦術には反対意見をのべつくしたが、決定には従った。だから未決中も「この闘争にいかに正当性を見つけるか」といった自問と思想的動揺があり、又個人的には恋愛問題も秘めていた。したがって、同じくその時、とらわれた四名の同志と、一見意気軒昂に〝獄中闘争〟を貫きながらも、心中、逆境の思いがふり切れず、志操は時に最下限にずり落ちがちであった。

その時のノートであり、完黙のため伏せ字的配慮を要したが、その分量だけは自分ながら驚くほど書きためられている。四百字詰めでおよそ三千枚以上。一行に二行分ずつ米つぶ大の文字でかかれたものである。今も、私自身面白いのは当時の官給品のメモである。

「……再生綿のうすいフトン上下各一枚、一畳大の蚊帳、アルミ食器二、竹籠、小さいヤカン。木製便器、手桶二（洗面用、雑巾用）、箒、ハタキ、チリトリ。小机に渋団扇。私物の衣服二点。てぬぐい、歯ブラシ、ハミガキ粉、チリ紙――以上」などとある。獄中にも蚊帳はあったという事がおどろきであった。ノートの記録の意味について、数行ある。「何の為に書くのかその答えに窮する。こうしてドキュメントをつづること、〝文啞〟を直すこと、偽りのない〝筆〟をつくり上げること。せめて〝自由〟をこのノートの中で営みたいこと。……鉛筆とノート、もし〝私有〟がこの独房にあるとしたら、それはこれ以外にはない。」と、或いは、今も通用することばでその趣旨をのべていた。

だが再読してみて、人間、その逆境の中でかえって夢をつづらせ自己美化をせずにはおかないものであることも知った。恋を語り、革命的人間像を――。今、呆れかえる程の饒舌をもって延々、筆まかせの長文で埋めている。しかし多くの砂をかむような日々は、苦しみながら何事かを記録している。差し入れのアンパンを〝分析〟したり、食事のディテールが事こまかにかかれている。月一回の甘味の日「何といううずら豆のおいしさよ。唾液腺が異様に痛む。口の両わきからのどにかけて……」等とある。それもない平凡な日、一枚のボッシュの絵「手品師」というのか、それに約数千字の感想と分析の文章をかいている。内容は数十字で足りるが、むりやりに書きこめた――そうするより耐えることが出来なかった、そうすることだけが逆境を一日分先に送る必然の作業であったと、今にして思う。そして、〝想い〟の文章より、苦吟の時を、あてもない記録についやした部分の方が、より今日の自分とつながっているのである。よく「足ぶみしている」という否定的表現がある。それは、歩くべくして尚、足ぶみしていることをたとえているのであろう。しかし、足ぶみこそ、歩き方をみつける前の能動的動作と思いたい。それが私にとっての記録行為なのであろう。もし、私が、劇映画より記録映画の方が好きだとしたら、それは、私のこの時の足ぶみの心に即した方法ゆえかも知れない。

その後、映画の仕事に入ってからも、これに全く似た体験に出会った。丁度十年前になる。TV番組に水俣病を選んで、私は優秀なキャメラマン・原田氏と一しょに患者多発部落・湯堂に初めて入った日、私は部落の人々の嫌悪の眼を知らされた。丁度、水俣病は後遺症のようにあつかわれ、全く部落の中に封じこまれていた昭和四十年の二月であった。ワイド・レンズで部落の全景をとっていると、一軒の庭先で主婦たちがさわぎ出した。私はそこにいた患児に気づかなかったのだが、人々は無断でとったとして激しく私たちを責めたてた。私は弁解の言葉もなくそれをきいた。その後から、完全に私は思考力もことばもまともでなくなってしまった。つまり壊れたのである。「水俣病をとる資格はない」という直感から、「映画をとる力はない。もうやめよ」という自分の声がとめどないのである。どこにカメラをむけることも出来ず、舟つき場の石垣の上に立ちつくした。もし、宿に帰っても、この金縛りの気持ちはとけない。もし、東京に逃げ帰っても、いま私を襲っているもの、行動と意志の大事な根っ子を打ちくだかれている以上、もう映画は二度ととれぬポンコツとなるしかないと思った。身うごきすることも、カメラマンとまともな話も出来ず、眼をあげて部落を仰ぎ眺めることも出来ず、ただおどおどと震えていた。この二、三時間。

そのうちに伏し眼がちに見る海の底にすきとおって、しじまに光る、茶わんのかけらがあった。青いごすのきれいな陶片である。「これに焦点が合うかな?」と言い出したことがきっかけになって、二人で海底のセトモノを黙々とあれこれ時間を費やして何カットも撮りつづけた。水俣病に何の関係もない画面である。それを撮ることでしか私たちは始まらなかったのである。つまり、足ぶみの記録でしかなかったのだ。しかしそのことでのみ、辛うじて映画作家としての根底からの挫折に耐えることができたのである。この体験からしか、今日までの水俣病とのかかわりも生まれなかった。セトモノのかけらの撮影の一ぶしじゅうは恐らく一生忘れないであろう。

以後、私は逆境に立つと、このときのように身を処す。それが私のように想像力の乏しいものを記録映画にひきよせつづけていると思える。昔のノートをよんでも、〝正義〟や〝論〟を論じた部分はその時のあてどある世界をかたっているものの、事の本質をもって見れば、いまや色あせて見える。しかし目的も、前途も見えない日々、獄中で耐える手段となったダラダラの記録に出あうと、私には当時から今日までの時の距てをこえて、物と心の世界が相互にからまって浮かんでくる。肉体的記憶とでもいうのであろうか。

韓国をひきあいに出すまでもなく、言論、表現の〝自由〟は身辺にもあきらかである。先が見えず、思想の物差しは定かでない。私も、世の中も逆境に見える。私たちの映画づくりは更に輪をかけて暗い。しかし、記録の方法は私にとって、耐え方と、歩き出し方の基礎にまだある。夢や希望に何かを託すにせよ、その基底にある現実を記録しつづけることから始める他はないと思い定めている。

不知火海をみつめて

これは私だけのことではないので、誰しもといっても良いと思うが、水俣に来るとやたら魚がたべたくなる。もちろん、不知火海で取れたいわゆる近海魚である。カレイ、スズキ、ボラ、コノシロ、チヌなど、一つずつ味がちがうし、作りがまた多彩だ。とくに焼ちゅうがあれば飯は要らんということになる。スタッフで一、二回ならず「もしオレたちが水俣病になったら、勝手にくったし、補償はせんというだろなぁ」などといって、食っている。これは一体何だということになる。

不知火海に入った魚はどういうもんか味がよくなる。大分あたりの魚と食い比べてみたらすぐ分かるという。別に大分というのでなく、荒い外洋のことを言うのであろう。美しさはもういいようのない不知火海であるが、漁師の自慢は当たっていよう。この内海で水深最も深いところで六十メートル、温暖でリアス式の海岸から流れこむ栄養はまた、魚にとっても格別であろうと思われる。映画『不知火海』で多くのスペースをさいた、打瀬《うたせ》船やシャコとりやイカかご、つぼ網といった漁法をみると、海の畠に魚をもぎにゆくような暮らしである。その魚を生きたものとしてたべる。御所浦の魚屋は生けすがあって、その泳ぎっぷりをみて買う。そこが店頭なのである。それを自分の手で好みに料理して、よく水で洗い、「うん」と納得して食べる。どうして有機水銀などあろうかという気になる。ここに惰性はない。あしたに夕べに新鮮で文化のありようの一つとでもいえる食の感性があるのである。

県も環境庁も一週間、イカ何匹以内というようなたぐいの行政上の意見はのべる。不知火海の魚の三割は汚染魚というデータもたしかにある。そしてなお、水銀ヘドロは二十年この方、一しゃくりも始末されていない以上、当然であろう。いまも慢性発症例や、かつての典型例と形をいささか変えた不全性や、合併症によるマスク型や不顕性等が続々と発見されているが、しかし、警告や注意によって寸分も変わらないのは魚を食うことである。それを食うことにいささかの怪しみももたせない不知火海があるからである。ある公衆衛生学の大家に聞くと、有機水銀に冒された魚介類も、その脳とか神経節に蓄積され、たんぱくと結合すれば、有機水銀特有の揮発性の臭気も、完全になくなり、味で区別することは出来ないという。更にその鮮度といい、みかけといい普通の魚と全く同じで、その点、かつてチッソに加担して「患者は腐った魚肉をたべたのが原因」と主張したアミン説は全く実情を無視するものと聞いた。呉の海のおばけハゼや、東京湾や伊勢湾の背びれのねじれた奇型魚と、そのよって来る毒性がちがうのである。そこに有機水銀の特異な作用がある。それは人間の場合にも似ている。一見〝にせ患者〟とヒボウし、患者を差別と偏見に追いやるのが、今も変わらぬ手口だが、飯もくい、動きもし、力もあり、眼も開いていて、なお水俣病特有の知覚神経、運動失調等があり、つまり人間が人間的に生きる最も大事な部分を冒している。

漁師は魚を選ぶ。だがそのめやすは、昔からの魚の生きのよさしかない。仮に水銀があったとしても、この元気さとこの容姿ならまず大丈夫と思う。そしてたべつづける。

学者や行政にたずさわる人のように、消費過程でどこの魚でも選べるしくみの中に生きていれば、太平洋、インド洋の魚を選ぶことも出来よう。しかしそれは死魚であり、冷凍であり、それを食う気はまず起きない。その人々の警告は、決して不知火漁民の生活にとげ程の刺し方もしていないのである。水俣湾のヘドロに申し訳的に仕切られた定置網の汚染魚をとる漁師さえ、これは良かばいと、二、三本、晩酌の肴にもって帰るのである。そして確実に、水銀に冒されてゆく。しかも、この禁漁区は禁じられているだけに、繁殖して豊富になっており、ここから全不知火海外に旅立っていくようですらある。食べるなと口をすっぱくしていっているのだがと熊本大学の医学者は言う。しかしそれを止める力はない。ある老骨の先生は、たべるなといってあるものをたべるのは不謹慎というものですといわれる。何をかいわんやである。一度でもチッソの操業のやんだことがあったか、ヒシャク一杯でもヘドロを浄化したことがあったか、である。

水俣に移住した劇作家砂田明氏の話では、このごろの水俣のネコはバカネコが多くなった。湯堂の自宅のネコも、畠で死んだりして、ネコらしい死に方も忘れているという。世代の交代の早いネコの話はやがて人間の子や孫の話になるであろう。この多発部落の平均死亡時年齢は事故死＝運動失調、視野狭窄、難聴のためか交通事故も多い＝を含め男子五十一歳、女子五十二歳（熊本大・武内忠男氏）と全国平均より二十年も早死するという結果がすでに出ている。だが「この魚は少量ならよいが、多食は自戒せよ」という警告の絶対刺し通らぬ世界に不知火海はあるのである。

賦活力の強い不知火海に魚がもどったということは、魚類にとっては水銀下の生き方が一つの法則となったことであり、その地域住民には一定の不健康と早老が定着したことを示す以外の何ものでもなかろう。そして人は魚を食べつづけ、多様に発症し、医学の〝常識〟を裏切りつづけていくだろう。

患者は申請者を含め四千人に近づいている。今後周辺を洗えば数倍に達しよう。一つの小都会の人口に匹敵する。ここの地域の住民の不健康の一極には有機水銀の影が必ずあろう。そうしたら、病気とその老後は必ずチッソはつぐないつづけなければならない。この海に水銀を流したのはただ一つチッソだけで、その因果関係はあまりに鮮明だからだ。ここに、まず全住民の健康と生命の保証の城砦が出来なかったら、どうして複数企業のたれ流しによる瀬戸内海、有明海が解決され得よう。水俣の第一線性は依然今後もつづくと思う。不知火海の現実を見つめるとき、ここに触れずに左右する医学、企業、行政と国家を首をねじまげてでも面とむきあわせたい思いにかられる。

ドキュメンタリー映画の制作現場における特にカメラマンとの関係について

私はこの十年程前から、映画の製作のプロセスとは何かを、一つにはスタッフとの関係に求めて、「映画＝スタッフ論」という言葉を自分なりに作ってきた。

劇映画には二十人前後のスタッフが要るときくが、私の経験した羽仁進氏の『不良少年』の場合、八人であり、ドキュメンタリー映画に毛のはえたような人数でやってきたので、その点では、やはり劇映画のスタッフ・ワークを言う資格はない。だから私の言う場合はドキュメンタリーに限られる。それも仕上げ段階には、録音、編集、音楽、ナレーター、線画と急ピッチに完成にむけての共同作業がはじまり、大きいスケールでのスタッフ・ワークが展開し、それぞれの感性を太く巻きつけて一巻のフイルムにしていく。

この中での相互のぶつけあいの中で映画が各スタッフの人格を全編ににじませてゆく過程については、また一つのスペースで語らなければすむものではない。しかし、今は、その原型的作業ともいうべき、撮影現場の段階でのスタッフの形成についてのみ論を進めたいと思う。

私の映画にとってカメラマンの比重は極めて大きい。とくに今までの作品で最少単位三人（『パルチザン前史』）から多くても六人（『不知火海』）でほぼ四、五人のことが多く、冗談にロケ用のワゴン一台分のスタッフが一番いいなどといってい たものである。

その中で、とくにカメラマンをこの小論のテーマと選ぶのにはひとつの理由がある。それはカメラマンと演出との共同作業の質が、現場スタッフの作業とまとまりを牽引していくものであり、作品はもとより、のちの仕上げの作業を求心的にしていくフィルムの原型づくりの要であるからである。

いまお借りしている紙上は主としてTVドキュメント研究のためのものなので、私のように殆んど私的な場所で映画を作っている人間には、何か役立たずのことを言いそうであるが、映画があり、映像を作る仕事には必ずスタッフが存在することは確かなことであるので、論を進めさせて頂きたい。

私の友人にカメラマン大津幸四郎がいる。つきあいの初めは、TVドキュメント「地理シリーズ」（岩波映画）時代であり、私がようやくTVに限り（映画では助監督のまま）一本作らされた十三、四年前、彼が鈴木達夫カメラマンの助手であった時代にさかのぼる。

それは三人のスタッフで、一定のロケ費のある限り、才覚をつけて一つの県（佐賀県）の話をまとめてこいというものであった。勿論、文献的に有田焼とか米どころとかの話はシノプシス化されていたが、ロケハンなしなので、行って、見て、撮って、まとめよ、という極めて牧歌的な仕事であった。彼はまだ岩波映画に入って二年程であったが、本来はジャーナリスト志望で静岡大法学部をまともに卒業後、岩波書店をうけ、次点かそのまた次点位で機会を逸し、その才能を惜しまれて、子会社にまわされたという。つまり、映画に入るなどとは夢にも考えたことがない人間である。いわゆる映画美学を云々するより、はるかに強く現実世界に心ひかれてやまない青年であったに過ぎない。同世代の仲間が、カメラについて、ライティングについて、或いはレンズ系について、あるいはカメラワークの技術についての話に耽るときも、彼は一拍はなれたところに身をおいていた。

その上当時、あの若い歴史しかない岩波映画でも、演出部とか撮影部とか区分はあり、旧来の映画界の慣習から、演出部は構成し、演出し、まとめる。撮影部はその演出家の要求される画をとる。といった〝縦構造〟が、やはりあったと思う。劇映画が数十年間に築いてきた現場のヒエラルヒーはやはり、温存されたまま新らしい映画環境にも持ちこされていた。そのためか、演出と撮影の関係の中で、カメラは演出家にむけて問う関係であり、演出家は答え、時に命ずる関係でもある——或いは、演出はリードしていくものであり、カメラはリードされるもの——演出家はつねに演出意図は明確でなければならず、何をどう表現したいかについてカメラを説得する立場に立つものといった構造が身に泌みていた。

ところが、演出もカメラも、たまたま映画のメディアに入ってきただけで、確乎として演出家たらんとしているわけではない。お互いにドングリの背比べである。映画的才能などの長短はないのである。この横構造が横に連続すべきなのにどうして映画は一見縦構造であるのか。これが彼と出会った当時に素朴に抱いていた「スタッフ間の矛盾」であった。

一つの映画が不出来であったとする。ことに、ラッシュをそのまま上映して、その成否を検討する場合、演出家は撮ろうとして撮れなかった、或いはそう写らなかった画面についてカメラマンを責め、或いは同じ演出家の仲間に愚痴をいい、カメラマンは演出家の非力をいいつのるという形をやはり私は複雑な思いで感じてきた。

しかし何より幸せは、当時私はまだこれからやれる助監督だったので、白紙からこの関係を作る前途が私にはあった。TVシリーズで最少単位のスタッフで他県にいき一つ宿で寝食を共にしつつ、これから撮るべき映画について語る。そこは会社でもなく各部課のへだてもなく、まさにさしたる制約もなく、いわば鮮度と吸引力だけが要求される中で、毎晩、今日撮ったものは何だったかを語り、明日撮りたいものは何かを語った。それはシナリオなしなので、いわばシナリオ作りの時間であり、構成の予習でもあったが、実は、私本人も、明日、何がそこにたしかにあるのか分っていないのである。

明日とるべきものについて共通の知識と調査があれば、より具体的な撮影の手順に入れるであろうが、いわば一つ都市一つ村を対象としての旅である。皆、明日、何があり、そこに何の問題が横たわっているか知らない。しかし、そこで皆一種の共同動作のとりうる一点を酒の力をかり、おびただしい考えとことばのぶつけ合いでたぐっていくことになる。そこには演出もカメラも助手もない横構造しかないのである。大津もそこでは、雄弁になりシャープな意見をのべた。

当時、ドキュメンタリーのABCも分らぬまま、「決定的瞬間」をいかにとるかを論じていた。それはスチール・カメラの世界から生まれたことばと記憶しているが、ドキュメンタリー映画の現場において、それを逸したことへのつまづきと悔恨が、それへのあこがれがつよければつよい程、大きいのを知った。だから、私たちは一体、何が「決定的瞬間」といえるものなのかを、カメラを回す以前につきとめることを始めた。

眼で物を見るのは動物的早さと知的判断で出来るが、カメラはそれをどう瞬時につかまえ得るものなのか、それは一過性のものか、待ったらとれるものなのか……といった現象的討論から一歩つきすすむと、「決定的瞬間」を共感出来るかどうかに先ずかかわってくる。

多くの瞬間の流れの中から一つの動きにある本質をつかむにはつかめる個性とつかみ得ない個性がある。異なった個性であるスタッフが、一つのことに直感し得るのは何か。その共有感覚がカメラによって撮しとられる——その、そも胸もはずみ眼もくらむような作業を求めるには、それはいつにカメラマンの作業、ボタンをおし、ピントをあわせ、フレームを確定する作業力、腕力のみにあるのか？

ここで、私たちは『「決定的瞬間」とはまず撮れぬものと心得よ！』ということに辿りついたのである。その一瞬はカメラをおいて肉眼で見つめたらいい、撮れなくてもいい。しかしそれは、どんなものであり、その質と像は、次にどの形をとってあらわれる可能性があるか。それは主体の中で問うことであり、ことばにしにくく、ひとりひとりあえて言語で言いうるものであるなら、映像というメディアはあってもなくてもよい。それを表現するものがカメラマンであるなら、そのカメラマンの撮したもの、その撮す一刻の間に、彼の中で精神と感性をこめて凝視したものの中に、不完全・完全、顕然・不顕然にしろ、何かがやきついているはずだ。

つまり演出者はカメラマンとかかわり、共通の対象とのむきあいをつくり、その対象の中から何かの映像をとり出したとき、演出者は、そのカメラマンが何故カメラをまわしたかを知り、そのフイルムの中にカメラマンの生理と意識の糸がどう織られ、把えようとする感性の矢が、当面どこにむいて放たれ、どこに当ったか、つまり何を意図しようとしたかを逆算して探りあてる作業が必要ではないかと考えるに至った。それは編集と一応言われる仕事かも知れない。

しかし、問題は編集以前の「スタッフの撮ったもの」への理解と評価と、それへの徹底的なスタッフ的共有感、うらがえしていえばスタッフしか見えない矛盾を読みとり、現場では完全に見えた或るものに、とれたフイルムを照し合わせ、その中にふくむドキュメンタリーの真ずいともいうべき何物かを確実に選らびとる作業がまずあるのではないか？

ここからカメラマンの心をよみとり、そのカメラマンの心の中から、全スタッフの行為の質と量を拡大し、生きもののように大事にし、映画の中核にすえるならば、それは、スタッフの映画そのものになるはずである。

演出とカメラ、演出と編集といった職能的な異相はその次元ではなくなるのではないか？

大津幸四郎とのはじめての仕事で、現場的につかんだスタッフ論の原型はまず、そういったものだったと思う。それはスタッフの旅の軌跡であり、行為の所産であり、「自由」の映画的かたちと言えないだろうか。映画はスタッフのその中からしか誕生しないものではないだろうか？

昭和三十五年頃から、岩波映画の若い人々、監督、カメラマン、録音、編集の別なく三十人余の仲間で「青の会」を作った。その出来方は自然発生的ともいえる。大津幸四郎もその中心的メンバーであったが、ここに黒木和雄を兄貴分に、東陽一、小川紳介、岩佐寿弥、カメラでは鈴木達夫、田村正毅、奥村祐治、録音では久保田幸雄らのメンバーが集った。

きっかけは、地理TVをドキュメンタリー映画の方法の駆使できる実験場にしたため、スポンサーからのキャンセルが相ついだ。ついで、私の映画の第一作『ある機関助士』のカット問題等、習作から実作に移ろうとする時期に、スポンサーの形であれ、プロデューサーの形であれ、スタッフの論理とは異った形の「映画」への干渉が始まったからである。

断っておくが岩波映画は非官僚的な体質をもって出発しており、そこでカット問題が起ることは、それぞれのドキュメンタリー映画の模索期においては、やはり重大にうけとめざるを得なかった。そこで、力も金もなく暇だけあるわれわれは、今後のドキュメンタリー作りのために、多くの思慮をめぐらさなければならないと感じた。

当時キザまるだしのことばでいえば「不敗のドキュメンタリー」をどうつくるかであった。

つまり、もしその一カットを切りすてれば、――シェイクンス全部がカタワになり、ひいては作品があきらかに統一した肉体をもたなくなる。そのカタワ性が誰の眼にもあきらかになり、その骨抜き作業を簡単に出来ない程、知略と策略にかけて、ドキュメンタリーの本質を体現しているようなフイルムそのもののつくり方、根底からの剛健な映画方法論はないものか？　どうかである。カット問題はカットの要求をゆるすスキが作品自身にあったのではないか？　とすれば、どこを方法的にも表現的にも防護し、映画としての生命を貫ぬくものでなければならないか？

そしてもうひとつ、作品は、誰の手で守られなければならないかである。

私たちは悪くいえば岩波育ちのボンボンであろう。あまり厳しい制約を自覚したことはなかった。その負点が、私たちをスタッフ中心の思想ではなく、管理機構との「調和」をどこかで配慮しているといった不徹底性をのこしてはいないか？

たとえばカットの要求の場合、それは決して職能上のカメラマンにはむけられない。「監督」にむけられる。或いは編集にむけられる。それはプロデューサーの行使できる権利としてあらわれる。

その場合、もしその映画がスタッフの文字通り全体で作られたとするなら、どうして監督がひとりカット作業を承認し、ひとり妥協の中で果てられようか？

その一カットはカメラマンのものであり、エディターのものであり、ミキサーのものであるとき、プロデューサーは誰に権利を行使出来るか？

そこまで考えをつめてみたら、結果として、映画製作の会社機構とその構造にまったく背反する地点にたってしまっていた自分を発見したのである。

その結果、私たちは誰からともなく会社をやめ、フリーとしての立場に自分を移すことになった。更に暇だけ出来たわけである。ここに「青の会」しかない状況が生まれた。

この中で、私たちは映画についてのみ語った。その核心はスタッフの形成であった。メンバーには複数の演出家と複数のカメラマンがいた。その誰と組んでも、映画とは何かについて、その原則はどこかで話しつくしている関係をもてたかどうかである。

勿論、Aというカメラマンの個性とBというカメラマンの個性のいづれが今回の作品に必要かという選択はあったかも知れない。しかし青の会で語りあった三ケ年の間に、酒ののみ方、暮し方、ありとあらゆる個癖まで知りつくした上は、誰とでもスタッフを組みうる境地には誰も到っていたと私は思う。

日本の映画状況を中央指令部的に問う運動も起ってきた。映画創造運動を横断的に試みようとする〝有為〟の運動もあった。しかし私は、スタッフとは何かをとことんまでにつめてみた青の会の根源的な作業ぬきには何もなし得なかったと自覚している。

昭和四十四年の『パルチザン前史』（小川プロ）から大津と本格的に組みはじめた。そして助手の一之瀬正史も当時からで、五年になる。その間に『水俣——患者さんとその世界』『水俣一揆』『医学としての水俣病・三部作』『不知火海』と六本の長編ドキュメンタリーを作ってきた。（水俣のプロデューサーはすべて高木隆太郎である）そのスタッフのあり方は基本的に変っていない。しかし、水俣を対象とするとき、私は大津をぬきに考えることは出来ない。

その理由の主なものは三つある。

彼はカメラマンとしてより、人格として水俣にむきあう資質を人一倍つよくもっていたからである。第二に徹底した長期的困難に耐えぬける人であり、第三に、決してカメラワークを自分の手なれた経験から作る人ではなかったからである。今回の『不知火海』でも見事なまでに迷いぬき、自分がモサモサになるまで映像を探し求めたのである。

一つの画材といわばいえる水俣の風景、そして旧知の患者さんに対してすら、一本の映画のはじめは、失敗の連続であった。

先にのべたスタッフの画づくりからいえば、それはとりもなおさず演出家の失敗である。その失敗を自分に返してみるとき、恐るべき対象へのナレナレしさがあるのだ。私たちの皮膚が水俣になれすぎていわば角質したものを、彼はカメラを廻さず、仮に廻したとしても初めてカメラをもった人のように自分をあやしみ、うろたえ、下手をそのままさらけ出すのである。それが、どの各編の始まりもそうなので、ひとつとして始めから自家薬籠中のもののごとく征服者的に歩みすすんだことはなかった。

私たちは、連作しつつもたえず「零からスタートしよう。今までの一切の関係一切の人脈を無きものとし、新たに求愛《プロポーズ》するようにしよう」と口では言うものの、半ば生活的な垢が身につくのをどうしようもないのだ。それを映像的に偽ることなく零から始めようとする大津のフイルムをめぐっての討論から事を起させたのである。

今回『不知火海』では同時録音とインタビュー形式のため、私がマイクをもつ事が多く、私自身はどこでどう廻したか知らないことの方が多い。その時、たよれるのは大津を軸とするカメラと対象との関係の出来工合であり、その重要なファクターとして私はその場に居る。

しかし狭い意味で言うなら大津こそ演出とカメラの一切をまわし切ったのである。勿論、フイルムの現像の上ってくるまで、それがどう撮影されたか分らない。

しかし仕事のあとに、酒をのみながらその日をフィードバックするとき、大津のことばと顔の中から、正確に画が私に伝わってくるのである。

その画がどうであろうと、大津のねらったものを私は必ずそのフィルムの上に発見できるだろうという安緒によってその日は終る。或いは、それはとれなかったのだという正しい伝わり方をもって次の日を考える。

こうした撮影が連続して半年もたつと、フィルムはどんどん日毎に深化してゆき、自由になっていくのが分る。ゆとりとやさしさがにじみ出てくる。そして、一定の上昇をたどりはじめるのが全ロケ行程の四分の三をすぎた頃であろうか、核心に近づくにつれて、カメラは予想をこえた画をとりはじめて、ぴしっと一つの峰をこえるのである。

それが何であれ、私にとっての、スタッフにとってのラストシーンとなるのである。

そのフィルムの生長をみるとき、人の一生を見る思いがする。無骨に、ヨチヨチ歩きから始まり、青年期のエネルギーを見せはじめ、一つの人生のピークに至って、何ものかを産んで終る。その一作ごとに、ひとつの人生の歩みを大津に感じるのだ。

五年をふり返ると一作ごとに年輪は重ねていよう。しかし私が大津と仕事を共にして感じるのは、一本の映画にその彼の〝一生〟を投入する生き方についてである。そのことから、現場での彼との共同性を思うと同時に、彼と我との微細な異相、他人の関係と自分のエゴ＝美意識とのちがいをあらためて洗うことで、相互の批評をまた次の編集段階で行いうる。まずフィルムにＮＧ（本質的な意味でＮＧ）はないのであると思いたい。勿論、技術的な露出の間違いとかピンボケをさすのではない。

ＮＧ的に見えようと、それはある見方をもってすれば、予定調和的、思いこみ的なカメラに対して、その撮影意図を転換しようとしているといった思考上のメタモルフォーゼであるかも知れない。何故にかく〝ＮＧ〟といえるものを撮ったかも一つの設問の対象と見ざるを得ない。そうするとすべてはＯＫカットとなるのである。

私は編集という作業の時、いつもすぐれた人材にめぐりあっている。しかしすべてを託したことはない。その編集者が現場に居なかっただけに、極めてフィルムへの解読力は高い。

その高いフイルムへの解読力をもってしても、撮影のイメージをくみとれないフイルム・ショットがある。この時に、うんうん汗みずたらして、その中に片鱗のようにキラリと光る一瞬を、拡大するようなモンタージュにしたいとねがうのである。

対象にあまりにものめりこんで、現場での感触につつまれ、現場ばなれの出来ない立場によく陥る〝演出者〟にとって一つのカットを選び、選んだ上で切りきざむ作業の身のおきどころ、はさみをもつ手の動かし方のきめどころは、やはり、フイルムの中にしかない。そのフイルムの中に、ビュア（編集用スクリーン）を通して、大津＝カメラマン＝スタッフを見、対象と取組み得たものは何であったかが見えたとき、はじめて、現場離れでき、一つのフイルムの四肢のそろった肉体が予感出きる。

そうした方法を今回、シンクロ撮影の故もあって、更に厳しく私はとわれた気がする。

一年半かけてとった『不知火海』『医学としての水俣病』に私の「映画＝スタッフ論」の所在を厳しく見とって、批判をして頂きたいと思うのである。私にとっては、この方法の線上にしか未来も次回作もないと思っている。

『医学としての水俣病』三部作は現代の資料である

「……医学の映画はまずコンパクトで、余分なものをそぎ落したものでなければならない。客観的資料性と実証でよい」「……時間は三十分前後がのぞましく、一つの講義、或いは研究発表の機会の中での運用を望むなら、二十分前後でまとまっておりあと研究者もしくは講師の登壇の時間を考慮する方がよい。慣習的にも、経験的にもそう配慮されたい」……水俣病の医学映画をとる直前のリサーチ活動の中で、多くの方々からうけた助言はほぼこのようなものであった。事実、学者が水俣病を海外に紹介するために自家製で作られたフィルムは七分であったり、長くて二十五分程であり、それはほぼ数タイプの症例を要領よく順序だてたものであった。また数年前、ストックホルムの第一回環境広場にあつめられた、世界中のフィルムも、それぞれ三十分前後であり、その中に、二時間四十七分という『水俣——患者さんとその世界』は、その上映プログラムの中には入りきれず、別格の上映となった。直接の作り手である私自身、一般論でいえば、映画は短かければ短い程いいことは、いやという程知っているつもりである。ではなぜ、いわゆる医学フィルムの〝規格外〟の映画とならざるを得なかったか、この機会をかりて釈明させて頂きたい。

現在〝水俣病〟の病像は大げさに言えば、医学論争の過程中にあり、その病像、それぞれの判断によって、或る患者については、シロ、ある見方ではクロという矛盾したケースが少くない。また認定制度そのものの基礎にある、データのとり方にもちがいを生んでいるのである。それが、新たに注目される汚染地域——たとえば有明、徳山、大牟田等であれば、その争点の差はいやおうなしに新聞にまで書きたてられ、ジャーナリズムは疫学的視点から当然といったいわば、悲憤慷慨調となり、一方医学は、その争点を論じあいつつも、医学者としての冷静・客観を表面に出すことによって一つの決着をつける。つまりわれわれには事態の真相は、専門家―医学者の権威以外信憑すべきでないような気分で幕切れになるのである。これが、二十年の歴史をもつ〝原生地〟水俣では、三千人に及ぶ申請患者を前にして、主流をなす臨床医学が、病理や疫学のうっせきした抵抗を排して、四捨五入的な患者のよりわけをしているのが実態であり、それはニュースにも、社会問題にも浮上してこないのである。

その争点に関して言えば、水俣病に慢性的に水銀を長期、微量ずつ摂取することで発症に至るものがありはしないか（長期・微量摂取による慢性水俣病）、或いは老化して、それまで脱落しなかった脳の細胞が突然、あるいはじわじわと消失して顕然化しはしないか（加齢性）、あるいは神経学的な疾病だけではなく、全身病ではありはしないか、また胎児性に、かつてのように、運動と知能ともにおかされるケース以外に、知恵遅れといった知能障害の可能性があると見るべきではないか？　その他、高血圧や動脈硬化等も、水銀が撃鉄になっていはしないか……等々。

これらの殆んどが、いま棄却かもしくは保留として、熊本では救済されていないのである。以上あげた例の反対意見をつなげてみれば、水俣病を後遺症と見なし、現在の患者を典型例にひきよせて見る学者と、今日なお進行中ととらえ、現実の水俣病を直視する学者とに二大別して見えることは、誰の眼にもあきらかであろう。私達は後者、つまり〝水俣病いまだ明らかにならず、やむことなし〟の立場に立って、映画を作った。しかし、その視点のみで整理し、モンタージュは決してしなかったつもりである。何故なら、医学のオリジナルな部分が、十数年かけて論争しつつも決着のつかない問題であれば、まずそれぞれの意見の中核を資料として提出し、歴史的に位置づけ、その後の現実の水俣病の問いかけを呈示することで、医学の〝城砦〟に閉じこめられている課題を少くとも可視的に陽の下にさらす作業こそいま求められるものだと判断したからである。またそれは映画、ことに記録映画でしか出来ないことだと考え、とり終って尚、その感を深くしているからだ。

分りやすく、本質的に水俣病を知るには、ある要約とその思想がいる。私たちにはそれがない。まして現地熊本水俣病の渦中に這いずりまわっていれば、よりそういう作業に縁遠くなるものだ。

　私たちがはじめに教えをうけた先生方の中に、東大の研究者がおられる。再三再四のレクチャーの中で、私はこの豊富な資料と、有機水銀を追跡する研究と方法、とくに標本化の作業の中にこめられた医学思想まで見せられたとき、これだけで知的な〝学術映画〟は充分構成できると思ったほどだった。

　あるいは、新潟水俣病の研究者にお会いすると、熊本より十年遅れて、水俣病を生んだために、全住民の毛髪調査から手がけた追跡調査の丹念さを知らされ、或いは、ここを映画化した方が簡にして要を得るだろうと思った。しかし、私は、熊本水俣病に固執し、ここを主力舞台に水俣病の医学を描かなければならぬと決心していた。それだけは一貫したつもりである。

　何故か……それは、あまりに熊本で発生した水俣病が深刻であり広汎であり、激烈であり、しかも疫学的に、いまも終熄しない輪廻のさなかにあるからである。

　この映画を狭い〝学術映画〟〝医学映画〟にとどめ、一つの完成された疾病観で述べることで事足りるとしたり、原因ぬきの医学的所見とその治療（といってもないが）といった映画的骨格とするなら、私たちのこの映画は三十分で充分足りた。そして、その利用面も、医学、教育、啓蒙の諸面に足ばやに動いていくものとなったろう。しかし、そういう風に作るわけにはいかなかった。全体像的な映画の体躯が要ったのである。

　水俣病が現在も進行し、変態しつつ新たに発症していくものと考える私たちにとって、いつの日に、「これが水俣病のすべてである」という完結篇が出来るか、予想も出来ない。たとえば胎児性の子供が、青年、壮年をへて、どのような疾病に苦しまねばならぬのか。またいま拡散しただけで約一千トンといわれる総水銀のたれ流しが、不知火海でどのように複雑多彩な健康障害を生みつづけるか、誰もまだ見とどけてはいない。だからスタートにあたって、この映画を「中間報告であり、このフィルム自体、資料である」と規定してはじめた仕事なのである。

　しかし資料とは格納され、〝料理〟されるものであろう。私たちは、それはいやである。では誰に一番みてもらいたいと思って作ったか。

その第一に、どうしても、不知火海はじめ全国の汚染地帯の人々に見てほしいと思った。映画『不知火海』にこういう場面がある。妻が毛髪水銀九二〇PPMのまま、医学者の連絡も救済もなく悶死したのを見とった御所浦の老人が言うのに「水俣病、水俣病というが、何がそうじゃか知らんもんで……風邪とか何とかなら知っとるばってん。そのごTVでみて、嗚呼！ あれと同じやったっが……と思い返してなあ」……私は胸にささった。確かに人類史上始めての〝奇病〟である。まず知らなければ、病いを訴えることも出来ないではないか。だから誰にも分るように作ったつもりだし、全医学者にも原資料として頂きたかったのである。

私が今一つどうしてもこの映画に片鱗でもとどめたかったのは、水俣病が社会の病いの集約点であり、社会病であるという教訓である。熊本で充分にその認識をもち、行政、政治が企業とともに問われていたら、新潟水俣病は抑止出来たかも知れない。今日、有明、徳山、大牟田もへびの生殺しのような事態に追いこまずにすんだかも知れない。その社会病としての祖型を水俣の水俣病ほど明らかにその額に刻印し、いまも生き長らえている例を私は他に知らないのである。

この映画とともに『不知火海』をつくったのも、言わばその補強とも、その原点帰りの作業を内的にしたかった、ともいえるのである。その点、私は、スタッフと語ったことがあった、「水俣のいろいろの映画のうち、三本しかタイムカプセルに入れられないとしたら、『水俣』も『不知火海』も捨て、私はちゅうちょすることなく、この医学三部作を後の人のために残したい」と。映画の出来るしごととして、私は今日までの水俣病をめぐる諸問題の基本は、この三部作にうめこんだつもりでいる。そして現代という時代にとっての一つの資料であればと心から念じているものである。（一九七五・三・七）

IV

医学としての水俣病　三部作

――資料・証言篇――

1　字幕　（音楽　ギター曲）

〝協力研究者――三部作（**敬称略**・五十音順）

伊藤　蓮雄〈熊本県衛生部長〉
猪　初男〈耳鼻咽喉科・新潟大学〉
入鹿山且朗〈衛生学・熊本女子短期大学〉
宇井　純〈都市工学・東京大学〉
大野　吉昭〈耳鼻咽喉科・新潟大学〉
岡嶋　透〈内科・熊本大学〉
喜田村正次〈公衆衛生学・神戸大学〉
白川　健一〈神経内科・新潟大学〉
白木　博次〈神経病理学・東京大学〉
武内　忠男〈病理学・熊本大学〉
筒井　純〈眼科・川崎医科大学〉
椿　忠雄〈神経内科・新潟大学〉
土井　陸雄〈衛生学・東京都公害研究所〉
徳臣晴比古〈内科・熊本大学〉
原田　正純〈精神神経学・熊本大学〉
藤木　素士〈衛生学・熊本大学〉
水越　鉄理〈耳鼻咽喉科・新潟大学〉
宮川　太平〈精神神経科・熊本大学〉
故松田心一〈元国立公衆衛生院・疫学部長〉

構成責任　高木隆太郎
土本　典昭〟
（音楽　終る）

2　メインタイトル

〝医学としての水俣病
―三部作―
資料・証言篇〟

3　線画

○日本全国に六十地点の工場図示、うち八工場を色で選ぶ
ナレーション「全国には触媒水銀をあつかう工場は約六十カ所あり、その中で、チッソと全く同じ工程の酢酸工場は八つあります。これら工場の廃液はほとんどそのまま海に

捨てられてきました。なぜチッソが最初に水俣病をひき起したか？」

○フレーム、九州南端に寄る。画面〝不知火海〟全図に、そして、水俣市と工場を明示した水俣湾に変る

ナレーション「……その答えのひとつは、内海《うちうみ》性の不知火海、そして水俣湾という鎖された海と、その生産量にもとめられます。ここに有機水銀は三五年間、蓄積・濃縮され、バクテリアから魚へ、人間へとのぼりつめ、人類史上、第一の水俣病をこの地のひとびとに体験させたのです。」

4　**水俣湾海上。カメラ、海面をゆっくりパン……**

○スーパー〝水俣湾・水銀汚染海域〟

○小さな漁船の上、老漁師がインタビューに答えている。

土本「……漁師さんの目から見てね、さかなの漁場としてどんな風に見てこられましたか？」

○スーパー〝渡辺栄蔵さん（七六歳・元患者代表）〟

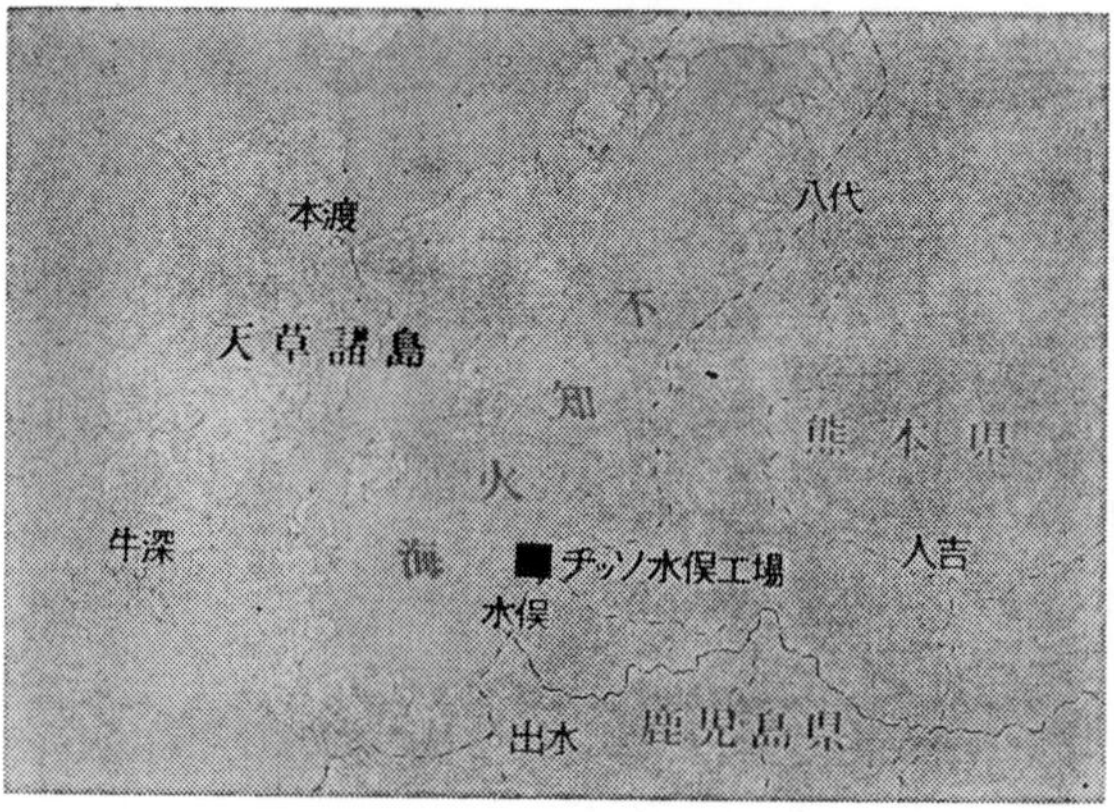

老人、眼を細めて語る。

渡辺「ウーん、まあ、ここはですな、とにかく非常に回遊魚がぜひここを一寸、まあ寄っていくところですな。しかもその産卵の地ですもんな、遠浅で……。袋湾なん

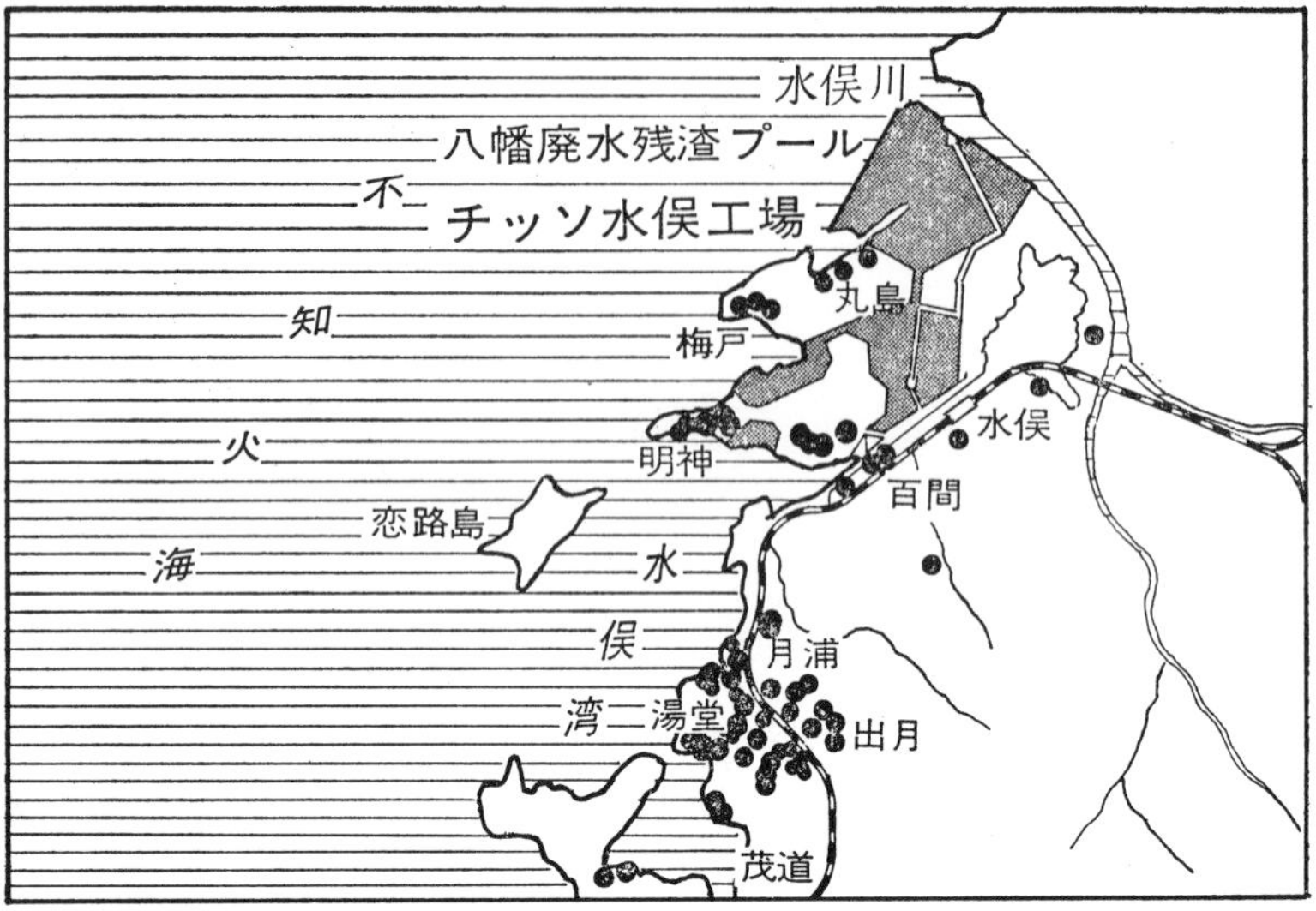

かは特に遠浅で産卵の地……。それからまあ操業するにしてもですな、沖とちがって、ここは海が浅かわけですな、深かところで十二、三尋（註・二十二・三メートル）ですから、大体、台風以外の時はもうほとんど操業が楽でできて、そしてまあ獲れ方も豊富だという事で非常にまあ、一番まあ、本当にこりゃ自慢じゃなかばってん、こういう湾内というのはまぁ日本一じゃなかろうかと思うぐらいですなぁ」

○海と工場群・市街を一望する鳥瞰より海にズーム・イン

渡辺老人の声「この不知火海区のなかの区ですばってん、この不知火海区というとこはですな、本当に魚がどういうもんかしらん……まぁ南は黒の瀬戸……え北の方は柳の瀬戸方面からはいって……」

○船上の老人

渡辺「……ここにはいりさえすれば魚が非常に美味しくなっとこっですよ。どういうもんか知らん。これは誰……口で言うたっちゃ分らんばってん喰い比べなわからんわけですな。ほっで例えば太刀魚にしても、大分あたりの太刀魚喰ったって、何かこう味はひとつも無かわけですなあ。ここのは本当に味が良かわけですな……鯛にしても何にしても、それ……えびだって本当にここは、育ちよったわけですな」

○海面
土本「朝・昼・晩なんかの食べ方は、どんな風だったんですか」
○（昭和三十一年当時を）回想する渡辺老人
渡辺「あさひるばんのたべ方というのは、その漁師ちゅうもんはやっぱりその、自分で獲る魚《いお》だけん、大体まぁ余計喰うわけですなぁ、それで、ま、この三十一年当時から水俣病が発生した時になんかはですな、私達にたいして医者が〝栄養失調〟だなんて言うわけですな、そして片食《かたぐ》い（註・偏食）なんて言うわけでしょう……ところがこのへんの漁師ちゅうのはほとんど半農半漁ですから、野菜もくう魚もうんとくうわけです。で、そういう事があるもんかというような風に私達は半信半疑で、まぁ聞いとるわけですな。で、魚なんて、特に水俣病患者がでけてから〝栄養とれ、栄養とれ〟ていうもんだけん、栄養分なら魚以外になかもんですけん、魚は相当…ま、食わする。ま自分たちも喰うわけですな。それが、ま、ともかくかえって水銀ば拍車かけて腹ン中いれたごたる風で……」
○工場を背景に、あくまで青い海にうかぶ老人の舟
渡辺老人の声「（感に耐えぬ声で）……これは誰が見たってですな、風光明眉なとこっでしょう。この不知火の海区ていうとこっはもう本当に、沖に白帆が二つ三つゆくときどま一幅の絵そのものですもんなぁ。そいでまぁ……いいとこっでしょうここは……その佳いとこっばこぎゃん汚してもろて、あんた、困ったもんだもん、もう……」

5 〝熊本県庁〟の大標札、近代的な庁舎に近づく

6 その一室、衛生部長と土本

○スーパー〝八ミリフィルム記録者、伊藤蓮雄氏（元水俣保健所長・現熊本県衛生部長）
伊藤「ええ、撮りたくなかったですよ、ぼくは、気の毒で……。まぁ今となってみればねえ、そん実験なんか出来ないンだからねえ、あの……もうすこし撮っときゃ良かったと思いますね」
土本「じゃ写してみましょう」
伊藤「はいはい」
○暗転、映写はじまる。荒れた画面に八ミリフィルム・タイトル〝水俣奇病〟つづいて昭和三十一年当時の多発地帯月浦部落が写し出される。伊藤氏自身の説明が画面につれてはじまる。
伊藤「……これが恋路島ですね……向うが。向うにみえる

のが明神と。これは月浦のところから撮ったんですよ……で、この鹿児島本線が向うから通ってくるとこってすが、その頃、蒸気機関車が通っとった」
土本「市から大分離れた感じでしたか？」
伊藤「そうです、水俣市の南の端ですからねえ、一里（四ロキ）か二里（八キロ）ぐらいあるでしょうね、まだ家もねえ、ほんとにお粗末で……」
○袋湾を一望する地点、貧しい漁家がかたまっている。次々に子供の患者が登場する。
伊藤「ここは湯堂ですけどね。（五歳位の少年に）目が見えないんですよ、これ……この人はあの、漁師の子供さんでね……あの、松田さんちゅうんですけど……（三歳位の幼児に）ここに……この子供は米盛でねえ、これはお母さんが苦労してね、このひと一人ずっと看とったもんですからねえ……（三歳位の女児、祖母に抱れている）これが坂本真由美ちゃんでねえ、これは初めて出来た孫というところで、お婆さんね、抱いとったあの人が可愛いがって……」
○八ミリ画面、網を干している部落風景
伊藤氏の声「これ、カシ網、って言いましてね、この網で獲っとったんですよ。その当時ナイロン工業がね、進んできて……この網でたくさん獲って……」
○成人患者、軽いテストに応じている
伊藤「…これは誰だったかなあ」
土本「坂本タカエさんだと思います」
伊藤「うん、うん（懐しそうに）これも今はやっぱ、相当な齢でしょうね、うーん」
○当時の井戸・台所
伊藤「これは田中さんの家《うち》じゃないかな。まあこういう……水道もまだ無かったしね、こんな風に環境もお粗末で……」
○診察をうけている患者そして医者達
スーパー〝細川　一氏[1]（当時　新日窒附属病院長）〟
伊藤「で、細川先生（水俣病の発見者）ですけどね、これは、あのう……病院に行ってみな撮ったわけですが……」

7　インタビューに答える伊藤氏

伊藤「あの、その頃、どっか流行った事があるけど（思い出しかねる）脳性麻痺じゃなかった……脊髄性小児麻痺みたいな……伝染病じゃないかと思いましたねえ。それでね、今度は水があやしいという事で、さっき井戸が出たでしょ、あの井戸の水を調べたんですよ。そしたら誤報でね、ポリドール（註・農薬）が出たなんかいったんです、最初あれから……。そいでポリドール中毒かなと思ったですけど、すぐポリドールじゃなかったというような報告がありましてね。とにかく僕は感染性の疾患と思いましたね、何かのビールスかなんかの——」

○新聞『水俣病五四名に、猫・ネズミも狂死……』

8　熊本大学内科医局内、十六ミリフィルム映写前にインタビュー　徳臣病院長と岡嶋助教授

○スーパー〝徳臣晴比古氏(熊本大学・内科)〟

回想する徳臣氏「ま、当時の患者さんがね、あんまりその珍らしい、非常に珍らしい、ま、我々が想像したことのないような病状の患者だもんだから、とにかく見落しがあってはいけないという事がひとつと、ま、その患者さんの一人一人を詳細にその症状を分析をして、そしてそれをもとに、この病気の原因に近づこう、アプローチしようというような意味でね、ひとつ一人一人を丹念に、まあ撮影してみたわけなんですが……。ま、その当時としては十六ミリですからね。非常に金がかかりましたけども……。」

○新聞「水俣の奇病にメス　研究班現地へ」

9　徳臣氏のフィルム(白・黒)、当時の水俣及び多発地帯

○工場正面にスーパー〝昭和三一年当時の水俣〟

土本の声「あの、どういう病気が発生したっていう風に現地から来たんですか?」

徳臣氏の声「なんか分らないけどもね、その、とにかく神経疾患だという話は六月か、そのへん位から聞いていましたけども、実際に、あのお、依頼が来たのは八月の半ばぐらいですね、これは……。ま、夏ですから脳炎じゃないだろうかという考えが強かったですね。ええ非常に神経症状の強い——脳症状が主だというような噂ですから、脳炎だろうな、というぐらいの気持でおったわけですね、当時は——。」

○当時の漁家、荒れはてた壁、非衛生な生活がうかがわれる

土本の声「やはり漁家に多いということは事実でございましたか?」

10　映写中、画面を見つつ説明する徳臣氏

「ええ、その後ね、職業を詳しく調べてみて、はじめて分ったわけで……ええ八十%以上の人が、あの、漁業にたずさわっておられる方で、ま、魚との関連はあるんじゃないかということは、非常に大きなポイントになったわけです

昭和31年，発生当初の患者の家——熊大第一内科徳臣教室撮影

ね、これは。」

11　掘立小屋様の患者の家、昼なお暗い家の中での往診スナップ

徳臣氏の声「えーこのフィルムあたりが、やっぱり電気がない家庭ですね、これはもう……。ま、あの、患者さんがね、その当時はなかなか申し出がなかったわけですね。こちらから探して、家庭をまわったり——しばしばもう個別訪問のような恰好でまわってたわけですね、これは（少年にマッチすりなどの簡単なテストをしている画面、まっ暗の室内に辛うじて症状がうつる）」

○部落の小道ぞいの患家、食器が乾してある井戸端、朽ちた柱、つっかい棒のある屋根

徳臣氏の声「……もう、こういうような家の状態ですね、これは。この当時ですけれども、今から考えると、考えられないことですけども。それであのー公衆衛生の方なんかは、非常に詳しく井戸とかね、その辺を調べられましたね（土本「成程」）共同井戸とかですね、その辺に何か黴菌とかそういう——あるいは毒物とかそういったものがあるんじゃないかというような事ですね、調べられたわけですね——。」

12　当時の疫学スライドの説明　喜田村氏

○スーパー〝喜田村正次氏（神戸大学・公衆衛生）〟
○スライド、患者発生順位図を前に説明。
喜田村氏「……八月（註・昭和三十一年）にね、あの奇病――水俣奇病研究班が結成されて、えーそれでもう九月には私ども現地調査にまいりました」
○多発部落を個別訪問する研究班員たち。喜田村氏他　武内忠男氏（熊大・病理）ら。伊藤蓮雄氏旧フィルムによる――
喜田村氏の声「……実はその時遡って調べると、もう患者さんが五一人でてたわけなんです、ハー。でその五一人の患者さんがどのような順番で、これ、まあ、発生してるかということですね、これがまあ、病気の本態を決めるのに非常に重要な事なんで、その五一名の発生の患者さんの順番をこれはまあ、調べてみたんです……。」
○再びスライド、発生個所にナンバーがうたれている。その順位をとびとびに辿る。
喜田村「……そうすれば、初発の患者さんはあのここに出たと……（図示）第二番目の方はここだと、それから三番目の、第三番目の患者さん……ここですね。で四番目、えー五番目と……ま、こういうようにこの周辺地域にですね、とにかくそのーバラバラにこう出てるわけなんですよ。もしもこれが伝染病だとか何とか言いますとね、ここ
　に初発の患者さんが出たら（同心円を指で描く）この周囲にこのちょうど、何といいますか、なみの波紋のようにこのように（手で円を描きながら）拡がっていくのが伝染病なんですけれども、こういう風にバラバラに出るということはですね、えー決してこれは伝染病じゃないと！　そうなりますとですね、あとは何かのこれまあ、中毒ということをまあ考えるわけですねえ、で、そのま、何にその中毒が原因したか？……」
○新聞『カニを食べた少年に新発生……』

患者の発生分布図（喜田村）

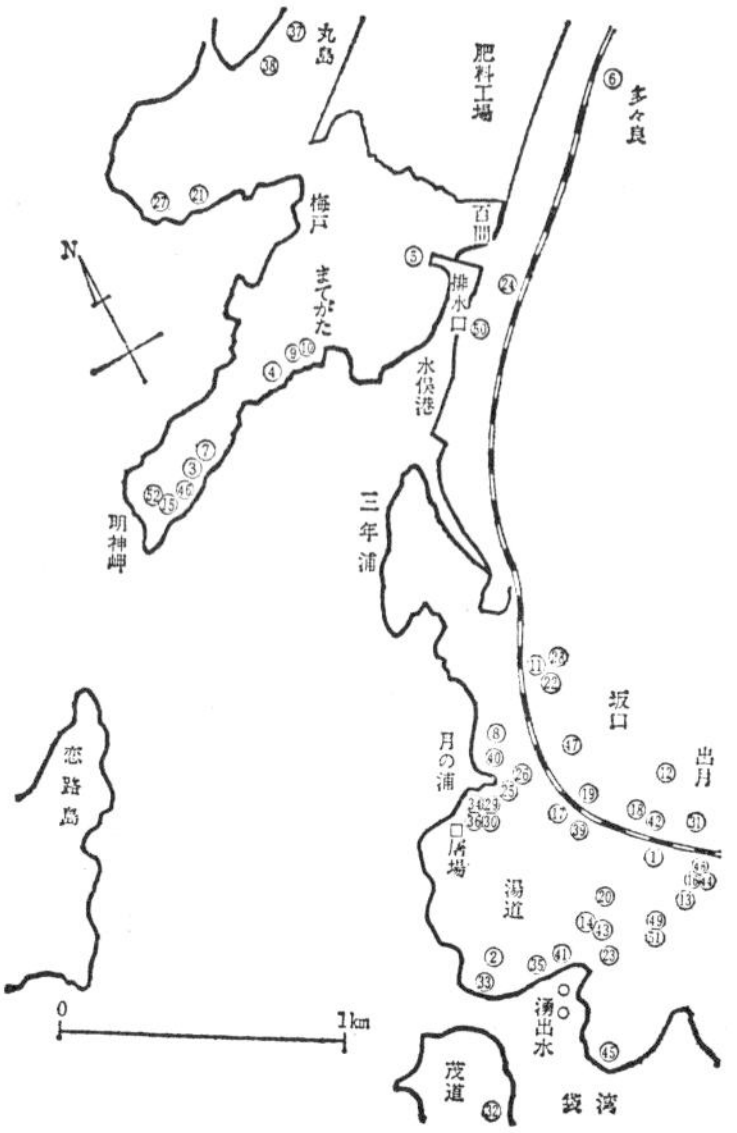

○（再びスライドにもどって）

「……ということを調べるために、この患者さんの所帯と、それからそういったところの、患者さんが出ていない隣りの両所帯をずっととったわけです（土本「対照として？」）対照として、ハイ対照として。でそういった人たちの食生活ですね、ま、飲み水も全部そうなんですけども、そこにどこに違いがあるかということをずっと調べたわけです——。そうしますと、ま、一番普通にこういった時には飲料水が疑われるわけなんですけれども、飲料水にはこれはまぁ差がないと——。というのは市の水道の水を飲んでいて、患者さんが出た家もあったわけですねえ……。でいて、一番違ってましたのがですね、結局この湾内の魚をですね、反復多食した家に、この、患者さんが出ていると……。こういうことが分ったもんですから、こらあもう魚がですね、原因だと！」

○喜田村氏の中毒の分析論がつづく

「……しかも魚が原因でああいったような中毒症状が起るのはですね——魚の中に特殊な細菌がついてた〝細菌毒〟ということと、——それから魚が腐ったら、腐敗したら、プトマインその他の毒物が出ますね、〝腐敗毒〟ということ、——それから〝自然毒〟ということですね、まちょうど、フグみたいな毒、——それと〝化学毒〟による汚染と、（指折って）その四つがあるわけなんですけれども、それはもう新鮮な魚を食ってもう皆さん、発病しているわけですからね……腐敗毒ということも除けますし、煮てしか——生ものは食べないという人でも発病しているんですから、これは細菌毒は除けます、ええ……。それから、まあ自然毒といいましてもね、そりゃフグだとか何んかいうものを食べて発病したんじゃない——鰯をくおうと、コノシロ食おうと、この湾内の魚ならカニでも、そのエビでも、何くったってみな発病するということで……もう自然毒も除けると！　うん。そうするとのこるのは化学毒しかない。それはもう、その化学毒が今度はどこから来たかということなんですね。」

○新聞「工場側、海中に棄てられた爆薬説……」

13　伊藤蓮雄氏の八ミリによる初期研究記録。

○細川一氏の診療

土本の声「もうこの診察の頃は、原因物質についてはかなり……？」

○貝をしらべる研究員

○湾内に魚を採りにいく保健所員たち。

伊藤氏の声「いえいえ、まだまだ！　……その当時も何の原因か分らないからねえ、あんな風に貝を拾ってますけれども……。ええ　向う、恋路島ですね、あれ」
○魚が弱っている。手網で採取する所員
伊藤氏の声「それから魚がね、ふらふらするのがおるというニュースがはいったから見てやろうと……あのこれ保健所の職員ですけどね、見に行ったんですよ、魚がフラフラしてるわけですからね、こんな。海の魚がね！　こんな網でとれるなんてちょっとおかしいです。海の魚っていうたらねえ！　人間が近づいたらぱっと逃げますけどね……こんな、こう、やはり中毒しとるんですね。」

14　患者・田中宅の一室、娘の患者をかたわらにして母親にインタビュー

○スーパー〝発生当初の回想・田中アサヲさん〟
土本「……猫の様子がおかしいとは、一目で分りましたですか？」（カメラ、娘に近づく）
○スーパー〝次女・実子さん（二十歳）――長女・静子さんは三十四年水俣病で死亡――〟
田中アサヲ「そるがですね、もう（註・水俣病と）分らん時に、そんなことはもう気にしとらんときにですね、こう（註・猫が）晩……夜中でんなんでんですね、わぁんわぁんわぁんわぁんちですね。（手で空に孤を描いて）ひょっーちですね、飛びたつわけですよ、狂うてですね。ほいで、ああたほう、障子なとあけて逃がすかですね、自分たちゃ布團なっとかぶらんば怪我すっでしょうが、爪で……。ほいで私ゃ「早よ　ふとんかぶれーっ」っちいいよったですよね。ほいで昼になってからもうあんなところにいってですね。あん石垣に、あんた、当ってですねえ……」
○旧フィルムによる漁村の猫のスナップ
○回想つづく「きじねこも、はっきりこうして覚えとるがですね、もう海んなかへ、もう……潮に濡れて、しょぼたれて、あすこ（と窓外の岸壁を指し）に上って、わんわん鳴くしですね、ほうしてこぅ、こげん両水（註・天水桶）にもはいってきて、……ほしてそれが狂いの止まればまた（家の）中には入ってくるわけですよ。〝わあー　恐《おと》ろしかあ〟ちゅうてもですね、わが家ん猫だからほう、餌をくわせんばいかんでしょうが……」
○旧フィルムによる　鰯の干し場で気ままに餌をとる猫のスナップ
アサヲさんの声「……そいで食わせとったいきにも姿分らんでんですね。どけぇいたって死んだっじゃろか、おらんが、いよいよ死んだじゃがちゅうごたる具合して……。ま、私は五匹はもうほら、きじ猫でちゃんと覚えとっとですよ。……」

○語るアサヲさん

「……そげんするうちですね、そうしてしもて、ま、どしこかしてから分らんばってんか、自分のこどもが、ほう、突然そんな風になったでしょうが。ほっでまあ、こどもが病気してから、あーあ、猫があげんして狂うて死んで、静子があげんして、わんわん泣く……泣き声がおんなじじゃがち思うてですねえ（土本「ああそう思われた！」）はい。そいでまあ父ちゃんとな、そげんして話しとったしな——。そしてから、私も病院に行って、そして静子をこう抱いていった時に、案じてですね〝先生、こうこうでしたよちゅうて……家は猫がですね五匹も死んでそして挙句にこのこどもがかかったですが、子供に伝染したっじゃないですか?〟ちゅうことは、私がはっきり言うたですもんねぇ。その時、ほう、それからまぁ、先生達もはっと思いなはったでしょね。それから先、うちたちゃ伝染病扱いにされたっですよ……。」

○当時の自然発症の猫があばれ狂っている

スーパー〝伊藤氏フィルムより、昭和三十二年——〟

アサヲさんの声つづく「……私が、猫が移したっじゃないですかっち、言わんば良かったばってん、そいば言うたもんだから……。」

イリコ（煮干）を喰う猫——
漁家に飼われていた猫は，人間の発病に先立って踊り狂った

伊藤氏の声「これがまあ、自然発症の猫ですけどね、これはですね、やはり二八年ですか——あの最初の患者さん——われわれが辿っていった、その頃からね、猫が海岸でね、こんな風に発作を起して、無茶苦茶走り廻るんですからね、あっちこっちに突当って、そして抵抗物のない海岸の方に一生懸命走っていってね、で、海にとびこむと……。その当時の人は〝猫がぁ、自殺する〟といってね、びっくりしとったですよ」

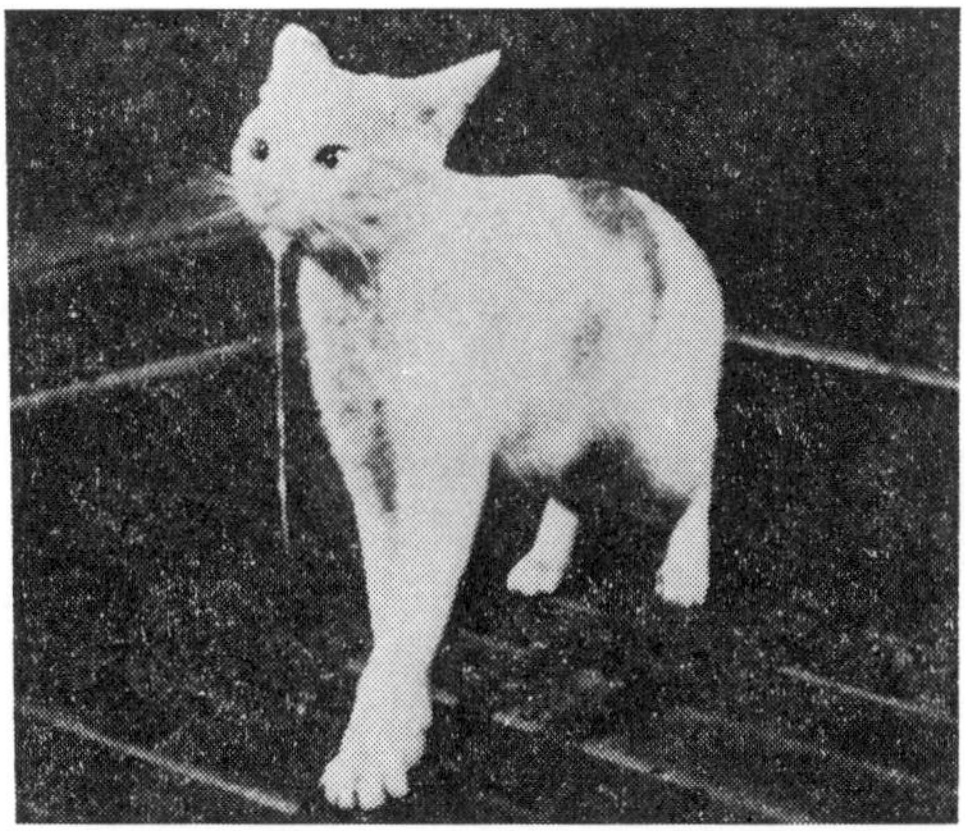
有機水銀投与発症猫——昭34・徳臣教室撮影

○猫のクローズ・アップ　流涎がひどい

「……これ、ゆだれ垂れとるでしょ、ゆだれを……」

16　八ミリ——猫による初の人工発症記録

○海岸でのムラサキ貝の採取、その貝の猫への投与

伊藤氏の声「これはさっきの水俣湾ですけどね、そこにいっぱい貝がね、これはムラサキ貝といっとったですけどもね、この貝やら採ってきたお魚やらを、その、猫に食わせるわけなんですよ。これを……蒸してね、身を取ってこれ……猫がこれ食うと、これ、ほんとに食うわけです……」

○異常を示す仔猫

スーパー〝実験的発症猫、昭和三十二年四月、第一例発症

（於・水俣保健所）

伊藤氏の声「……と、これ！　一週間か十日するとこんな風に発病して、ゆだれを流すようになるですね。——最初成功した時にはびっくりしましてね、あの細川先生も駆けてきたですけどね。」

○別の人工発症猫、歩行失調が顕著である

「これはあの、非常によく出来、あの、症状がでております。尻尾をうしろにピンと上げてですね。足をびっこひくわけですよ……。アタキシー（註・失調）アタキシーっていいますがね、それが良く出ておる」

17　八ミリの幕間、伊藤氏の回想

「あの、僕らはね、保健所長で、でしたから、その病気が発生しないようにね、PRせんといかんわけですよ。――魚に疑いがあったけれども、それが科学的に証明されなかった――ということで、猫が発病さえすればもう自信をもって言えるわけですから、猫の発病実験を待ったわけですよね……。大学に魚を送ったりなんかして……。ところがなかなか大学で発病しないもんだから、細川さんと二人で大学に行ったら、ま、猫の飼育の方法を見てね、細川先生と〝あれじゃ猫も魚を喰わんでしょう〟と、ま、おっしゃったですけど、とにかくその頃は予算不足で設備もよくなかったんですね、あの動物飼育も。で、帰って保健所の一室にね、ぜいたくな猫部屋をひとつ作って非常に可愛いがって喰わせたという事と……。それからそのー、あれをですね、魚を、子供にとらせたということですね、――あの湾内の、あすこにふらふらして来るちゅうことを子供から聞いたから、子供に小遣い銭をやって網を買ってやってね、それで採って来いちゅうて、そって子供が採って来るわけ……、さっき出たでしょ（註・画面に）ああいう風にあの、あんな魚をとって来るんですよ。そうするとね、子供の話だとね、猫は海岸を散歩してきてね、ふらふらしてきた魚を、こう、ちょん！　爪でこう引っかけて（手ぶりしながら）食うという話も猫から、あの猫からじゃない（失笑）子供から聞きましてね……」（音楽はじまる）

18　今日の水俣湾、百間排水口、黒々とヘドロが堆積している

19　昭和三十一、二年当時の新聞『マンガンの疑い』『原因物質・セレニュウムか』『タリウム説』等　原因物質を仮定する中間報告の記事

ナレーション「ヘドロからはマンガンをはじめ十数種の重金属が検出され、病因として追究されますが、そのどれも人体に危険な物質ばかりでした」（音楽消える）

20　伊藤氏フィルム・結論

○排水口から工場廃水が揚水器で排出されている

スーパー〝百間排水口　昭和三十二年〟

○紫褐色の排水のアップ

伊藤氏の声「あの、満潮の時には海水面が高くなりますから、これをポンプで押出しとるわけですよ」

土本の声「これはほぼその時の色と同じですか？」

伊藤「そうです、そうです。こんな風に何か紫色しとった

ですよね、こう……。」
土本「これは貴重ですね」
○ヘドロをシャベルですくいとる
伊藤氏の声「これがね、軽いもんだからね、ふらふらしていくんですよ、これ！」
○素朴な手描きのアニメーションで、工場からの排水の汚染のひろがりを示す。
○八ミリ字幕I『工場↓排水↓ドベ↓魚』
スーパー〝氏の推論―昭和三十二年当時〟
○八ミリ字幕II『この関係が証明しうるか？』
土本の声「先生はもうほとんど確信しておられたんでしょ、やっぱり」
伊藤氏の声「もう他に原因がないですからねえ。それから魚で発病したと――ただその原因物質がなかなか把めないもんだから……。もうそれがもう、非常な悩みでしたね。（字幕Iに）あっ、これですね工場があって……」
土本「大胆な発言ですね」
伊藤「そうですね、うーん」

21　伊藤氏フィルム・初期水俣での臨床例

○故船場岩蔵さん。タバコをのむと激しい振戦が起きる
伊藤氏の声「この人もすでにもう亡くなってますね、船場さんのお父さんですね、やっぱ漁師で……。あの僕が、〝撮るからね、撮影するからおじいさんひとつ煙草のんでみてよ〟ちゅうたらこんな風にのんで……なかなかうまくいかん」
○男の患者激しい発作に襲われている
スーパー〝船場さんの長男――発病二二日後死亡〟
「この人が、あの、太刀魚をね、病気になる前、沢山食べたそうです。すり鉢でね。なんか酢味噌かなんかして沢山食べたと……。で何か僕にね、何か言っとるんですよ、苦しいから……頭が痛いんじゃないですかね、うんと！」
○故坂本真由美ちゃん。手足硬直している
「……真由美ちゃんが亡くなってね、僕が解剖させてくれ言うていってね、もう正月でしたよ。えー断わられてね。そしたら〝僕が……抱いて行くから〟と言ったんですよ。そしたらむこうもね、〝保健所長が抱いて行くならね、協力しましょう〟ということで、あのう、真由美ちゃんの死体を僕がいただいたわけです……。」

22　字幕『原因究明期　熊本大学水俣病研究班』

23　熊大医学部内の医局、徳臣氏のフィルム上映。
スーパー〝徳臣晴比古氏（熊本大学・内科）〟

24　英文医学書『ポイズニング』の表紙及び有機水銀の頁と巻末記載、ここに、ハンター・ラッセルの名が記されている。

徳臣氏の声「……昭和三十一年から研究を始めて、三十二年の四月の学会の時にあの『ポイズニング』という本をぼく買ってきまして、そのなかで、あの〝視野狭窄〟という項目がありますけどね、その視野狭窄を起すものはどんな病気か、毒物があるか。――或いはその〝運動失調〟をきたすのはどんな毒物があるかというようなことを書いてありますけど、それを見ますと、第一番にアルキル・マーキュリーというのが出とるわけですけども、巻尾に、このハンター・ラッセル・ヴァンフォードの文献が出ておりますけれど、〝これは恐らく有機水銀じゃないか？〟ということになってきたわけなんで、それで、まあ水銀を、ということで水銀のチェックを始めたわけです……」
○自分のフィルムを映写しつつ語る徳臣氏
「……で、患者さんの尿の中の水銀を調べてみると、べラボーにたくさん水銀が出ているわけですねえ……」

25　喜田村氏の水銀調査
○水俣の地図に重なって、スライド図形『水俣湾内泥土中水銀量（湿量重当りＰＰＭ）』
○説明する氏にスーパー〝喜田村正次氏〟
「……で実は私、その昭和三十二年から疑わしい物質を全部――化学物質を全部リスト・アップしたんですが、その時にメチル水銀ってやつがひとつあったんです。で当然その症状からみたら、それを疑うべきだったんですけどね、その物質が結局、そのー湾内に流れでて一回魚を介して、それでまあ猫なり人間なりにこれがはいって、水俣病をおこすわけですね。……まあ、当然あのくらいの有毒物質ならば、私、魚がそのー、やられると思ったんですがね、ところがね、魚はもうぴんぴんしているわけです。これはもう、われわれが食べたくなるくらいの、いきのいいぴんぴんしたやつでも、毒性があるわけですからね。……で、そういった意味で私は……水銀というのはやらなかったんですけれども、もうやるものが無いと――、まあ念には念を入れてこの水銀をやってみようというわけで、そのまあ分析をはじめたんですね。」
○水銀値の数字のアップ
「……ところがその、分析をしてみて、こらまあ、こっちの方が逆にびっくりしたんですがね、これがその分析値ですが（指で示し）これが丁度排水口直下のところです……。このところのこの分析値がここにありますように二、〇一〇ＰＰＭですね……これが湿重量あたりのＰＰＭですよね、で大体この生の泥をそのままの重量あたりのＰＰＭですから……これ今やってますように乾燥重量当りに直しますとね、この所で少くとも五倍位にはなります……。そうしますと、これが何と一〇、〇〇〇ＰＰＭですね！ そうしますと一％ですね、……でしかもその水銀の値がですね、結局この排出口から遠去かるにつれてですね、これが

水俣湾内泥土中水銀量（湿重量当りＰＰＭ）
（昭和34年，喜田村）

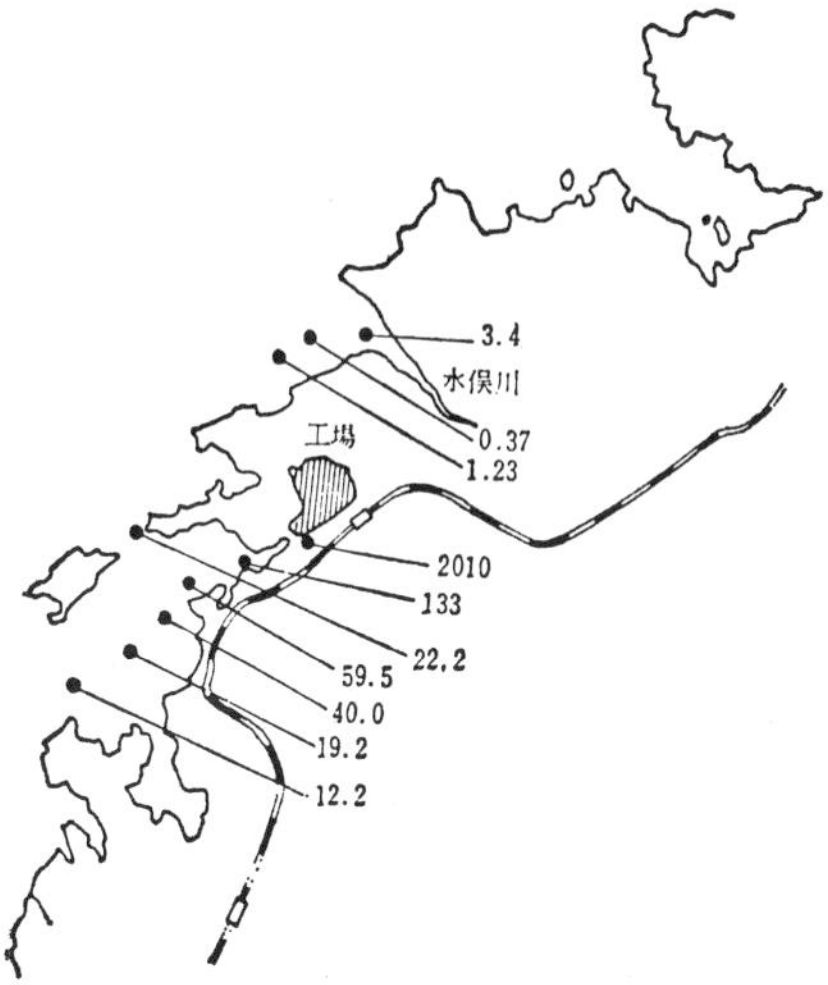

今湿重量で一三三――それからその次は距離がここですからね、これが五九・五、それから四〇でしょ……それから一九・二と……一二・二と、これは明神の方で……。あの湾流が多少はここへ出ます、ほとんどはこっち（北）からはいってくるのが主なんですけれども、しかしこう拡散しますから、あの、距離からいきますと――丁度この排水口の距離ですと――丁度やっぱりこの（北の湾口を指し）一九ＰＰＭ、これあたりに相当するわけですね。でこれがやっぱり二二という具合に――。これは明らかに工場から排出されて出たんですね。かなりな、あの何ていいますか、汚染を湾泥に来しておったと！ うん！」

〇工場の位置の部分のアップ

土木「その当時、工場のですね、協力態勢はどんな風だったんですか？」

〇喜田村氏のアップ

「ま、私に対してはね、そう非協力的ではなかったんですが、……ただ私が一番びっくりしたのはね、入鹿山（註・且朗）先生とそれから私と、それからその他二人でこのこの条溝にサンプリングに行ったわけですよ。で、この、ちょっとした鉄条網の枠があったんですけど、そのなかを越えて工場の中に入ったわけですね……」

○今日も厳重に有刺鉄線をめぐらした工場、そして排水口附近

「……そうしたらこれ、守衛さんがここに、まあ離れたところにいましてね、それがどうも本部に連絡をしましてね、その返事を聞いて――それは困る――というわけですね。それでやって来て、その今持っていったもの（註・工場廃液のサンプル）を、そのね〝持っていっちゃ困る〟という……〝勝手に無断ではいって来てですねえ、ええ、そのサンプルを捨ててってくれ！〟って言うわけですね。もう私ゃまあ正直ですから……ほらまあ、捨てなきゃ…（無念そうに）ほんなまあ、全部、その折角採ったサンプルを全部、あけさせられたという一幕もありましたけれどもね。まあ、そらあ、そうですね、全面協力というような態度じゃとてもありません！　ええ！」

26　元工場労働者の証言

○工場正門前でのインタビュー

スーパー〝丁通明さん（元水俣工場醋酸係勤務）〟

土本「いわゆる問題になっている醋酸工場の水銀というのは、じかにあなたの手で扱われた時期があるわけですね？」

丁「醋酸のですね、あの、醋酸製造工程のなかのアルデヒド生成にですね、酸化水銀を、その、触媒として使っとったですね……」

○金属水銀そのものの液体状のアップ

土本の声「その当時、やっぱり水銀の、いわゆる劇物と毒物とかいうような事での扱かいは……ま注意ですね、そういうのはどんな風だったんですか？」

○工場にそった排水溝にそって歩きながら当時を語る丁さん

「ま、一般に水銀はその、危険物と、毒性が強いということは常識的にですね、小学校あたりでもみんなが知っとったと思うんですけれど、特にああいう多量に、ま、日常ちいいますか、三〇分毎か一時間毎ぐらいに使っとったですから、えー、そういうナニはですね、一応はですね、なめたり飲んだりしちゃいかないと……いうことの注意はあったようですね」

昼時のサイレンが鳴りひびく

○工場全景の俯瞰より旧アセトアルデヒド生成塔数基にズーム・イン

土本の声「大体どの辺にあったんですか、醋酸工場は？」

丁さんの声「さあて、醋酸のなにはですね、今これ終戦後

アセトアルデヒド工場――ここから35年にわたって〝メチル水銀〟は流されつづけた

からの何で、大分敷地を拡張してましてですね、広くなっとりますが、丁度もう真中あたりになっとってですね……、約百米位、こうのばしとっとじゃないですか」

○語る丁さんのクローズ・アップ

「……年末作業なんかで、定期修理なんかやる場合なんか、こりゃもう水銀の中にはいって仕事しとるというようなですね、えーなかだったですから、もうばらばら落ちてくるんですよ(手で頭をはらいながら)髪の毛なんかでも、たいがい髪の毛伸しとるんですけども、それこそ(髪に手を)やるとですね、ばらばらいつの間にか落ちてくると……、いうような事もですね、あったということです。だから、その位、ま、水銀の、あの金属水銀がですね、直接落ちてくる場合もあるし、大体ガス状でいっぱい、こう蒸発しとる関係で、塔の中に貯る――回収されるような水銀だけじゃなくてですね、現場自体のいろいろ屋根のアングルとか、いろいろそういうところにも、その、貯っとるわけです」

○工場裏山より眺めながら

「……特に水俣病なんかの問題が出ました後は、会社自体がですね〝昼間はあんまり流すな！〟とか、或いは〝明日はどこどこから来るから溝をきれいにしとれ〟とか、或いは〝現場の廃液とか捨てるやつがあったら明日は捨てんちゃよいようにですね、夜勤中に捨てときなさい！〟というような指示が再々あったです。」
○干潟に堆積するヘドロに石を投げる。音もなくぬめりこむ。その黒々とした穴にズーム・イン

27　熊本市、大学病院のある一角

スーパー〝熊本大学医学部〟
○徳臣氏の臨床記録（十六ミリ・黒白）に、多くの患者の具体的症状がとらえられている。画面に重なる声に
スーパー〝臨床・徳臣晴比古氏〟
○少年期の江郷下一美の歩行、中間てる子のおぼつかない歩き方
土本の質問「一番共通している症状というのは、一見《いちもく》何でございました？」
徳臣氏の声「……一番共通してるのは、今言ったような、あのこう運動失調というやつですね。ああいうような動揺性の歩行ね、これも運動失調のひとつで、言葉自体も運動失調ですね……」
○映写しながら自ら症状をまねる同氏
「……何かひっぱったような、例えば〝みいなあまあたあしー〟というようなそういうような発音、あの発声をするわけですね」
○坂本タカエさんのシャツのボタンかけテスト、指の自由がない
「ああいうボタン止めをしようとしても、水を呑もうとしても、マッチをするのも、ある一定の目的をもった運動がスムースにできない状態……できない状態これを運動失調というわけですね。小脳の障害です、これは。それがこの病気の非常に大きな特徴ですね、これは。」
○初期の村野タマノさん。小きざみにふるえている。タバコを吸おうとすると、尚振戦が激しくなる
スーパー〝昭和三十一年秋、撮影〟

「これは村野タマノさんですね。今もそこ（註・大学病院）に入院してますよ。（土本「あぁそうですか」）私んところにこの間入院してましたけども、ちょっとあの、やっぱり精神症状がひどいもんだから、今精神科の方にいってますけども……。ええああいうような痙攣ですね、痙攣がこの人はしばしば起るわけですよ」

土本の声「今でもですか？」

徳臣「今でも起きます。ちょっと興奮状態になってくると起るわけですね。まあ全く知らない人が現れるとか、或い

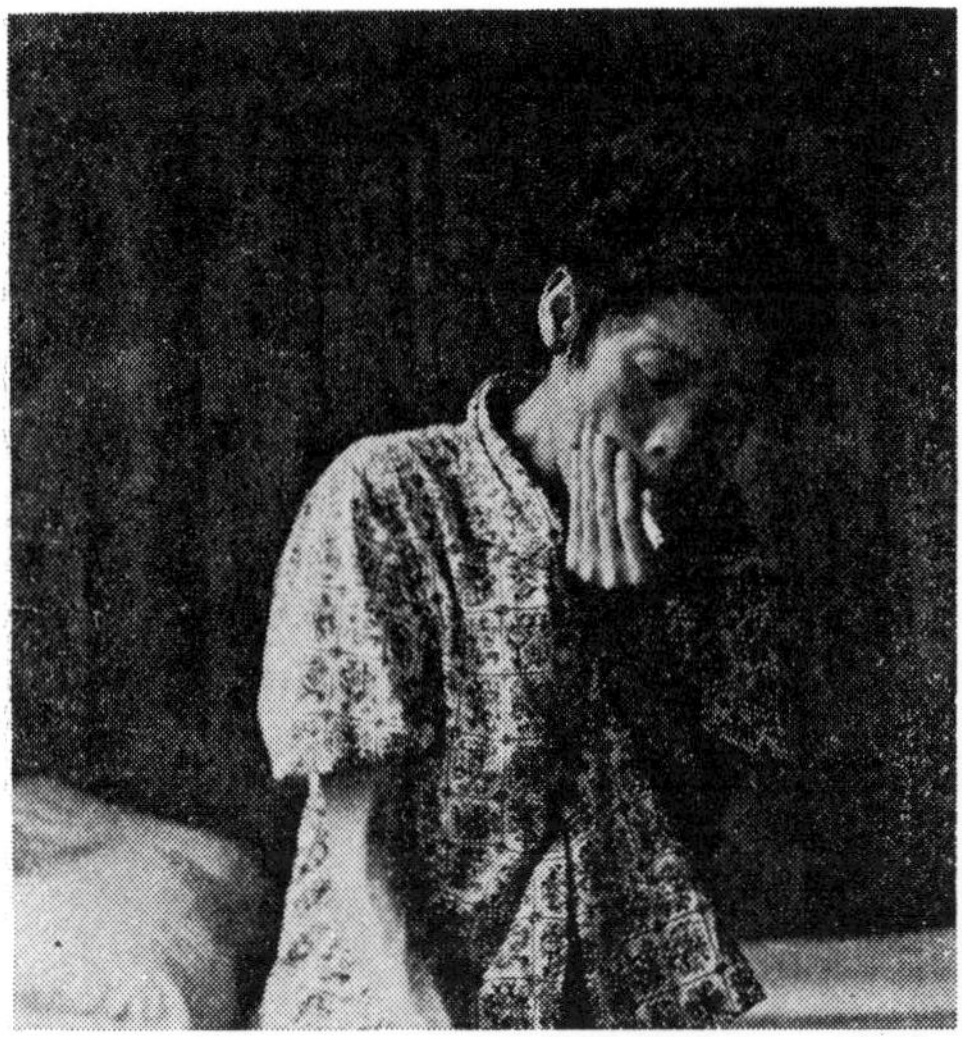
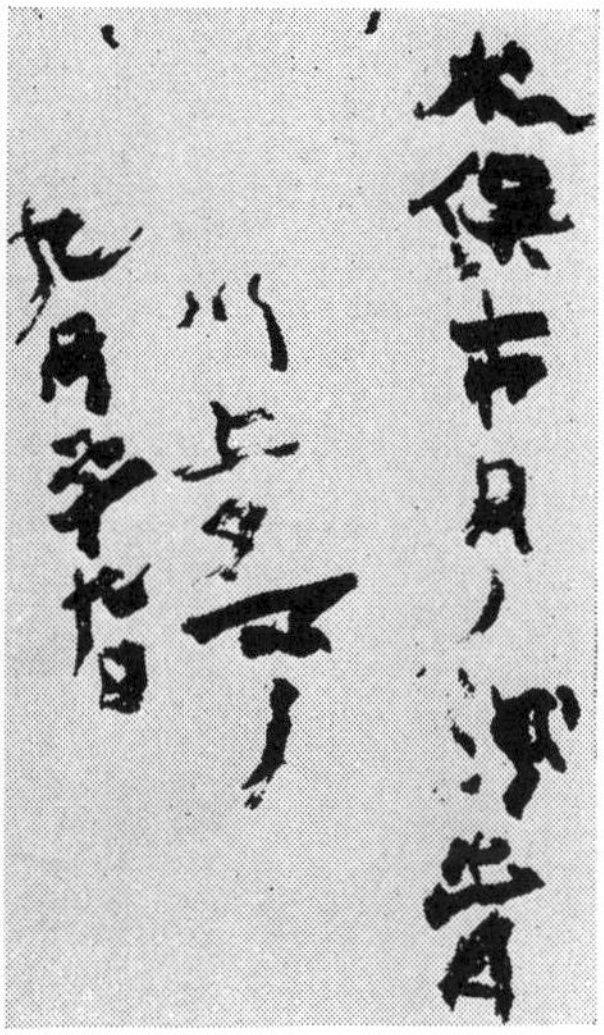

（徳臣晴比古氏論文より）

はこの人が興奮するときに起ってくるわけです……」
○水をのもうとする手がふるえ、衣服をぬらし、ついにのめない村野さん
「……非常にこの人はああいうような、こう、何といいますか、手のふるえが強いですね。」
土本の声「こういう場合はどこが最も強く障害されている……？」
徳臣「この人のふるえ自体はねえ、これはもう小脳性のもんじゃないように思うですねえ、これは。やっぱり基底核部でしょうね（土本「何ですか？」）――基底核――基底核、脳のね、あの何て言いますかな、ベースの近いところに核がありますけど、基底核部の障害だと思います、これは。」
岡嶋助教授の声「こういう症状があったから……錐体外路（徳臣「そうですね！」）じゃないかという考え方もあったわけですね」
徳臣「……考え方も出たわけです……」
○ベッドに横たわったまま体をえびのように曲げ、宙にむかって手足をはげしく痙攣させる村野さん
「……この人の病状はねえ、……これは本当の……ていいますか、多分に精神的な心因性のファクターですね……」

○映写中の症状を見ながら徳臣氏
「ええ、精神的なファクターが非常に大きいんではないかと思います」
○画面、ベッドの上で舞踏様の足ぶみをくり返す村野さん
「……これはもう、精神……興奮状態のあらわれですね、これは。痙攣ではないです……今の状態は。」
○旧病舎の庭を歩きまわるやつれ果てた村野さんの数スナップ。病床で万歳をするように両手をあげる放心状態の痙攣をくり返す彼女。徳臣氏のコメントつづく
スーパー〝『水俣病主要症状について』〟
徳臣「……やはり運動失調、それに視野狭窄、難聴——こういうような中枢性の障害ですね。それから末梢の方では、手足のしびれ感ですね。それから知覚障害——ま、物がさわっても一枚何か……その、紙でもおいたような感じ——紙の上から触わるという、触っているようなそういう感じね——そういう知覚鈍麻ですか、そういう立体感覚の障害ですね、そういったものが知覚障害——末梢の方では出ておりますけれども……」
○戸外、舞踏病のようにおどりつづける村野さん。興奮して、カメラにむかってくる
「……ええ、何でもないときには——落着いた状態の時には、普通の、あの知能も普通で、大体、あの、応答ができますちゃんと（しばし絶句する）」

28　故浜元惣八さんの症例記録（徳臣フィルムつづく）

○入院生活スナップ、タバコを吸おうとするが手のかなわない惣八さん。まだ幾分の元気さがみられる
徳臣氏の声「これは浜元惣八さんですね、これは。この方はまあ入院時の状態ですね。まだこういう状態ですけどもね」
土本の声「なんか一夜にして、あの、体の自由が利かなくなった……」
徳臣「うーん、発病するときね、これ……」
○落ちたタバコを懸命に把もうとする浜元さん
「……うーん、こういう風景はめずらしいね、これは。……はじめはこんな状態だったですけどね、間もなく今から出てくるように、この方はもう動けなくなったですからね」
土本「あの、当時、部落でですね、やっぱり急性で亡くなった方は、ほぼこういう経過をとられたと思っていいですか？」
○画面、水の入ったカップを掌にもてないで苦労する浜元

さん
「……ええ、それは恐らくそうでしょう……まああれは運動失調の非常に極端な状態ですね。水を自分で呑めないわけですから……」
○死の直前、ベッドの上で狂った猫のように体をばたつかせて苦しむ浜元さん
「……これはもう意識がないですね、もう亡くなられる直前でしょう、恐らく。……(回想しつつ)……本当にひじょうに気の毒な状態ですねえ。……初めてあの水俣にいきました昭和三一年の八月位がこういう人達が水俣の……〝避病院〟ね――伝染病棟に収容されていましてねえ。ほとんどの人がこういう状態でしたねえ。……もうびっくりしました。それはもう……本当にもう……。暑い、ものすごく暑い病室の中でのたうち回って…ええ、こう……ベッドから落ちたりして手足を怪我しましてね……。」
○スーパー〝発病五十日後死亡〟

29　死亡患者の生前記録(同じく徳臣氏フィルムによる)氏のコメント
○松田文子　ベッドの上の全身痙攣、ほぼ裸身
「……それからですね、松田フミさんですね。この方が最初の方で……こう悲惨な状態ですね、痩せてね。……転展反側という状態ですね、あれは。」
○田中しず子ちゃん他幼児患者のスナップ
「……当時はまあ、割合に外に表わしたがらなかったです、どちらかと言えば、まあ隠すような傾向がありましてね……。それを収容するのにしましても、あの、経済的にもねえ……。そういうものをどこが受持ってやるかという事が全くなかったわけですね、この時代は。」
○坂本キヨ子さんのまだ比較的軽い時期と二年後の死亡直前、全身硬直し腐爛した末期症状の記録。
「この方は、何か、入院をなさらなかったわけですけどね。……あとで二年位経ってから行った時の状態がこういう状態でしたね。非常にびっくりしました。……もう……ちょっとやっぱり……普通で見られない病状ですね、これは!。……右手はああいう風にいつも動いておりますね。足腰から下はああいう風な屈曲、強直状態ですね、これは。……非常に栄養も衰えておりますしね、これは。うーん」

30　病理学的究明
○武内氏インタビュー　氏のクローズ・アップ
スーパー〝武内忠男氏(熊本大学・病理学)〟

武内「……一番最初はやっぱりあの、文献的に同じ——同じものがあったというね、前に、それと一致しとるじゃないかというのが……の方が僕には興奮だったですね」
土本の声「……もう一度おっしゃって頂けませんか」
○英文医学書、ハンター・ラッセルの症例報告[2)]
「……あのハンターの書いたね、ハンター・ラッセルの……ハンター・ラッセルがそれより、一五年前にね症例を報告してるんですよ、四例ね。あの例の十五人の工場のね、四例に発症したちゅうのがあったでしょ？　その症例報告が十五年前にやっとるわけです。それで十五年後に死んどるんです、ひとりが。それを報告して三年目に水俣病が起き……あの三一年になったんですよね。だから……。」

31　武内氏の実験フィルムの映写はじまる

○タイトル〝武内教室（病理）撮影〟
○貝投与の猫の観察
○その貝を現地で採取している
タイトル〝実験用貝採取(月浦)——昭和三二年より——〟
○猫に重なって、スーパー〝貝投与発症猫〟
武内「……それでですね、ま、疫学的に魚介類を摂取するヒトや猫におこりやすいということから、どうしてもやっぱり魚介類を投与して、実験的にそれを証明しなきゃならないわけです。……これはですね、これは、貝の粉をやった猫と思います、この猫は」
質問者、有馬の声「それからどういう経過から水銀に注目されて行ったんですか？」
○映写画面を見ながらインタビューに答える同氏
「それは剖検例の、あの、病変ですね。ことに神経系統の病変が非常に特異なんです。今まで我々が見たことのないような非常に強い神経細胞障害がある……」
○武内教室内の脳標本の接写
スーパー〝男子　七才〟

蜂の巣状に細胞が脱落しているのが肉眼的に見える。

「……しかもそれが、あの、視中枢がやられておるということ。それから小脳の、顆粒細胞が非常に障害が強いということ——そうい

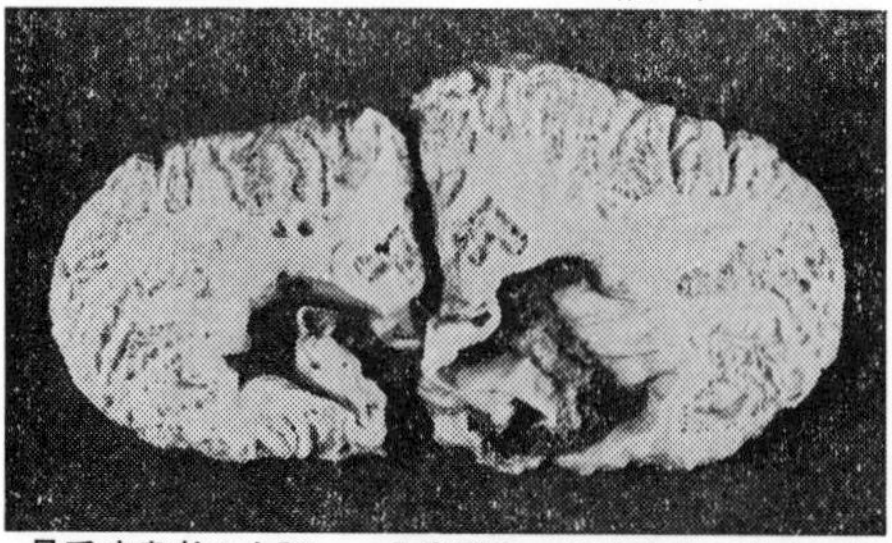

最重症患者の大脳——7歳男子，急性発症で満4年経過後死亡。いわゆる肉眼的海綿状態を呈し，大脳皮質は広範囲に障害され，実質はほとんど脱落している

うことはなかなか記載したものがないんですね。ええ特に主に顆粒細胞の脱落と視中枢の障害ということに重点をおいて……あの、文献を探したんです。やっと見付かったのがハンター・ラッセルの例の文献です。……その記録をみてね〃これは全く同じだ！〃という風に思って……思いましたですね。だからこれはやはり、どうしても深く追求する必要がある……。」

有機水銀投与発症猫――脳神経系統が重篤に侵され，ネズミにも反応しない（熊大病理武内教室・昭34撮影）

○武内氏のフィルム、猫実験記録
スーパー〃有機水銀投与実験開始――昭和三三年秋――〃
○飼育箱の中の猫、狂いあばれまわる。強烈な発症を示す
「これはアルキル水銀をやった猫で、やはり症状のひとつを示すわけです――水銀でああいう風に臨床症状――これは猫だから、ま、臨床ちゅうのはおかしいですけれども――症状ですね、猫の症状が全く自然発症のものと、魚介類をやったもの（註・貝投与実験猫）と同じなんですね。これを解剖してみますと、また脳の病変が大脳も小脳も全く同じなんです……」
○映写中の教室、画面に猫のシーン
「……だから、これは前から、あの、文献的に水銀ではないかという風に考えておりましたし、人間の脳からも水銀を証明しとったわけですけども、水銀をやった動物も全く同じだということは、これはもう水銀に間違いないんじゃないかと、いうような判断をするのに非常に役立ったわけです」
○黒猫、運動失調が著明（有機水銀投与猫）
「これも非常に重症で失調症状も、それからあの、恐らくこれは視野はうんと狭いんか、盲じゃないかと思うんですけどね、こういう強い症状が表われとるわけです」
○別の実験猫、はげしく走って障壁に激突する
「これはもう失調ですね。あの症状は失調。……割合元気がいいですね」

○うづくまる猫、近くのニワトリとむきあっているが動かない。
有馬の声「猫はニワトリに反応せんわけですか?」
武内「はい。ネズミをそばにやっても取らないしですね、ええ、ニワトリに対しても……こういう風に、もう無関心なんです……」
○ネズミを鼻先にあてがわれても、腕の中に抱かせても反応しない猫
「……普通だったら、正常な猫はすぐ飛びつくんですけどね……ひとつには眼の見えない猫もあったと思います」
有馬の声「……と、こういう猫の状態は、人間の、ああいう風に、いわゆる植物的人間とか言われてますけど、ああいう状態……?」
武内「あれよりも(註・猫の方が)軽いですね(有馬「軽い?」)ええ、あれよりも軽いです。(有馬「そうすると人間はもっと?!」)もっと、もっと……はいそうです」

32　**軽快の可能性についてのインタビュー**

○脳標本のアップ　脳回いちじるしく小さい。スーパー〝女子　八才〟
土本の声「もうあの、脳細胞の脱落というのは医学的に救済の方法はない……というような判断は?」
○武内氏クローズ・アップ及び脳のディテール
「それはですね。神経細胞が壊されたら再生しないということで……えー、他の臓器の細胞と違うわけですね、だから壊されたところはもう元にかえらないと! ……しかしですね、私いつも言うように、ええ、例えば神経細胞は十五億あるとしますですね、そのうちの二億が、脱落してしまう……或いは五億が脱落するという場合でもですね……うーん、同じところのものが全部脱落するわけじゃないんです。〝間引き脱落〟をしていくわけですね。そうするとね、隣りの神経細胞は代りをし得るわけですよね。(沈黙)だから、その代りをするような、ま、訓練ということをやればですね……機能的には、機能的には……多少回復するということです。……まあ腎臓とか肝臓だったら、ある程度(細胞が)死んでもですね、ある程度死んでも又再生できるわけですよね。生きとるやつから……だから元に帰るわけです。しかし脳はどうにもならないですねぇ……」
土本「これは今後、医学・薬学が進んでもですか?」
武内「(言下に)そうもう、どうにもならない……進んでも!」
○武内氏のクローズ・アップ

「……それはもう悲惨というほかないですね。……どうしようもないということですね。だから非常に軽い人は、今言いましたように、残った神経細胞で或る程度回復しますけどね、ええもう重症なヒトは結局寝たまま……ちゅうことになる……もう一生寝たまま ちゅうことになるですねえ……（厳しい表情で）だから救いようがないです。どうにもならないですね。……も、悲惨というほかないですねえ、表現としては……（沈黙）」

33　**昭和三十四年頃の新聞（有機水銀説への反論）**

○『旧軍爆薬説』

○『魚の腐敗菌、アミン中毒、清浦雷作、東京工業大学教授発表』等

ナレーション「熊大研究班が曲折をへて、原因物質としての有機水銀をつきとめる頃、工場側はありもしない海中の爆弾によるという〃爆薬説〃で反論――。ついで現地視察の東京の学者により、腐った魚の毒という〃アミン説〃が発表され、〃有機水銀説〃もそのいくつもの説のひとつと印象づけられました」

34　**英文字幕「アメリカ　ＮＩＨの実験」**

スーパー〃有機水銀説の追試（アメリカ、ＮＩＨ）〃

○猫に典型的な発症がみられる

武内氏の声「ええ、米国の最大の医学研究所ですね――米国のＮＩＨが、それをやったわけ……。そこの中で、疫学部長をやっておるカーランド博士が、その追試実験をやりまして、三十四年の終りから三十五年の初めにかけてやったんですね。で、その資料は勿論熊本の私のところから取寄せて、そしてそん時、貝の粉――貝の粉末ですね――を沢山送ってもらって、僕らがやったと同じ実験をくり返したわけです。そして全く同じ結果がでたんで三十五年の春にね〃出た！〃ということを、工場側と大学側にDr.カーランドから通知したわけです。それが最初の実験追試の結果じゃないかと思います」

35　**有機水銀発生のメカニズムについて語る喜田村正次氏**

○アセトアルデヒド生成塔の実験模型を前にして

喜田村「……それはね、アセトアルデヒドを作るというのは非常にその、簡単なんですよ……」

○アセチレン・ボンベ、反応器、酸化水銀を示しつつ

「……あの、アセチレン――これはボンベ、アセチレン・ボンベですが、これがアセチレンとですね、それと水とが

反応すれば、こらまあアセトアルデヒドなんですが、ただそこのところへですね、水——普通の水にアセチレンを吹きこんだんじゃ出来ないですけども、この、いわゆる反応塔なんですが、この中へ酸化水銀ですね、これを触媒にして入れるわけです……」

○金属水銀と酸化水銀のアップ

「……水銀ちゅうのがね、非常にこう変った——これはま液体……変ったその重金属なんですがね、色々な触媒に使われるんですが……。このとにかくアセチレンの接触加水反応ですか、アセトアルデヒドを作るときに、これが非常に……」

土本「これが酸化水銀ですね?」

喜田村「これ、このままじゃ水に溶けませんのでね、これを結局酸化水銀になりますね(指で示し)ええ、この黄色いのが酸化水銀です。これを結局この中に触媒に入れてるわけです」

○実験装置を前に

土本「メチル水銀が出来ていたことは、工場でですよね、かなり早くから分析できていなかったんですか?」

喜田村「ええ、あの最初の頃はね、メチル水銀が水の中ではねえ……もう分解して無機の水銀になるんだと、こういうことが言われておりましてね、〝できるわけがない〟ということだったんですが、それがね、三十五年だったですか、こん中にそのメチル水銀があるということがですね、ま、工場の方は知ってたようです」

36　汚染の広域化について、同じく喜田村氏

○スライド『不知火海底泥土中水銀含量』図を示し

「ええ、昭和三十……あれは三年だったですか、この工場が、あの従来の排水口(註・百間港)をですね、あのこちらの丸島の方の、これ水俣川の河口のこちらに出したわけです。………そしたら途端にそれからねえ、四ケ月ほどしてだと思いますが、この辺(註・川口附近)に患者さんが出たわけですね、それからだんだんだんだん拡がっていきましてね、津奈木にももう患者さんが出てました。それからね、猫の方はね、津奈木、計石……これどこになるかな……計石がこの上、その辺になりますかな、とにかく、この辺でも猫は発症してましたし(不知火海の対岸を指さし)それからこの——私、これ確認はしなかったんですが——獅子島ですね、ここでも猫が大量に、これあの、狂い死にしたというね、話しが、ま、事実があったわけですね。それから勿論、こら茂道の方、この辺でも患者さんが出てく

るといったようなね。……だんだんだんだんそれが範囲がこれまあ、拡がって来たわけですよ」

（音楽始まる）

37　**昭和三十六年当時の新聞『水俣湾のヒバリガイモドキから有機水銀物質を抽出』『工場内、製造工程中で有機化……』等**

ナレーション「チッソが有機水銀を流していないと反論する中で、熊大、内田槇男教授は貝から有機水銀を抽出することに成功、一方、入鹿山且朗教授は、昭和三十六年半ばに入手した廃液そのものから、有機水銀を抽出——その科学的因果関係は、すべて証明されたのです。」

（音楽終る）

38　**胎児性水俣病の存在の確認**

○インタビューに応える原田氏

スーパー〝原田正純氏（熊本大学・精神神経学）〟

原田氏「このフィルムを撮った時代というのは、あの、丁度ですね、まあ水俣病の発生はもう一応終ったと、臨床的な問題は一応解決して、〝有機水銀中毒である〟としかもそれは工場の……から出てきているというようなところは、まあ非常に明らかになってきてて、であと、その残った問題として当時から気付かれていたけれども、水俣病の多発地帯に原因不明の生れつきの……この子供たちがたくさん発生していると、いうことが分っていたわけです。」

○昭和三十六年頃の新聞『有機水銀、母親から胎児に…』

「……でこの子供たちが、この胎盤を——胎盤の中で起った有機水銀中毒かどうかということを解決しなければいけないという問題が、当時の水俣病問題の中では一番大きな問題だったわけです。社会的にも、医学的にもですね。」

39　**昭和三十六年当時の原田氏撮影のフィルム、映写、市立病院の一隅に集まった患児たちのシーンより個々の診察にうつる**（黒白十六ミリ）

「まあ、市立病院にこんなして集まってもらったんですけど、まず最初に気がつくことは非常に患者たちがお互いに似たような状態だということですね。これがまあ、あの、胎児性水俣病であるという……この実証していく上で非常に重要なことだったわけです。」

○故田中敏昌君

「田中敏昌君ですけども、まだあの、生まれて六ケ月目になっても首が坐らないということで、家族はこれはおかしいんじゃないかと、いうことにまず気が付くわけです……」
○坂本しのぶさん。簡単なテストをうける
「で、これは同じ湯堂に同じ年に生まれた坂本しのぶ君ですけども、お姉さん（註・真由美）は小児水俣病で亡くなるわけです。ごらんのように、ああいう手の動作はほとんど何もできない……」
○母親にかかえられ、寝たままの上村智子さん
「それから、上村智子ちゃん。これはあの、月浦で生まれたんですけれども、言葉はほとんどない。まあ、この当時六つですけれども、光に対してほとんど反応がなかった。で、寝たっきりで、足はあんなふうに変形している。それから体重は十四キロぐらいだった。で、首がああして坐わらない。（口もとに笑い）ああいう笑いは〝強迫笑い〟というわけです」
○祖父に抱かれて来る半永一光君、控室でかえる飛び様の動作をしている
「それから半永一光君。で、これは漁師の子でお父さんも水俣病です。ゆだれが出て、斜視であって、知能が悪くて、そして手の障害も強いですけれでも足の障害がつよい……（介助して歩行させてみるが足首が交叉する）ああゆうふうに、この支えてやると自分で何とか動かそうと意志

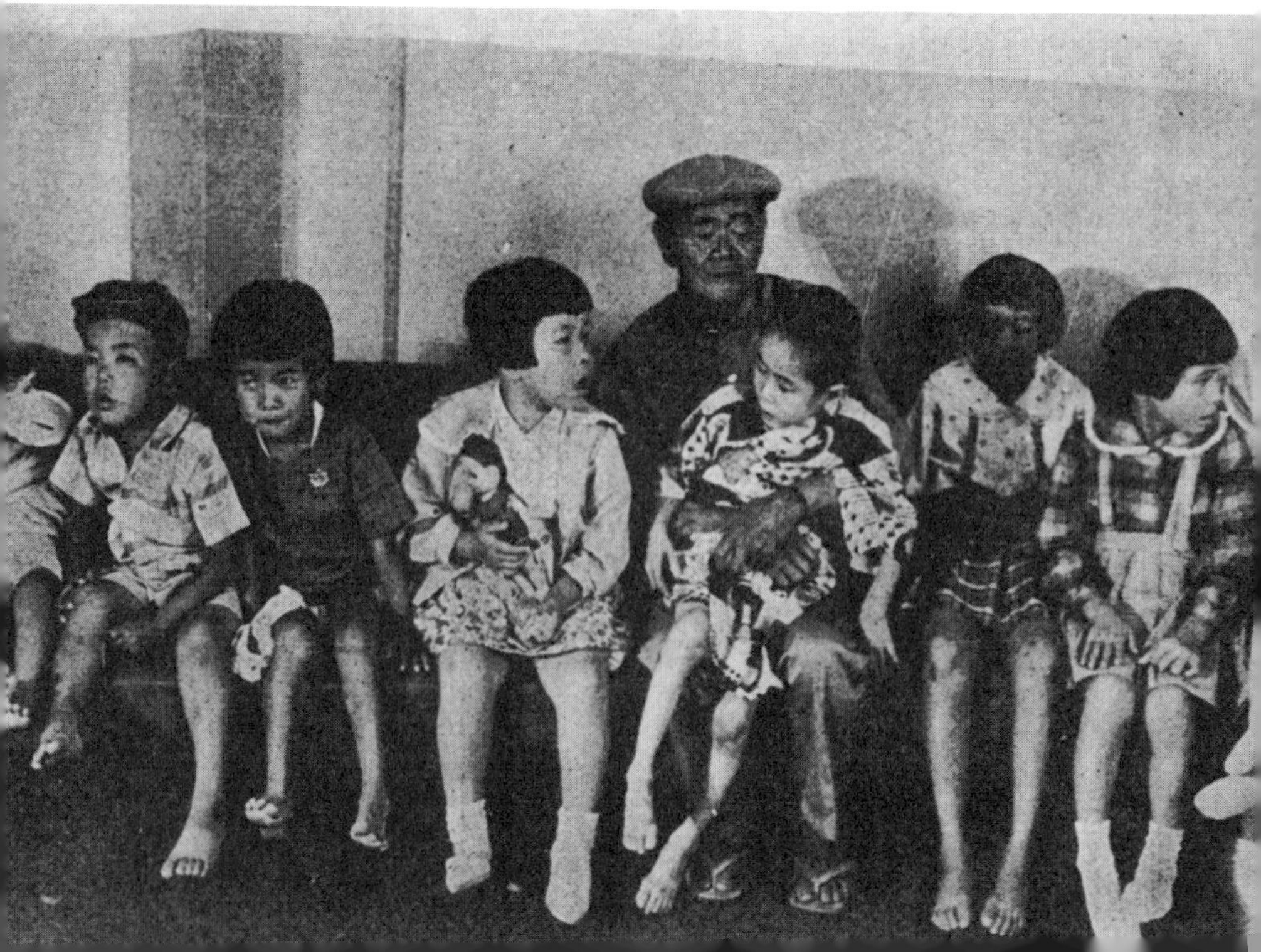

は働くんですけれども、足がうまくいかない。ああいう変形が強い、引きずってしまう。」
○診察台の上の岩坂すえ子さん
「それから岩坂すえ子ちゃん。これは三十二年生れです。このお姉ちゃんていうのが非常に重症な胎児性で、もうすでにこの時には死亡していた。……自分の首を支えることが出来ない、で、ふらふらふらふらしている。どうしても……こう笑いやすい。強迫笑いがある。」
○中村千鶴さん。美しい顔立ちである
「これは茂道の漁師の娘で、中村千鶴ちゃん。で、今手をやったら口を開いたり、それから、把んだりするのは、自分の意志で把むんじゃなくて、新生児——生まれたての赤ん坊に見られるような反応です。これを僕らは原始反射といっている。という事はつまり、脳の発達の段階が新生児の段階で止っていると……」
○比較的軽い症状の子ども二人、いろいろな生活動作のテストを受けている
「当時、ま、一番軽い例だと私たちが考えてた鬼塚君ですけども、まあその一番軽い例といっても、御覧のように……ビスケットを握る手というのは非常にぎこちないわけです。その横が、これは二十八年生れの滝下昌文君。まあ

最初に発見された胎児性水俣病患者たち（昭30—34年生）——熊大原田正純氏撮影・昭37

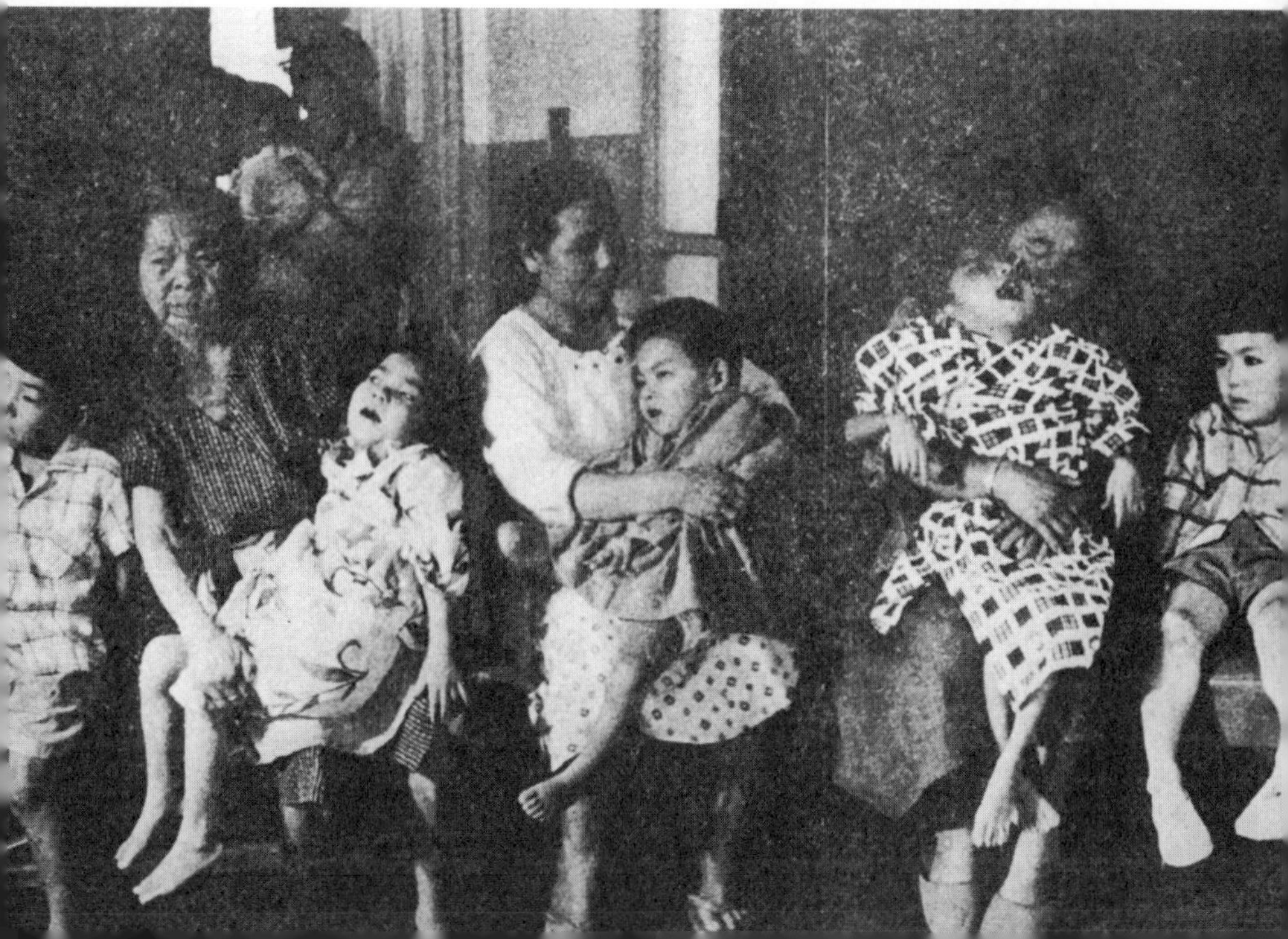

わりと気の利いた顔をしているんだけれども、残念乍ら、知能はこの当時で四、五歳……。（指鼻テストをしているわけです）重症では失調というのは非常に証明しにくいわけですけどもまあ、こういうあの……このグループではわりと軽い人たちでは、小脳性の失調というのは割と証明しやすいわけです。」
○運動靴をはくのに長い時間をかけている鬼塚君、よちよちと歩くその足元
「こういう個々のテストのぎこちなさというものが実は日常生活において、極めて大きな障害があるわけです。で、靴をはいたりする、こんな簡単な動作だって非常に時間がかかる。……まあ動けば動くで事故が危険で、ひとときも目が離せないと……」
○滝下君がテストをうける
「まあ、この子供たちが、あの要するに、胎生期におなかの中で有機水銀中毒にかかったかどうかという判断……非常にむつかしかった……」
○映写中　回想と判断を語る原田氏
「……それは、あの、世界でもそういう例がなかったというう……。それから従来胎盤というのは水銀があんまり通らないと、いうことになっていた。で、それは非常に難しかったわけですけれども、まあ最初のところに出てきたように、これらの子供たちは程度の差こそ多少あっても、極めて、その同んなじ臨床症状を示している……。」
○滝下・鬼塚両君が廊下を、ころびながらゆきつもどりつしている
「……つまり知能が非常に悪いと。それから失調があると。それから原始反射があると。それからよだれが出ている、斜視がある、それから錐体外路の症状がある——そういうふうに非常に共通な症状をみんな持っている……。つまり同じ原因で起った同じ病気であろう……というところまでは臨床的に把握できたわけです。」
○映写中、語る原田氏のアップ
「その後の、まあ調査によって、発生率が非常に高いと。一般の脳性麻痺や、あの、精神薄弱児に較べて非常に高い発生率——例えば七、八％というような高い発生率……」
○母親にしがみつく渡辺政秋君
「……それからお母さんたちに比較的軽いけれども水俣病の症状が認められる……。まあそういうことから、あの、臨床、疫学的には有機水銀中毒の可能性ということを疑ったわけです。」
○淵上一二枝さん、支えなしには上体が起きない。母親が

介助している

「これは淵上一二枝ちゃんで、非常な重症例です。……まあ一般に、この胎児性の母親というのは、自分のたべた水銀を胎盤を通じて子供の中に蓄積してしまったために、おとなには大した症状を残さなくても、非常に重症な脳性麻痺みたいな状態だとか、或いは知能が遅れる子供を生むと、いう可能性があることを示してるわけで、これは非常に大変な問題を提起してると――。」（映写終る）

40　**今日的課題を語る原田氏（インタビュー）**

「まあ、常識的に考えるとね、ひとつは胎盤というのは、割と毒物に対してこの、保護するものであると。だからプラツェンタ・バリアというのがあって、それはあの、外からの毒物を、こうそこでシャット・アウトしてくれるんだというのが一般的な考えだったわけですね。それからもうひとつは、子供にあれだけの影響を及ぼすような水銀をもし喰っておるならば、……その、母親にもっとひどい症状が出てもいいんじゃないかと、まあこれ、非常に当時の常識的な考えだったわけです。そのことは僕らも非常にひっかかったわけですね。〝母親は軽い〟と。」

○語りつづける原田氏のアップ

「……ところがまあ患者の母親たちはですね、〝この子がこんなふうになってくる原因は他には何もないと、自分たちは魚を沢山食べたと、しかも水俣病がおこってた魚を沢山食べた事以外にはどうも考えられない〟と……。例えば茂道の部落でその年七人生まれてね、子供が……四人がこんな状態だちゅうのは考えられないちゅうわけですね。……でそれともうひとつ〝私たちがおかげで症状があんまりなくて軽いのは、この、おなかの中で、その、水銀をこの子が全部吸い取ってくれたんじゃないか〟というようなことを言ったわけですよね。……それは僕らにとってみれば、それはあの、実証されてないし、そういうのは非常にまあ、いわゆる非科学的な事だということになるわけだけれども、その後のいろんな研究――動物実験も含めていろんな研究によって、確かに直観的に母親たちが、この子は水銀中毒だと言った事は正しかったし、それから色んな動物実験その他によって、この、母体が摂取した水銀というものは、この、胎盤を通じて、むしろ胎児に高く濃縮してる、という事実は出てきたわけですね。だからまあニワトリだとニワトリよりも――ニワトリの親よりも、タマゴの中にたくさん濃縮しちゃうし、それからまあ動物だと――哺乳動物だと、動物の体内よりも、その、むしろ胎児の方に濃厚に濃縮すると、ということは、まあ、はっきり指摘しているわけですけどもね。そのことがまあ、今日、いろんな微量な水銀中毒、或いは汚染……水銀汚染ということを考える時に、非常に恐いことだということになるわけですね。そういう発生のメカニズムがあるからこそ、この微量汚染に対する私たちの考えというのは、まあ、ちょっと必要以上に神経質になってくる……というのはそういう事だと思うんですけどね、胎児性の問題だと思うんです。」

41　昭和四三年九月の新聞記事、全面を費して厚生省の見解発表、『原因をチッソの有機水銀と断定』、同じ紙面に『チッソ工場の縮小を暗示――江頭社長談話』

○ナレーション「厚生省は十五年目に、ようやくチッソを加害者と認めました。その時はすでにチッソは製造方法を転換、千葉県五井に新鋭工場を建設、主力をそこに移していました。」

42　旧いフィルムにみる症状の進行例。浜元二徳さんが、歩行訓練している。軽い症状がある

○スーパー〝症状悪化例、徳臣氏の話――〟

○彼のその歩行に、スーパー〝昭和三十一年〟

徳臣氏のコメント「浜元二徳さんですね。この方は初めからああいう、歩き方が非常に特徴のある方でしたね」

○最近の彼の歩行フィルム。杖で辛うじてちんばを引きながら歩く。スーパー〝昭和四十五年〟

土本の声「足の状態は、何かやっぱり本人が言うように年々悪くなっているような……（徳臣氏「そうですね！」）こういう進行は、あの、リハビリとかそういうので止りませんか？」

徳臣氏「そうですね、そりゃなかなか止まらないんじゃないでしょうか」

土本の声「これはやっぱり、一旦取り込まれた毒性がですね、あの、現在も進行させているわけですか？」

徳臣氏「勿論、そう、取り込んだ毒性が、あの、広汎に神経細胞をやっつけたわけですね。はじめ軽くやられとった細胞も、だんだん、その、衰えてきて、その障害の度合はだんだん強くなってくる……という状態でしょうねえ……」

43　ある歴史――浜元二徳さんの四年前、鹿児島での街頭カンパの記録（前作『水俣・患者さんとその世界』より）**そしてチッソ水俣工場の上空へ**

「（スピーカーを通して訴える声で）私の躰を見て下さ

い。私は十九に、この公害の病気になったのであります。そして、私は、日にち毎日、苦しい生活を、また苦しい闘病生活をつづけて、今日は鹿児島に街頭カンパにまいりました。私たちは、この様な公害を、住民市民ひとりひとりに、何人でも（公害病に）なしていいのでしょうかと思い、この公害の恐ろしさを、皆様方の目の前に見せ、そして皆様方の、水俣病に限らず、公害というものの恐ろしさを知ってもらわんがためにやってまいりました。——（鼓笛隊のドラムの音）」

44　昭和三十四年夏から秋にかけての漁民闘争を報ずる新聞記事、『工場に押しかける漁民と警官との対峙』等（音楽・テーマ曲）

ナレーション「昭和三十四年、秋、漁民闘争に明け暮れる中で、工場内部では、細川一氏のネコ実験で、酢酸廃液で発症することを突きとめていました。しかし工場は、その事実を隠したまま交渉に臨み、漁民の補償要求を十分の一にたたいたのです」

（音楽　消える）

45　当時の患者の直観を語る渡辺栄蔵さん

○ヘドロの海から百間排水口を見ながら、「……原因はどうこうちゅう分っちおらんばってん、こらもう、どうしたって、会社のドベ（ヘドロ）より他になか！　ということを私たちとしては、そう思っとったですな……」

46　昭和三十四年十二月、新聞記事『患者、ついに坐り込みへ』『死者、患者一律三百万円を補償せよと陳情』等

ナレーション「工場に要求を求めた患者は、大晦日までの一ケ月を坐り込みで闘いつづけました。チッソは直接交渉を避け、ここに知事らを入れた第三者による補償斡旋を頼み、処理しました。これが以後十数年、今日までチッソの補償処理の基本的パターンとなったわけです」

47　いわゆる見舞金契約骨子

○字幕〝昭和三十四年十二月三十日

水俣病患者さんに対する

〝見舞金〟契約

死者　三十万円　　葬祭料　二万円

生存患者年金　　成人　十万円

子供　三万円

契約書の第五条

「……乙（患者）は将来、水俣病が甲（会社）の工場排水に起因することが決定した場合においても、新たな補償金の要求は一切行なわないものとする」〃

○この字幕にナレーション

「患者の要求額は一律三百万でした。しかし妥結額はその十分の一に抑えられたのです。しかも、補償ではなく見舞金であるとする姿勢に貫ぬかれています。特に第五条は、その後の交渉を断つ契約の要となったもので、その不当性が後に、裁判で裁かれたわけです」

48　海を埋めつくす水銀残渣地帯

○山上よりの鳥瞰図、海岸に広大な埋立地

○残渣の山をのぼる元工場労働者、丁　通明氏とインタビュアー土本

○スーパー〃チッソ廃水残渣プール〃

丁氏「（よじのぼりながら）……カーバイトの残渣ですね。（土本「黒いのは？」）黒いのは変色しとるんじゃないですか？（土本「軽いですね」）ああ、まあこれも何年にもなっとるんですから、乾燥しますとですね、火山の溶岩みないにこうまあ、なるんですね。」

チッソ廃水残渣プール

○見渡す限り残渣の荒れた原、背後にチッソ子会社。丁さん、ある感慨をこめて

「ああー、環境破壊ちいいますか、もう……。前はです

ね、ずっとこれから遙か彼方五百米ぐらいのところまで五百米か……五、六百米のところまでがずっと海岸だったんですよ。で、このあたりはずっと……、あの川が、水俣川が流れとりましてですね。（現在の海と反対の地点を指さし）で、これから五、六百米むこうで、こう汐と水と合流……合っとっところあたりで、毎年、消防点検なんかもやっとったんですね。」
○ひびわれたクレバス様のヘドロ、その深い割れ目にカメラ近づく
○スーパー〝総水銀値、最高一四一・八四PPM（昭和四十八年　熊本県発表）〟
土本の声「あなたの御考えでは、やっぱり総水銀というか、そういうものは、この中に含まれていたと思いますか？」
○人気ない残渣プール上に二人
丁氏「やっぱし……含まれとることは事実ですね。――ということは、あの、こう会社の残渣とかトベとか、そぎゃんとの持って行き場がですね、他になくて、こういうやつと一緒に混っとるわけですから、それあ、量としては大したことはないと思うんですけど、まあトン当りに、その、何PPMかそりゃ分らんですけど、含まれとることは事実なんですね」

49　撮りためた写真を前に語る塩田氏
○スーパー〝写真家　塩田武史氏――忘れ去られていた時代〟
○自宅、雨の日、昭和四十二、三年頃の回想
土本「その当時、まだ患者さんたちはポツン・ポツンだったですね。今みたいじゃなくて？」
塩田氏「でしょうね。はい。……あの当時は田中敏昌、しのぶちゃん、それから中村さん、もう亡っなった人じゃ、嘉吉さん、坂本嘉吉さんとことか、もうそれこそ数えられるぐらいですね。（田中敏昌君の写真を手に）だけど僕は、その時、田中……敏昌っていう、その、胎児性の子供だけしか知らんわけですよ。」
○敏昌君の写真、斜視を見開いたもの、草の茎のような四肢
「……まあ全然こう……ショックちうか……僕らが普通、〝にんげん〟っていうのは、もう歩けてね、御飯がひとりで食べれて、運動会でも走ったりね、そういうことは出来るわけですけども、全然そういう人間の感覚から言ったら、全然〝にんげん〟の姿をしてないわけですよ」

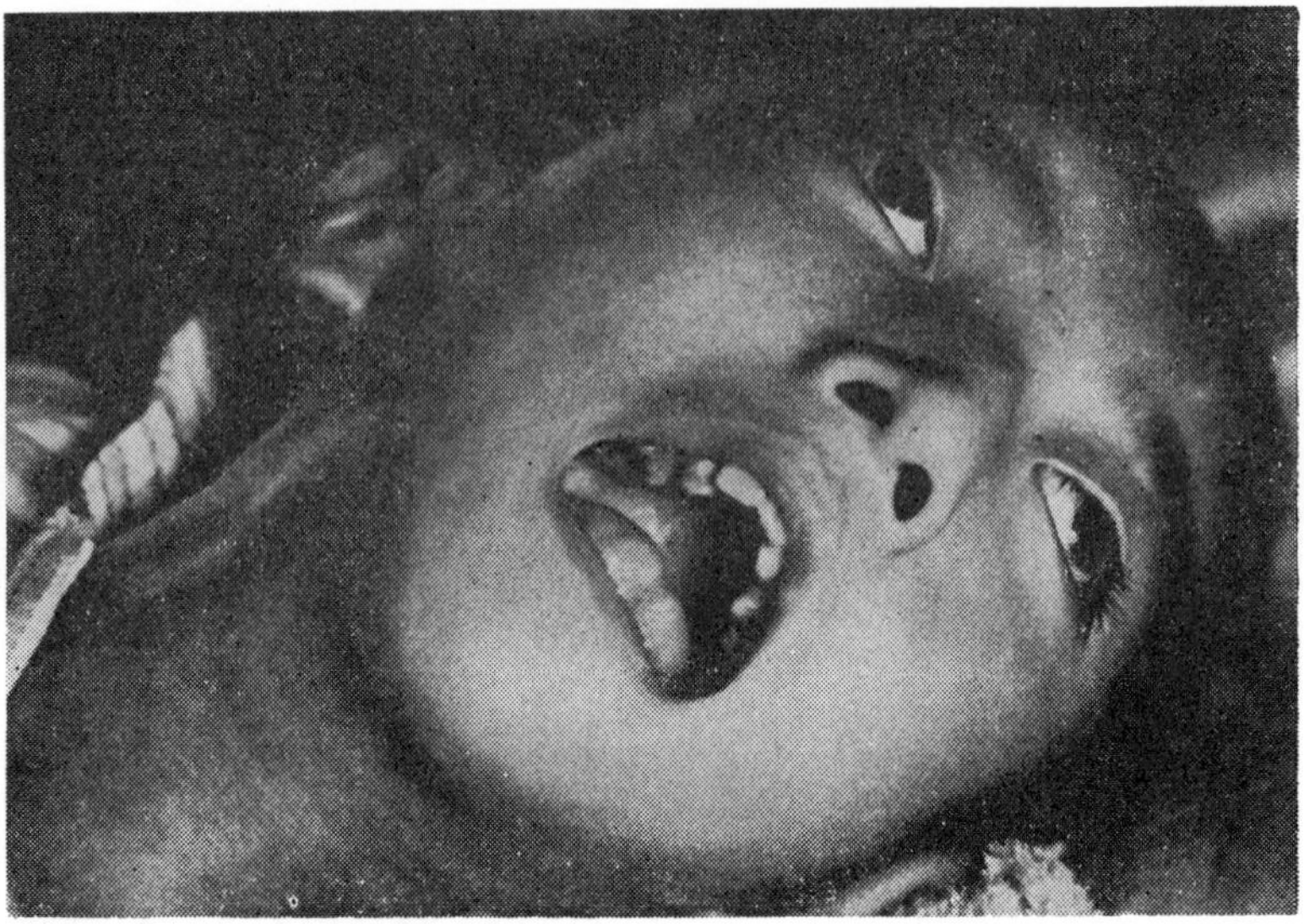

塩田武史写真報告集『水俣　深き淵より』から

○敏昌君の写真を指さし

「これだって、そのまぁ、こう咳がつまるのか知らんけど、ぐうぐうぐうぐう喉をふくらしてね（土本「誰が？この子が？」）　はい……」

土本「この子は確か飲み込みが失敗して死んだんでしょ？」

塩田氏「そういうことを聞いてますね。あの医者、医学的に言うとね。」

○写真に囲まれた同氏の背より

「この田中敏昌君のそのお婆ちゃん、すわのお婆ちゃんって言うんですかね、あの人から〝うちばっかり来ずに、その、他にもいっぱい……こういう子がおっとばい。そっちにいかんな！〟ちうなことでね、その言われたわけですよ。で、それでまたびっくりしたわけですよ。僕はそう、その、こういう子供たちはね、まさかこんなにたくさん居るとは思わなかったわけですよね」

○写真Ⅰ　ただひろい漁家の居間にごろんと寝ている淵上一二枝さん。見守る母親の和んだような眼差し。

○写真Ⅱ　火のついたように泣いている一二枝さん

○写真Ⅲ　上村智子ちゃん一家。若い母が彼女をおぶって台所仕事、日常変哲もない生活の中の水俣病

○写真Ⅳ　テレビのある居間に六人の妹弟と一しょに父親に抱かれて、ある静謐さの中の智子ちゃんにカメラ・ズーム・アップ

塩田氏「……で、その後、ぼくの行った（頃の）状況というのは、ある意味では、その、いわゆるほっと一息ついたところ、まぁ言葉なんかでね、〃あんたたちがいくら来ても、良うならんばい〃ってようなかたちのね、話しかけっていうのですかね……。もう本当にこう諦めの境地っていうんですかね……。それこそ淡々とした、その、表情をやっぱりしているわけですよ。まあ印象としては、もう……何かシーンと、こう静まり返ってね、澄み切ってね、患者が本当にひっそりとね、奥の部屋でね、その、まあ、息づいているちゅうか……。その間に、その、船の音が……、トントントントンちうかたちで、その、聞えてくるちゅう……。その、思い出してみるとね」

50　患者からの歴史

○昭和電工鹿瀬工場のストップ・モーションに字幕

『昭和三十九年――昭和電工鹿瀬工場の廃水によって、新潟・阿賀野川流域に第二の水俣病発生』

○ナレーション

「第二の水俣病が発生しました。政府は阿賀野川にも、昭和電工の廃液が流されていることを既に知っており、この事態を予測出来る立場でした。会社は農薬説を主張し、その責任を回避しました。」

○カメラ、阿賀野川に寄る

51　裁判に立上る。遺影を手に熊本市内をゆく患者（スチール）

○熊本地裁に入る患者たち（ストップ・モーション）に字幕

『昭和四十四年六月十四日
二十九世帯患者家族　裁判提起
他の患者家族六十四世帯は
白紙委任状を出し、厚生省（補償処理委員会）に一任』

○ナレーション

「国の判断が出るまでは、チッソは加害者であることを認めませんでした。この裁判は、厚生省の断定をまって初めてそれまでの見舞金契約を破棄、責任ある補償を求めました。一旦忘れ去られた水俣病は、ふたたび、全国の関心をよぶことになったのです」

○人々法廷に入ってゆく（音楽　刻むように始まる）

52　始めての国への抗議

○写真、厚生省前に坐りこむ患者

○当時の模様をのせた、機関誌「告発」とその上の指のクローズ・アップ。重なって字幕

『昭和四十五年五月十五日

患者家族上京し、厚生省に抗議

補償処理委では一任派患者に対し、見舞金契約を基礎にした低額処理を進めた』

○ナレーション

「補償処理委員会は、それまでの一年間、極秘裡に補償案を練ってきました。その内容が死者二五〇万前後と知って、裁判中の患者は直ちに上京、抗議したのです。政務次官は、それを冷たく拒否しました」

53　株主総会での責任追及の試み

○大阪でのチッソ定例株主総会。患者は多数の支援者に助けられ、勧進姿で社長に対決

○字幕『昭和四十五年十一月二十八日

企業の責任ある態度を求め、株主総会で社長の水俣病に対する見解を問う――支援運動全国化――』

○ナレーション

「この年、水俣病の実態は、日本中に知らされることになりました。有機水銀中毒の酷烈さもさることながら、この水俣病を十七年にわたって抑圧してきたチッソの企業責任が、じかに公然と問われることになったのです」

54　霞ケ関　環境庁のある庁舎

○字幕　『昭和四十六年八月七日――

環境庁裁決により、狭かった認定基準が改められ〝水銀の影響を否定できない者も含め〟認定されることになる』

○ナレーション

「従来、水俣病の認定は、ハンター・ラッセル症候群のすべて揃った患者に限られていました。裁決はその審査基準を改め、救済の枠をやや広げたものです。チッソはこれに反撥、その後の患者を〝新認定〟、あるいは〝疑わしい患者〟と呼び、機会あるごとに差別しました」

56　坐りこみの自主交渉とチッソの拒否つづく

○チッソ本社の階段と入口に坐りこむ患者及び支援者
○チッソ鉄格子をつくり一切直接交渉を拒否
○字幕『昭和四十六年十一月一日
　〝新認定患者〟チッソに対し
「過去と将来にわたる患者の
命と健康と暮しと生殺しの
代償として一人三千万円支払
え」（アッピールより）……
新たな補償理念を提示』
○ナレーション
「その後、いわゆる新認定として差別された患者たちは、第三者の仲介で補償を……というチッソの処理方式を拒否、以後一年有余の坐り込み闘争に入りました。チッソは本社を鉄格子で閉ざし、交渉を拒否し続けました。」

57　新設された公調委への行動

○閉された柵を越えて、公調委に入る人びと
○患者たち、文書を調べる
○字幕『昭和四十八年一月二十二日
公害等調整委員会、患者処理
機関として登場、偽造文書
等を受理したまま事務処理を
急ぐ』
○ナレーション
「裁判の判決を目前にひかえ、新たに作られた公害等調整委員会は、その処理にあたって、代理人方式を示唆しました。これはその後、委任状をめぐっての多くの印鑑偽造、文書偽造を惹きおこすことになりました」

58　水俣病裁判判決

○数千の人々にかこまれて歴史的判決を待つ
○決意をのべる患者たち
○遺影をかかえ涙する家族たち（ストップ・モーション）に字幕
『昭和四十八年三月二十日
水俣病裁判は三年九カ月を費
して判決下る　チッソの加害
責任を明示し、患者に慰謝料
の支払いを命ずる』
○ナレーション
「この裁判は今までの見舞金契約そのものを違法とし、法

的にチッソを加害者と確定し、慰謝料の支払いを命じました。患者は一七年間のつぐないとしてこれを受けとり　今後の医療と生活の問題を次の直接交渉にもち越しました。」

59　チッソとの直接自主交渉

○社長ら幹部と対決、今後の補償を求める
○未救済の人々の解決に全力をあげる人びと（ストップ・モーション）に字幕

『昭和四十八年三月二十二日
　患者家族　「医療・生活保障の加害者負担の原則」を求め判決後ひきつづきチッソと直接交渉……三ケ月後一応の協定なる』

○ナレーション
「裁判、そしてこの交渉に辿りつくまでの二十年間に、患者たちは幾派にも分裂させられてきました。しかしここに得た補償のレベルは全患者に及び、また、潜在患者が訴えやすい状況が、この長い闘いで始めて切り拓かれたわけです」

（音楽　やむ）

60　地図上、患者発生の歴史的推移

○昭和二十八年より年次毎に表示、解説につれて社会的影響にかたく結ばれながら推移した患者発生のメカニズムとともに、最近の数年、爆発的に増加している患者数とその広汎な汚染地帯を示すものである。

○ナレーション
「ふりかえると、発生当時、水俣病は、水俣湾周辺の漁民に限られていました。
昭和三十一年、水俣病を公式に確認……
昭和三十二年　水俣漁民は廃水に抗議……
しかし工場は翌三十三年、排水路を水俣川に変更、以後他地区にも拡がります……
三十七年、胎児性水俣病一六人を確認……水俣病は一旦、忘れ去られ……
魚中心の生活はまた、復活します……
ここ数年間殆んど認定の動きはありません……四十三年、厚生省、原因公表
四十四年以降　対岸の島々の患者も明らかになり不知火海全域に拡がりました……
……………

昭和四十九年九月現在、認定患者七八八人、申請中の患者約二六〇〇人……
今なお毎月約七〇人の患者が申請しています」

61　再び田中アサヲさん宅、病状固定の典型例、田中実子さんの場合

○実子さんのクローズ・アップ
土本の声「……お母さんから思われる……こう動作なんかでね、それと全然ここだけは変らんというのと……」
○母親、実子さんの手をさすりながら
「こんなふうにしてですね、もうこりゃ食べ物ンじゃって知っとるばってんですね、食べ物ンに手をやらんしですね

患者発生の拡がり

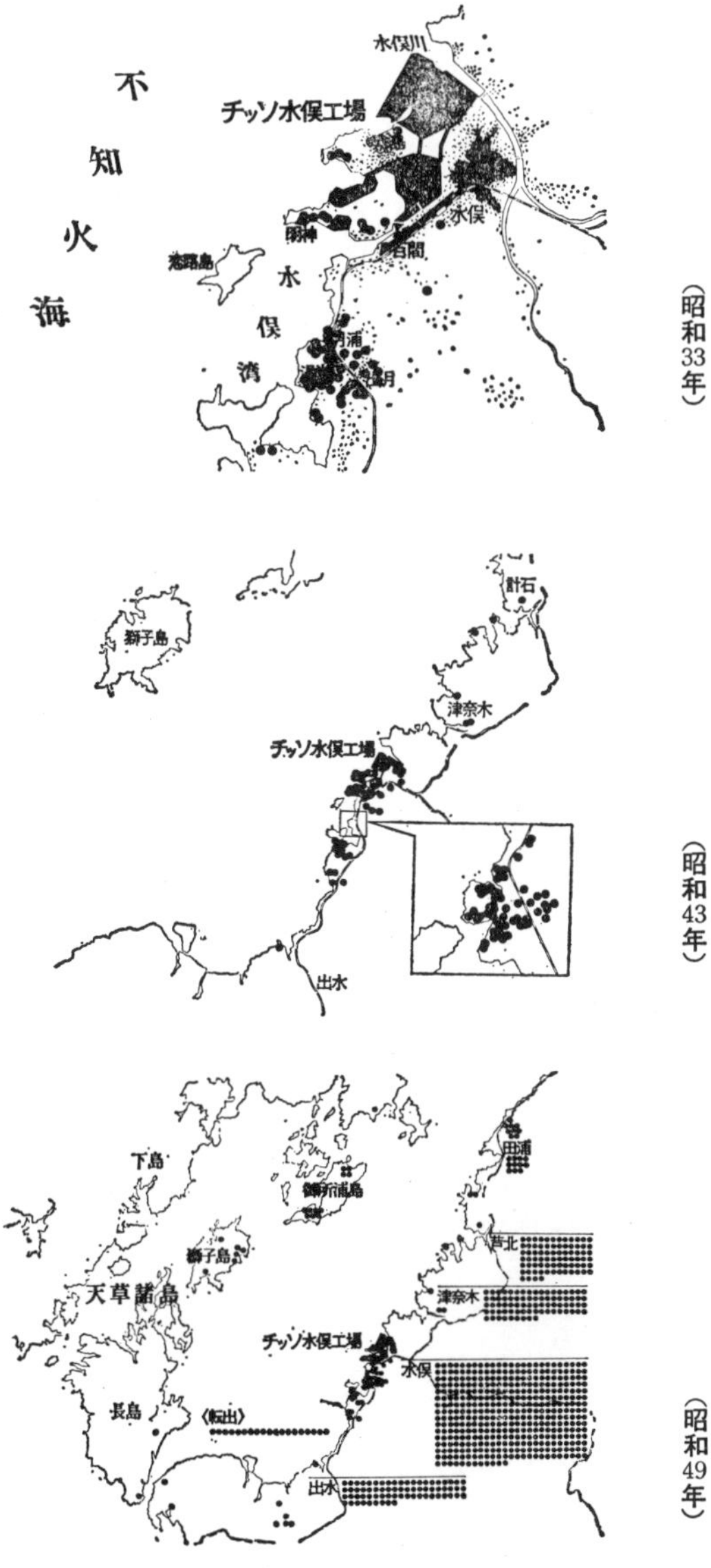

え。自分で何かとって、たべて口にやろうかちゅう……、それが無かったですよ。他の事はですね、こう大分あげんしてきた（だいぶ分かるようになった）ごたるばってんがですが、その点はもう全然なかです。そいでこう何かこう、〝母チャン！〟ち言いそうなふうにして、わたしを見るようなあれ（気配が）あるばってん、それもでけんし……わたしは、なんか、こう食い物ンとって口にやればですねえ、私もほっとするばってんですねえ」

○喜色をたたえている実子さん。卓上のミカンを土本とって示しながら

土本「例えば、こういうものをむいてですね、この手に持たせてやるでしょ、（はあい）それでも口に持ってはいかないですか？」

アサヲさん「もっていきません。手はふっちらけっていっちょくですもん……。そって、把《にぎ》らうでちせんですよ、全然。（土本「力もないわけですか？」　アサヲさん、いやいやと否定して）ちからあっですよ。近頃ですね、わたしが何でも早う喰わせんとですね、ちょっとこうテレビをこう見てしとればですね、こうグァーシと（押して）くるとですよ、〝早う喰わせろちゅうて……〟（実子さん、声をたてて笑う。話の分る風情……）そんで、眼ンまるくしてですね、わたしにつかみかかってくるとですよ」

○実子さんの二歳位の時の記録（昭和三十一年）、両足で立っている　十六ミリ白黒、徳臣氏のフィルムより――。

土本「お母さん立たせてみてくれます？」

62　**窓辺まで、母親が介助すると両足を交互に運ぶが、すぐすわりこもうとする。**

アサヲさん窓外を見る。漁船の音……「きょうは大ちゃんが、ほらあすけに、大ちゃんはおっと？　立とい、立とい……（「ガラーッ」と窓を開ける音）……よいしょ！　……立っとらんばってんですか？　……大分、大きくなったですばってんなあ……何処《どけ》おんな？　大ちゃんは……　かずまさはおらんとね（一生懸命立たせようとする）　かずまさ、あすけにおるじゃなかなあ、かずまさねえ、おらんね……ほら、こうしてすぐ坐らっとですよ」

○再び旧フィルム、椅子にすわって指をしきりにこする幼児期の実子さん

○窓辺にすわりこんで、無意識に指先をこすっている。アサヲさん彼女の眼のわきに、手をもっていって振る。全然感応しない。

アサヲさん「やっぱりですね、あのこげんところ（註・視

野の周辺部）は全然、こげんしたっとこ、こう、いっちょも分った気がしませんと……こげんところはですね、ここに（手のひらで眼の真前を）こげんしてせんば、またたきゃせんとですよ。もうほんと、まっすぐしか見えんですねえ。」

63　成人式、晴着を着る実子さん

二十歳になる。着付けの人と母親の手で初の盛装をする。女らしい感覚があふれている。
「ボーン、ボーン……」と時計の音。
着付けの人「女の子はやっぱりきれいな着物を着んならんばですな」
○実子さん興奮する。よだれが出る。
母親すかさずふきとる
「あっ　猫、来た……」
○着つけ終り、記念写真をまって椅子に坐る実子さん
女たちの声「色が白いからよく似ぁうよねえ。……肌がきれいで！　……実子ちゃん！」
実子さん、一声　張りあげて笑う。

64　今日の汚染海域、案内する渡辺栄蔵さん

○海の浅い岩場に魚影が光る。走行中のエンジンの音
渡辺老人の声「こういうイオ（魚）がな、大体もうここにはもう、ずっ

とまわってくるやつですもんなあ、それが今じゃ……　三十四年当時はもうこういうやつは……その、見ろうとしたっちゃ見れんだったわけな。」
○水俣湾に一隻の漁船が魚をとっている
○スーパー〝汚染魚捕獲（水俣湾内）[3]〟
渡辺老人「……この頃はやっぱりもう、いくらか海がきれいになっとるけん、こいつどもははいってくる わけ ですな。」

65　今日の水俣湾の水銀汚染状況データ

○喜田村正次氏のスライドによる解説
「今この辺で計りますとですね、乾燥重量でこれが、大体二十（ＰＰＭ）近くまで出ています」
○図の上で危険区域の線がひかれる。そのボーダーラインの個所を示し
「それから、これ、この線ですね、この線が……だいたい今、ここがあの二十五、二十五の線です。二十五ＰＰＭです。……こういうところから見ますとね……それでまあこの辺（排水口附近）はむしろ逆に昔に比べて低くなっているわけです。ですから、この潮の満ち引きその他でですね、結局昔、ここの局所的に高濃度であったやつが、ずっとこう、外面に押し出されていると。」湾内のヘドロが湾外に拡がったことを手ぶりではっきりと示す。

66　再び　水俣湾

○汚染魚捕獲船の船上、漁師が処理する魚中大きなすずき、かれいをもち上げて誇らしげにカメラにポーズをとる
○船床には驚くほど多くの魚種、ぴんぴんしている。すべて定置網にかかった魚である。
渡辺老人の声「あああ、こういうふうにして、今、今ごろになって獲って、プラスチックずめにして捨てるってことはなあ、ほんなこて……それ以前に、そのちゃんと、そういう……事をしとかにゃいかんわけですよ！　こういうことをしたからちゅうて、これが役立つならよかですが、これは役たたんですよ！　……なんかこう……つん殺してしもうてなあ、捨ててしまうということは　本当に！」
○魚のアップ。ふぐがふくれてはねる。
老人の声「……魚だって、やっぱり生まれてきて……生まれただけ何の甲斐もないというようなことで、あの世に行ってしまうと……いうような事じゃなかろうかなあ」
○定置網のブイに沿って渡辺さんの船走る
「魚にもボスがおっとだろうと思うですなあ、いっちょ行

けば、それについていってしまう。……あのタレソってい う、あの細かなダシに使う魚《いお》ですなあ、あれでさえも、ひとつの穴があれば、何石ってはいったやつが、まだ網あげんさき……、それから出てしまわけですよ。たいしたもんでしょう、これは！ 彼らが習性というもんは、人間業じゃでけんごたることば、すっとじゃけん！」 声、勝誇ったごとくである。

67 干潮時、夕暮の百間港、ヘドロがその堆積をすべてさらしている

渡辺さんの船、吃水ぎりぎりまで入り、五米以上の竹竿でヘドロの底を探るが、どこまでも届かない。竿、水面下に没してもまだ入ってゆく。

土本「手首まではいっちゃう……」

渡辺老人「まだはいっとだけん！ ……」

土本「上げてみましょう」

○竿、吸いつけられて上らない。ようやく引き上げた竿にべっとりとコールタール様のヘドロが附着している。皆顔をそむける。

漁師「臭いなあ」

老人「こういうことですけんなぁ！」

土本「前はどんな風でした？」

老人「前はですな、まだまだひどかったですよ。そこのガスの前（工場排水口の出口付近）どまですな、そのガスの前……豆腐のごちゆらゆらしてですな、そして、（土本「ああ、くっ着いて？」）いやいや、こう底を見て、見て分っとっとですよ！ そしてその割れが、地震の割れのごたるふうですよ、割れが……。そしてその割れがこうゆらゆらして……。豆腐のごたる風でな。色は豆腐のごと白うはなかですたいな。」

○ヘドロをすくいとるため、バケツを抛りこむ。何度もくり返す

土本「そっちのバケツとれた？」

有馬「まだとれない」

老人「それがここばかりでなかわけですなぁ、（ここ一帯）ずっとだけん！」

○舟頭さんが要領よくすくい上げる。真黒なヘドロが悪臭をはなつ。

土本「一寸、手でつかんでみて……どんなもの？」

有馬、手でつかむ「ぬるぬるする、いやあ！ 昔はまだ色が着いとったっでしょ？」

老人「ああ、まだまだ。そぎゃんして手で握りどまされん

とだもん！　それいじったばかりで病気するごたる気持のする！」
土本「結局、これはもう全部埋めてしまわなきゃ駄目ですね」
老人「あぁー、全部これば埋めんことにゃ、申しわけ的な事どんしよるなら、もういつまでたっても同じことですなぁ！」

68　日没時、黒いヘドロの光沢の上に船影と人かげ、ズーム・バックすると一面のヘドロの模様が限りなく拡がっている

（音楽、深沢七郎のギター曲）

69　エンド・マークに代えて字幕
『医学としての水俣病』　三部作
資料・証言篇　昭和四十九年一〇月

70　ついでクレジット・タイトル
製作　青林舎　高木　隆太郎
スタッフ（五十音順）　浅沼　幸一
有馬　澄雄

石橋 エリ子
一之瀬 紘子
一之瀬 正史
市原 啓子
伊藤 惣一
大津 幸四郎
岡垣 亨
小池 征人
清水 良雄
高岩 仁
土本 典昭
成沢 孝男
淵脇 国盛
宮下 雅則

音楽

深沢 七郎
松村 禎三

協力

塩田 武史
佐藤 省三
江西 浩一

渡辺 重治
水俣病研究会
水俣病を告発する会
新日本窒素労働組合
熊本日日新聞社

線画／ 青映社
機材／記録映材社・東京シネマ新社
録音／三幸スタジオ・新坂スタジオ
現象／TBS映画社・東洋現像所

青林舎 事務所

米田 正篤
重松 良周
佐々木 正明
飛田 貴子
長 もも子

（音楽 終る）

（上映時間一時間二十二分）

採録責任 土本 典昭

一之瀬　紘子
岡垣　亨
有馬　澄雄

〔註〕

細川一氏（一九〇一〜一九七〇）

水俣病の発見者・研究者。内科医としてチッソに二六年間勤めた。水俣工場附属病院時代に水俣病を発見、汚染源企業内医という悪条件の中でその原因を追究し、一時は会社幹部から事実上実験を中止されたりしたが、研究をつづけ独自に「水俣病の原因は工場廃水中のメチル水銀」であることを明らかにした（熊大入鹿山教授の成功とほぼ同時期の三十六年末頃）。最晩年、水俣病裁判で、猫四〇〇号実験（三十四年十月、酢酸係廃水の直接投与実験で発症）を中心にそれら未公表研究について証言した。

ハンター・ラッセルの報告

イギリスの種子殺菌剤製造工場で起ったメチル水銀中毒について、ハンターらが報告した四人の臨床記録（一九四〇）と一人の剖検記録（一九五四）をさす。武内教授によって、多くの文献の中から捜し出されたハンターらの報告が手懸りとなって、研究班は〝メチル水銀〟が水俣病の原因物質であることを追いつめていった。

汚染魚問題

三十五年当時から湾内ヘドロの危険性は指摘されており、行政の課題とされたが、今日に至るまで何の対策もとってこなかった。最近の調査によって、ひじょうな広範囲にヘドロが堆積しており、水銀含有量もきわめて高いことが明らかとなり、二次汚染が問題となった。が、結局とられた対策は、湾内を網で仕切って（航路用に二五〇m開けてあるが）、網の中の魚を汚染魚として、週二、三回獲って捨てるだけの現状である。

医学としての水俣病　三部作

――病理・病像篇――

1　**字幕**　（音楽　ギター曲）

〝協力研究者―三部作（敬称略・五十音順）

伊藤　蓮雄〈熊本県衛生部長〉
猪　初男〈耳鼻咽喉科・新潟大学〉
入鹿山且朗〈衛生学・熊本女子短期大学〉
宇井　純〈都市工学・東京大学〉
大野　吉昭〈耳鼻咽喉科・新潟大学〉
岡嶋　透〈内科・熊本大学〉
喜田村正次〈公衆衛生学・神戸大学〉
白川　健一〈神経内科・新潟大学〉
白木　博次〈神経病理学・東京大学〉
武内　忠男〈病理学・熊本大学〉
筒井　純〈眼科・川崎医科大学〉
椿　忠雄〈神経内科・新潟大学〉
土井　陸雄〈衛生学・東京都公害研究所〉
徳臣晴比古〈内科・熊本大学〉
原田　正純〈精神神経学・熊本大学〉
藤木　素士〈衛生学・熊本大学〉
水越　鉄理〈耳鼻咽喉科・新潟大学〉
宮川　太平〈精神神経科・熊本大学〉
故松田心一〈元国立公衆衛生院・疫学部長〉

構成責任　高木隆太郎
土本　典昭
（音楽終る）〟

2　**メインタイトル**

〝医学としての水俣病
――三部作――
病理・病像篇〟

3　**死者群像**

水俣病による死者、死亡年度順に遺影或いは映画フィルム記録の生存中の像。それにスーパー。

○〝三宅トキエ　昭和二十九年十月二五日歿〟
〝溝口トヨ子　昭和三十一年三月十五日歿〟
〝江郷下カズ子　昭和三十一年五月二十三日歿〟
〝松田フミ子　昭和三十一年九月二日歿〟

○ナレーション

「この方々は水俣病による死者百人のうちの一部にすぎません。死後病理解剖された方四十一人、その剖検例から、水俣病の病理研究はその緒口が開かれました。」

○遺影つづく

〝浜元　惣八　昭和三十一年十月五日歿

浜元　マツ　昭和三十四年九月七日歿〟

〝坂本まゆみ　昭和三十三年一月三日歿〟

〝坂本キヨ子　昭和三十三年七月二十七日歿〟

〝浜田　忠市　昭和三十三年九月三日歿〟

〝尾上ナツエ　昭和三十三年十二月十四日歿〟

○ナレーション

「昭和三十一年、水俣病発見当時、急性の患者五十二人のうち、死者十八人、その死亡率は三十五％に達しました。」

○〝田中　静子　昭和三十四年一月二日歿〟

〝船場　藤吉　昭和三十四年二月五日歿〟

〝中村　末義　昭和三十四年七月十四日歿〟

〝米盛　久雄　昭和三十四年七月二十四日歿〟

〝釜　　鶴松　昭和三十五年十月十二日歿〟

〝平木　　栄　昭和三十七年四月十九日歿〟

〝荒木　辰雄　昭和四十年二月六日歿〟

○ナレーション

「直接死因のうち最も多いのは嚥下性肺炎と報告されています。これは脳神経系統の障害によって、のみこみを誤り肺炎をひきおこすという特異な死因です。また胎児性の患者では痙攣死、たべものがのどにつまっての窒息死が見られています……。

しかし慢性の患者では、水俣病死というより、多くはごく普通に知られる脳出血、心筋梗塞、時に癌などがその直接死因として記録されています。」

○死者像つづく

〝大矢　安太　昭和四十年八月二十八日歿〟

〝長島辰次郎　昭和四十二年七月九日歿〟

〝渡辺シズエ　昭和四十四年二月十九日歿〟

〝杉本　　進　昭和四十四年七月二十九日歿〟

〝田中　敏昌　昭和四十四年十一月十一日歿〟

〝佐藤栄一郎　昭和四十五年一月二十六日歿〟

〝船場　岩蔵　昭和四十六年十二月十六日歿〟

〝淵上マサエ　昭和四十七年一月四日歿〟

〝松本　ムネ　昭和四十七年十一月十一日歿〟

〝小崎　弥三　昭和四十八年三月十六日歿〟

○ナレーション

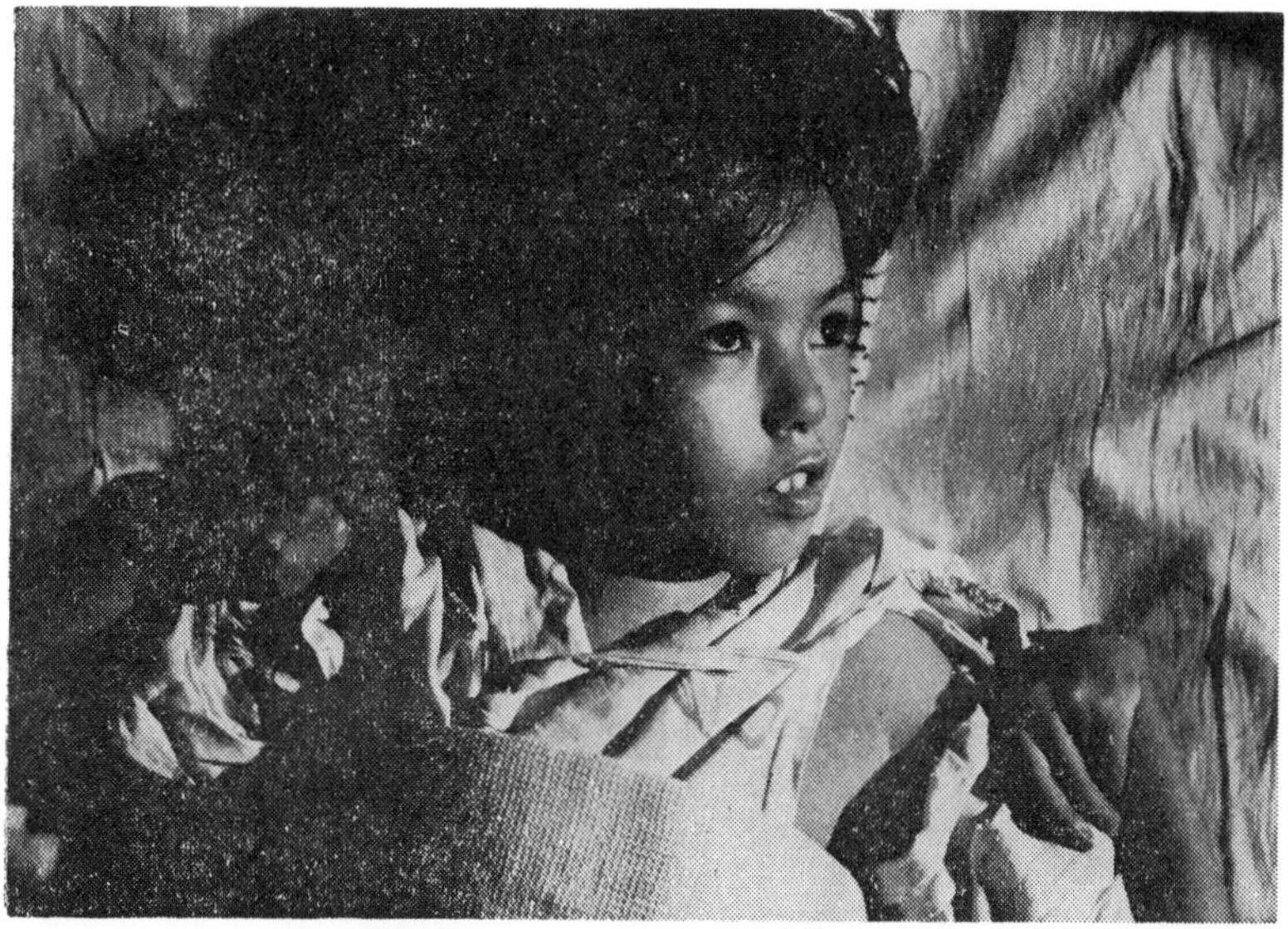

松永久美子さん――桑原史成写真集より

「熊本大学の四十八年度の調査によれば、最近、二十四年間の水俣病多発地区での総死亡者の平均死亡年齢は、男子五十・三六歳、女子五二・五歳と極端に低く、又、地域の保健水準のメルクマールとみられる、乳児の死亡率は千人率で二六・三、汚染のピークの五年に限れば、四〇・八の高率です。」

○死者像

〃尾上　時義　昭和四十八年七月七日歿〃

〃松本　俊郎　昭和四十八年九月十六日歿〃

〃小道　徳市　昭和四十八年十二月十四日歿〃

○ナレーション

「昭和四十九年九月現在、死者を含め、認定患者七百八十八人、申請中の患者は約二千六百人に至っています。」

4　松永久美子さんの二十年

（その植物的生存）

○スーパー　〃松永久美子　昭和四十九年八月二十五日歿〃

○ナレーション

「昭和四十九年八月、植物的生存として、水俣病の象徴であった松永久美子さんが二十三歳の生涯を閉じました。」

○幼年期の久美子さん〈白黒フィルム・徳臣晴比古氏提供〉

スーパー〝昭和三十一年　発病時（五歳）〟
○少女期の久美子さん〈白黒フィルム、原田正純氏他提供〉
スーパー〝昭和三十六年（十一歳）〟
スーパー〝昭和四十年（十四歳）〟
どれも硬直したまま、かすかに動くのみ。
○原田正純氏の臨床所見のコメント
「……誰かがこの状態を〝植物的状態〟と、或いは〝植物人間〟という表現を使ったわけですけども、医学用語でいえば、その……〝アカイネティック・ムーティズム〟或いは〝アパーリック・ジンドロム〟といわれている症状群なんですけれども、もう子供だから脳が非常にラッシュに、ひろく障害されている。だから、手が、ま、あんな風に曲って変形して、全身の変形……。それから視力は殆んど反応がない。言葉は勿論ないし、飲み込めない……。うーん、心臓が動く、呼吸が動く、何かを飲みこんだら、それをまあ……消化して、排泄してゆくと……。生命の維持に必要な最低限の機能だけが残っているという状態ですね。まあ除脳状態なんて言葉もいう……つまり脳のですね、まあ高度な部分、つまり人間が最も人間らしい部分、或いはもっとこう言うならば、〝動物的〟でもいいですけれどね、あの、動いたり、本能によって行動したりする——そういう部分すらもう……破壊されていると。」
○成年期の久美子さん。早くも老化のきざしが見える。スーパー〝昭和四十五年（二十歳）〟

5　水俣病とアセトアルデヒド生産量の関連について（図解、水俣病研究小史）

○水俣市の中心、チッソ水俣工場の全景、及び工場の部分。無機的な構造物望遠。
○パネル図形Ⅰを前に、説明する有馬氏。
スーパー〝水俣病研究会（熊本）有馬澄雄氏〟

有馬「水俣病をひきおこしました、チッソ水俣工場のアセトアルデヒドの生産量と水俣病患者の関係を示した図です……チッソはあの、アセトアルデヒドを昭和七年から生産を始めますけれど、この図全体は、チッソの資料（註・アセトアルデヒドの生産量について）によったものですけれど、第二次大戦の終了まで、一旦、大きな山を作り、戦後、急速に復興しまして昭和三十五年に、ものすごいスピードで生産量を拡大しまして……これは日本のトップ・レベルの生産量を誇っていたわけです。……それで、水俣病自体は昭和三十一年に発見されますけれど、この急激な上昇と共

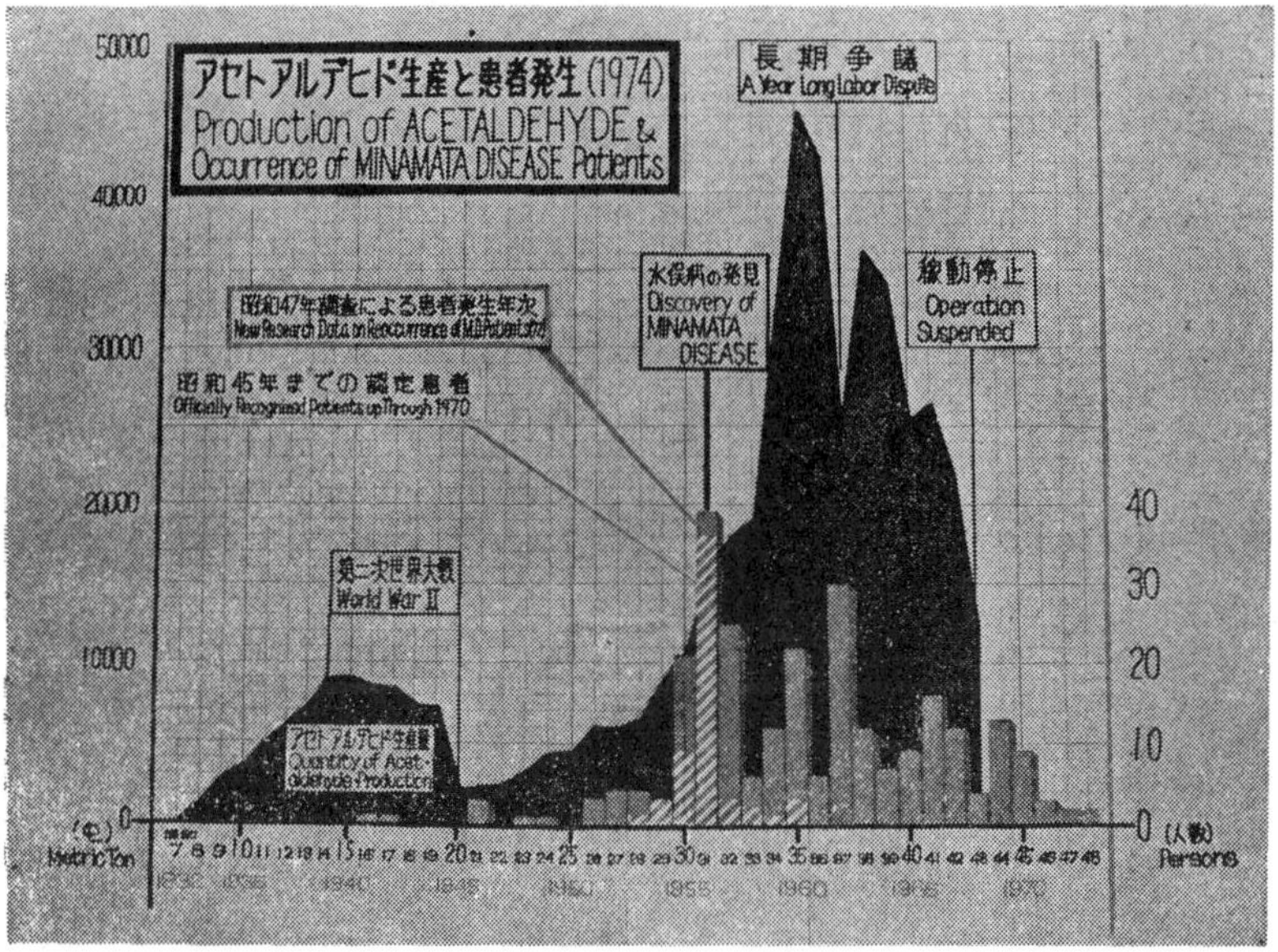

に非常に重症な患者が発見されたわけです。

それでここの斜線の部分（註・昭和二十八年から三十五年まで）は昭和四五年までに認定された一二一人の患者のうち、最初に発見されました、出月、湯堂、月浦（註・いわゆる最多発地帯といわれてきた部落）の患者の五八名について、発病時期を示した図です。ここでは、その時遡りました、二十八年から昭和三十五年までで、〝水俣病の発生は終った〟として、医学的にも十年ぐらいそのような状態で認められておりましたけれども、最近になりまして、熊本大学で組織された第二次研究班による調査で〝患者の自覚症状〟を調べてみますと、そのおんなじ部落ですけれど、昭和十六年から発生してまして、それが、こういうカーブ（註・生産量ときれいに対応している）を描いて現在に至るもまだ発生がつづいておるという状態が明らかになって来たわけです。」

6　熊本大学医学部　病理教室における、病理研究の基本資料による展開

○熊本大学、医学部の標札
○脳の標本が並ぶ
スーパー〝熊本大学医学部　病理学教室〟
○死亡者の脳標本を説明する武内忠男氏のコメント　四例

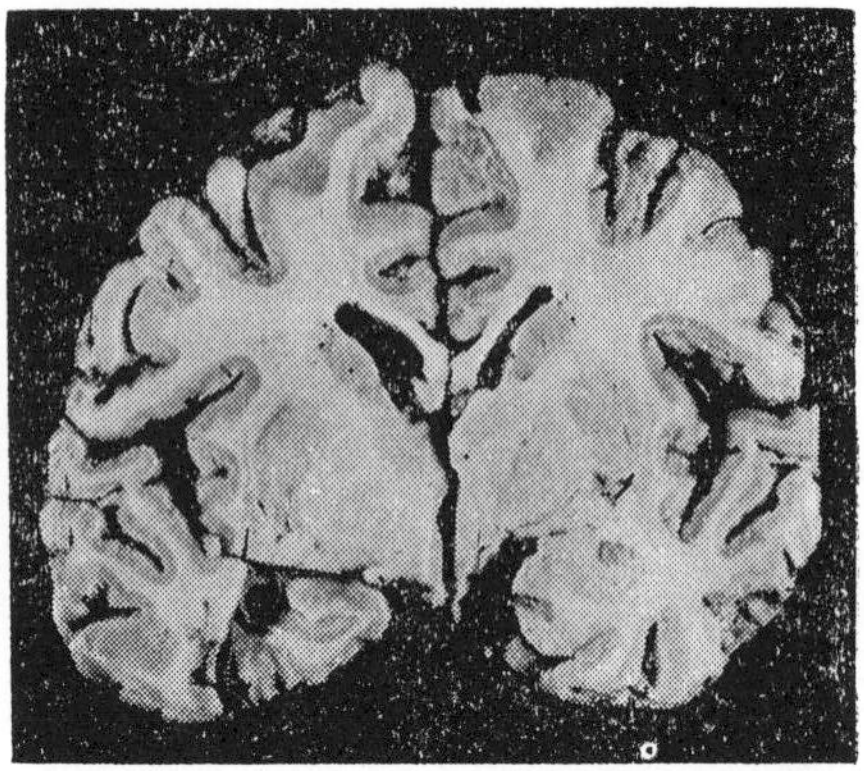

水俣病患者の脳の前中心回（運動中枢）附近の前頭断——灰白質の表面の部分が皮質（神経細胞が集っている），白っぽい内部を髄質（所々に神経細胞の核がある）と呼ぶ。メチル水銀は，大脳皮質のうち典型的には，視覚・運動・聴覚中枢を集中的に侵し，皮質内の神経細胞が脱落・消失して，正常の1/2から1/5位に萎縮する。従って，写真でみるように，脳回（皺襞で山になった部分）と脳溝が開いてすき間ができている

を軽度から重症の脳へ。

「……この脳は比較的軽い水俣病患者の脳の、前頭断でありますけれども、ここに見られる脳回と脳溝——脳溝というのは溝なんです（指でさし）。その溝とがあって、これが密にくっ着いとるのが正常な人なんですけれども、水俣病患者になりますと、神経細胞がなくなって萎縮しますので、溝が開いてくるわけです。……でそれがかなりここに起りはじめているという標本です。」

○第二例の脳標本

「その次は、これがもすこし重症の——それよりも重症の人の脳で、脳溝が余計開いているのが分ります。」

○第三例の脳標本

「こちらはもっと強くてですね、脳回が非常に狭くなっておる——即ち脳の神経細胞のうんとなくなった状態を示すものであります。」

○第四例　蜂の巣状の脳。

「……こちらはですね、非常に障害が強くって、もう脳溝は分りませんけれども、あの、それよりもむしろ、脳実質の神経細胞が殆んどぬけてしまって、蜂の巣のように穴になった、そういう最も強い重症例の脳であります。」

7　水俣病の病理について

○スライド、スクリーンを前にして武内氏

スーパー〝武内忠男氏（熊本大学病理学）——前〝水俣病認定審査会会長——〟

武内「水俣病には色々の症状があって〝水俣病症候群〟という特徴があります。それに対応しまして、病変にも一定の特徴があります。」

(1)図—脳の全体図（註・米医学書Mr.チバ画による）

「でこの図で言いますと、前の方が前頭葉、それから後の

方が後頭葉、この部が側頭葉、頭頂葉(と次々に指し)――そういう風に別れておりますが、水俣病では、最もよく侵される部位というものがあります。それは、この後頭葉のところでありまして、視る――視覚の中枢、それから、この赤くぬってある前中心回という、運動の中枢付近、それから物を聴く、聴覚の中枢――そのあたりが侵されやすいんですけれども、全体としても、色々の程度に侵されると――従って前の方が侵されれば高等な意思だとか感情とかそういうものが関係してくるし、知覚の中枢――そういう部位《ところ》も少しは侵されます。つぎ。」

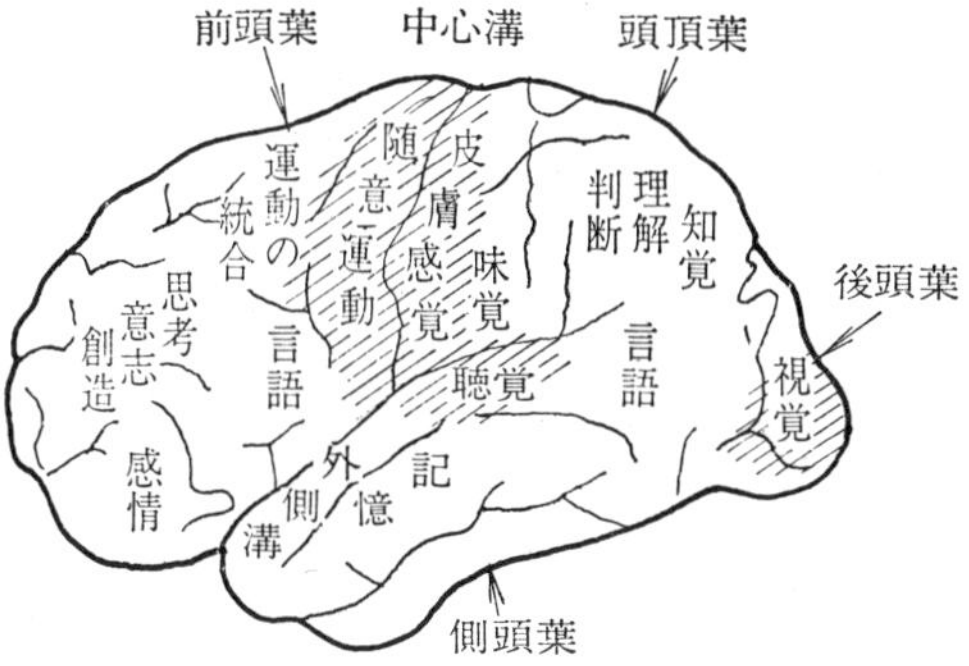

大脳皮質の機能局在――急性水俣病では斜線の部分が選択的に侵されやすい

(2)標本、脳の三部位切片。

「で今の脳を前側から、前頭断――、即ち前側から顔にこう(平行に)面する前頭断で切っていった脳を順次並べたわけですから、こちらが前の方、こちらが後の方になっておる図で、皆さんごらんになりますように、こういうのが脳回です――脳回。でその脳回の間に脳溝があって、神経細胞がやられますと脳回が小さくなる――脳溝が開いてくるという病変が出てきます。で視中枢がやられやすいもんですから、ここがちょうど視中枢のところですけれども、脳回が非常に小さくなって脳溝が開いた――そういう所見がみられるわけです。」

(3)標本、視中枢の皮質の肉眼的所見(赤染)

「そうしてみますと、この皮質が非常に薄くなっております。で、ここも皮質ですけれども、強くやられた場合は、正常のもう五分の一位に薄くなっています。それから弱いところは半分或いはそれ以上薄くなっておると――いう非常に強い皮質の萎縮を起しております。それを、この部分、或いはこの部分(註・視中枢部の皮質)を顕微鏡でもう少し拡大して見てみましょう。」

(4)視中枢の顕微鏡標本――I

「で、これはその部分を、別の染色で顕微鏡で見たわけですけども、大脳の皮質がこれからこれまで。こちらが髄質です。で、青いところは神経の連絡路の神経線維を染めております。紫色は神経細胞を染めておりますけども、その間にグリア細胞というのも少しは染っております。で、ここが、第一層、それから二層、三層、四層、五層、六層と――この層をなしておりますけども、その層が非常にはっきりしていない。正常の場合とちがって見にくい状態を示しております。そしてもう既に分りますように、神経細胞が抜けたところはすこし、このルーズ――粗鬆になっております。でこの辺はもう殆んど一〇〇％神経細胞は抜けて、そしてグリアが増殖したところで、……この次は七、八〇％から九〇％、或いはここは八〇％以上、非常に強い神経細胞の……脱落・消失があります。」

(5)顕微鏡標本―Ⅱ

「で、脱落したところは、こういう風に抜けてきますけれども、残った神経細胞が見られます、はい！」

(6)更に高い倍率で見る視中枢標本（赤染）

「そういうのが強くおこりますと、神経細胞も神経細胞から出ました線維も全部ぬけてしまって、そこが穴になって、その間に血管だとか、或いは神経の間質――支える組織が少し残っておると。で、これからこれまでが皮質で、非常に狭くなってしまっておる所見であります。でこれを、まあ海綿……海綿のように見えますので〝海綿状態〟と。で、こういうのは〝植物的人間〟の――そういう強い侵され方の脳の所見であります。」

(7)脳皮質の肉眼所見（青染）

「で、それがもう少し強くなりますと、これは、標本は肉眼所見として、ひとつの脳回を、これが示すわけですけども、こういう脳回の中の神経実質がもう、こわれて、吸収されてしまって穴になっているわけです。すなわち〝肉眼的な海綿状態〟と。で、こういう脳を持った患者さんはもう殆んど、植物的生存というように非常に強い障害をもっておるわけです。しかし非常に稀な、そういう症例です。」

(8)視覚系統図解による視野狭窄について。

「水俣病では視野狭窄というのがひとつの大きな症状になっておりますけれども、この図は、その視野を表わしております。そして、この周辺の薄いところの部分が見えない場合は、これだけの視野というように、漸次、視野狭窄を起す。それを司どるところが、ずっと辿ってきますと、この視中枢に入ってきて、これがここに示してあります。そしてこの色で言いますと、濃いところは一番後極――後頭葉の一番うしろのところですけども、それは——この真中（註・視野の中心部分）のところを支配すると、それから一番薄いところは、この周辺の部を支配するというふうになっております。で、視野狭窄で、この薄い所（註・周辺部）が障害されるということは、ずっとたどってきて、この薄いところが障害されておると。——すなわち水俣病では、この深部（註・視覚領野の）の方から漸次、障害される特徴をもっております。」

(9)脳の機能図解図。その視中枢と運動中枢。

「すなわち、ここで示した部分（註・視中枢）のこの前の方の部分が侵されやすいということです。次いで、もうひとつの特徴は、この赤で示してあるところ、すなわち、運動中枢でありますが、そこが侵されやすい特徴があります。」

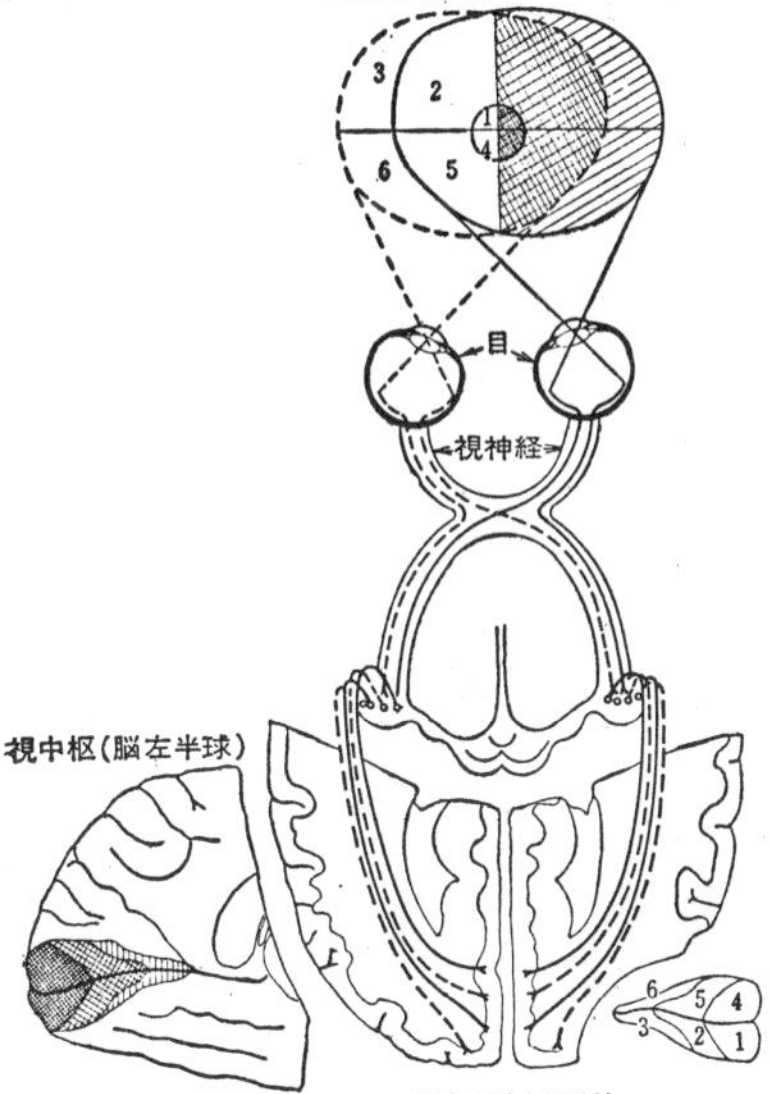

視野と視中枢との支配関係
視中枢（脳左半球）
視中枢（水平断）

(10)運動中枢の顕微鏡的所見

「それを顕微鏡標本の肉眼所見でみますと、前、視中枢でみたと全く同じように、大脳皮質がこういうふうに薄くなっております。これは前と全く同じ所見でありますので省略したいと思います。」

(11)運動中枢と運動神経の脈絡図解による機能障害説明

「で、その中枢はこの赤いところですが、ここを前頭断で現わしたのがこれで、これは一側《いっそく》。したがって脳はこのように大きくこのようになっております。（註・脳の両側を手で示す）……そして、この上の方が、足の方と。下の方が顔面と、上下《うえした》が逆になった支配のしかたをしております。でこれは、運動の随意運動、すなわち、自分の意志で動かすという中枢でありまして、それがずっと錐体路を形成して、そして手足、或いは顔面に線維が行っております。で、その途中のこの内包の部分で脳出血を起して、ここがやられますと半身不随ということが起るわけですけども、水俣病では、この神経細胞が全部脱落すると……無くなってしまうということは非常に稀で、そういう人は躰が全部動かなくなる。しかし、普通の場合は間引き脱落といいまして、少しずつ神経細胞が脱落しますので、そういう場合は、動くのは動きますけども、例えば……」
○臨床、記録フィルムより歩行障害をもつ患者の症状〈武内氏提供〉
「……歩く場合に足がつっぱるような、そういう痙性歩行ということが起る場合があるわけです。」
○再び元の図にもどる。
「……でその系路をみていきますと、ちょうど脊髄のところで、この部分とこの部分を、線維が通っておりますけれども、中枢がやられますと、その線維が障害されますので、次の……」
⑿脊髄の染色標本
「……脊髄のところで見ますように、こういう風にその部分がやられておると。すなわちこういう人は手足のうごきが非常に悪くなっておるという病変が出てまいります。」
⒀小脳図解・機能図解
「でもうひとつの変化はこの小脳の変化。これは非常に特徴のある病変を示します。」
⒁小脳の実物標本スライド。
「で、これはその肉眼所見でありますけども、今のところを見ますと、これが小脳の断面です。でここは比較的正常に近い像をもっておりますが、こちらをごらんになりますと脳回と脳溝がひじょうにはっきり区別のできる……即ち脳溝が開いております。これは萎縮のつよいところ……で、こちらもそうです。そちらより弱いですけども、少し萎縮しておるという所見が出ております。でこういう所（註・障害のつよい脳回部分）をもう少し大きくしてみますと――。」
⒂小脳の脳回部分の拡大スライド
「そうしてみますと、こういうふうに紫色に染っておる所は神経細胞が全部残っておりますけども、だんだんなくなって（註・内部にむけて）いるのが分ります。でこのうちの一部、こういう所をもう少し大きくしてみます。」
⒃更に一脳回部の拡大―I
「でそうしてみますと顆粒細胞は全部なくなって、グリア（註・細胞）だけが残っておる、と。そしてこの神経細胞はプルキンネ細胞というものが、残りやすい特徴をもっております。」
⒄小脳の神経細胞と神経線維
「それを別の染色でみますと、こういうふうにきれいに線維は――神経線維は残っておりますが、顆粒細胞は全く脱落してなくなっておるという所見が特徴的でありま

す。」

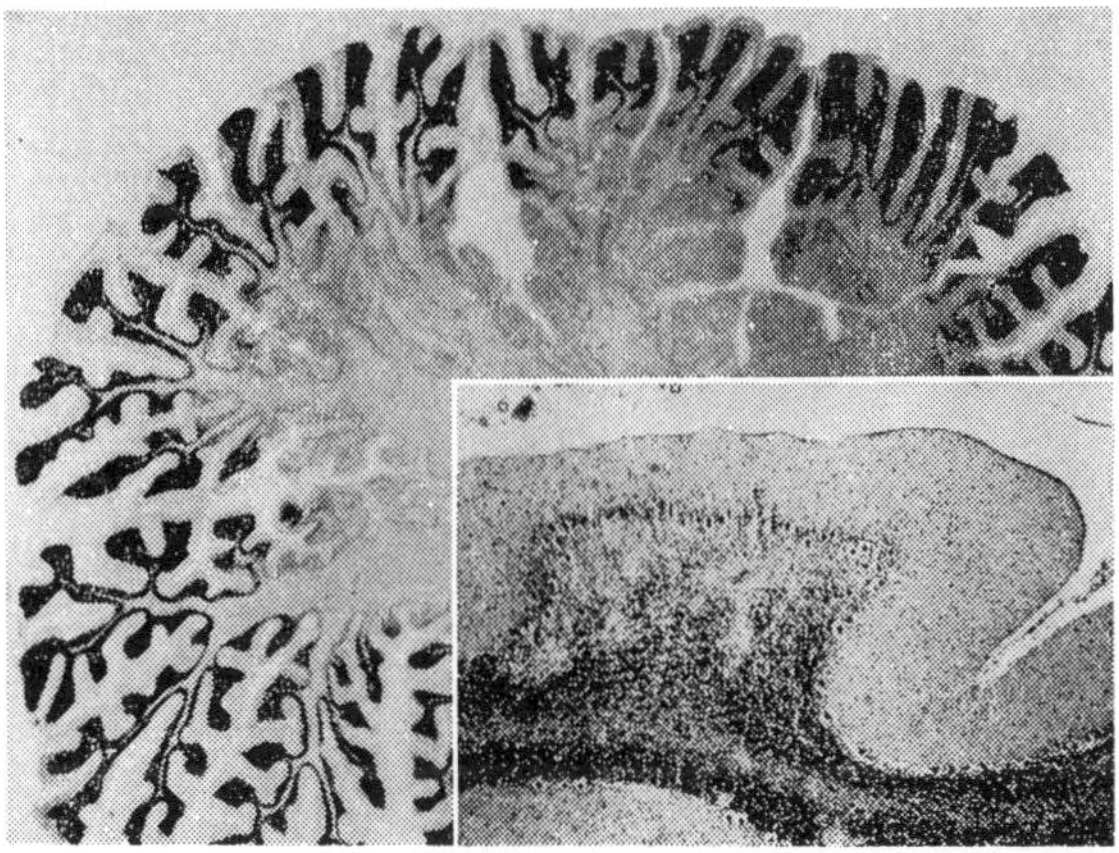

小脳顆粒細胞の中心性脱落——中心にいくに従って著しく障害され染色されない。このような病変は、水俣病の特徴的症状である運動失調（共同運動の障害）・構音障害あるいは振戦他としてあらわれる。
一部の拡大——プルキンネ細胞（層の境に並んだ粒状の細胞）は比較的よく保たれ、顆粒細胞が一部脱落している。

(18)図、小脳の機能系統図による各症状説明

「この小脳が侵されますと、色々の症状が来るんですけども、その中で、ボタンかけが拙劣《まず》くなる、或いは、お箸をもって物を食べるのが拙劣《まず》くなる。それから真直ぐ立っておれないという、そのような失調症状……」

○尾上光雄さんにみるふらつき症状。（フィルム・徳臣氏提供による）

○再び図にもどる。

「……すなわち共同運動が出来ないという症状が出てきます。そういうのがありますと、また、言葉がもつれる……すなわち構音障害も起ってきます。更に、ここに黒い線がありますように、耳の三半器官との関連がありますので、平衡が保てなくなる、即ち平衡障害が起る、というような事が出てまいります。更に手のふるえ、そういう振戦という症状が出てまいります。」

○村野タマノさん、タバコを吸うときに見られる激しいふるえ（フィルム・徳臣氏提供による）

「そのためにタバコをのむと手がふるえておるというような事が起ってくるわけです。」

(19)末梢神経の顕微鏡的所見、神経束の横断面。

「水俣病ではもうひとつ大きな特徴として末梢神経の障害

があります。で、その中で運動神経と知覚神経がありますが、一般に知覚神経の方がつよく障害される、という特徴をもっております。で、これはその知覚神経の神経束の大きいものを横断した、その一部が出ておりますが、その中に、丸い正常の神経線維がある他に、全く消失――なくなってしまった所があります。でこういうところが障害されて瘢痕が形成されております。更に小さいものは再生の一部を示します。はい」

⒇末梢神経束の縦断面

「でそれを、縦断してみますと……別の染色で見たのですけれども、この青いところは神経線維のなくなったところに瘢痕が出来た、膠原性の部分であります。更に正常の線維も少しは残っておる、という所見を示しております。ハイ」

(21)末梢神経の軸索

「で、又別の染色で、今の線維の中にある軸索というのを染めた標本ですけれども、こういう大きいものは正常なものが残っておるわけですけれども、その間にあるこういう所は強く障害されておる所であります。そして、その一部に小さい線維が見れるのはこれは再生しようとした――不全再生の像で、こういう、再生しようとする像も、経過した水俣病では見られます。でこのように、末梢神経が全く障害されますと、知覚が分らなくなると、或いは痛覚だとか、……熱い、冷たいというような温度覚の障害がきます。又、手がしびれる、足がしびれるというような障害が起るわけですけども、このような再生がすこしありますと、そういうのが多少回復する――すなわち、リハビリテーションでそういうことを回復させようとすることにもつながるわけであります。」

(22)小脳・脊髄関連図による脊髄の障害について。

「で、そのように知覚神経が障害されますと、それは、この脊髄神経節を通って、後根から脊髄を通り、小脳へ関連するわけですけども、その際に表在性知覚と深部知覚があります。で表在性知覚は、先程申しましたような色々の知覚障害、その他の症状を起しますけれども、この深部知覚はこれは立っておる位置覚――そういう位置の感覚に関係のあるところでありまして……」

○西武則氏に見るふらつき。強いロンベルグ症状。（フィルム・原田正純氏提供による）

「……これが障害されますと、まっすぐ立っておれない、眼をつぶると倒れる……すなわちロンベルグの症状と、そういうものを起してまいります。」

(23)障害された脊髄の各位の横断面スライド

「でそれが実際の標本でみますと、そこの脊髄を横断した図でありますが、そういう知覚道がやられますと、こういう風に、そこが障害されて、染まらなくなるという変化が起ってまいります。」

(24)肝臓の顕微鏡標本による臓器障害について。

「そのほかに、水俣病では神経系統の障害が最も強いのでありますけれども、一般臓器に全く変化がないかといいますと、そうでなくて、やはり一般臓器にも何らかの障害がありはしないか？ ということが今、問題になっておるわけであります。その一つをここに示しますと、これは肝臓の顕微鏡標本であります。……で御覧になりますように、この赤い色で染っておるものは、脂肪を染めたわけでありまして、正常の場合はこういうのはありません。ところがこの水俣病の初期の中毒の場合に、こういう非常に脂肪沈着が起りまして、肝細胞の機能が低下しておるという所見が出とるわけです。で、これが慢性の場合どうなるかという問題が残るわけです。」

8 動物実験（猿）にみる有機水銀の侵入機序とその選択的障害についての白木氏の研究

○実験スライドを自ら解説する同氏

スーパー〝白木博次氏（東京大学・神経病理）〟

白木「あの、私たちの水銀中毒の実験は、ちょっと特殊な方法を使うんですけども……」。

(1)生きた猿のスライド、冷凍した猿、それを切片にしてゆくまで。

「それは〝猿における全身ラジオオートグラフ〟という実験ですが、それは、放射能を与えた水銀をですね、たとえばこの猿に注射します……ごく微量のものを注射するわけですが、そして麻酔をしておいて、あの、ちょっと残酷ですけれども、この猿を生きたままエーテルとドライアイスの液に漬けますね、そうするとマイナス五十度くらいですから、猿は殆んど瞬間的にカチカチに凍るわけです。でその凍った猿を、こういう風に、ミクロトーム……これは金属板ですが、これに凍ったまま貼りつけまして、そしてこのミクロトームの刃でけづっていくわけです。そうしますとこの断面が――平らな断面が出てきますが、凍ったままですから生々しいですね。これが猿の脳です。これが眼で、これが肺、肝臓、胃と、こういうふうに見えますですね。こうやった猿を今度はこのミクロトームの刃でごく薄く、八〇ミクロンくらいにスライスを作るわけです。」

猿の全身ラジオオートグラフ

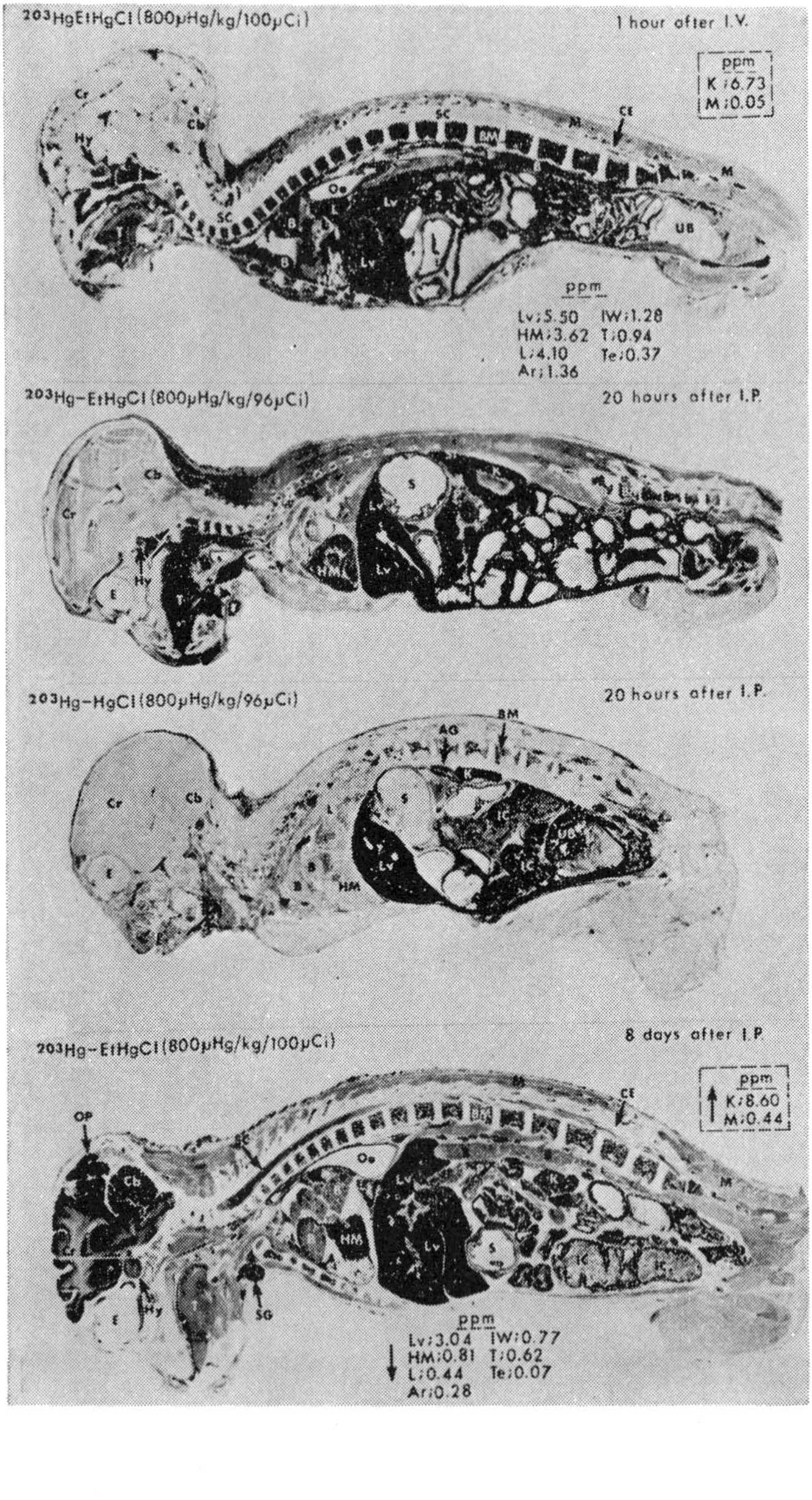

エチル水銀を一回注射して1時間後

エチル水銀・20時間後

無機の水銀・20時間後

エチル水銀・8日後

(2)切片化された猿の全身のスライス。それにレントゲン・フィルム（すでに感光、現像されたフィルム）を重ねる。

「……それはこれが今の生の猿ですね。その上にレントゲンのフィルムを当てるわけです。そして暗室で一週間ぐらい露出します。そのあと現像しますとですね。放射能が沢山たまっているところは非常に濃く見える——こういう事になりますから、一目瞭然ですね。」

(3)エチル水銀投与後一時間後の猿の標本。

「……で、ま、そういうような方法で、作りましたこれは猿のですね、エチル水銀のごく微量を注射して、そして作ったオートラジオグラフですけども、ま、エチル水銀もメチル水銀も……水俣病の原因であるのはメチル水銀ですけども、これは同じ、アルキル有機水銀であって、同じような毒性をもっております。でこれは一時間後のものです。そうしますと、もうすでに、この脳或いは脊髄ですね、こういうところにうっすらと少しずつエチル水銀が入りこんでいることが分りますが、がしかし一番高い放射能を示すのは肝臓ですね。或いは舌の筋肉。それからここが濃く見えますが、これは背骨の骨髄、これが非常に濃く見えます。……というのは、メチル水銀、或いはエチル水銀は、注射しますとすぐ赤血球に、殆んど瞬間的にくっ着きますので、こういうところが濃く見える。じゃ脳を——ここを少し大きくしてみましょう。」

(4)同じ標本の脳のクローズ・アップ。

「これは、それであります。こういう放射能はこの猿の舌、あのエチル水銀は筋肉が非常に好きだもんですから、そこに異常にたくさんはいりますけれども……。これが脳でありますが、この脳にも、うっすらとはいっています。ただ、こういう風に黒く点々と見えますのは、これは脳を養っている血管の中に赤血球がありますから、それにエチル水銀がくっついてますので、濃く見えるわけですね。ええ、それからこれは——脳下垂体だけは他の脳とちがいまして非常にたくさんはいっております。……これが一時間であります。」

(5)無機水銀投与の猿のラジオオートグラフ（投与後二〇時間）=有機水銀との対比。

「で、これは実はエチル水銀ではなくて、無機の水銀であります。しかも一回注射をして二〇時間たったところですね。それでみますと、この、脳には殆んど全然はいっていない、という事が分ります。それから筋肉なんかにもはいっておりません。ええ、高い放射能を示すのは肝臓ですね。それから腎臓であります。ええ、ところでこれは猿の膀胱でありますۥ この中に尿があるわけですけれども、この腎臓からの尿が排泄されております。そこに非常に高い放射能がある。或いはその、腸の中の糞便の中にも、非常に高い放射能を示す――つまり無機水銀というのは体の中にあまり溜らない、はいってもどんどんどん排泄されるという事を示しています。ハイ」

(6)エチル水銀投与後、二〇時間経過の猿・ラジオオートグラフにみる侵入機序

「ところが、そのエチル水銀のような有機水銀の場合は違いまして、これは先程の無機水銀と同じように一回さしてて二〇時間経ったところですが、そうしますとこの脳の中に、はいっている……前の一時間の時よりも高い値を示すようになる。それから舌だとか、こういう筋肉にもどんどんはいってる。」

(7)エチル水銀投与後八日経過の猿。

「ところで、これがですね、先程の一時間、それから二〇時間と同じ量の放射能を与えたエチル水銀を、たった一回注射して、八日たったところですね。……これやってみて私自身もびっくりしたわけですけれども、ごらんになりますように、（強調して）脳とそれから脊髄ですね、これが一時間、二〇時間より遙かに高い値を示しているということが分ります。……肝臓は依然として高い放射能を示しています。腎臓もそうですけども――。例えばこの骨髄の中の放射能、或いはその、腹部の大血管の中の赤血球はだいぶ放射能が低くなっている……という事は、赤血球にくっ着いているエチル水銀がですね、脳の方にはいっていったということを示しているわけです。腎臓からは、排泄されるという意味で非常に好ましいことです。これも唾液腺でして、唾液腺もこの唾を介して外に排泄されるという意味で、放射能は高まっていますけれども。……脳からは、脳の場合はですね、これは蓄る一方だということを示していきます。排泄されるのじゃなく蓄積されていくという事を示しています。ここを大きくしてみましょう。」

(8)同じ猿の脳部のクローズ・アップ

「そうですね。こうやってみますとですね、同じ脳といっても、その、放射能がたくさん蓄っているところ、それ程でもないところという事が分ります。でこうやってみますと、ここが一番高いですね、これは後頭葉――頭の後の部分。これが眼ですね。ここから光がはいって――これが網膜です。で、神経を介して、その光がここに行って、この神経細胞で、初めて光として感ずるわけですけれども、そこに一番高い放射能を示しております。……で、御承知のよ

うに水保病の場合には、この部分の、視覚の最高中枢の神経細胞が侵される。だから視野狭窄が起るわけですが、こうやって見ますと、八日の時点ではですね、エチル水銀はここに一番高い放射能を示しているという事が分ります。……」

9 現在の水俣病症候群と今後の水俣病病像について。

○死んだ海。部落の中を移動。子供の遊ぶ姿がある。

スーパー〝患者多発地帯　水俣市茂道〟

土本の声「（質問として）水俣病の多発地帯を歩いてみますと、軒なみに、まあ、水俣病の患者であったり、或いは、今、症状を訴えている人があるわけですね。で、その人達はやっぱり、あの、いま、典型的ではないけれども、同じ地域に住んでいる限り、自分の体の状態は有機水銀の影響を受けていると……いう風に思い込んでいるわけです、直観しているわけです。で、そういう人たちに対して、医学はですね、〝全部、症状が揃わなければ水俣病ではない〟という考え方があるもんですから、その人たちは今非常に悩んでいるわけです。……で、今までの水俣病をどう観るかですね、それから今後、どこから水俣病が出てくるか……そういうことについて先生の御考えを御聞きしたいと思います。」

○〝水俣病病像図のパネルで説明する武内忠男氏。すそ野に〝汚染地域住民〟のパターンがあり、上にいくにつれて、不顕性、不全性、定型、重症、そして死を頂点とするピラミッド型のパターン。〟

武内「水俣病の症状と、それから、それを反映する病変を照らし合わせましてですね、そしてひとつの〝病像〟というものを作ってみると、大体、まあ山になるんじゃないかと思います。……で、これに示してありますように、一番重症のものは、死があるわけです。それから次に最重症型——すなわち植物的な生存をしているもの。その次に強直型とかあるいは刺激型といわれるようなものが見られます。……更に、いわゆるハンター・ラッセルの症候群を揃えたものとして、まあ、これは普通の形ですけれども、そういう患者さんたちがここ（註・典型）に入ってきます。で、こういう方たちはどなたが見ても水俣病ということが分るわけですけれども……」

○〝他の病気との合併によるマスク型〟のパターン

「……その次のグループとして、他の病気があるために水俣病の症状が分らなくなる——マスクされておるという形。」

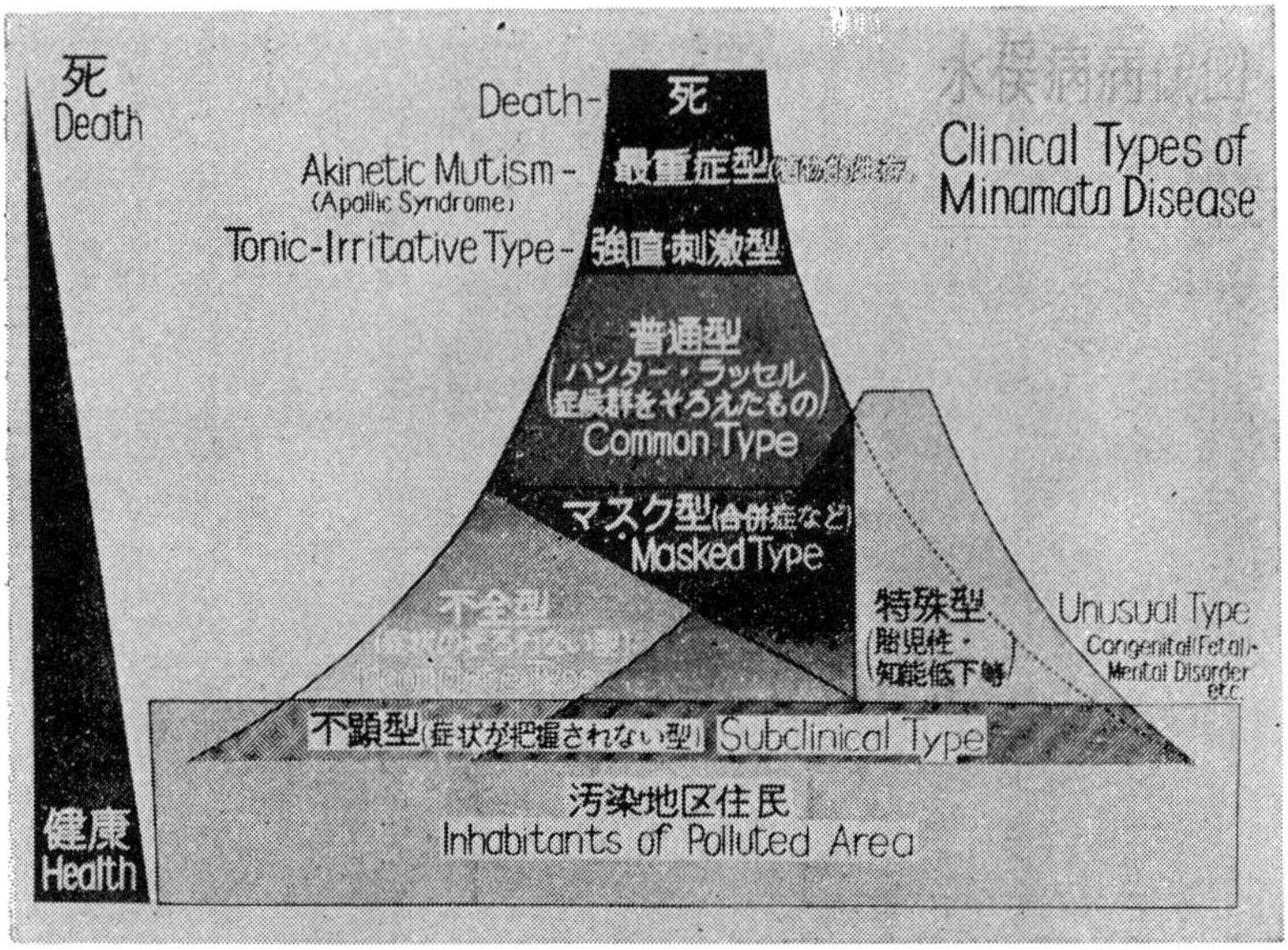

〇〝不全型、すべての症状が揃っていないもの〟のパターン

「……それから症状が充分揃っていないために分らない――いわゆる不全型というものがあると思います。」

〇〝不顕型　臨床的に症状の把握できない形〟のパターン

「……更にその下には症状が把握されないけれども、病理解剖から病変があると、すなわち、症状が不顕であると――不顕型というようなものがあると思います。」

〇底辺の〝汚染地域住民〟の層

「更にその有機水銀の影響を受けておるけれども、症状も、それから病変もない一般住民の方が広く存在する……と。」

〇〝特殊型・胎児性水俣病など〟のパターン

「更にその他に、例えば胎児性の水俣病のように、特殊な形として存在するものがあります。これは従来知られておらない形でありますので、まあ、特殊な形というふうにしたわけですけども、この胎児性の中にやはり重症な――既に亡くなった人とか、あるいは脳性麻痺というようなものがありまして、その次の段階に知能障害の強いものとか色々なものがあるんではないかという……まあ、追究しなければならない形のものが、存在し得るという可能性を示すわけです。」
○ピラミッド（山）の全貌をとらえて
「で、そういうことで、この山を見てみますと、急性の水俣病では、上の方が非常に強く出てきた――と。ところが慢性に、まあ、微量といいますか、そういう少い量の水銀によって起る徐々に起ってきた形の水俣病では、どちらかといいますと、この、不全型とか、あるいは山の下の方の形が増えてきとるわけです。で、そういうものが一番、分らない点で、今後、追究されなければならないものではないかと……。」
土本「（下層のパターンを指し）慢性のあらわれ方はやっぱりこの下の部分から、まだ今後出てくるという……？」
武内「そうですね、あの、いわゆる遅発性というものがありますので、そういうものはこの不顕型からあらわれてくると思います。」

10 知覚神経の研究、動物実験（宮川氏インタビュー）

○熊本大学の研究室、解剖された脳標本のぎっしり並んだ棚、質問する土本
スーパー〝宮川太平氏（熊本大学・精神神経科）〟
土本「水俣のような多発地帯の患者さんの中の、この、医学に対する訴えとしてはですね、自分の〝しびれ〟をどういうふうに、こう、診てくれるのか？　と、という点があると思うんですけれども。しかしかつてのような典型的な水俣病とはちょっと違った形が二〇年後出ているわけですね。」
宮川「そうですね。そういったものは自覚症ですね。で他覚的に見て、そして、どうもないと。で、まぁ、他覚的に、まぁ患者さんが……（土本「他人から見てですね？」）ええ、人から見てですね。ええ患者さんが色々いっとっても、それは医学的にみれば、専門家が見れば分るわけですよ。あっても無くてもですね。……ところが知覚障害というのは非常に強くなればですね、例えばマッチを、火を、当てても感覚がないですから、だから火傷してそのままだとか……そういったことで他覚的にまぁ、よう分るわけですけれどもね。軽い場合には、本人の訴え――本人の答えしかないわけですよ。ま、そういったところから、知覚に関する学問というのは非常に遅れておるわけですね。遅れてるちゅうかあまり皆手をつけないわけですよ。で、まあ、そういった事から、じゃ末梢のですね知覚障害を訴える人が、決してその有機水銀ではないかというと、そういう事でもないわけですね。」

11　ラッテによる知覚神経実験データ（スライドと観察によるる）そのラッテの大写し

○スライド、末梢神経の顕微鏡写真と脊髄横断面より出る前根・後根の図解を並列映写している。

宮川「有機水銀を毎日、一ミリグラムずつ動物に経口的に投与して、そして約八日目、体重の増加が停止してくる状態なんですけど、ま、その時のこの末梢神経を切断した、横断面の絵が、これ（註・細胞写真）なんですね。で（註・脊髄図解）この両側に出ておりますのが、これ末梢神経です。」

○解剖されたラッテの末梢神経の脊髄部分の超クローズ・アップ

「……で、この末梢神経が出る脊髄を横断してみますと、これが脊髄ですね、これが前の方から出る、前根、いわゆる運動神経線維。それから、この後の方にはいってくる——これが知覚を司る後根神経線維ですけども、で、この両方が一緒になりまして、こう、まっすぐ末梢の方に走っていくわけです。」

○再び顕微鏡写真に

「で見てみますと、こういう、神経線維がびっしりこうつまっているわけです。で、大方の線維は正常ですね。こういうのは正常なんです。ところが、ある線維でみると、こういうふうにその線維の、有髄線維の、その髄鞘を養っているこの、細胞（註　シュワン細胞）がこういう風にふくれてきているのが見られるですね、こういうふうに。これらが既に、病気の始まりなんです。次おねがいします。」

○末梢神経細胞の障害部分の電子顕微鏡写真

「つよく障害された部位を電子顕微鏡で、約一万から一万五千倍位の倍率で眺めてみますと、このようになるわけです。で見てみますと、この線維ですね。それからこの線維、こういったところはかなりきれいな線維ですね。そうしますと、この周囲にあるこういう多くの線維は非常に強い障害に陥って、もう、こういった正常の形をとどめていません。どうしてそういう事が起るのか？　と……。」

○脊髄から出る前根、後根の合体する部分を指し

「……で、このちょうど、後の知覚線維と、前の運動線維と合さったところを切ってみますと、その図がこれです。」

○その合体部位の顕微鏡写真。下層部は正常な線維、上部のそれは破壊されて画然と区別できる

「この下の部分のこれが運動線維、それから上の部分——ここを通ってくる線維が知覚線維。で、見てみますと、運動線維の方はきれいな線維がぎっしりつまって、殆んど障害がない！　と。それと反して、後の方の線維は非常につ

よく障害されているということが分ります。」
○同程度の中毒のラッテの足のうごき、歩行は一見正常のスナップ。

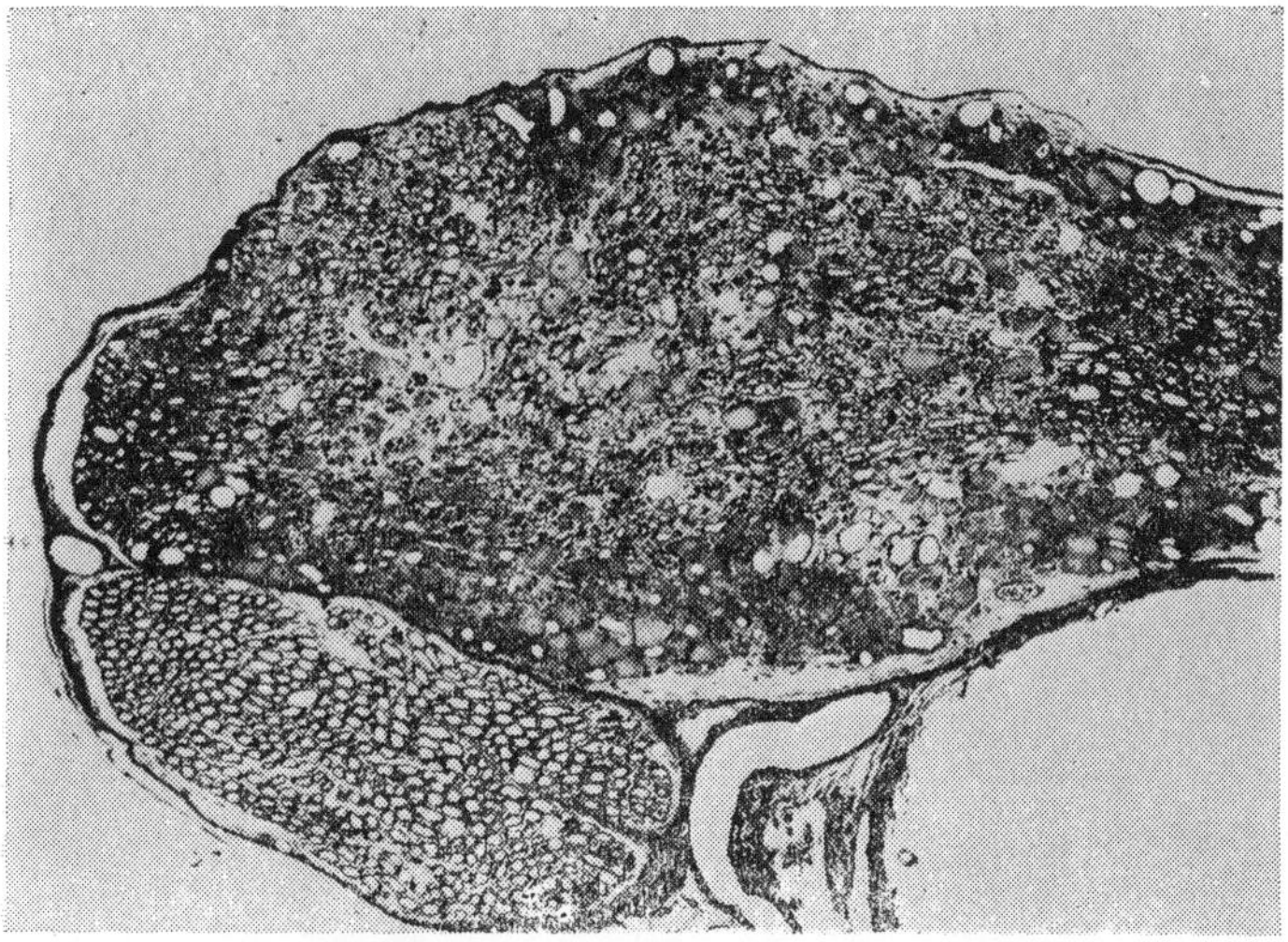

ラッテの末梢神経障害——メチル水銀を連日1mg経口投与して20日目。前根線維（運動神経線維，下側）はよく保たれているが，後根神経節（知覚神経）の有髄線維は著しい変性がみられる。

土本「この時には、ねずみは動いているわけですか?」
宮川「ええ勿論、元気なんです。」
○更に末梢部の神経の横断面の顕微鏡写真
「……で、そういうことからしますと、ここに残っている線維ちゅうのは、運動の線維、で、ここに障害されてなくなっている線維は知覚線維なんです。ですから、まああの……生きてる動物、あるいは人間ですね、そういったもの……その臨床的に、あるいは動物の行動面とか、そういったとこを見た時に、運動の力とか……そういったものはあるんだけれども、知覚がつよく障害されている……というような事なんです。」
土本「ちょっと戻して下さい。」
○スライド、再び両神経線維の合体した部分に。
土本「仮にあの人間の神経がですね、こういうふうになっている状態だ、としたならば、どういうふうな人間に対する表われ方があるでしょう?」
宮川「ええ。それであの、こういった、今お見せしましたのは、主に知覚線維がこういう風にして選択的にやられていると……これはその……例えば、顔面をつかさどる三叉神経、それから、その……聴覚をつかさどる聴神経、そういったいわゆる感覚をつかさどる知覚線維ですね。そういつたものは同じように、この線維と同じようにやられているわけです。ですから……。」
土本「運動はできるわけですか？」
宮川「ええ、運動はできるわけです！」

12　新潟水俣病における遅発性・及び不全片麻痺の確認等の研究

○川岸より移動でみる阿賀野川
○広い流量の河、その岸辺の朽ちた漁船
スーパー〃新潟・阿賀野川〃
○スライド　人体図で遅発性水俣病における知覚神経障害の進行を説明する白川氏
スーパー〃白川健一氏（新潟大学・神経内科）〃
白川「新潟水俣病では、川魚の摂取の禁止が昭和四十年の六月に行われております。ですから、その後は新らしく水銀が侵入したということはないわけであります。で、その事は頭髪水銀量の経過を追っておりまして、半減期七十日で減少しております。ですからその事は多くの例で確認されておるわけであります。しかし、二、三年後の、昭和四十二、三年になりまして知覚障害が起ってきております。」
○人体図に朱を入れて知覚障害の進行を示す。

「で、ペリオラール、口周囲にこのような知覚低下、上肢のこの遠位部に知覚低下、それから下肢の遠位部にこのような知覚低下が加わってきております。そして、深部知覚もこのように（註・秒数3）低下してきております。そしてこの知覚障害の経過をずっと見ていきますと、これが、次第に上向してきております。で、上肢の方もこれが上におよんできております。その後四十五年位になりますと、この躯幹の部にまでおよんできております。そして、その頃になりますと、半身の麻痺が加わってきておりまして、その麻痺側《そく》に知覚低下が見られるようになってきております。で、多くの例でこのような知覚障害のパターンを認めております。しかも、この片麻痺は二十代、三十代の若い人にも見られておりまして、徐々に進行、増強してるということから、血管障害によるものとは考えられない……。」

13　多発患者家庭、五十嵐さん宅での検診、青・壮年期の三人兄弟が並んでいる

白川「五十嵐さんとこは何人兄弟でしたかね。」
松男さん「ええと七人。」
白川「七人。で今、認定されたのは（松男「六人」）……六人。で、今日集ってもらった三人の方の奥さんも、皆んな認定されたわけですよね。（「そうです」）で、松男さんが一番、髪の水銀高かったわけだけど、いくら位でしたかね。」
松男さん「ええと、二三五だと……。」
白川「三二〇……三〇〇いくらだった……三二五だね！」
松男「ああ三二五だった！　はいはい三二五だった！」
白川「四十年の九月に入院して調べたわけですよね、髪の水銀が高いっていうので。その時ははっきりした異常というのはつかまらんだったけどね。」
松男「そうですねえ……ただまあ……。」
白川「それで、そのあとは自分で具合悪いなあと思ってきたのは……その次に出てきたのはどんな事、いつ頃、どんなのが出てきましたかね？」
松男「あのね、あの、左の、やっぱり足の上りがね、悪い……けつまづいたりして、そいで、あの……転んだりねえ……。」
白川「それ何時頃、一年半か……二年位して……。」
松男「一年半から二年位してからだねえ、そんで右の方はね、こうやっぱりつまんでもいくらか痛えしさ、左の方の手は、どうつまんでもね、そう痛くねえです。それで、あの……入院したときに、先生の、あの、ああいう工合にやってさ、針をこうつっ通すね（註・痛覚テストに用いる針）ここに（腕に）針をつっ通す……ここに針をつっ通したりしてね。やっぱりたまに自分でやってみることわさね、どれだけ悪いだろうかと思ってね。針をこうやったことあるさね……やっぱりこっち（註・右手）の方はやっぱり痛いしね。こっち（註・左手）だと左が悪いもんだで、そう痛くねえし。血は出ますわね。こうやってやると……。」
白川「顔はやっぱり右左、違ったかね？。」
松男「そう、いや、そやけどやっぱりいくらかこっちの方がねえ（と左の頬をなでる）悪いやねえ。」
士本「栄作さんの方はどっち側が？」
栄作さん「やっぱし俺の方はこんだ、右の方が悪いですわねえ。」
白川「栄作さんは、あんまり髪の水銀高くなくって、そしてしびれが出てきたのは何時頃でしたかねえ。」
栄作「やっぱり、四三年頃からだね……。」
白川「それまではあんまり困ることなかった？」
栄作「ええ、あんまり感じねえで……。」
士本「もう、その四〇年位からは魚、食わなくて、あのいらっしゃったですか？　殆んど……。」
栄作「あの規制（註・四〇年七月一日漁獲規制）されてから殆んど食わねえ！（白川「その前まで？」）」
松男「ほとんどどころか全然くわねえ！」

栄作「殆んどころか規制されてからは……。」
白川「……はじめっからみんな、もう、患者さんが出たからねえ。家族でねえ……。」
土本「じゃ、食べなくなってから、二年とか何か経ってからですか？あのなるべく食べないようにしてからですねえ。」
栄作「そうですねえ…… あの食べねえようになってから……二年なんか経たなくもねえ、やっぱし、しびれが出てきた。」
白川「しびれが出てきた！ そして少し遅れて半身が悪くなってきた？」
栄作「そうですねえ……。」
白川「その時は、やっぱり半身が悪いというのは徐々にきたわけ？ （栄作「ハイ、しぜんにねえ」）ふうん、自然に来たわけ。」
松男「まさか、こっちはまだ三〇そこそこの、（笑う）まるっきり年寄りみてえな力しかねえのかなあと思って頑張ってはやるんだども、やっぱり、相当に……力がだるいような……ずうっとね。驚いていますがねえ。ま、人様にそげんなことというとねえ、〝そんな、勝手に食って！〟なんて言われすけん、まあ黙っていますがねえ。」（皆笑う）

14 同じ家、ひとりひとりへの簡単なテスト

○栄作さん、眼をつむったまま両腕を平行、水平に支えるよう指示されているが、右の手がどんどん眼に見えて下ってくる。
白川「はい、いいです。やっぱり、こっち（註・右手）の方が具合悪い？」
栄作「はい。少し……。」
白川「具合悪い。じゃこういうのはどうですか？」
手のひらをぐりぐりまわすテスト
白川「早く！ 思い切り早く！ もっと！ もっと早く！ふうん。こっちもうまくないけど、こっちの方がなお悪いわけね。」
○松男さんの妻がテストをうけている
妻「ええそうですね。」
白川「顔も右側が悪いのね？」
妻「ええ、ちょっと何だかね、こうヒクヒクってするようなね、唇とか、眼のとことか、口……。」
白川「で、触った感じもちがう？」
妻「やっぱ、そうだわね。あれするときわね、右側ね！」
○腕を水平に保つテスト。右腕が下がる。
白川「そうですね。はい。もう一度ね、ひじのばして、指

ひらいて、同んなじ高さ……で、目をとじて下さい。」

○やはり右が下る。

○指鼻テストで左右差をしらべる。

白川「眼をあいて……はい眼をとじてやって下さい。今のを。」

眼をあいているときとちがって、右手が鼻に至るまでに行きすぎ戸惑う。

白川「今度反対、はい、右側をもう一度やって下さい……。」

結果は同じである。

白川「ちょっと笑ってみて下さい。」

妻、笑顔をつくるが右頬が軽くひきつっている。

○松男さんに同じテスト。その左腕、急ピッチに下ってゆく。

白川「はい、いいですよ。それでね、もう一度やって下さい。平らにして、指ひらいて、そして、眼をとじて。」

同じピッチで下る

白川「はい、いいですよ、でね、眼をきつく閉じて下さい。思いっきり、はい。」

○松男さんの閉じた眼のアップ、その左側に軽い痙攣が走る。

○腹ばいになって、両すねを保つテスト。

左足首、がくっがくっと下る。

白川「もう一度やってみっかな？ こう頑張っておいとくんですよ。はい。」

○白川氏が高さを揃えるが、手を離したとたんから、左足だけが下る。

15 医学統計の図表スライドを説明する白川氏。英文データである

スーパー〝遅発性水俣病・各症状の出現率〟

「このグループ（註・十五名の患者）は、自覚症状・他覚症状とも全くなかったグループでありますが（註・昭和四十年当時）、その後七・八年経過したところで、どのようになっているかということを示したものであります……。」

▽この第一の末梢神経障害、これは九三％にみとめられております。

▽次の口周囲の知覚障害でありますが、これが五三％にみとめられております。

▽次の共同運動障害は七三％みとめられております。

▽聴力障害も同じであります。（七三％）

▽不全片麻痺も六〇％にみとめられております。

▽視野狭窄、これは対面法による成績でありますが三三％

にみとめられております。――このグループの平均年齢は三七・四歳でありまして、血管障害が多くみられる年齢ではないわけであります。」

16　不全片麻痺の再確認。人体図(註・前出のもの)**を前に**

Frequency of Signs vs Symptoms and Signs of Outpotients
遅発性水俣病の各症状の出現率　(1973)

1965—66 / 1972—73	Symptom 自覚症状(−) Signs 他覚症状(−)
Polyneuropathy 多発神経炎	14 (93.3%)
Periorol hypesthesia 口周囲の知覚障害	8 (53.3%)
Incoordination 共同運動障害	11 (73.3%)
Imparirment of hearing 難　聴	11 (73.3%)
Hemiparesis 不全片麻痺	9 (60.0%)
Constriction of visual fields 視野狭窄	5 (33.3%)
Convergence paresis 輻輳不全	3 (16.7%)
Abnormal ocular movement 異常眼球運動	3 (16.7%)
Cases 人　数	15
Age (years) 平均年齢	37.4

質問

土本「あの熊本(註・熊本・水俣病)ではですね、〃片麻痺〃というのは一応、主要な症状から除外されていますけれども、現実には今日見たような方がかなり居るわけですか?(註・熊本の認定審査会の一般的見解を新潟の場合に照合した意味の質問である――土本)」

白川「私どもが見ております例――かなり高齢の方も含みますから、全く血管障害がないということは言えませんけども、今日見ていただいたように若い方でも見られておりまして、最近のまとめによりますと、五〇%以上に片麻痺を見ております。」

17　視野狭窄にみる遅発性水俣病の実例

○ほぼ正常の視野より、極端な狭窄までの三段階(三期)の視野狭窄図のスライド。

白川「視野についても、この一番上のを見ていただきますが、これ、四〇年の一〇月に、視野狭窄がないことを確認した例であります。――で、その後四二年になりまして、このような視野狭窄が起ってきております。でその一年後(註・四三年)

には、これは更につよまってきております。」

○その各例のアップ

「新らしく毒物の侵入、……メチル水銀の侵入がない……そういう人にもあとでこのような症状が起ってきておりまして、まあこういう事は、以前の中毒学では考えられないというふうに言われたものでありますが、事実、水俣病では、こういう例を多くみているわけです。」

遅発性視野狭窄（1例）

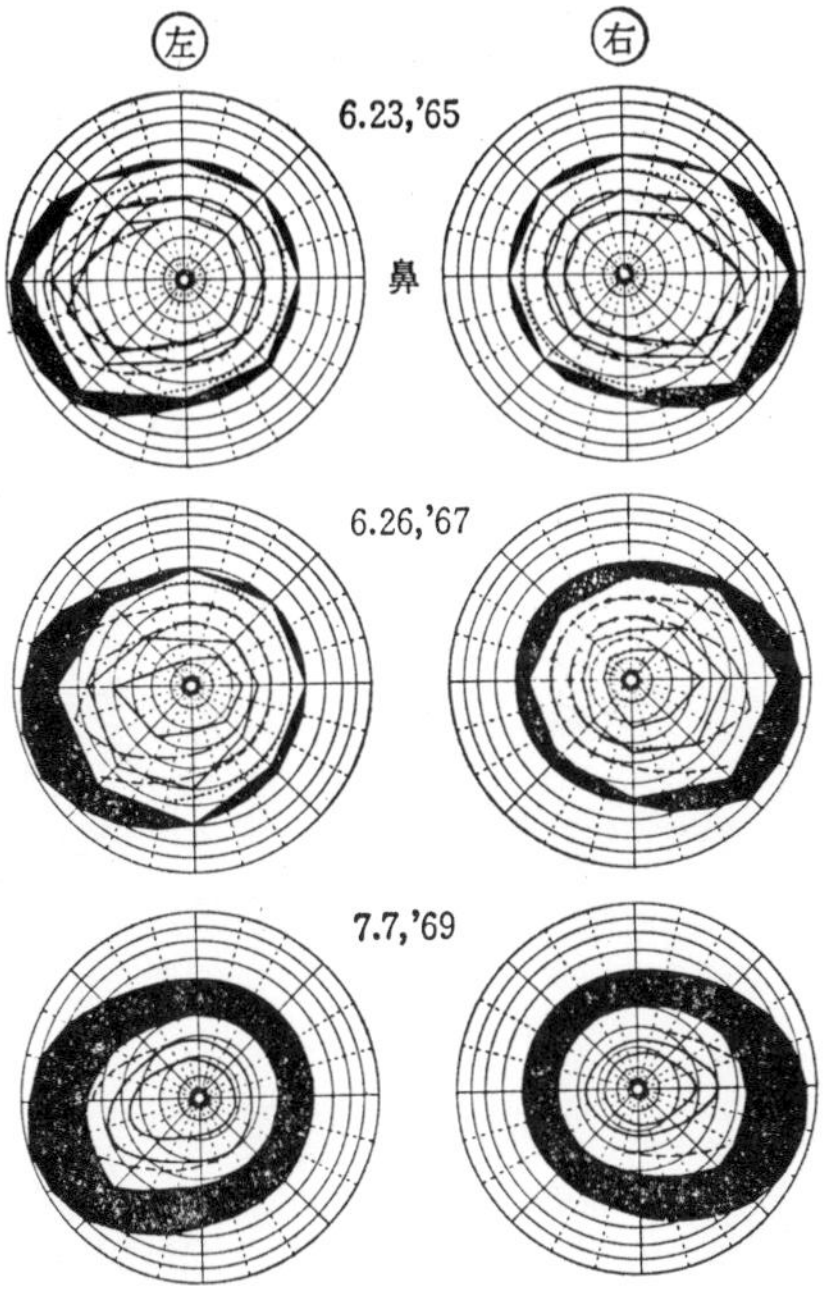

18　平衡機能障害の検査方法（新潟大学）

○「水銀外来」の標示、新潟水俣病患者の受付である

土本の声「いわゆる水俣病の患者さんがですね、眼まいをね、よく訴えるということは聞いていたんですけれども、相当、深部のですね、感覚障害、知覚障害をとり出すわけですか？」

○耳鼻科の一室、わん曲したシネマ・スコープ型（横・縦共）のスクリーンに可変速の光条を移動させ、眼の動きをとり出す――「ユング型視運動刺激装置」を前に水越氏にインタビュー

スーパー〃水越鉄理氏（新潟大学・耳鼻咽喉科）〃

水越氏「はい、かなり、まあ、脳幹部といわれまして、耳より奥のですね、延髄とか中脳とか橋部とか、そういうところの障害をとらえる、まあ検査になるわけです。」

○スクリーンに光条が等間隔で移動しはじめる。電気的に記録する図形を見、解読しながらのコメント
水越「これは一度の加速度でですね。で、百二〇度ぐらいまで速度をあげてって、その時の線上の動きをですね、追跡しますと、その時の眼振って、まあ——目の動きが、早い動きと遅い動きのまじった眼の動きがとれるわけです。」
○記録計に波形が出る。それを読みながら
「非常に大きい動きで良く出ています。……これぐらいになると、もう自分で回転感覚が出てきますから、ですから、反射的に目の動きが出てくるわけですね。もうでなくなったわけですね（註・約二十秒後）良く見て下さい！……。」
○検査をうけている成人男子。光、水平に動く。
スーパー〝申請中の患者検診〟
水越「……追跡できなくなってきていますねえ。……まあ、こういう障害はですね水平の眼の動きと、垂直の動きでですね、その障害の部位っていいますか〝責任部位〟が少し違うわけなんで、水平の方は、ま、どちらかというと延髄の方の——脳幹でも下の方の障害ということになりますし、垂直の動きになりますと、脳幹でも少し上の部位の障害という事がまあ言われるわけです。」
○光の動き　垂直に変る
「……そういうことが、ある程度分ります。この検査ででですねえ。」
○グラフを示しながら
「もう殆んど出なくなってきちゃったですね。二〇秒位つくかつかん位で非常に出が悪いんです。」
○被検者の患者のアップ
「ですからこの人は、まあ可成り水俣病としては典型的な所見が出てるんじゃないかと思いますね。」
○投光器のアップ、じわじわと加速する。
土本の声「こういった測定のですね、結論というのは、かなりその水俣病の認定の場合ですね、大きい位置をしめしていますか？」
○患者、コードを帖りつけられたまま光をみている。
水越「はい、ま、あの特にですね、〝平衡機能〟の検査ってのは、他の脳神経の所見と非常にマッチしてましてね、かなり他覚的にこれが検査できるからね、ま、水銀中毒の認定の時には非常に注目されてきている所見になっとりますね。」
土木「あの、慢性なんかで微量の場合もですね、これは割と正直に反映しますか？」
水越「はい。特に微量で慢性の場合にもですね、障害が多

いというふうに所見が見られるようですね。」

19　聴力検査中、語音聴力テスト

被検者は申請中の女性患者である。レシーバーを通じ、〃ことば〃をきかせ、応答させる。

スーパー〃大野吉昭氏（新潟大・耳鼻咽喉科）〃

○テープが低い音を出す、「ニイ・サン……」患者、その音をとらえてこたえる。ダイヤルで音量を刻々変えていく。

大野氏コメント「これはですね、あの、ま普通の聴力検査というのは純音聴力検査といいまして、ええ、ピーとか、ポーとかっていう、非常に単純な音を聞かしているわけです。しかしこれが聞えたからといって、社会生活をする上で支障ないとは言えないわけですね。」

○患者、時に聞きわけられない。

大野「それで今度は、〃ことば〃を聞かして検査するわけです。そうしますと、これがちゃんと聞きとれれば、〃社会性〃という問題に関しては、できるとかできないとかいうことは言えるわけですね。……で、一般に水俣病の場合には、この純音聴力検査というのは比較的程度としては軽い障害に終る場合が多いんですけども、この〃ことば〃の検査をしてみますと、非常に悪くなっていると――。また、これは、非常に障害部位を判定するには、これだけから云々する事はできないんですけども、やはり聴覚路のうちでも、特に中枢に近い方がやられているんじゃないかという気がいたします。」

20　〃ゴールドマン〃装置による視野狭窄の測定。熊本大学内暗室。

○女性助手が、光点のよみとり方を患者に指示している。

スーパー〃熊本大学医学部・眼科〃

患者さんにスーパー〃申請中の患者〃

助手「……見えたらすぐ押して下さい！（指示）まぶたを上げて下さい。上の方から明りがきますからじゃましないように、眼は真中、ここを見ていて下さい。」

○検査、光点が周辺から中心に近づく。見えた点を全角度に記録してゆく。

○患者さんの眼のアップ

○被検者の視野狭窄図が正常のそれと対照して示される。その図形についての医学的判断をのべる筒井氏。

スーパー〃筒井　純氏（元熊本大学・眼科）〃〔註・撮影時熊本・水俣病認定審査会委員〕

筒井氏「ええ、この方のですね。視野が、これは狭窄があります。それから沈下……著明にきてますね。そして眼球運動もですね、ううん、多少の乱れがあったということから、同じようなことが考えられる。」

21　自筆の視神経脈絡図を以て、眼球運動異常のメカニズムを語る筒井氏

「……有機水銀中毒の場合ですね、個々の細胞が抜けてきます。で抜け……破壊はですね、前寄りの方（註・視中枢）この黄色いゾーンのですね前寄りの方、こっちの方が強く起るんですね、――そうしますと、これがですね、ちょうど視野の周辺部にこう相当すると。……そしてですね、これが従来ハンター・ラッセル以来分ってたことなんですけれども……。」

○図の視中枢の隣接領野等をアップで。

「ええ、私ども、ここんところを調べてみたらですね。この連絡路ですね、隣近所の連絡路、それから反対側の脳半球との連絡路――これがですね、非常に壊れている。ですからこの赤い道ですね、これも壊れていますし、それからこの紫色の道も壊れている。……で、その結果としてですね、この赤い道の破壊は、この〝眼球運動〟を、こうやるとき（両手を眼球に擬して、左右に）にですね、これがガタガタ、ガタガタとこう乱れてくるという現象が起ってきます。」

22　ハイスピードによる眼球運動異常の把握（スピード倍率四倍）

○被検者・視野狭窄テストと同じ（御手洗広志氏）振子をみる眼球がひっかかり、瞬間に次にとぶ。円滑さを全く失っている。

筒井氏コメント「ええ、この眼球運動の映画はスローモーションで撮ってありますので、実際には四倍の早さで眼は動いております。で、今検査しておりますのは〝滑動性追従運動〟といわれる眼球運動であります。……振子を使いまして、滑らかな眼の動きを調べておりますが……（画面の眼の異常を読みながら）この方はあすこんとこで停って、一旦停ってですね、そしてボーンと飛びますね。……はい又、同じような事が起りました。」

○眼球の左右のうごきの中で、同じところでとぶ。

「はい又、帰る時に一つゆれますね。はい、あすこ（註・数ケ所ひっかかる部分がある）でやりますね。……そこ停止しますね、一時停止があると。……右側の端のとこが、ど

うもあすこんとこがねえ、引っかかりが常に出てきますね。……はい、大きくあすこで飛びましたね。ちょっとあすこで引っかかるんですね。引っかかって大きく飛びますねえ。」

○更に片目の動きのアップ、同じハイ・スピード

土本の声「この人の場合、視野狭窄ということとは関係ないんですか？」

筒井「視野狭窄とは関係ないですね。ま、視野の中心部は、良く、これ、見えてますから……。視野が狭くなってくるというのはね大脳の視覚領野のですね、第一段階のところの故障ですね。そして今度は、その第一段階からね、目を動かすところへですね、信号を送るですね——その連絡路があるわけです——それが第二段階です。そして第二段階からですね、今度、直接に目を動かす刺激が降りてきます——それが第三段階ですね。第一がやられるとですね、今度は第二にいく神経線維がですね故障を起してきます。そして今度、第二から第三へ行く回路が故障を起してきます……。はい！　又、大きく飛びます！」

23　人体の病変と猿のラジオオートグラフによる、水俣病の〝全身病〟への推論。白木博次氏（東大・神経病理）

○スライド

⑴脳の病変図（ある特定患者の剖検）

白木氏「あの、水俣病は御承知のように脳の病気であり、或いは一部は末梢神経、特に知覚神経の病気だということは云われておりますけども、私は、まあ、脳・神経も勿論ですけれども、しかし〝全身病〟としてものを考えていかなければならないというような事を少しお話ししてみたいと思うんですね。……で、まず脳からお話しいたしますけど、このあるいはこれですね、黒く点がうってあるのは、これはそうです、大体まあ病気が始まって三ヵ月位で死亡された、いわば急性期の脳の変化です……。」

⑵病変の激しい脳の断面標本

「で、その例がこれなんですけれども、熊本の子供の水俣病の例でありますが、ごらんになりますように、この神経細胞の集っている脳の皮質が、もう全部の領域がやられてしまっておる（土本「先生、もうちょっと指して下さい」）で、こういうふうに穴ぼこだらけになっている。で本当はここが黒く見えなきゃならないんですけれども、そこも白っぽくなってきている。——いわゆる脳の白質という所ですが、そこもやられている。つまり全部やられている。そうなりますと、一体これはどうしてそうなったのだろう

か？」

(3)病変を起した動脈の断面。内側、肥厚している

「……これは、あの、脳を養っている動脈なんですけども、それに変化があるわけです。その変化というのは、ここが血液の通っているところですけれども、本当はここまで開いていなきゃいけないわけです。ところがこういう余計な細胞が増えてきてですね、そして、血液の流れが悪くなってる。血液の流れが悪くなれば、当然それは脳がまた破かされていくということになりますね。」

(4)第二例の病変脳標本、上部に血管が見える

「これは阿賀野（註・新潟水俣病）の例なんですけれども、二八歳の男の人で、やはり中毒して、ええまあ、こういうふうにしてやられているんですけれども、問題はここにある動脈なんですね。これを大きくしてみましょう。」

(5)その血管断面のクローズ・アップ。

「そうしますと、やはりですね、血液はここしか通ってなくて、余計な組織がこうできている。」

○その血管の内側に本来の数分の一位の穴しかなくなっている。

土本「これがあれですか、いわゆる血管の。」

白木「そうです。で、これは一口に言って動脈硬化症といって良いんですね。」

(6)第三例の病変脳、その萎縮した全体標本

白木「で、これはいわゆる水俣病とはちょっと違いますけれども、あの、十九歳の学生が皮膚病になりましてね、そして水銀軟膏、つまりメチル水銀——水俣病と同じ原因の物質を含んでいる——その水銀を、三ヵ月皮膚に塗り込んでいる間に、その毒が脳に行きましてですね、やられた例なんですね。（指さし）ここが視覚領野であって、後頭葉の部分——ここも強くやられてますけど、他の所も全部やれてるんです。例えば、こういう所を大きくしてみますと……。」

(7)前出の脳の断面のアップ。蜂の巣状である。

「あの、ここに神経細胞がなけりゃいけないんですけれども、すっかり、あの、落っこっちゃって、あとは穴ぼこだらけになってる——いうわけなんですが、じゃ、ここを養ってる脳の血管を見てみますと……。」

(8)血管の断面図、殆んど他の組織で塞がっている。

「こら、もう、ひどいもんでして、血液はこの部分しか通っていない。これだけ、あの、余計な組織が出来ております。そしてここには脂肪があるんですね。コレステロールが貯っている。……こうなってきますと、これ、動脈硬化

症そのものなんですね。そうなりますと、ま、年をとってくれれば、ま、誰でも動脈硬化症になりますけれども、八歳の子供、四歳の子供、二十八歳の若者、十九歳の若者、そういう人達が動脈硬化症を起すということになりますと、これは明らかに異常であって、どう考えても、私は、その、水銀というものと関係があると思うんです。」

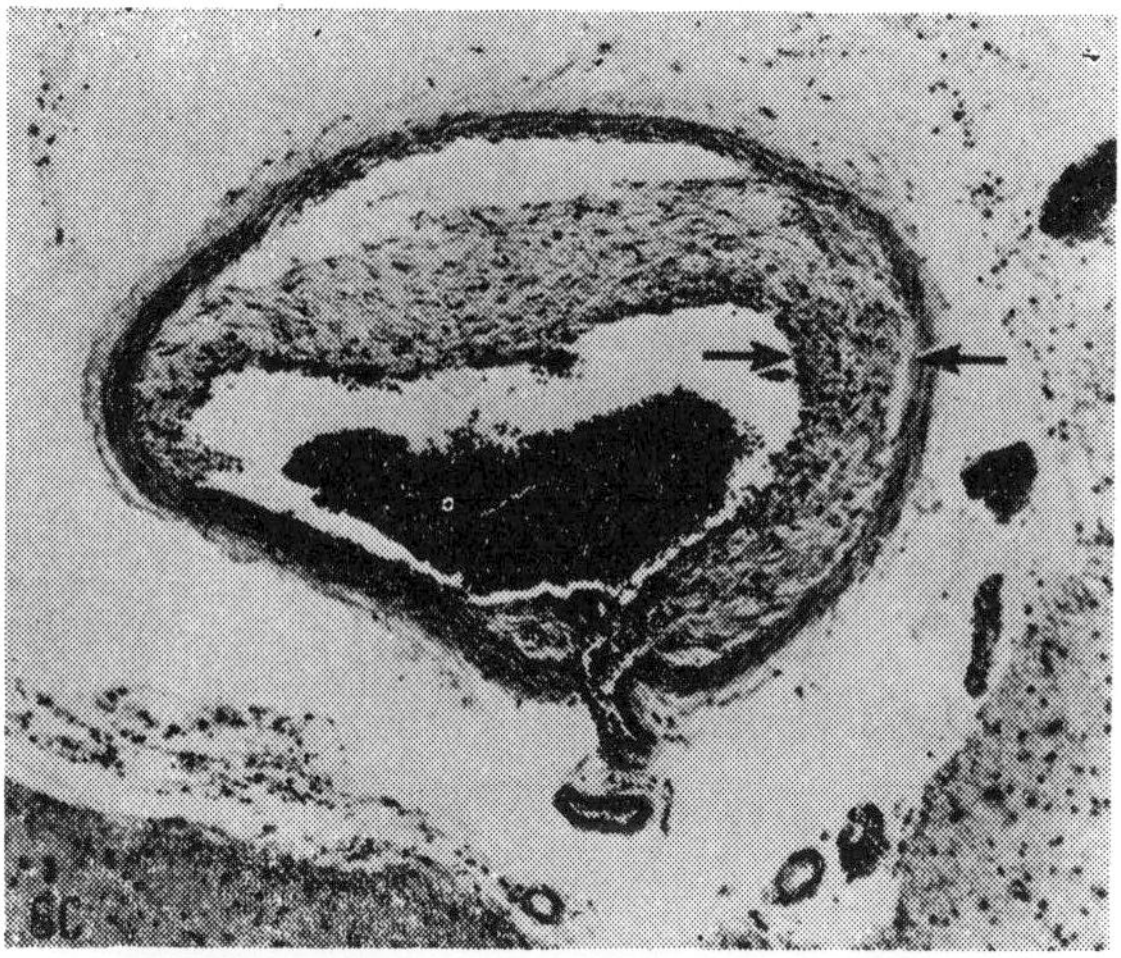

視覚領野の脳動脈――新潟水俣病患者（28歳で発病，98日後に亡くなる）の顕微鏡写真。同心円性に内膜がふえ（←印），動脈硬化性病変を示している。

(9) 猿（エチル水銀投与後二十時間）のラジオオートグラフ。その全身像

白木「で、この、いわゆる猿の実験のラジオオートグラフでみますとですね。これは注射をして二〇時間たったところです。ここを見ていただきたいんです。ここは心臓ですね。ここをもうちょっと大きくしてみましょう。」

⑽その心臓部のクローズ・アップ

「これが心臓なんですけれども、その心臓の壁の中にですね、メチル水銀ががっちりはいっているということが分ります。で、これが大動脈ですけれでも、その大動脈の、この壁ですね、これもやはり筋肉からできていますけれども、その中にもはいっている。………で、実はですね。あの水俣病の解明のヒントになったハンター・ラッセルの例ですね。あれは三十三歳の時に、ええ水銀中毒になって、十五年間生きてたわけなんですけれども、その間に血圧が――病気の前が一二〇だったものが――一八〇から二〇〇位に上っている。つまり高血圧になっているわけです。（腕に手をやり）……で、血圧を測るのは、ここで測るわけですから、従ってここの血管に既に、やはり問題は起っているということが言えますし、それから十五年経って死んだ時はですね、実は――心臓の壁がやられたわけです。で、そ

れはどういう事かと言いますと、心臓の壁を養っている〝冠動脈〟という動脈があるんですけれど、その動脈に動脈硬化症が起る。そうしますと、血液の流れが悪くなる……そうすると心臓の壁がやられてしまって、それが死因になっている。……今度はこの部分を少し大きくしてみましょう。」

(11)内臓部分のアップ

「そうしますと、これは腎臓なんですね。腎臓からは尿を通じて、メチル水銀が排泄されますから、非常に高い放射能を示していますが……。問題はこの部分――これが胃なんですけれど、これが脾臓なんです……これは膵臓というところなんです。そこにも水銀――有機水銀は相当侵入してるってことは分ります。ところで、この膵臓っていうのはですね、実はこの膵臓の組織の中にランハンス氏島（註・ランゲルハンス氏島）っていうところがありまして、そこでインシュリンを作っているわけですね。――でインシュリンを作っている所に、その、水銀がはいっていく。そしてそのインシュリンを作っている組織がやられますと、インシュリンが生産されない――で、そうだとしますと――血液の中の糖分を分解することは出来ませんから、従って血糖値が上って来る――糖尿病になる――糖尿病から今度は動脈硬化症につながっていく、そういうような事が充分考えられると思うんですね……。」

24　保留者たち――熊本市、熊本県庁附近（音楽）

ナレーション「昭和四十九年二月、長期保留者達は熊本に認定審査会長を訪ねました。」

25　水俣病患者認定制度について、有馬澄雄氏の解説。パネルに、患者と主治医、県（国）、審査会との三角図形、及びそのらち外に位置するチッソが描かれている。

有馬「水俣病患者認定制度について説明いたします。水俣病患者認定制度は政府がつくったもので、県が実際には、こういう審査会をつくって運営しております。で、水俣病患者の人達が、チッソから医療保護とか、或いは、生活の補償をしてもらう為には、この認定制度の中で、水俣病として認定されることが必要なわけです。それで、具体的に認定制度自体を見ていきますと――現地で、現地の、その開業医がいつも水俣病患者を診療したり、或いは治療したりしていますけれども、その医者が『水俣病の疑いがある』とか、或いは、『あなたは水俣病である』と診断した場合に、そこで患者さんが申請しまして、初めて県から審

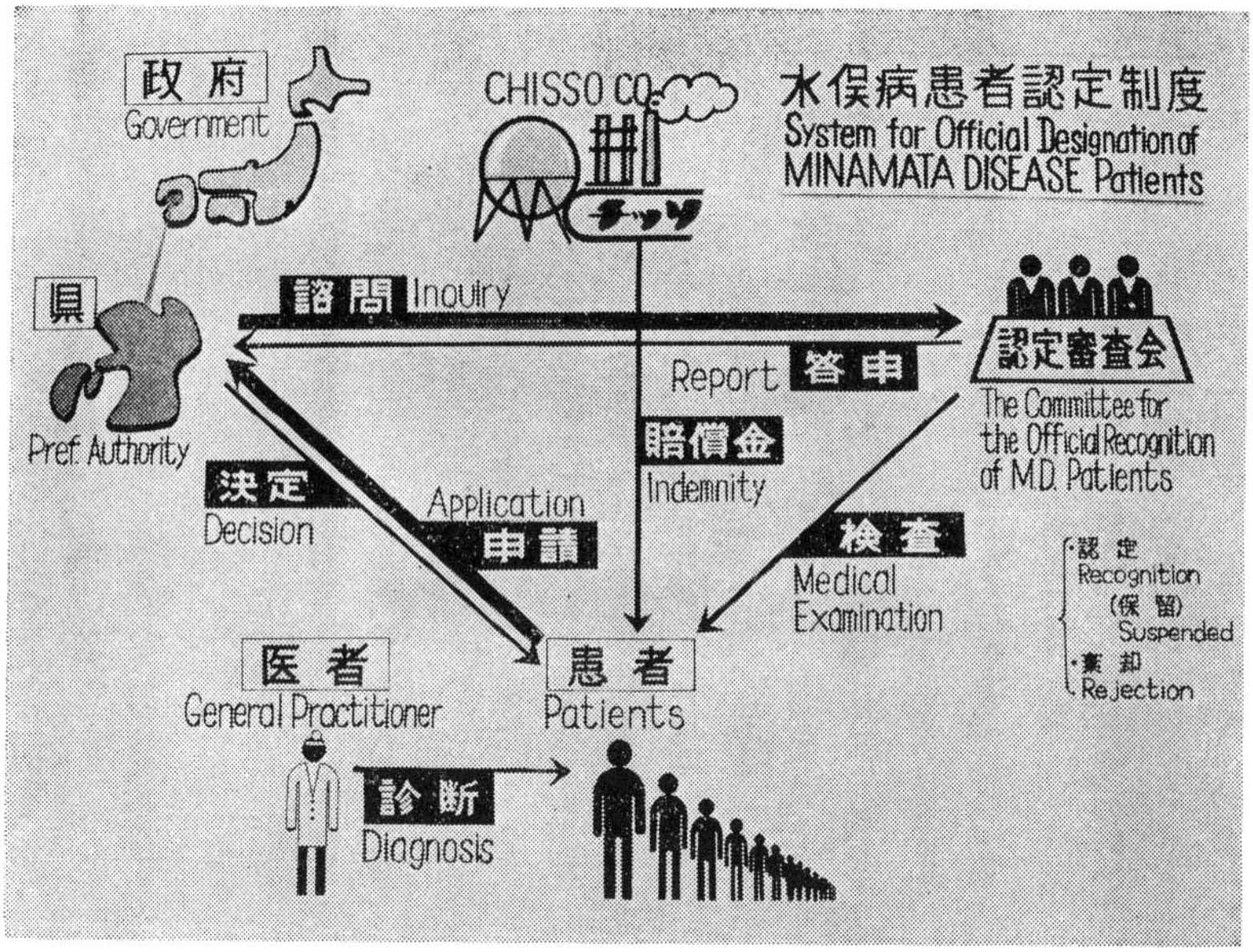

査会に、あの、諮問がされるわけです。」

○図上、審査会、そこに〝認定、保留、棄却〟とある。

「……それで審査会では、そのために患者を、あの、三回ないし四回、あるいは最近は非常に医学的に難かしいといわれておりますので、何回も通って検査をするわけです。ところが、こういう、患者制度自体に、今、ひとつ大きな問題がでてきておりますのは、申請患者が現在においては二千四百名（註・五〇年三月現在、三〇〇〇名）位ありまして、そういう人達が、そういう生活補償を受けるためには、今、早い人で一年、遅い人であれば、あの、五年位かかるといわれております。そして更に審査会で最近においては難かしいとされている〝答申保留〟とかいう形で患者がそのまま残されておるわけです。そういう人達は、長い人で五年位、そのままして、保護を受けられないと——いうような問題が出てきております。」

26　審査会の構成についてのパネル、有馬氏の解説つづく

「……認定審査会の委員は三つのグループに分れまして、大学関係の水俣病研究者、それから現地の市立病院関係者、県の衛生部長——水俣病であるかどうかは、この十人の委員により決定されます。」

27　患者さんの要求による説明会会場内

○審査会長が冒頭の説明を行っている。

スーパー〝保留理由の説明、武内認定審査会長　昭四九・二・一九〟

武内氏「……勿論ぁの医者ですから、患者さんを助ける――救済するといぅ精神はこれは当然持っている、持たなければならない点ですから、そういぅ精神の下にやっておるわけです。」

○武内氏のアップ――保留の条件について――

「ところがですね、その三番目と四番目の――〝否定出来ない〟ということと、それから〝別の病気だ〟という間にですね、どうしても〝どっちか分らない〟というのがあるんです。これはもう医者のどんな手段《てだて》をしても判断ができないわけですね。どっちに……どっちにはいるか分らない。そういう時に、〝分らない〟……〝分らない〟というのがあるわけです。これはあの、皆さんは理解できると思いますけれども、病気の診断が、どうしても医者に分らない……いろんな検査をしても分らない……というのがあるわけです。それを〝分らない〟というふうにまぁ一応言うわけです。ところが、その分らないものの中にですね、どうしても、あの、時期をみてもう少し診てみたい、一定の時期をおいて診てみたい、あるいは、もう一ぺん診たい。もう一ぺん、その、資料を色々集めてですね、そして精査したら分るかも知れない――いうものがあるわけです。そういうのが結局、まぁ、次にもう一ぺん診ようというふうにして〝保留〟してあるわけです。」

28　世話人、川本輝夫さんの意見

○患者、及び患者家族が耳を傾けている。

「ま、確かにそういぅ意味での、今言われたような事ではあると思いますよ、そりゃ、そうかも知れませんけど、まあ、個々の例を私たちは数多く、その不満の例を聞くわけです。」

○川本氏の鋭い舌鋒がつづく

「例えば、熊大に、その連れてきて、とにかく、そのもう、失神する位、その、苛い目に会わされたという人もおるわけです。たまには、そのもう、水俣の市立病院で、もう、朝の九時に出ていって、夜帰ってきたのは一〇時、一一時なんて、こんなとんでもない検診の方法なんて！……とにかく、全く、その、何ちゅうか、患者の肉体無視ちゅうか、時間無視というか、経済的な無視ちゅうか！なんかこう、そういぅ例があまりにも多すぎる、と。とにかく、そのもう、吐き気を催す位、その、体を酷使されたという……検査の方法をとって、そういうやり方までしなければ〝認定〟をしないのかという実態もあるし……。」
○母親が暗い表情で聞いている。
川本「……なかには、苛い先生なんか、その『あなたは何派ですか?』と。例えば『自主交渉派ですか?』とか、『東京交渉団派ですか?』『一任派ですか?』、『調停派ですか?』って、こんな、その、全く医学とは関係ない……関係ないことまで、水俣の市立病院で聞かれたという人も居るわけです!」(註・患者さんはチッソによって数派に分裂させられている)
○話を聞く武内会長、そのやりとりを凝視する患者及び家族、声=発言者、宮沢信雄(水俣病研究会会員)
「あの、審査会に出てくるデータっていうのは、非常にあの、大切だと思いますけれども、一番問題なのは、そこにでてくるデータを誰が拾ったか? ということがあると思うんです(註・審査会は臨床ほか各部のデータの書面審査である)。……医者っていうのはやはり人間ですからね、専門家が見れば皆同じ結論になる——と言うのは、それはタテマエ論であって、人によっては、ある症状を拾う人もあるだろうし、拾わない人もあるだろうし、うっかり歪めてしまう事があり得ると思うんです……それは水俣病の歴史が証明していると思うんですけれどね……そういう意味から言ってもですね。誰がこの患者を見たかっていうことの責任ははっきりすべきだと思うんです。というのは、普通の病気だったらば、その、患者さんは、ある医者を選ぶ権利があるわけですね。〝私はあの医者を信頼しているからあそこに行く!〟と。水俣病の検診についてはね、医者を選ぶ権利はないわけですよ。」

29 個人別説明。その中での集中的質問

○別室でひとりひとりの患者、あるいはその肉親に説明する武内会長
武内「あの、他の原因があってもくるわけですよね……。」
○扉ごしの情景にスーパー
〝いわゆる精薄とされている患児の保留理由について〟
○土本コメント「この日は、病理学者であり、同時にこの審査会の会長でもある武内さんにむけられた親たちの質問というのは、自分の子供は、胎児性の水俣病だと思うけれども、精薄といわれて何年も経っている——と。で、胎児性の子供と精薄の子どもと医学的にどういうふうに違うのか? と。自分の子供をどういうふうにして何年も放置さ

れているのか？　と。こういう点に質問が集中しました。」

武内「……メチル水銀中毒症にないわけですよ。今までにそういう報告がないんですよ。医学のなかにまだ、それがはいってきていないんです。それでですね、判断ができないんでおるんです。……」

○県当局事務官は一言も発言しない。

30　保留されている子供たちの紹介。

○前坂さゆりちゃんの場合

○浜本順君の場合、ともに二年以上保留されている焦点の患児である。

武内コメント「……その、例えばね、原因にはいろいろなものがあり得ると思うんです。それから、それがまだ分らないんです……精薄の原因というのは分らないんですよ。それからね、胎内でですね、例えばへその緒が曲がりついて、脳の失血、（血のめぐりが）うまくきかなかった為にですね、脳の発育が遅れてくるものもあるでしょうし、……あるいは生まれる時にお産が長びいてね、来る場合もありますよ。まあいろいろ原因があるもんですから……それが分っていれば簡単に言えるんだけども、それが分らないもんですから、非常に判断にむつかしい点があるわけなんです。」

31　個別回答、浜本順君の場合。

○その父親に、川本世話人が説明役を買ってでている（室の外より）

川本「（父親に）ほんで、まあその、今までの先生の説明はたいな。例えばほう、眼の中に脈絡膜というのがあっとですたいな。それがな一部その、失《な》くなってると。で、眼が狂うてこう見た場合に……品物ンがこう狂うて見えるわけですたいなあ。で、それなんかの原因もな、はっきり有機水銀の影響であるかどうか、今のところは、先生のつもりでは判断できんと……外に原因のある病気もあるし、その、そういう、あの本当に有機水銀の影響があるかどうか、今のところ判断がでけんから保留にしてあると……。」

32　ある胎児性様患者の母親の質問

○執拗な応答がつづいている。

母親「……そやけど一年たったらですね、あの、もう一回検査を受けますということの手紙を頂いてるんですけどね、何にも音沙汰ないんですけど、どういうあれでですか？（武内氏「イヤ！」）それまでには……。今は、現在ですね、足がもう悪かったり……。」
武内「あのね、こういうことがあるわけですね。（書類を探しつつ）お宅さんはいくつかな？　十四歳ですね、十四歳、（母親「十五歳になります」）十五歳に今度なるわけですね？　そうしますとね、十五歳になった時点で何か分ることがあればですね……例えばですよ、ま、たとえばですね、視野狭窄というのが分るとするですね？　そうすると胎児性の水俣病と同じ症状、すなわちメチル水銀中毒症と同じ症状が、ここにひとつ出てきたことになるわけですね。そういう場合は、あの、答申の資料になるわけです。すなわち認定の際の材料になるわけなんですね。」
母親「それは、まあ本人調らべなくてもですか？」
武内「いや本人をしらべた上でですよ。」
○窓ごしに見る母親。そのつきつめた表情。
母親「あの、どこまで研究されたらって思うわけですよ、親としましては、（武内「いや、よく分る！」）もう二年も放ったらかしでしょ？　そして、いづれは様子が変りましたらね、お伝え下さいっておっしゃっているんですけどもね……。」
武内「あのね、お宅の坊ちゃん。坊ちゃんでしょ？　坊ちゃんをね研究しとるわけじゃないんです……。」
母親「それも段々よくなる方向でしたらいいんですけど、悪くなるでしょ。そしたら親としましてはね……。」
武内「そりゃ分る。けどね……私ども医学として判断できないんですよ。理論的判断ができないわけです……審査会で判断する場合にですね。」
母親「そやから、どういう風に、その精薄児でも、やっぱ違うわけですか？　他の先生方の反対もあるでしょうけど……。」
武内「どういう風に違うっていうのは？」
川本「胎児性水俣病の子供と、いわゆる、その、俗にいう〝精薄〟という子供さんというのと、どの点であの……。」
武内「区別するかということですね。」
川本「……どの点で素人でわかるような形で、判断できるのか、判断されるのかということを、おそらく知りたがっておられると思うんです。」
母親「それがね、精薄児というても、親が大病でもした覚えがあるんでしたらね、私たちも、〝ああいうことがあったから、こういう子供が生まれたんやなあ〟というあれでもありますけど、全然、そういうことも、兄弟もありませんし、親もありませんしね、するわけです……。」
武内「そりゃまあね、分っております。」

33　ねずみによる動物実験、胎内での毒物の侵入について。東大、白木氏の研究

○オートラジオグラフの妊娠したねずみ。無機水銀投与二四時間後のスライド

白木氏「これはまあ、妊娠したねずみでありまして、妊娠二週間目のところでですね、放射能を与えた水銀、これを注射する。そして二四時間経ったところで見ました全身オートラジオグラフであります。で、この場合はですね、これは無機の水銀です。エチル水銀ではございません。その場合、ここに胎児が四匹並んで見えますけれども、無機水銀はですね、この胎盤、子宮の壁……そういうところにはひじょうに沢山はいっておりますけれども、しかし胎児の中にはですね、殆んどはいっておりません。まあ、ごくうっすらとは侵入いたしますけど、殆んどはいっていない。ですから無機水銀であれば、それほど胎児に対する大きい影響は考えられません。」

○前と同じ条件でエチル水銀を注射したねずみの場合のスライド

「ところが、同じ条件で、エチル水銀を注射した時にはですね、ごらんになりますように、胎盤にもたくさんあります。子宮の壁にもありますけれども、同時に、胎児の中に見事に有機水銀が侵入しているということが分ります。そこで、もう少しこの胎児を取り出しましてですね、もっと大きくした……。」

○摘出された胎児のレントゲン写真

「これでごらんになりますと、有機水銀はまずこの心臓、それから肝臓。こういう所に非常に放射能が高いということが分りますけれども。同時に、これが神経です――これが大脳。これが延髄、これが脊髄でありますが、まあ、心臓や肝臓ほどではございませんけれども、しかし、明らかに脳にも脳幹にも脊髄にもですね、見事に侵入しているという事が分ります。あるいは、これは羊水ですね、この羊水の中にも薄い放射能が見えると。いうことですから、こうなってまいりますと、これは明らかに母親の有機水銀がですね、胎盤を通って胎児に侵入して、その脳神経にも見事にはいっていると。……で、問題はですね、結局、その、何故こういうことになるか？　お母さんが病気にならないのに産まれてきた子供が、非常にひどい重症心身障害である。ということは、これは考えてみれば、当然の事だと思うんですね。というのは、私たち大人であれば、いろんな毒物がはいってきても、それを外に出す……排泄する道をもっています――ええ、肺呼吸を通じ、空気を通じて外に

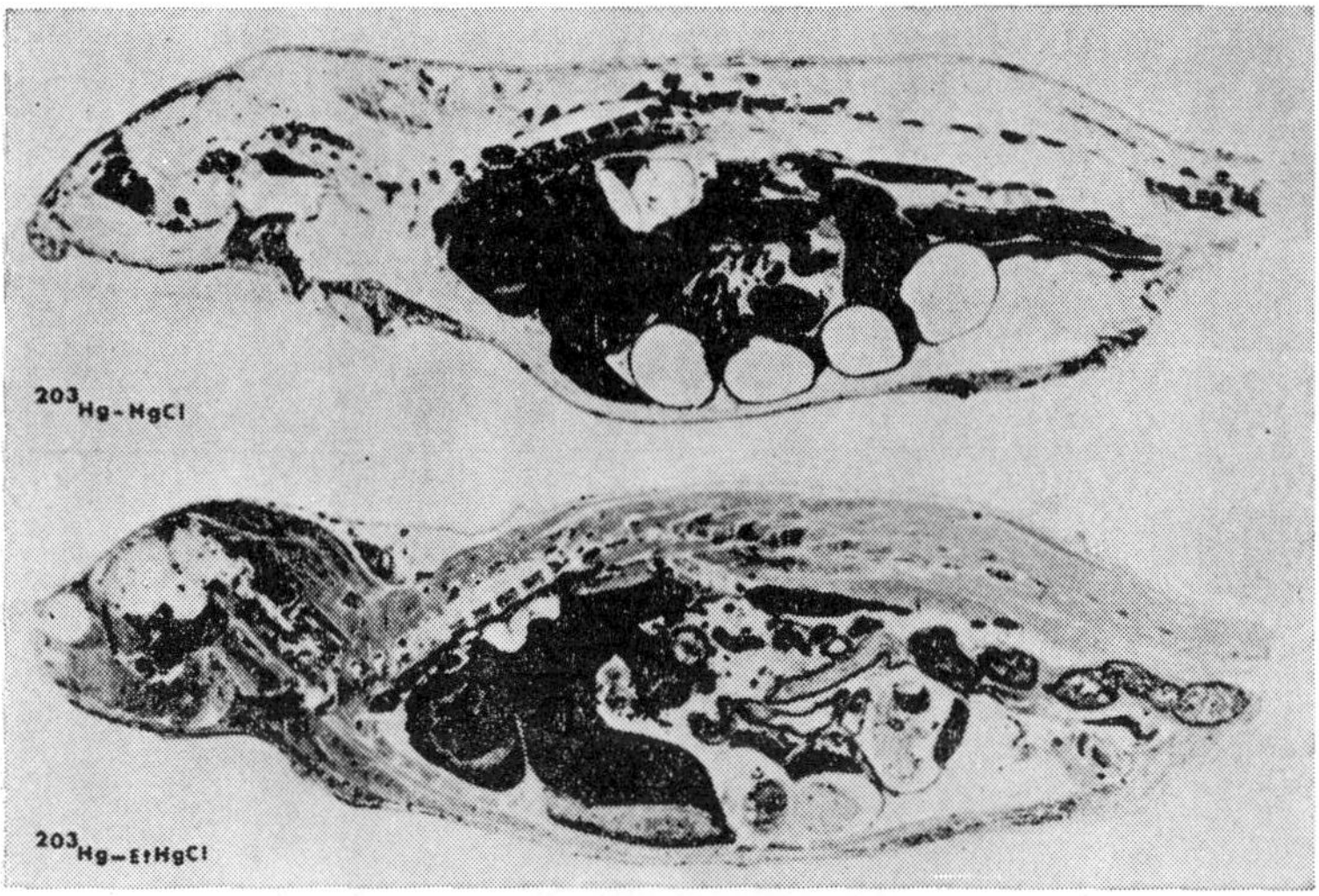

妊娠ネズミの全身オートラジオグラフ――無機水銀投与（上）と比較して，エチル水銀投与（下）の場合，母体の全身に侵入するとともに，胎盤（P）を通過して，胎児（F）に顕著に侵入していることを示す

出す。あるいは、その大・小便を通じて外に出す、汗を通じて外に出す――いうことが出来ますけれど、お腹の子供は排泄するルートはですね、臍の緒を通じて……臍の緒を通じて母親を介して出す道しかもっていない。ですから、当然、たまる量も多くなってくる――ということですね。」

34　或る患児の臨床上の問題

○夕陽に輝やく不知火海。海岸線より少し内に入った農家。鋭い子供の叫び声が洩れる。

○ナレーション「水俣に隣接する、鹿児島県出水市。ここ

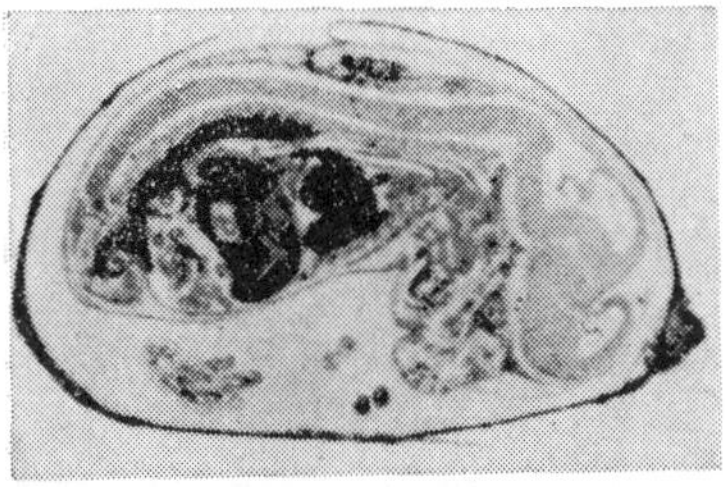

胎児の拡大――心臓（H），肝（Lv）が高いが，中枢神経系（EB：終脳，DC：間脳，Cb：小脳，Mo：延髄，Sc：脊髄）にも侵入していることを示す

に胎児性の水俣病と疑われているふたりの子供をもつ家庭があります。すでに三年保留のまま、現在に至っているケースです。」

35　木場さん一家、両親と一緒に食卓につく患児、次男、孝君（二十三歳）**その妹、とし子さん**（十五歳）**ともに重症心身障害児である。言葉は言えないが、とし子さんはかん高く笑いつづける**

母「こけえ（註・ここに）居って食べんな！　こけえおって喰べなん！　寝らずにおって。（と起す）」とし子笑う。

土本「やはり人が来るとよろこんで……。」

母「はい、よろこぶとです……。」

36　ふたりとも、辛うじてスプーンをもっておじや状のごはんを口に運んでいる。

土本の声「あの、お父さんはね。十分、できる限りの検診は受けた、と。出水やね、水俣へ行って……。で、まあ、他の人は早くいったけども、これだけひどい子供が、あの自分から考えても間違いないと思うのにどうして遅いのか？　というのがお父さんの御気持と伺いましたけどね。」

○語る父親

「はい、そいでな、その、皆がな（註・同じ時期、申請した他の患者たち）皆がやっど、ま、その、鹿児島（註・鹿児島市・鹿児島大学）なら鹿児島に行《い》たて、そしてその、診察受けて、そいでしとやっとなら（註・するなら）、そうも考えんですよ。じゃどんかん！　他の衆《し》はどんどん認定されて、お金ば貰うて！　うちの子どもは、〝鹿児島へ連れて行け〟とか〝水俣へ連れていけ〟とかいうて、その批評ばっかりしてなあ。市長でん何でんかんでん、うって打っちらかそうごたっと、本当は。頭にきとっとなあ（怒る）」

○孝君、机にあごを托したまま身じろぎもしない。とし子さん、手をたたき、兄の頭に手をやる。本能的に相い寄っている。

父親、医師の診断に応ずることのむつかしさを語る。

父「……まあ、お医者さんがしやっとも、痛うなか注射もあれば、その、痛か注射もあるんでしょ？　そいだから、そのもう、わが〝ああ痛か！〟という事を感じればなあ、その、白か着物の着て来やったりなんたりすれば、こいつどま、絶対、こうやって（あばれる身振り）なあ、触らせんですよ、今でも。やっぱり、その、痛いことを、わが頭にのみこんどるから、もうその白か衣装を着て来やれば、もう絶対、触りならんです。」

土本「今まで病院に連れていかれても、お医者さんに見せる、その場の時は、相当苦労なさいますか?」
父「はい」
母「いや、そん前は——小さか時には、連れてっても、注射しても、何にも、こんなんも無かったっですよ。それが、大きくなったらもう診せんならんごとなんしたとなあ。小さか時ァもうほら、あげん、まだ一ちょう業がなかもんで、どうちゅう痛か注射を打っても〝ぎゃっ〟っていって、唯おめく（叫ぶ）だけ……じゃったんな。」
○妹、手を打ちつづける。妹を見ながら。
土本「ふたりとも、お医者さんを、やっぱりもう怖がる年頃ですか?」
母「はい、今はな。今はもう怖がる。もうそん、こう白か服《あれ》を着て診察せられば、もう絶対怖《おと》ろっしゃする……自分の家なら、ほらこうしてるときは良かぁんど。ほして、又、変ったやつ着て、自分たちの体に金具なんか、ほら、こうこう（知覚テストの針をつくさま）したりしやんどがな。そうしたら、させならんど——絶対！　もう引きつくるごと怖《おと》ろしゅうして。……小さか時ァな、もう注射しても何にも言わんしとったがな、こけえ（腕をさす）。もう七、八年あとにはな。そりから、今度、水俣病で、水俣に診察に連れていったとき、その来やった時のて……それから怖ろしなりやしたっな。そいで水俣へ行った時も、耳と眼と検査をせんなんとに、そん、できんじゃった！　絶対できなかった。ふたりとも。そいでほら、もう出来んで、その、県にやって、大学病院にやって、そして、そんで病院を慣らかして、そん、ま、眼と耳を検査……機械があるで、機械でなせんならんで、ってじゃしたんな（註・機械で検査しなければならないと言ってきた）。市立から……。」
○孝君、聞いているふうに見える。その耳と眼。
土本「こうやって人と話しているのね、やっぱり耳にこう……。」
母「はい。やっぱ、聞きちゃおりますとばいなあ。唄なんか覚えゆっとじゃで。はい。ステレオなんかにかけた唄を覚ゆるじゃっで。聞いちゃおる……耳は聞えちゃおっとじゃろうち思うとっとな、私も。じゃんかもう、眼なんかはまあ……。眼もやっぱり少しは見ゆるとじゃそうなあ。まあ、目つきは悪るかいどん。じゃんか、もう、お陽《ひい》さんか……お陽《ひい》さんちゅうは絶対眺めならん。」
○自宅での検診を願う父親
父「……じゃいどんかン、ああいう所に自動車で連れてったってなあ。白か着物ンのきて聴心器をこう持って、こうして来やればなぁ、怖ろっしゃし……。」
母「そりや、ここ（註・自宅）も一緒やがな！」
父「何、いや、白か着物ンの着て来たしがしゃれんで（註・着て来なければ）……これをつかまえこなさん事はなかですよ！」
母「じゃが、あん衆のこげんしゃったばかりで怖ろっしゃするもん……。」（笑う）
父「なにが、怖ろっしゃすっとは……そりや、もう親がはまらんから（註・力を共に合わせないから）出来ん！　ちゅうわけな。そいで、そのここで（註・診察を）しやっとならなぁ。電気も普通の電気でしやっとならできます。」
土本「お父さん、いま、眼を触っても、お父さんだったら大丈夫ですか？」
○父、孝君の眼をあけさせ、口をあけさせ、自信をもって語る。
「はい。こう、私がこげんしとってなぁ（と抱いて）こげんしとって、こげんしとって、怖ろっしゃすればなぁ、こうあけさせて、こうするぎ、あかるんですよ！　こうして！　あかるんですよ！　口は、いけん開《あ》けんちゅうてなあ、こげんするぎ、あかるんですよ！」

37　出水市役所の責任者インタビュー

○事務所の一隅
スーパー〝鹿児島県・出水市役所保健衛生課〟
○課長に木場さんケースの処置について
土木「……県からその、在宅の……在宅で診るということを……（課長「やったことありますよ」）今度の場合は一番そういうことが必要なケースではないかと、しろうととしては思うんですけどね。」
課長「それからね、例えば眼ですね。〝眼なんかは機械持ってくればいいではないか〟と。〝レントゲンなんかはもってこれない……〟と。ところがレントゲンと変らないゴールドマンという大きな機械ですよ。で、これも又ね、ゴールドマンで検査を受ける患者の方がくたびれるぐらいですね。（検査のされ方を真似する）患者によっては全然検査をうける……能力がないといいますか。こう見ましてね、何か合図をしてボタンを押すんでしょ？　で、〝どういう状態の時にボタンを押しなさい〟と。と、その約束事が反応できないんですね。だから、この眼の検査も、視野狭窄ですか……こうやってね。非常にむつかしいようですよ。これね。これ携帯用ってないんじゃないですか？」
土本「いや若干はありますけどね。簡単なのが……。」

課長「はあ、はあ」
土本「これをどう進めていったらいいかね、今、録音をお聞きになって……。」
課長「ええ、もう県でいろいろ逡巡しているようですけれどもね。私は、もう見れる範囲で見た答えで、答え出せませんか？　ということを、今言ってるんですよ。先生方のほうでもいろんな角度で検討されてるようですから。答えが出せるようなら、何時までもおいとくと何かねえ、蛇の生殺しのようでいかんのじゃないですか……と。」
土本「その、棄却される可能性もあるわけですか？」
課長「ありますね。」
土本「はあ。」

38　熊大医学部・眼科。審査会の委員のひとりの筒井氏にインタビュー

土本「いま子供の部分がね。検査として、行きどまっているということがございませんか？」
筒井氏「はい。それはゆきどまってますね。」
土本「それはやっぱり〝保留〟とかそういう形に現状ではなっていく……？」
筒井「うん、結局〝分らない〟と。」
土本「そういう場合に、そのことが最後まで、やっぱりこう残った場合ですね。眼科の事がネックになって残った、残るというケースは……。」
筒井「まあ、そういうケースはね、眼科だけというか、耳鼻科の聴力もむつかしいですね。それから、いろんな、こういう神経内科の検査ですね。ああいうものも、指示にしたがってやってくれないと……。それから、まあ、どの科にもそういう隘路があると思います。」
土本「先生は、眼科的には、今後どういうふうにしていこうと……？」
筒井「ですからね、私の方は、まあこれ、非常にむつかしい問題ですけどもね。例えばね、子供の場合ね。ええ、ある程度、動くとですね、ひじょうに微細な検査できないでしょ。でね、麻酔をかけてね、眼の固定をきちっとやる――そして、この眼の周辺部をですね、この、いろんな光で刺激してみて、それでこっちの脳の方からどんな反応が出てくるか……。そういう検査法はね、ぼつぼつ開発されています。」

39　汚染のピークから十五年たって急激に発症したケース

○水俣市湯堂の部落にある家

ナレーション「水俣市湯堂。ここにすむ青年が四十八年九月、一夜にして水俣病の発作に襲われました。その姉は十五年前に急性水俣病で死亡しています。」
○室の中、病状の経過を語り出す坂本登さん。仏壇に姉故キヨ子の写真。ひどい構音障害である。
坂本「あの、姉が、あの寝とったのを、み、見とるからな。……そりゃもう。おふくろがこう、〝医者にみ、診てもらえ〟ゆうたのは、ちょうど、裁判の頃かなあ。」
○生前の姉の医学用フィルム〈伊藤蓮雄氏提供〉十七年前の同じ家である。
「こんなげ、元気がいいのに、（症状が）出るもんかな……いうとったんやけどな。……まさか、こう自分がこうなるとは思ってもおらんしね。」
○鉛管工として出稼ぎにいっていた頃の健康そのもののスナップ写真。
妻「いつもね。毎月、毎月といっていい位出てましたから、旅に……。」
土本「奥さんね。話し方もね、体の歩き方もね、奥さんから見て、やはり急に来ましたか？」
妻「はい。もう本当……一晩のうちにやったですね。」
土本「はあ、はあ……いつ頃ですか？」
妻「九月二〇何日か？　五、六日頃やったね。」
坂本「いやまだ前……。」
○あぐらをかいた足のつま先が小刻みに痙攣している。
坂本「……もう〝水銀病に間違いない〟とは言うたんやなあ。〝自分で震わせる……ちゃうんか〟とか何とかなあ。

（土本「え？」）自分でな……。」

妻「（ひきとって）あの自分でですね、わざとこう震わせるんじゃないかとか……吃りもわざと、真似《あれ》するんじゃないかってですね、いわれよったです（註・地元医師より）もう行った……一週間、一週間、行ったたんびにですね、そんな言われるもんですから、もう厭って……病院にいくのも、〝行かん！〟というんです。」

40　坂本登さん、ゴールドマン視野計のテストをうけている

スーパー〝精密検診（熊本大学・眼科）〟
○眼底鏡で診る眼科医・筒井純氏
「こっちの眼は虫が飛ぶようなものは見えないですか？　別にそういうものは見えたことない？　少し左を見て下さい、もうちょっと左。……今でなしに日常生活において。何か飛ぶようなものを感じたことない？」

坂本「あの、あの……テレビなんか見とったら、ボゥーとなる。」
○光軸が瞳に入っている。その眼のクローズ・アップ
「うん。はい。まっすぐ見て。まっすぐ前みてて下さい。大きくあけて。」
○視野図・カルテを見ながら判断を語る筒井氏。視野、正常の三分の一程である。
「そうですね。まず視野なんですけれどね。ええこういう風に、著明にですね、狭窄ですね。それから内側がこういうふうに下っていますね、小さくなってます。これを沈下といいます。……狭窄沈下が、これ著明にあると！」
○ハイスピード（四倍）による眼球運動テスト。
「それから眼球運動もね。昨日の振子テストで、或る程度こう乱れとりますね。で、まあ、そういうことからですね――眼の所見だけからね、これを水銀中毒と断定は出来ないわけですけども、一応〝眼の神経症状あり〟と。そういう判断はつきます。」
○人気のない原。歩いてみせる坂本さん。土本と二人並んでいる。その足もとにズーム・アップ。かなりの跛行である。
土本「あの歩いている時ね、一番感じるのは？」
坂本「歩いとる時に……つねにこう、ゆっくり行くときなんか、そんなないけどな、急いで走るときなんかは……ちょっといかん……そらあ人がみとる前……やっぱり恰好が悪いなあ、気がひけて……。」

41　現在考えられる水俣病のイメージについて。語る病理学者としての武内忠男教授

○教授室にて
「ええ、水俣病というものは、大量汚染の頃の発症で、それの〝後遺症〟だというふうに考えられとったんですけれども、よく実情をみてみると、それだけではないんだと。……一度汚染があって、そういう人たちがその後のですね、魚の中のフッドチェーン（註・生物間の食物連鎖）によって蓄ったメチル水銀を含む魚をたべて、加重してきてですね、そして発症しておる、いわゆる私の言う〝慢性発症者〟がいるんだということが、私どもの研究で、私は（力説しつつ）判ったと思っとるんです。」
○次第に熱を帯びる武内氏
「したがって、そういう顕われ方があって、……最近もまあ、症状の悪化、ということもありますけれども、そういうものが、前の症状が急に悪化するということはないんで、やはり水銀の加重があってはじめて起る現象だ！

と。（土本「魚をたべつづけてますからね」）はい食べつづけて、ちっとも変ってないんです。漁民のかたが魚を食べる量も、それからそこにおる魚が含んどるメチル水銀値も変ってないんですね。だから……そういうことはやはり……大量汚染当時のことはありませんけれども……発症値を含むメチル水銀値は、現在でもまだ存在しうるという条件下では、あの、発症者が、慢性発症者がありうる！　そういうものに対してですね、（強調して）どうするかと……。」

42　イメージの基礎資料をもとに、病理学的推論をのべ、現実との矛盾を明らかにする（殆んど数字、図表上の論の展開）

○不知火海及び有明海の汚染魚分布地図。

土本「（地図を指し）これが水俣ですね？　それは何時の調査ですか？」

武内「はい、これは昨年、すなわち、一九七三年の八月ですね。」

土本「この印（註・黒い丸印）は最高値どのぐらいまでの？」

武内「ええ、この丸いのがですね。一〇検体、すなわち魚一〇匹の平均値をあらわして、〇・三ＰＰＭ以上の魚を示すわけですね。多いのは、一ＰＰＭをこえとるわけです。そういうのは水俣（湾）に集中しとるわけですね……それから、水俣湾の外にもあるということですね。」

○水俣湾外、一・二キロメートルのところで操業しているイカ籠漁船、バックに工場望見

土本「いま、この辺でですね、天草の人は漁を現状しております。」

○汚染魚分布図にもどる

武内「それは非常に危険だということです。というのは、私が先程申しましたようにですね、ここでのこれだけの水銀値（註・平均〇・三ＰＰＭ以上）があるということは慢性発症につながる可能性がある、という風に言っておりますので、もう少し遠い所から獲った方がいいということですね。」

土本「この四角（の印）ですね、これは？」

武内「それはですね、一〇検体の平均が、〇・二から〇・二九まで——即ち〇・二ＰＰＭ台のものの集まりですね——があるわけです。」

土本「全域にひろがっていますね。かなり広範囲に……。」

武内「それは、不知火海だけでなく（地図の上方に移動し）有明海にもそういう高い水銀値を示す魚がいるという

ことです。」
土本「(三角印を指し) すると……。」
武内「この三角の方はですね、〇・一PPM以上のものを表わすのですけれども、かなり広範囲にある。しかも、いまのこのマークをつけた〇・一PPM以上のものが………(註・八代＝不知火海区を示し) 八代(海)ではですね、一、〇六八検体の約三割を占める――おるというわけですよ。」
土本「あ、全部調べたうちの三割が……。」

1974年(武内忠男)

武内「はい、三割がこの マーク (註・汚染魚) にはいるわけです。(有明海区に移動し) こちらは一割を示しとる……この有明海の方は。」
〇別途資料、認定患者の地図上分布図、水俣付近の集中と同時に周辺、対岸の分布状況を示している。その資料を汚染魚資料の上に重ねる。
土本「これはですね、現在の患者の分布ですね?」
武内「はい、一九七三年の十二月末日までの患者さんの数です。」
〇水俣のクローズアップ
土本「水俣。」
武内「ここが水俣ですね。水俣が断然、四百六十一ですから、断然多いわけです。」
土本「(天草諸島を示し) この対岸がまだ。」
武内「はい。この対岸がまだですね。これはまだ充分調査が進んでないからという事もあるでしょうけれど

も……ひじょうに少い！（御所浦島を示し）研究班が（調査を）した場合に、ここだけでもかなり……三〇数名あるというふうに考えられたわけですけれども、現在、七名が認定されておるということです。」
○寸景、御所浦・獅子島沖の壮大なフグ漁の漁船群。
土本「漁はですね（地図で示し）ここら辺から、この辺が一番盛んなところですね。」
○その地点の魚の汚染度マーク（〇・二PPM台）を指し
武内「はい、だからですね、この漁でやっておる魚の三割が〇・一PPM以上の値を示しとるわけですね。それは……すぐさま発症にはつながりません。しかし……。」
○近海魚、不知火海の魚が鮮魚として魚箱にある。その水あらいのアップ。ツイカ、すずき等
――スーパー〝水俣・魚市場〟――
武内「少くとも水俣湾の〇・三PPM以上の所の魚《もの》は発症につながるということになるわけですねえ。」
○資料を元にもどす。汚染魚分布地図に。
土本「そうしますと、ここ（註・水俣）での漁はいま少いけど、こちら側（註・不知火海・天草附近）の漁が、現状、むかし通りであるとすれば？」
武内「魚を獲っとるということですね？……それはです

ね、すぐさま発症はしないでしょうけども、その、かなりの汚染もありますので魚の量（註・摂取量）を減らさなければならないということですね。食べる量を！」

○魚摂取量についての厚生省の食卓指導を報ずる記事（昭四八・六・二五）週間アジ十二匹、イカ二、三枚等。

土本「それが減らさないいんですよね（笑いを含む）。」

武内「減らさないとですね、やはり絶対にいけないんで！減らさない限りは何かの健康障害が起ってもですね（言葉につまる）ええ、何故減らさなかったか?! という時点にまた立ち戻るわけで、やはり私としましてはですね、少くとも〇・二PPM以上の所、すなわちこの四角（印）のところですね、ここの魚はやはり……（地図上有明海にも点々と——特に大牟田付近——にあるのを示し）……この有明海にもありますですね。」

○寸景、工場から排水溝に褐色の廃水が流出している。その吐き出し口にズーム・アップ

スーパー〝三井東圧、大牟田工場（有明海）〟

武内「そういう魚の出ておるところは、そういう魚はやはり量をうんと減らさなければいけないということですね……。」

1週間に食べられる魚介類の量

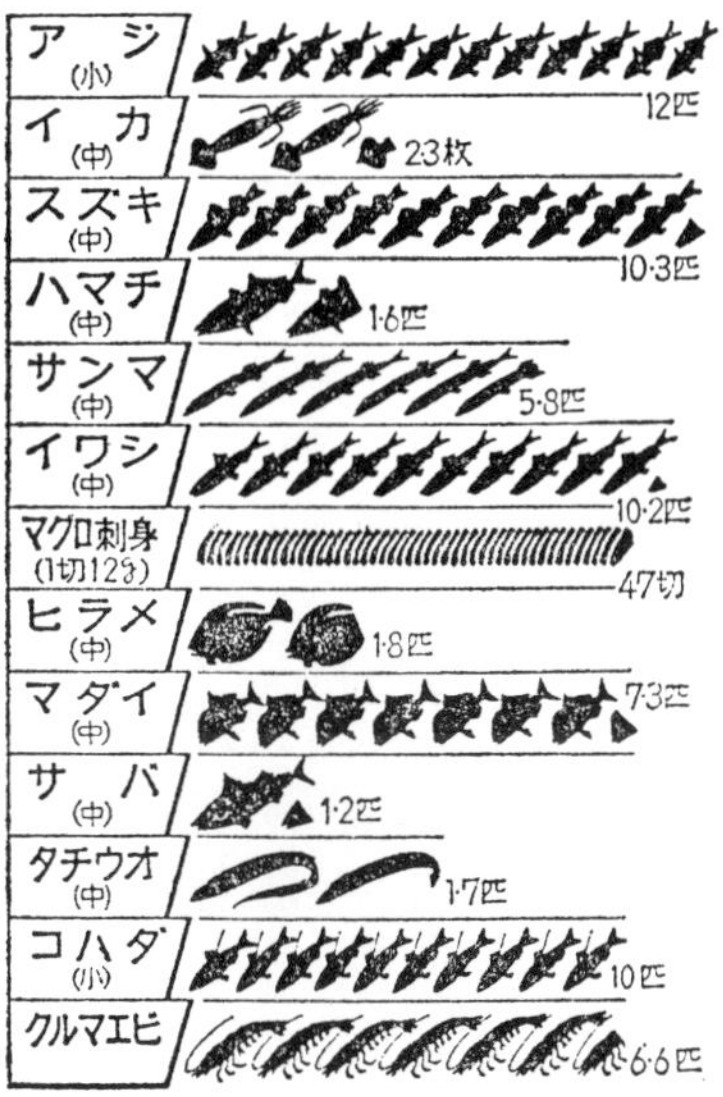

（注＝1種類の魚だけを食べた場合）

（毎日新聞, 1973年6月25日より）

○発症量推定資料表を机上に。これは最近の武内氏の研究成果である。

魚の汚染度、毛髪の最低発症値を示す水銀量、推定発症日数が表になったもの。

土本「継続して食べた場合の発症の根拠として、これがございますね?」

武内「はい、これ（註・統計）はですね、私が前、どの位食べたら——どの位の量が体に蓄積されたら——発生するかという、その何といいますか、閾《いき》値を出したわけですね。それはイラクの場合二五㎎になっとるわけですよ。」

Intake per day (mg)	Threshold value of Me-Hg ; (mg-hg)	Possible incubation times (days) Minimum	Maximum
0.1	7	77.07	78.3
0.1	20	296.7	299.1
0.25	25	116.8	118.2
0.3	20	72.9	74.17
0.3	25	94.2	95.5

(240days to biological half life)

土本「何値ですか？」
武内「閾《いき》値と言いますか〝発症量〟ですね〝最低発症量〟です。……最低の発症量がですね二五㎎のメチル水銀ということになりますね。これはイラクの場合です。スウェーデンがやったのは三〇㎎です。」
○その発症量の数値のアップ
武内「ところが私どもが今度よく計算してみますとですね。水俣で起ったのをみますと（註・最低発症値は）二〇㎎とみなけりゃいけないんじゃないのだかろうかと?! 一番最低はね（土本「二〇㎎」）はい。最低は（註・子供の場合）七㎎までは用心した方が良くはないだろうかと。子供もおりますからね。だから、その意味で七㎎というのも、ひとつあげてみたんですけど。大体二〇㎎から二五㎎ということですね――それが境いの所だということですね」
土本「病気になる、ですね？」
武内「はい、そうしますと、たとえば〇・一㎎の水銀――メチル水銀を毎日食べたとしますとですね、この発症値二〇㎎になるのには二百九十六日から二百九十九日ぐらいかかるという――そのくらいの期間に、これだけの量（註・最低発症値＝二〇㎎）に達すると。それは何故か？ というと半減期というのがあるからです。半減期を加算して（計算）しますとこういう風になる……。」
○一旦、汚染魚分布図を示し
土本「先生、単純にいいますと、ここ（註・水俣周辺）にあるような、〇・三ＰＰＭ前後の魚《それ》をたべた場合どうなりますか？」
○発症量の表にもどって
「〇・三――実際はメチル水銀で一番多いのは平均がですね〇・五ＰＰＭになっておりますので、そうするとここですね（註・仮に半分の値の汚染魚として）〇・二五ＰＰＭですね――これを一日に五百グラムたべれば、一〇〇日ちょっと越した時点で（発症値の）二五㎎に達するということです。……だから五百グラムたべるという人は滅多に普通の人にはありませんけれども、漁民のひとたちは食べますからねえ。だから先の汚染があった上に、これだけがはいっていけばですね——みんな発症するわけじゃないんですけれども——やはり危険だという事になりますね。」
○もとの汚染魚地図の上、不知火海区のアップ
土本「なるほど、現状ではですね、ここの食生活、この辺の食生活はですね、昔と殆んど変ってないと思うんです。」
武内「それが、私は非常に心配されるわけです。だからあの環境庁が出したあの基準（註・摂取量規制）というのはやはり本当に応用して貰わんと困る！　ということですね。
それに従ってやらないと、やはり……。」
土本「ところが現実にはね、魚を……。」
○天草のフグ漁の規模を示す移動カメラ
○再び図表の上
武内「だからそこの所が……しかしこれは魚一〇匹の平均値ですからね。やはり昨年（昭和四八年）の八月の時点の魚ですけども——しょっ中（水銀値を）計って出して、そして一般に知らさないと……。」
○机上、患者発生の不知火海全図が重なる。
土本「いまはですね〝ここの魚は食べていい〟とか、〝このあたりの魚は食べていい〟と言う方が強く主張されてですね、これ（註・基準）が警告の役目をあまりなしてないということが言えませんか？」
武内「それは言えますね。（言葉を探すように）それは、あの、やはり、魚は蛋白源で重要なもんですから、あの、あまりにも危険が……何といいますか——強調されますとね、喰べなくなるでしょ？　そうすると（不知火海区を示し）ここに住んどる——少くとも魚を採る——漁民の人たちは生活できなくなる……。それが生活できるような形でなければ、〝魚を喰べるな！〟とは言えないんですからね。そこの兼合いは非常に難かしいわけですね。（強く）しかし、医学的……純医学的な立場から言えばですね、（沈黙）やはり、今までのような食べ方を漁民の方がすれば——あるいは一般の方でも魚が好きでですね、一日に三〇〇グラムかあるいはそれ以上喰べる人がおれば——かなり警戒しなければならないんじゃないか！　と……。」
土本「（不知火海から有明海区を示し）いまここの中だけの状況から、もっと拡がるという可能性も今後に残されているわけですね？」
武内「（強く）喰べつづけたらですね！」
土本「喰べつづけてますよ！」（ラスト音楽）

武内「だから喰べつづけないようにしなきゃ困るわけですよ！」
土本「それはしないです、この人たちは！」
武内「そこが問題です！」

43　エンドマークに代えて

字幕

〝『医学としての水俣病』　三部作
病理・病像篇　昭和四九年一〇月〟

44　ついでローリングでクレジット・タイトル

製作　青林舎

スタッフ（五十音順）

高木　隆太郎
浅沼　幸一
有馬　澄雄
石橋　エリ子
一之瀬　紘子
一之瀬　正史
市原　啓子
伊藤　惣一
大津　幸四郎
岡垣　亨
小池　征人
清水　良雄
高岩　仁
土本　典昭
成沢　孝男
淵脇　國盛
宮下　雅則
深澤　七郎
松村　禎三
塩田　武史
佐藤　省三
江西　浩一
渡辺　重治

音楽

協力

水俣病研究会
水俣病を告発する会
新日本窒素労働組合
熊本日々新聞社

線画／菁映社

機材／記録映材社・東京シネマ新社

録音／三幸スタジオ・新坂スタジオ
現像／TBS映画社・東洋現像所

青林舎　事務局　米田　正篤
重松　良周
佐々木　正明
飛田　貴子
長　もも子

（音楽　終る）

（上映時間　一時間四十三分）

採録責任　土本　典昭
一之瀬　紘子
小池　征人
有馬　澄雄

〔註〕

第二の水俣病

新潟における第二の水俣病の発生は、最初から有機水銀中毒とわかっており、メチル水銀がどこに由来するかをつめていけばよかった。水俣での研究成果・経験を踏えて、阿賀野川沿岸住民の一斉検診が第一次・二次と行なわれ、汚染の可能性のある人たちの綿密な調査がなされた。これらの調査のなかから、定型的な患者の他に、軽症や非典型の患者が多数存在することや、中毒の常識では考えられなかった遅発性水俣病の存在や、不全片マヒが徐々に起ってくる事実などがつきとめられた。

水俣病の認定基準

四十六年八月の環境庁裁決（否定された患者の訴えを一年にわたり審理し、県に再審査を命じた）が出た以後は、認定基準が改められ以下のように説明されている。

患者の疫学的条件や生活歴をふまえ、①水俣病である（定型的症状が全部そろっている）、②患者の症状は有機水銀の影響がある、③有機水銀の影響が否定できない、④わからない、⑤水俣病でない（別の病気である）の五つの判定基準に患者をあてはめて答申がされることになっている。そして、水俣病患者とされるのは、①〜③の患者であり、答申保留とされるのは④にあたる患者である。そのなかには、資料不十分で再審査、一年位経過をみて再審査、あるいは研究の現状から医学的判断ができない、また検査不能の患者などが含まれるという。

木場さん一家のその後

この兄妹の二人の患児は、映画完成の頃鹿児島県によって認定された。検査不能とされた二児の認定の決め手となったのは母親に視野狭窄など水俣病特有の定型的症状が見出されたことによるという。しかし母親に対しては、医師も県も認定申請を進めるなどの対策を一切とってない現状である。

有明海の水銀汚染――第三水俣病問題

昭和四十六年に熊本県の委託研究として組織された「熊本大学医学部十年後の水俣病研究班」（第二次研究班、班長武内忠男教授）は二年にわたる研究で多くの新しい業績を残した。その第二年度の綜括のなかに、最初は対照として調査した有明町（有明海に面す）に、「水俣病と区別できない患者五人などが見出され、第三の水俣病であれば重大なので今後の調査が必要」と述べた。そのことに端を発し、派手にジャーナリズムによって騒ぎ立てられ、全国的な水銀パニックにまで発展した。しかし、この問題提起は本質的に検討されることなく、見出された患者たちを環境庁水銀汚染検討委で「現時点では水俣病といえない」といういわゆるシロ判定を出すことで政治的に収拾された。

しかし、映画で武内教授が指摘しているように、水銀汚染が現実にあり、しかも日本合成のアセトアルデヒド工場（宇土）、や三井東圧（大牟田）工場が水銀を流していた事実は指摘されており、それらが患者の症状と関係あるのかは、ついにきちんとした疫学調査などはなされることなく終り、問題は将来へと持ち越された。

医学としての水俣病　三部作

――臨床・疫学篇――

1　字幕・協力研究者――三部作――（略）

（音楽　ギター曲）

2　メインタイトル

〃「医学としての水俣病」――三部作――臨床・疫学篇〃

（註・一時間三一分）

3　水　俣

○工場の背景に不知火海、打瀬船が沖に帆を広げている。

○工場排水口のある百間湾奥から水俣湾全景そして患者多発地帯の月ノ浦、袋湾へパン

○ナレーション「この映画は一臨床医の活動とその意見を軸に、今日《こんにち》の水俣病の実態を臨床・疫学面から報告したものです。」

○ナレーションをうけて原田氏のコメント、画面は海から多発部落内の旧国道の主観移動

原田「水俣病の原因が、あの〝有機水銀〟だと判ったのは（註・昭和）三十四年ですけどね。だから三十四年以前の、、、、、、、人体の水銀の汚染の程度というのは判っていないのだけれども、少くとも三十四、五年頃のデータでこの辺（水俣湾）が物凄い水銀に汚染されてたという事だけははっきりしてるわけですね。で、まぁ私たちの診察のスタイルというのは、ま、原則としてなるべくあのー、患者の家に訪ねていって、その患者の家で診察をするという事にしているわけです。……そりゃ確かに、診察の条件も悪いわけだし、何ら精密検査も出来ない状態なんだけれども、まあ、この広い不知火海一帯の患者の家を、一軒一軒訪ねて、あっちで患者がいるといえばそっちへ行って……まあ非常に能率も悪いけれども、まあそういうような方法を一〇年来、とってきているわけです。」

4　現地自主検診　山田ハルさん宅

○スーパー〝現地検診（水俣市月ノ浦）

――昭和四八年八月――

御手洗広志さんと原田正純氏（熊本大学精神神経学）〃

○原田氏、初診者に問診を行っている。

原田「（註・生活歴について）二十八年頃からね、二十八

年頃から四六年の九月頃まで湯堂で？」
御手洗「はい。」
原田「湯堂で漁師ね？（「はい」）その間に出稼ぎに行ったり、したことはなかった？」
御手洗「なかです。」
原田「（カルテに記入しながら）なかね。ずっと湯堂におったわけね。湯堂は誰の家？」
御手洗「その中村秀義の……（註・初期の認定患者・漁師宅）。」
原田「網子みたいなことをやってたわけ？」
御手洗「網をやったり一本釣りしたりですね。」
原田「（復唱する）一本釣、それから網……。」
○質問を重ねる原田氏「水俣市長は誰ですか？」
御手洗「浮地……。」
原田「知事は？」
御手洗「よう知らんけ……。」
原田「総理大臣は（「田中……か」）うん、アメリカの大統領は（「ニクソン」）うん。」
原田「新聞は読んでる？」
御手洗「たまあに……あのー……。」
原田「取ってる？　（「とってる……野球なんか……」）
昨日、作新（註・全国高校野球の決勝戦出場チームの校名・TV放送があった）はどぎゃんだった？」
御手洗「作新は勝ちました！（迷いはじめる）勝ったっけ？　いや作新負けたっけ？　いっしょうけんめい見とったばってん、忘れた！」

最盛期（昭和37年頃）の水俣工場全景――桑原史成写真集より

原田「何対何だった？」

御手洗「ええと一〇対……（頭をかしげる）」

〇この問答に重なって原田氏のコメント

「……で、まあ、私がこういう風に、あのお知能テストちゅうか、物忘れ＝記憶テストをやってみるのは、患者の話を詳しく聞いて、生活歴を洗うという作業がひとつある。その、何時頃ね、どんなして、どう生活をして、何時頃、医者にかかったかという事を、もともと記憶障害のある人にきくのは酷ですよね。」

〇記憶テストつづいている。

原田「一対零《ゼロ》たい！」

御手洗「一対零だったですかなぁ（首をかしげる）わしゃ、野球好きだけんみとったばってんか……もうきゃあ忘れて……。」

原田「敗けたろう、作新は勝たんばい。」

御手洗「ああ、そうだったですか。」

原田「いや、あんた観とったの？」

御手洗「あ、観とったで。」

〇相対して、共同運動障害などのテストから始める。

原田氏のコメント「……で、後の症状の捉え方ですけどね、まあ、私、細かく採っていけば大体全部（註・水俣病の症状が）揃っていると思うんですけども……。あの、まあ、他人《ひと》によってはね、〝症状がいくつか不揃いだ〟と言う医師《ひと》もおるでしょう。」

○懐中電灯の光点を追わせ、眼球の滑動性運動の異常を調べる。
コメント「まあ、基本的には、診察というのは、その〝精密検査〟をいきなり最初から、いろんな新らしい器械を使ってやるというのじゃなくて、あのう患者の訴えや生活を聞き取って、そして非常に原始的といわれるような、あのうまあ、初歩的な検査を繰返していくと。それで何か（註・症状）あれば、次は精密検査だ、という風なあの基本的な事を大切にしていきたいと……。」
○視野狭窄のテスト（対面法）を行っている
原田「そんならね、僕の鼻の頭見とってね……（患者、目かくしを片目にしようとする）いやそれはいらん。（眼のわきの指をうごかし）どっち側動いた？（「こっち」）うん。どっちが動いた？　どっちが動いた？」
重なって原田氏のコメント「……ううん、それから……、私がまあ、精密検査をなんもせんで、この……いろいろ判断をするわけですけれども、まあこの患者《かた》は、〝眼球運動障害〟や〝視野の狭窄〟があると疑ったわけです、だからまあ水銀の影響（あり）だと。」
○御手洗氏の眼球運動についての精密検査、（ハイスピード撮影による）

スーパー〝滑動性追従運動テスト　熊本大学眼科〟

——昭和四九年三月五日——

原田氏のコメント「でこのあと、精密検査を受けて、それ（註・異常）はあのう、はっきり証明されているわけですから、まあ、現地での、ああいう原始的な方法でも、きちんとやれば、かなり有効であるという事になると思います。」

同じ画面にあとをうけてナレーション「この検査と同時に視野狭窄も発見され、視覚中枢のあきらかな異常が認められています。」

（註・この節で原田氏が初歩的検診の重要さを強調し、いきなりの器械による精密検査を批判しているのは、患者に心理的圧迫を与えたり、恐怖心をよびおこすような診断の態度を指している。土本）

5　線画I　昭和七年からのチッソ水俣工場におけるアセトアルデヒドの生産の曲線（昭和四十三年稼動停止まで）と患者の発生の推移を照合したもの
ナレーション「ここに水俣病患者の発生と、その原因となったアセトアルデヒド生産の推移を見てみますと、工場の稼動は昭和三十五年、三十六年にピークに達します。——昭和三十一年に始めて患者発生を確認、以後十数年間に、

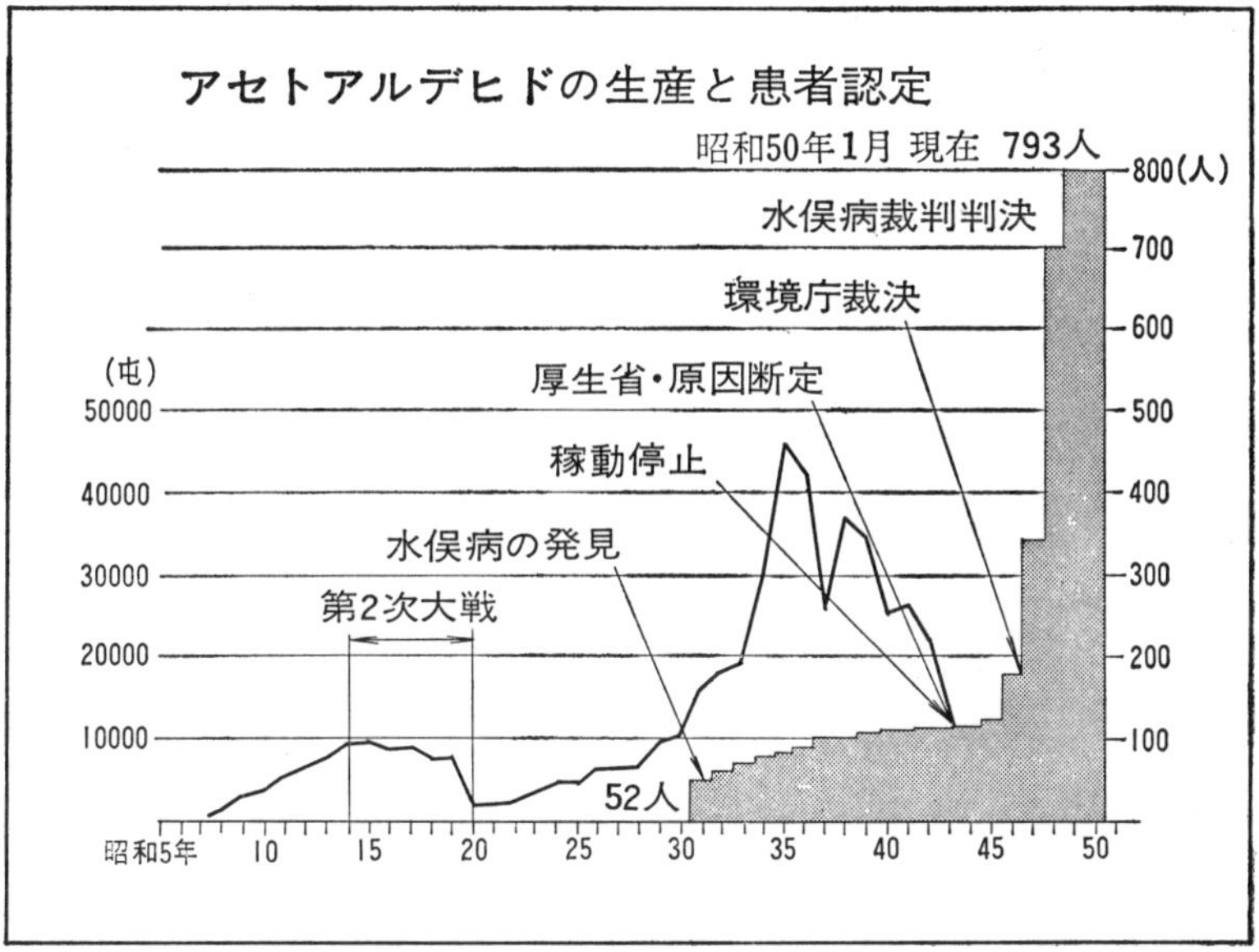

百人前後しか認定されてきませんでした。稼動停止直後に出された厚生省の原因断定（註・昭四十三・九）も追認にしかすぎず、水俣病裁判（註・判決は昭四十八・三）などの社会的ファクターによって〝潜在患者〟が申請の動きを早めました。」

6　線画Ⅱ　申請患者の増加と、認定作業の落差を示す図
（昭四十五年〜五十年三月まで）

ナレーション「更に、この五年間の申請患者と認定との関係を見ますと、今日、大きな矛盾が見られます。昭和四十七年に一挙に数百人の認定を経たのち、認定作業は完全に停滞し、昭和四十九年三月以降、今日まで、熊本県に関しては、ひとりの認定も行われていません。このギャップは、急増する申請に対し、制度としての審査会が麻痺していることを示すとともに、医学が水俣病の今日的問題から大きく立ち遅れてきた事によるといわれています。」

7　字幕〝昭和四十八年一月
水俣病として診断・申請
——一年半後——
山内愛子さん棄却

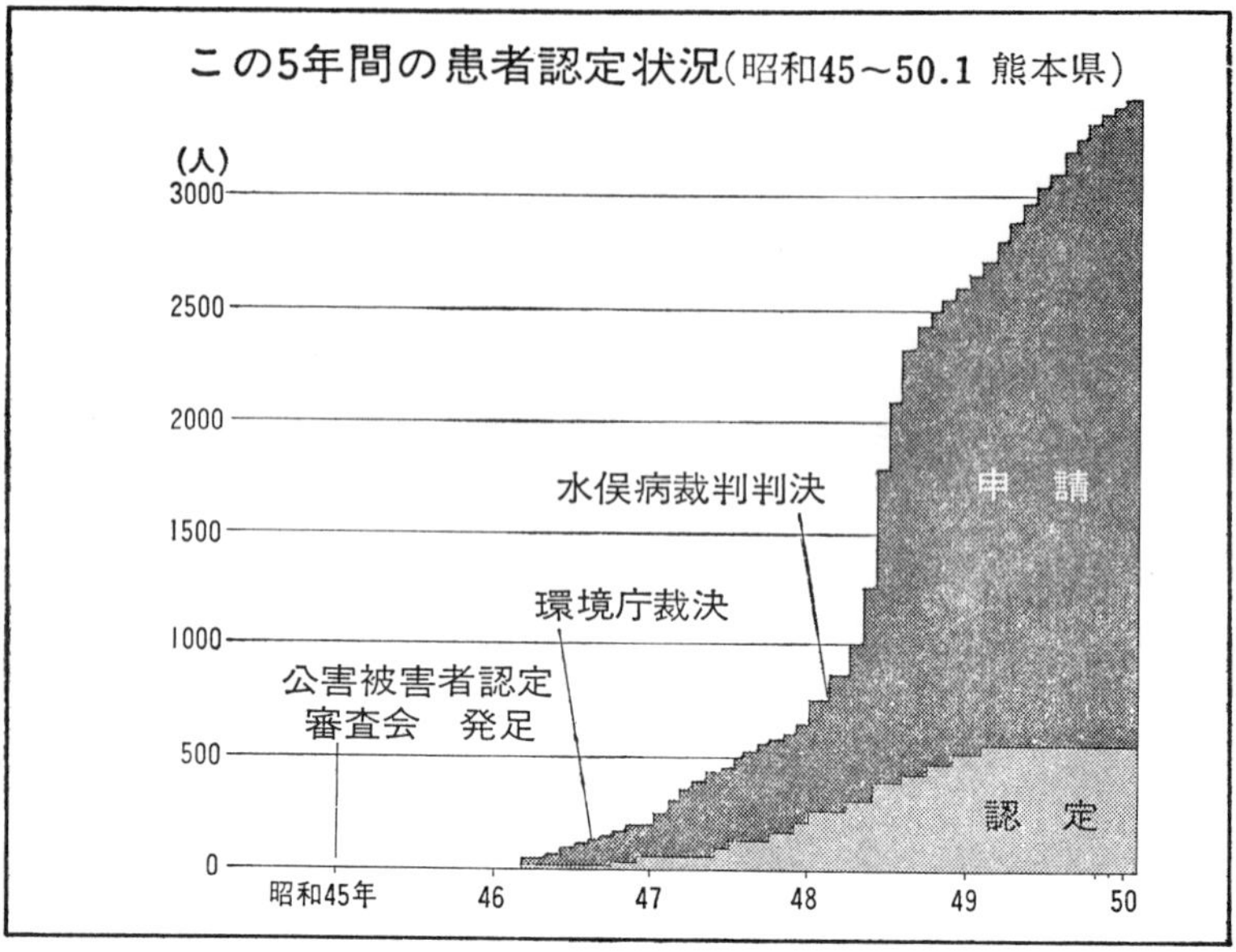

山内正人さん保留〟

字幕にナレーション「つぎのは、原田氏の診断が審査会によってくつがえられたケースを今日（註・一年半後）あらためて振返ったものです。」

○山内宅検診記録（註・『実録・公調委』〈昭四十八〉より再録・白黒）

半身不随の妻愛子さんと夫正人さん。

原田氏正人さんを診ている。

原田氏コメント「（当時を回想しつつ）ここに来て驚いて……。ふたりとも苛いんでですね。当然あの県のですね一斉検診に引掛らなきゃいけないはずですね！ 結局ふたりともこういう状態なんで検診の通知が来たけど、行けないちゅうわけですね。」

○運動失調をみる原田氏、正人さんに

「はい、いいですよ。今度は眼を開けとっていいからね、片足で立てますか。」

正人「左じゃ立ちきる。」

原田「左じゃ立てない？（「立てる」）立てる？ たってごらん。捉えてあげるから。右じゃ無理？ ちょっとやってみて。」

正人「満更《まんだ》立ったんじゃない」と辛うじて立つ。

原田「ああ、そういう事ね、はい、はいいいです。これじゃなんも仕事出来ないねえ。」
○眼を検査する。重なって原田氏のコメント「……で、この方（正人さん）は実は後で保留になったわけですけど……おそらく余り重症だったんで検査が出来なかった事と、眼の底に何か他の病気が見つかったとか、そういう事じゃないかと思うんです。まあ今ある症状がどういう形で起ってきたのかという、そういう経過も非常に大事なわけですね。」
○視野のテストをしながら問診する
原田「……段々こう周り（註・視野周辺部から）が見えんごとなってきた？」
嫁「とり目とかいわれよった……。」
原田「いわれとったのね。これはどうですか（と、眼の正面で懐中電灯をふる）光を見て御覧、光を見て御覧。いま見える？（真正面の光点である）いま見える？」
正人「上にあるですなあ。」
原田「（呟く）ああ、僕はハンター・ラッセル全部揃っている水俣病だと思いますけどね。」
診断書に書きこみながら
「これは、こんな人が！」
○愛子さんを診る。言葉が言えないため、正人さんが問診に応答する
原田「おばあちゃん、何時から具合悪いの。」
正人「四十二年の十月からが本当に動かれんごとなっと。」
原田「四十二年の十月、そん時医者に通ったの？」
正人「中風だって。」
原田「その前は何か判らないって？」
○愛子さんの腕をあげさせるが動かない。
原田「こうしてごらん（と自分のひじを上げて見せる）もう一ぺんこうしてごらん。うん。こっちの手を上げて御覧、こっち（左）でやってごらん。痛い？　上んないね？どこまで上る、どこまで。」右腕わずかしか動かない。
○若い嫁に愛子さんの日常動作を聞く
原田「……それからその、食事……腹が減ったという感じがあんまりないわけね。こっちが時間をきって御飯ですよと言わないと駄目ね。そうすると毎日何をしてるですか、こんな状態でジイッと坐ってるの？　御手洗いは？」
嫁「御手洗いはそのお（註・便所が戸外にある）天気のいい時は自分で行くですね、雨降りとか寒い日、全然だめです。」
原田「洩らす。」
嫁「はい。」

○仲間の若い医師と所見をのべあう原田氏
「そうですね、利腕《ききうで》側だからいろんなヘルド（病変）が出ていいわけですよねえ。」
回想しつつコメント
「……でこの方が却下されたのはですね、私、診断している時も〝却下されるんじゃないか〟と言ったんで……。この辺がまあ、私の水俣病に対する考え方と、まあ一般的な考え方（註・この場合、認定審査会のそれを指す）との多少のずれだと思うんですけども……。だから一般的に言うと、まあ、そりゃ〝脳卒中〟で、左側の大脳半球にその脳軟化か、或いは脳出血みたいな所見があるだろうと思うんです。」
原田「まあ、審査会なんかにしても、その辺が問題になるでしょうけどね。……個々に、この一例だけを、ポコンと持ってこられて、これ水俣病かどうかと言われれば、やっぱり、それはもう当然、一般の脳性……脳溢血とどう違うのかという事が問題になってくるでしょうけどね。」
○原田氏カルテに症状を記入している。重ねて自分の結論をのべるコメント
「あの、この人の生活歴を調べてみると、漁師をやっていたわけですからね、ズーっとやってたわけですから……。それから御主人の症状とセットにして診るとね。それから発作的にポッと右半身がかなわなくなったんじゃなくて、じわじわじわじわと半身が（麻痺して）くるわけでしょう。もっと言うならばですね、こういう例で亡くなられて、そして解剖して、あの（註・有機水銀の）影響が出てた例も、私何人か経験してるもんですからねえ。」

8　水俣港　ヘドロが干汐で露呈している

スーパー〝水俣湾　百間港〟
○ナレーション「ここ水俣市百間排水口附近のヘドロからは、かつての疫学調査から、湿重量当り二、〇一〇PPMの水銀が検出されています。」
○線画　水俣湾水銀分布図（昭和四十八）
ナレーション「チッソはそのアセトアルデヒド工場の廃液を三五年間、無処理のまま水俣湾に流しつづけてきました。」
○線画に一PPMの区画から各段階毎に色わけされて、二〇〇PPMまで示される
ナレーション「昭和四十八年、熊本県当局による調査によっても、水銀は広い水域に拡がっており、排水口に近づくにつれ、今なお高濃度のまま、堆積している事が判りまし

た。——二十年来、行政に強く求められてきたこのヘドロの処理は全く行われていません。——県はその対策として、二十五PPM以上の水域内の魚を捕獲、処理しているのみです。そのための定置網も、航路用に二五〇米の隙間が空けられており、湾内外には、その体内に一PPM以上の水銀を蓄積した汚染魚が回遊しています。」

昭和33年当時の水俣・百間港——熊大徳臣教室撮影

9　疫学研究Ⅰ　人工モデル河川による有機水銀の魚への濃縮実験

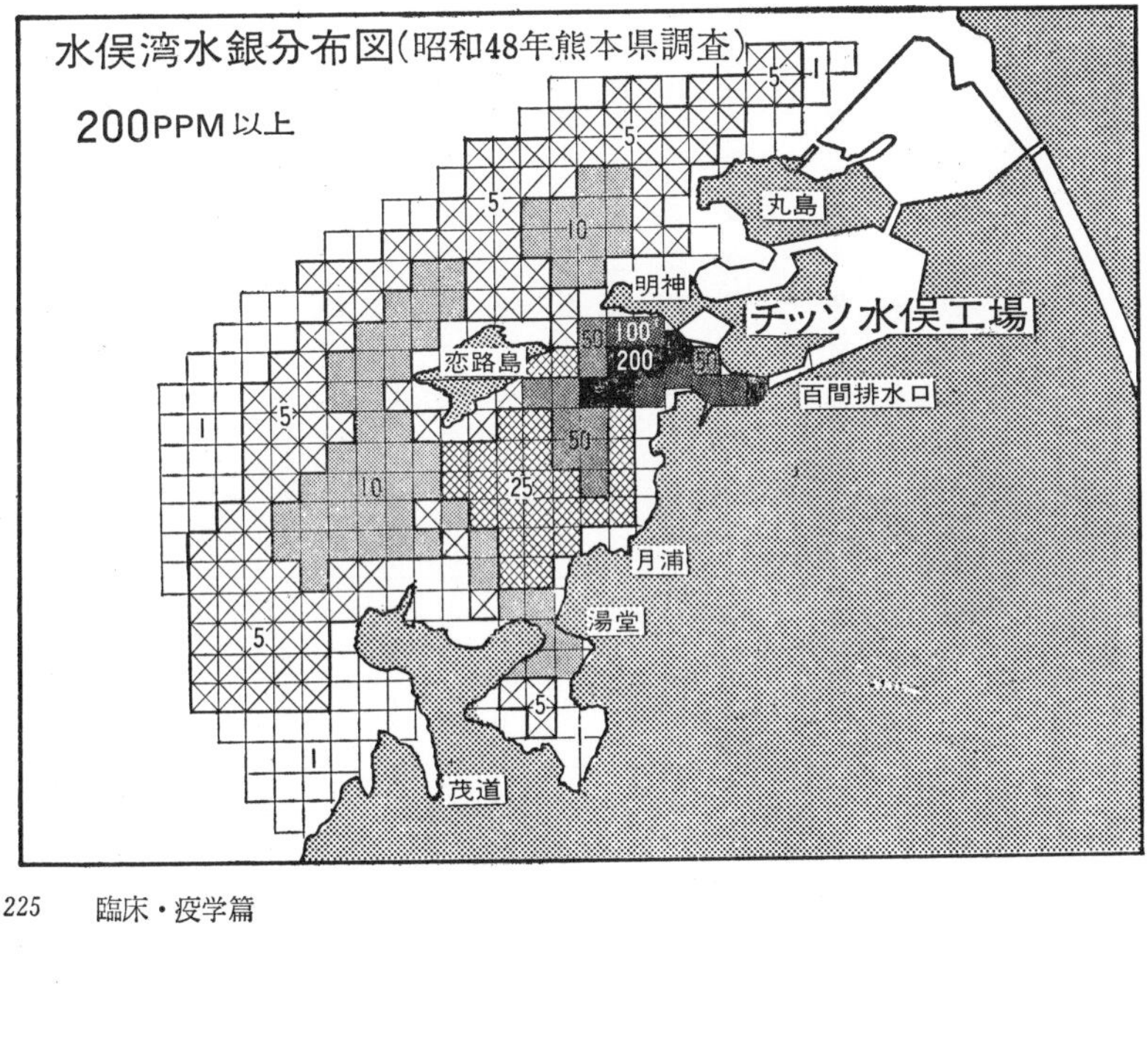

○神戸大学医学部研究室、河川装置を前に
スーパー〝喜田村正次氏（神戸大学・公衆衛生学）〟
喜田村「これは、あの、人工モデル河川と我々は言っておりますけどもね、これで一段の食物連鎖を経た場合のこれまぁ、濃縮の試験が出来るわけです。有害物質の……。」
土本「これは水銀のですね。ここの投与の仕方はどういう風に。」
○上流にあたる水槽部を前に
喜田村「これ、水銀についてやりましたのはね。実は、水銀鉱石ですね、これを砕いたものをここまで敷いたわけです。」
土本「そうすると〝無機水銀〟ですか？」
喜田村「ええ、これは無機水銀です。それでこれを流しておりましてね、その後にここ（註・同じ上流部）からですね、無機水銀を有機化する細菌（註・シュートモナス属の細菌）ですね、これはまあうちの方の教室で分離したやつがありますので、それをここから少しづつ流したわけです。その無機の水銀をその細菌がメチル化しまして、そのメチル水銀が、微量川のなかに流れるわけですね……。」
○こけのついた水槽に金魚が泳いでいる。
喜田村「……それが藻に吸着すると……。それが金魚に食べられて濃縮すると……。勿論、先ほど申したように、金魚自身にも直接メチル水銀がですね、はいりますから、だからその場合の金魚への濃縮比は……この実験ではだいたい三万倍位だったですね。大体。」
○下流部分にあたる水槽の金魚の群
土本「無機（水銀）から有機（水銀）へ、ということの実証にもなっているわけですか？」
喜田村「ええ、そうなんです。微生物による……。そうです、おっしゃる通りでね、（水を指し）この、細菌を入れる前の状態を計っていますね、そうするとその川の水の中はメチル水銀が検出されない、検出限界以下なわけです。」
○泳ぐ元気な金魚たち
喜田村「メチル水銀の恐いところは、魚にあれだけ濃縮されて、それで魚に異常がないというところですね！」

10　**疫学研究Ⅱ　魚の生態系による〝食物連鎖図〟**（スライド）

喜田村「これは奈良女子大の津田（註・津田早苗教授）先生がおやりになった図なんですけれども、ここにまず藻類、プランクトンですね……あります。これをまあその藻食性の昆虫が食べるわけですね。この藻食性の昆虫を、この食

吉野川（奈良県）のある瀬における食物関係（奈良女子大　津田早苗教授）

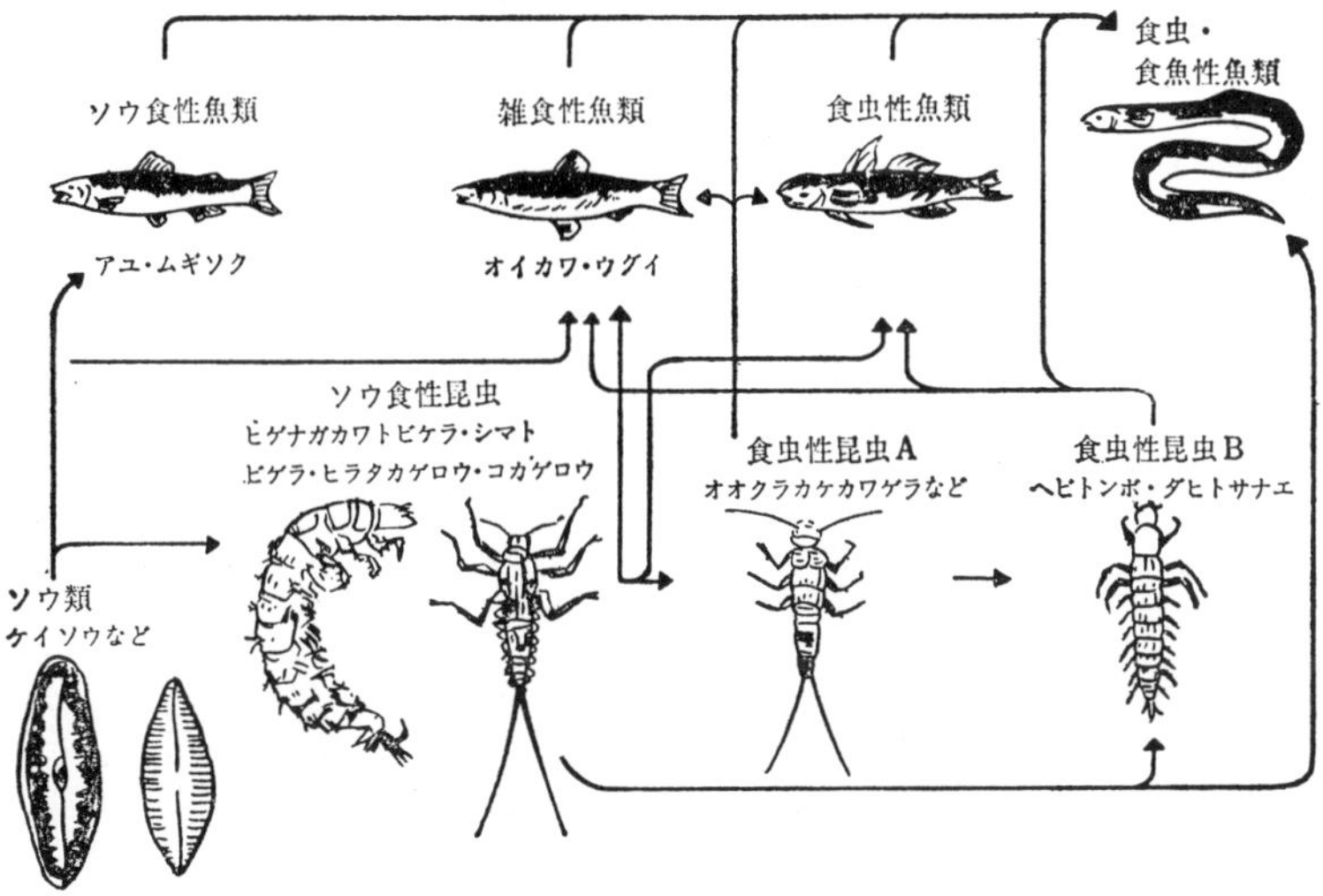

虫性の昆虫がやはり食べるわけです。これをまた食べる魚があると。その魚を又食べる魚があると。……まあこういうその……より小さな生物をより大きなもの（註・生物）が段々、順次食っていくと、丁度、鎖の輪のように繋がっているんで、〝食物の連鎖〟と言うんですけども、実際メチル水銀のようにですね、体表面を通じてもよくはいると……鰓呼吸を通じても非常によくはいると、いったようなものになりますとね、これ、それぞれに（と、六段階を示し）皆、かなりな濃縮比で、これ濃縮されるわけです。」

土本「どのくらいの濃縮比に？」

喜田村「そうですね、直接やりました場合にですね、……そうですね、三千倍位は直接でもいきますね。はあ。これ一つ一つが三千倍位はいるわけですね。」

○各段毎の昆虫、川魚、うなぎまで辿りながら、

喜田村「ところが、この動物はですね、これが三千倍位濃縮されたやつを、又餌として食べるわけですね。ところがメチル水銀というのは、食べるとき、非常に腸からよく吸収されるわけです。ですから、この動物は直接三千倍、ここ（と、藻類を指し）で三千倍濃縮されたやつを（藻食性昆虫が）喰って、そいつが全部吸収されるからいわゆる二段濃縮が起るわけですね。ここ（食虫性昆虫）にいきますと

二段濃縮起したやつを又、濃縮する……直接はいる。……だから三段濃縮。(更に魚間の連鎖を辿り)これ四段濃縮ですね。まあ五段濃縮と……。——これが海の中ですとね、まだ魚に色んな種類があって、またそれを食うような魚もいますから六段濃縮。まあ極端に言うと七段濃縮ってなところまで起こりますとね、そのお、いわゆる濃縮比がもうなきのぼりに……尻上りにって言うんですか、こう昇《あが》っていくんです。ですから、実際メチル水銀なんかの場合にですね、まあ阿賀野川の例でも、水俣の例でもそうですが、私は十万倍からですね、数十万倍ぐらいの濃縮が起っておりますね、はあ!」

11　現実の食生活スナップ

○行商の車がかつての漁村の人々に魚を売っている。流行歌が流れ、日常的な風景である。

スーパー〝水俣・患者多発地帯〟

ナレーション「水俣地区の漁民は漁が出来なくなっていいます。しかしその食生活は、一時汚染のピーク時に食べ控えた以外、今日も行商を通じて、不知火海の魚介類を日常摂取しています。ここの食生活についての系統的な疫学調査と対策はほとんどなされていないのが現状です。」

○すずき、太刀魚を買う主婦たち。

12　典型的患者像の臨床

○漁村地帯を原田正純氏の案内で歩く医学者たち

スーパー〝現地検診——昭和四十八年八月——

　　原田正純氏と山口大学の先生達〟

○患家への小径を入っていく一行四・五人。

原田氏のコメント「ええ、徳山で、まあ水銀汚染が問題になったわけですね。で、山口大学の先生方が水俣を訪れられて、で、それでまあ僕らも一緒にそのお、水俣病の病像について現地調査をやったわけですけども。」

○患者の家の一室、かたわらの妻の通訳で尾上さんの発病時の症状の出方が語られる。

スーパー〝尾上光雄さん(昭三十一年十月発病)

　　ハルエさん(水俣市・百間)〟

原田「……言葉? 手が先ね、痺れがね。」

妻「はい。」

原田「そん次はどこだった? 言葉?」

妻「(夫をみかえりつつ)手のこう痺れてから、やっぱりこう躰さにきたつじゃろうなあ。喋ってもどげんかひんなったごたる風でな!……」

原田「……言葉ね……。」
尾上「タダ……（足を指しながら）足タイ……（不明）。」
○尾上さん語ろうとするが構音障害のため聞きとれない。
妻がひきとる。

患者尾上光雄さん夫妻と 原田正純氏——48年8月，徳山湾（山口県）の水銀汚染が問題となって山口大学の先生達が 水俣病の症状について学びに来た。映画ではこの部分は，典型的水俣病の臨床記録となっている。

「足が……立てればガタガタ震えてな。」
尾上「……（不明）……。」
最初に症状が出たことを、身ぶり手ぶりで語っている。
原田「フラフラしてね。」
尾上「……アルーキ、キランジャッタッデ……。」
○昭和三十一年当時、夫に症状が出た頃のことを語る
妻「そしてですなあ、家に居った時ですなあ、まだ熊大に行く前、外ば、お日様見ればですなあ、シャボン玉飛んだごてなあ、キラキラしよったと。そいで病院にいく時、熊大に行く前にですなぁ、会社病院（註・新日窒附属病院）に連れて行ったですたい。そして、こうまっ直か道がですな、波うったごとして見えると言って。歩いていったかて、行き途《かた》で、ぷくっと（足が）入《ひやぁ》るごたる気のしてですなあ手を添えんば恐しゅしてですなあ。」
妻のゆっくりした話し方を聞いている尾上さん。原田氏のコメント重なる
「この方、床屋さんで漁師じゃないわけですけどね。しかしまあ好きでね、船買って魚を釣りに行ってたわけですね。でたまたま或る日、この、お客のひげを剃っててね、剃刀を取り落すと、それがまあ初発症状ですね。やっぱり知覚障害から先に来るわけですね。それでまあ症状が全部完成

するまでが非常に短いですから、まあ急性中毒……、物凄く濃度の高かったものを沢山食べたという事になるでしょうね。で、今日、十何年たっても教科書的な症状を全部揃えている……。」

○初期症状を身ぶりをまじえて語る妻

「……そいで（医者に診てもらって）五日目にですな、御飯ばこう食べさせよったら、食べよったらポロポロ落すとですたい。そしてここに（膝の上）タオルば添えてくれて、御飯ば食べさせてしもうて、あんたこげんした風ならば二週間と言わしたばってん（医者から「二週間ほど様子をみてからまた診よう」と言われたが）……行たてみゅ……。」

○休みなしに手を揉んでいる尾上さん

原田コメント「手をこうしょっちゅう摺《す》ってるのは知覚障害のひどい患者さんによく見られる行動ですねえ。」

○妻語りつづけて終りがない。

○原田氏、山口大学の医師に説明する。

「初期の頃のピックアップというのは、こういう患者さん達が主に拾われたわけです……。だからもうむしろ、急性中毒と言っていいくらいの状態だと思うんですね。症状の発現から症状の極期に達するまでの間がですね。もっと早い人もいるですね。」

13 臨床、その症状の見方、取出し方について――共同運動障害――

○掌を旋回させる運動をしてもらう。硬直したぎこちないうごきである（註・アジアドコキネシス・運動変換不能症）

原田「ひとつづつ、片っぽづつしようか？ はい、こう片っ方づつね。……力を抜いて。今度こっち。」

○自分の両膝の上で掌をひっくり返しながら叩く運動。掌がひっくり返りにくい。

原田コメント「こういうこの……共同運動障害ですね。」

○原田氏の指と自分の鼻の間を指で往復運動させる。尾上さんの指烈しく震える。

原田コメント「これは〝指鼻試験〟。丁度この鼻の前にきて、震えがくる。〝企図振戦〟ですね。そしてこういう場所（指のもってくるべき鼻の位置）もこう喰違う。これはまあ共同運動障害と震えと、それと知覚障害とね三つ関係していると思うんですけども……。むろん運動麻痺もありますし。」

○原田氏ゼスチュアをまじえ

「今度ね、眼をあけて、自分で鼻の頭をこうしてね。こうして（と、眼を開いたままわきから指を自分の鼻に正確にもってくるテスト）そしてこうして下さい。こうして、こうして、こうして。はい。してごらん。はい。」

尾上氏鼻の前で指がはげしく震える。

原田コメント「まあ、こういう検査で、いかにその日常生活が困難かと……。黙ってこう坐って居られればね、そう重症と思えないですけどね。」
○たえず口もとのよだれを気にする尾上さん
「しょっちゅうこうしてやっていますね。」

14　臨床、日常動作の異常のとり出し方

○原田氏、腕の時計バンドのあつかいで共同運動障害を見ようとする。
「このバンドが外せます？　外せる、これ。自分で外せますか？」
尾上「ハァズストハ……ハァズス……ハムットハ……ハメキラン……」
原田「うん、ちょっと外して御覧。」
尾上さん、バンドが仲々はずれない。会話の上で妻ハルエさんは低い声でゆっくり言う
原田コメント「それからあの、この方の聴力障害の特徴はですね、神経性の難聴ですからね、高い音（註・音域）がやられてる。だから耳が聴こえないからと言ってですね、大きい声だせばかえって聞こえない。で僕等はまぁ非常に大雑把に、例えばストップウオッチと音叉と二種類の聴力検査のものを持って行って、で検査すると、ストップウオッチの方が聞こえにくい。そしてむしろ低い音の方が聞こえる……と。」
○時計のバンドやっと外れる。次にはめようとするが至難である。
原田「はい、いいですよ。無理ね。」
○日常動作、脱衣
原田「これ（夏のシャツ）脱いで御覧、これ。」
尾上「（もつれる口で苦笑しながら）脱ギハキャント、脱ギキャントデ……着ットハ着ットデ……。」
原田「ああそう！　うん、ちょっとやってみて。」
尾上さん笑いながら下着のえりに手をやるが、シャツがつかめない。すべすべのものをさわるように指が滑る。観察する医師思わず中腰になって指の動きをみる
原田「感じないですね……ううん。掴められない。（自分の指をさすり）掴んだかどうかの感じが……（山口大の医師「ははあん」）判らんわけですよ。」

原田コメント「あんな風に、あのう、摑まえてるのか摑まえてないか判らないもんですからねえ！　単にあの、表面的な症状があるか無いかという事じゃなくて、こういう細かい動作の障害が、どんなに患者たちにとって日常的に苦痛なのかと……。」

○やっとシャツから首だけぬぐ。両腕のシャツを脱がせる

原田「ここからは出来る。」

妻「見ゆればなあ。」

原田「ああ見えればね。はい、今度こっち……。」

眼をシャツに落して脱ぎ終る

15　臨床、運動失調について

○立って、畳のへりをまっすぐに歩こうとするがおぼつかない。

原田コメント「これはまあ〝直線歩行〟。運動失調を診てるわけです。」

○起き上りテスト。あおむけの尾上さん起きようと体を曲げるが、曲がらない。

原田「あのう動作が、ずっといかないですね、ひとつづつ……。」

原田氏、自分で演じてみせる。腕で支え、体の動きを分けて起きる起き方を示す。「たとえばまあ、こうして、こうして、ひとつづつ手をついて、それからこうして。……分節状になってくるんですね。」

16　臨床・知覚テスト・視野狭窄など

○針で軽く下肢の各部をつつく

女の声「今、どこば触りよる？」

尾上「ひだ、ひだの上。」

山口大の医師「膝の上、うんうん、じゃ、これとこれ、どんな。」

これに重なって原田コメント「で、この方の知覚障害はですね、足と手はもう殆んど感覚がないですね。それから口の周りがひどい。」

○麻痺のひどいすねを刺す

山口大の医師「これとこれは？」

女の声「どっちが痛かですか……あんまり変らない……。」

○深部知覚テスト、足の人差指を一本上に折り曲げている。

山口大の医師「これ分ります。」

女の声「いま、どの指ば触りようすですか。」

山口大の医師「上むいていますか、下むいていますか。」

女の声「（通訳しつつ）上にむいとんな、下にむいとんな？」

尾上「下《した》」　しかし指は上に曲げられている。

原田コメント「知覚障害がひどいんだろうという事は先刻《さつき》のあのシャツを脱がせる動作とかね、ああいうことで大体見当はつきますけどね、非常にひどいんだということは。それから眼を開けとかないとボタンが嵌められないとか、もう眼を閉じたらボタンが判らないとかね。」

○視野狭窄のテスト、対面法で見えなくなる角度をさぐる。

原田「こう目をあけてね。ここ見てね。これ（懐中電灯の光点）見えるね。（正面に光をおく）これみえるですね。（光点をずらす）　これは？　二つ見える。（「ああ」）判らん？」

原田氏指で輪をつくり示す。

「このくらいですね。計ってみるとね、実際は。二〇度か三〇度くらい。」

○その他の症状について問診する

原田「涎が出るですか？」

妻「はい、夢中になって喋っとき。」

原田「喋りよるとねえ、涎が出るね。」

涎のことを身ぶりで尾上さんに伝える。

原田「歯みがきは自分でできる？　はみがき。」

妻「鏡ば見とってですなぁ。鏡を見とかんば……。」

原田「ああ鏡を見とらんと分らん……。」

17　字幕

〃いわゆる〃ハンター・ラッセル症候群〃
　末梢性知覚障害
　運動失調
　求心性視野狭窄
　構音障害
　聴覚障害、その他振戦等〃

○字幕に重ねて原田氏のコメント

「あのハンター・ラッセルの主要症状と言われたのはですね、別にハンター・ラッセルがこれとこれって名前を挙げたわけじゃないんですけれども……求心性の視野の狭窄……それから構音障害、ことばの障害ですね……それから聴力障害……それから末梢性の知覚障害……それから失調ですね、共同運動障害といってもいいんですけども、それにまあ震え、振戦——まあこの症状が有機水銀中毒の極めてこの、特徴的な症状ですね。」

○医師たちで検診後の話しあいをしている。
原田「だから、尾上さんみたいな症例が、結局、逆に言うと、あのう、水俣病の原因がメチル水銀中毒だという風に攻めていく一つの大きなね、意味をもっていたんですよね。ただやっぱり……。今度は、逆にね、こういう尾上さんみたいな人でないと水俣病じゃないという言い方は、逆には出来ない! ですねえ。[1]」
○妻のハルエさんに眼を転ずる
原田「奥さん、奥さん。奥さんは今どんなになってる? 認定、認定になった。うん。」
妻「二月にね。うん。」
女性「この頃、あんまり工合が良くないんです……。」

18 妻の症例について

○視野のテストを妻にしている
原田「これ(指)見とってね。これ動くの分る(「ハイ」)これは? (「そこはよう判らん」)判らん! これは? いま分る。」
原田コメント「この奥さんはねえ。御主人があのような症状が出てたのにもかかわらず永いこと放置されてたわけですよね。で最近問題になって再検査してみると、視野がはっきり狭いと。それから口の周りの知覚障害や味(註・味覚)の障害がある。手足の末梢性の知覚障害がある、聴力障害があるですね。それからまあ、共同運動障害やことばの障害というのは、まあないといえば無い。まあ非常に軽いですね。だからまあ、あえて〝不全型〟といえば……ねえ。」
○医師たちでの会話
原田「この辺の(註・妻にみる)症状というのは非常に微妙だと思いますけどね。だからもし徳山でね……(山口大「徳山で……」)こんなケースがボンと出てきたら……。」
山口大の医師「どちらに採らうか(註・水俣病か、他の病気か)ということですな。」
原田「で、この齢だと首の写真は撮りますからね(註・いわゆる症状の完全に揃わない場合、老人性脊椎変形症とあらかじめ想定し、頸部脊椎のレントゲン写真をとり、その変形を理由に、有機水銀中毒の可能性をみない事例があったことを念頭においての発言である。土本)そうすると、おそらく(註・変形は)ある! (山口大の医師「あるはず!」)はずなんですよ![2]」

19 パネル・水俣病病像図

スーパー〝武内忠男(熊本大学)

――元水俣病認定審査会会長――〃

武内「ええこの図（病理・病像篇一七八頁参照）は臨床症状と病理解剖による病変との照し合せから作ったものですけれども……。」

○ピラミッド型の底辺に〃汚染地区住民〃その上に各階梯をへて最上段に黒地に〃死〃とある。病像の全体像を立体的に示している。

「……ひとつの山と、それから汚染を受けた地区住民、という二つから成り立っています。で、一番重症なのは〃死〃があるわけです。その次にまあ最重症といいますか、いわゆる〃植物的生存〃をしておる、そういうタイプと、それから次に〃強直型あるいは刺激型〃というやはり重症な型があります。……更にまあ〃普通型〃すなわちハンター・ラッセルの症候群を揃えているものという型があって、こういう型のものは非常に急性期に多く出現したものです。」

○山型図型のすそ野にカメラ近づく。数タイプがボーダー・ラインを重ねて存在する

「その外に、他の合併症によって水俣病症状が隠されておる、〃マスクされた型〃と、更に症状が充分に揃っていない、いわゆる〃不全型〃というような型のものが、その下にあります。さらにその下に、病変はあるけれども、すなわち有機水銀の影響は受けているけれども、症状が出ていないと言う、いわゆる私どもが言っている〃不顕性〃のものというグループが存在すると思います。その下には病変も症状もない、ただ水銀の影響を受けたという人たちだけの、大部分の住民（註・地区住民）が存在するわけです。」

土本「この二、三年ですね、やっぱり審査などで〃判らない〃といわれているケースは？」

武内「（山の中腹以下を示し）それはですね、マスクされた形とかあるいは不全型とか、そういうものが問題になっております。その中で一番難かしいのは（「マスク型」を指し）他の症状で隠されているものをどうして見付けるかという事ですね。マスクされた形のなかから、どうして水俣病を抽出するかということ。（「不全型」を指し）それから不全のものの一部の症状から、それがメチル水銀の影響によるものだという事をどういう風にして見出していくかという事が大きな問題ではないかと思います。」

○ピラミッド型病像図に重なり並んでもう一つの山がある。〃特殊型〃といわれる胎児性水俣病のピラミッドである。

土本「そのう……子供の場合がわりと最近多い……。」

武内「そうですね。子供の場合には、胎児性はほとんど脳

性小児麻痺が今まで認定されて来たんですけれど、病理学的に考えると、それよりも軽いものが必ずあるということは可能性としてどうしても考えられるわけですね。その中にどういうものが出てくるかという――。例えば、知能の低下したものがありはしないか？〝精薄〟がありはしないか？　そういう問題が残ってきておるわけです。そういうものの追究が今後残されている問題だと思います。」
土本「今、その点がですね、医学的に止っているのは、主としてどの辺の研究がいま欠けている為でしょうか？」
武内「それはですね、臨床症状の把握の仕方でしょうね。それを客観的にどういう風にして診ていくかという大きい問題が残っていると思います。」

20　字幕　臨床上問題となっているケースⅠ

――昭四十二年生れ――

胎児性水俣病と疑われている保留患児

芦北郡津奈木町

この字幕に重なって原田氏のコメント
「今、私達がかかえている子供の問題というのは、勿論軽い脳性麻痺やそれから精神薄弱の問題、これは大きな問題として残るけれども、必ずしもですねえ、〝軽い〟症状じゃないわけです。」

21　ある民家での重症児の検診

同僚の医師が前坂さゆり（七歳児）を診ている。四肢硬直し、両足は腰から右にねじくれている。若い母親がつれ添っている。
同僚の医師「さゆりちゃん！　今どんなね、頭痛くないね？　頭痛くない！　（母親に）あんまり……家でなんか、自覚的に訴えられることがありますか？」
母親「やはり痛い時は〝痛い〟といいます。」
医師「どこが痛いと言われますか？」
母親「みんな痛いといいます。力が入ったときは……。」
医師「あぁ力の入った時にはね。」
母親「（うなづく）骨やら特に足が痛いといいます。」
○さゆりさんの大うつしに原田氏のコメント
「昭和四十二年生れの子なんですけどね、水俣・芦北地区には決して軽症例とか不全型じゃなくてですね、こういう非常にひどい子がまだ沢山いるわけですよね。でそれが胎児性水俣病であるかどうかということは、臨床症状で見分けがつかないわけです。こういう子供達の大部分は……この発生時期が非常に早かったりですね、或いはもう普通水俣病が終っただろうといわれる四十年以降ですねえ。そういう子供たちに対するひとつの判断ですね、これがやっぱり非常に問題になっているわけです。で、こういう例が私が歩いただけでもずい分いるわけですからね。」
○原田氏が検診する。子供のひたいをなでながら
「暑いねえ、汗かいてる。シェーデル（註・頭の形が）が丁度あのお、ボックス型ですねえ。」
じっと見つめる。母親に
「御主人は国鉄かなんかでしょ？」
母親「いえ、郵便局……。」
原田「いや、郵便局だったですねえ。」
沈黙する。太い吐息をつきながら
「これは考えこんじゃうなあ。」
母親への問診に重なって
原田コメント「この子供の場合はまあ、汚染がかなりおさまった時期に生まれてるということと、分娩――生れる時に脳の障害を受けるようなこと、例えば仮死で生れるとか、未熟児で生まれるとか、そういうトラブルがあるんですねえ。で、まあかつては（註・昭和三十七年頃、確認された胎児性水俣病の場合）ですね、胎児性水俣病はそういうトラブルがないと。……ないというよりむしろ分娩時にトラブルのあったものは胎児性水俣病として来なかったんですね。」
○原田氏の生活歴調査がつづく。
母親「……魚屋さんの隣りに（住んで）おったでしょう。……それでいまだに主人は夜ぶりに行ったり魚釣りにいったりしてからもう、魚がないともう毎日が暮らせないし……。」
原田「ぼくはねえ、あの時はねえ（註・前回診したとき）、三十年、せいぜい三十六年頃までだ（註・の間にしか胎児性は発生していない）と思ってたもんねえ胎児性は……。いやまだ分らんけどねえ。……ちゅうのは子供は、まあ水銀でやられようと何でやられようと、子供がやられるときは同じような病気になるからねえ。」
○カルテに書きこみながら
原田「早産だったの？（「はい」）母乳ですか？」
母親「はい母乳です。」
○無心なさゆりさんの顔のアップ
原田コメント「いま言ったようにですね、問題点は、〃まあ間違いないだろう〃といわれている三十八年までは分っている。それからこっちにはたして胎児性が居たかどうか……。場所はもうねえ水俣・芦北ですから……（註・疫学

的には発生の可能性はあるの意味・土本）だから今までの、従来のこの胎児性の概念を拡げるかどうかという……。拡げるための根拠ですねえ。ううん、それはまあ発生率が非常に高いとか、臍の緒の水銀が高いとか（註・保存されている臍の緒から推定する研究がなされている・土本）ですね、まあ幾つかのデータを集めてですね、判断しなきゃいけないと思うんですけど……。」

○熊大で撮った胎児性水俣病の一斉検診時のフィルム

スーパー〝最初に発見された胎児性水俣病

（昭和三十〜三十四年生れ）

——昭和三十六年熊本大学撮影——〟

○中村千鶴さんや岩坂末子さんらの全身症状

原田コメント「これはあのう、三十七、三十八年頃に認定された子供ですけれど、まあ、症状は今の子供と変らないわけです。で、この子たちもですねえ、七年間は〝脳性小児麻痺〟として処理されていたという歴史がある わけです！ だから当時でもですねえ、この子供たちをひとりひとりとりこう連れて来たら、脳性小児麻痺と区別つかない部分があったわけでしょう。」

○旧フィルム、十数名の患児が並んでいる

「……やっぱり疫学的な集団としての捉え方というのが胎児性の場合必要だったわけですから……。あのう今度沢山出てる子供たちもねえ、やっぱりそういう捉え方をしていかないと。」

○元の検診風景

原田「そんならちょっと抱いてよ、ねえ。抱いてもいいかんかなあ！ よいしょ。どうしたら楽かなあ。」

さゆりさんの足がつっぱっている。力を添えて折りまげて抱く。

○医師間の雑談

原田「弟子丸君（熊本大）の実験では、あのう母乳経由の中毒も証明されてるんですけどもね、実験的には！ ただそういうものが若しあるとすれば、当然症状はかつての典型的な胎児性とは少し違うと」

患児を見ながら

「子供にゃ見覚えがあったけど、奥さんにはあんまり見覚えがなかった。……（溜息）やっぱりもう一辺、三十五年以降の（水俣・芦北地区の子供たちを）洗い直さなきゃいかんでしょうね。」

22 **字幕** 臨床上問題となっているケースⅡ

検査不能の保留患者（五十二歳）

――水俣市　石坂川――

○これにだぶってナレーション「これも検査不能とされ保留になっているケースです。」

○チッソ第一組合の一室、重症の初老の患者がよこたわっている。生活歴をきく原田氏、こたえる妻と組合活動家山下さん

「ずっと居たわけ？　ずっと居たわけね。そして〝だいごろう〟という……〝だしごろう〟ってしてたわけね……（書き込む）あのあれだろう（身ぶりで）車ば（「牛に」）牛に引っぱらせてね。（妻「山から引っぱってくっとです」）うんうん、何ちゅうのかなぁ日本語……じゃない……あのうだいごろうて言うたい。ぼくは知っとるたい！」

山下「〝だしごろう〟といってます。」

原田「ああ出すという意味かも知れないね。」

山下「牛に引かせて、牛とか馬に引かせて。」

○妻に質問する

原田「魚はどこから買ってたわけ？」

妻「魚は……もう売り来たっばですなぁ。色々もう買ってたっです。町から買ったり、売りにきたつば買ったり、いつでもありませんとですなぁ。」

原田「好きだったわけ？」

妻「はい、そりゃもう！」

原田氏コメントかさなる「この人は水俣から十二キロぐらい離れた山の方で、木材を山から出す仕事をしてたわけですから……。ところがそこには水俣の魚が当時、行商ルートを通じてこう上って来るわけですね。」

○魚を満載した荷台。行商軽トラックが一路山間部にゆく。スーパー〝行商ルート（鹿児県大口市方面）〟

原田コメントつづく「で、その行商ルートは当然……あの新潟あたりではかなり追究されているわけです。ところが熊本においてはですね、この行商ルートを流れた魚が、あの山の地方でですね、多くの人達が食べて、一体それがどうなったかということは何んの調査もしてないわけですねえ。で、これはずうっとこう鹿児島県の方まで行っちゃうわけで、まだそのう（註・患者さんが）出てるも、出てないも、何ら調査されてないということは非常に問題だと思うんです。で、この方はそういう意味ではですねえ、従来のこの〝汚染地区〟からすれば、外れちゃってるわけですねえ。」

○原田氏、患者の口周囲の知覚障害を調べている。

原田コメント「で、非常にひどい脳障害の所見を示してます。針で突っついて知覚障害を診ようとしているんですけどね、殆んど反応がないですね。しかしまあ、反応がない

という事がですね、いきなり知覚障害とは言えないわけですから。例えば（註・運動の）麻痺があっても、こりゃ逃げられないわけだし、言葉が悪ければ〝痛い〟とも言えないわけだし、知能が……まあ悪いですからねえ、そうするともう……。」
○足の知覚障害をとり出そうとする原田氏
「こりゃあ、足はこう自分で伸したり曲げたりすることは出来る？」

妻「はい」

原田氏、患者の右ひざを強引に立てると左足が動く。

「よいしょ！……ははあ、こんくらい出来れば、痛ければ逃げていいんだな。」針でつよく足首を突く
原田コメント「痛いちゅう事が分れば逃げるはずですけれども、まあ逃げない。しかしまあそれでもあのう〝知覚障害〟と決めるのはまだ問題があります。ただ少くとも現象的には、引っ込める能力があるのに、かなり強く突いても引込めないという……所見としてはあるわけですねえ。」
○淵上さんの口もとに指をふれると口が開く
「開口反射ですね……これは……。」
○手にふれると、原田氏の指を握りしめる
原田コメント「あの原始反射というのは、まあ例えば、手を口にもっていくと、こう口を開けたり吸いついたりする。或いはこう手のひらにあてると握ったりする。でこれはまあ丁度、生まれたばかりの赤ん坊の反応なんですねえ。だからまあ〝原始反射〟というんですけども……ということは、脳がですね、非常に重症にやられて、まあ、子供みたいに退行してしまったという一つの所見なんですねえ。」
○たえず笑っている顔のアップ
原田コメント「ひっきりなしに〝ああ〟と笑う。あれもひとつの症状ですね。ぼくらは〝強迫笑い〟というんですけども。だからこういう重症者はですね、この、例えば、視野の検査だとか聴力の検査だとか、そういうことは不可能だと思うですねえ。」
○共同運動障害を探る
支えて患者を立たせる
原田「右利きだった？（妻「はい」）さあ歩こうか歩こうか、よいしょ、はい、よいしょ。」
○少しずつ歩行する。
原田コメント「右が動きにくいですね。……症状に軽い左右差はありますけれども、いわゆる片麻痺の状態（註・脳血管障害によく見られる所見・土本）じゃないわけですね。つまり大脳が両側性に非常に広汎にやられている所

見。……で、ところがですね、寝たっきりなんですけどね、この、錐体路の症状とかですね、そういったものはあるんだけれどもそう強くないわけです。」
○原田氏、手の支えを外して立たせようとする。
「ちょっと注意してね、一寸注意して、離してみるから。」

患者、辛うじて立っている。

原田コメント「ああいう中腰でね、ある程度姿勢が保てるんですよね。だから力はかなりあるんですよね。」
○坐らせる。ことばが分るかどうかもためす。
原田「すわってごらん！　分るんだなあ、このくらいは。（笑い声）坐ってごらん。よし！　よし！　そうしとって……。」
原田コメント「まあ、ごらんのように立てるわけですからね、あのいわゆる狭い意味での〝麻痺〟ではないわけですね。まあ、ぼくはひとつの〝運動の失調の非常に強い状態〟だという風に考えたいわけですね。」
○患者を観察しながら
「全然立てないっちゅうんじゃないねえ。」
妻「ひとりでなら立ちきらんでなあ。（手を）添えれば立つとです。」
原田「そうして足をこうかわす……。」

山下「いまもそうして連れてきた……。」
○正面に対している。傍らの妻に
「煙草は吸いよらんだったの。」

妻「煙草は吸いよりました……一箱やっぱ三日ぐらいですなあ。」

原田氏一本煙草を抜いて目の前に差出す
「ううん　どうかな？」すばやく手で取る
「はい　早いね。」

妻「魚でんやればもう早かで！　さあってとってしもて。」

渕上さん、口もとにもっていこうとする。

「ああ、そうするのね。分った！　分った。ううん。」
○横になっている渕上さんの顔、にこやかである。
原田コメント「こうなる少し前に、診ておればぼくはあのう、有機水銀の症状が見付ったかも知れない。そりゃもう……。ぼくらのまあ何例も何例も診てきた経験ですけどね、単なる〝動脈硬化〟だけではとても説明つかない。」
○憮然たる原田氏、かたわらの組合員山下氏に、
「だから他にこういう病気、何があるかっちゅうことでしょうね。」
山下「とくに〝だしごろう〟なんかやってて、躰が強かったわけですからね……力の方は衰えて……。」

原田「小崎弥三さん（註・ひじょうに重症の認定患者）に似てるですね。臨床的にはね！」

23　認定後、脳溢血に襲われた実例

○老人、車椅子にのっている。話をしようとしているが完全な失語症である

スーパー〝森　道郎さん（昭四十六年十二月認定）〟

原田コメント「この方は色んな検査（註・認定時は水俣病の主要症状のみであった）も可能だったわけです。だからそういうデータに基づいて水俣病と認定された。ところがその後、今度は発作が起って、もう今じゃこういう状態ですね。あきらかに右の麻痺がきて……。まあこれを見て、ぼくはびっくりしたのだけれども……。」

○森さんリハビリテーション訓練でバーにつかまって立っている。

○一年半前のまだ行動出来た時の森さん（旧フィルム〝水俣一揆〟より抜粋・白黒画面）チッソ社長に抗議している森さん。

スーパー〝――一年前――〟

森「（かたわらの患者をさし、すっくと立って）公冬さんのですね、病状をお話ししましょうか？　まあ格好はああいう風に手も足も具合悪いですけど、他所へいって一辺ひっくりかえったことがあるんですよ、眼まわしてねえ。どこでそれが出るか分らんのですよ！　そん時知らない医者に引っ掛ったんですよ。近い医者にねえ……。」

その氏の抗議に重ねて

原田コメント「もしこの人が診察を受ける機会が半歳遅れてたらですね、もう判らないわけですよねえ……。」

○床を不自由な足をずって這う森さん。

原田コメントつづく「……そうすると、もし仮にですね、今の状態で申請したり、あるいは水俣病かどうかと判断を迫られた場合に、難かしいわけですよね！　で、これはやっぱり、新潟なんかみたいにですね、初期からきちんとこの、〝毛髪水銀〟以下ですね、ずっと経過を追ってきたら診断はそう難しくなかったと思うんです。さっきの山内さん（註・愛子さん・棄却例）でも、それから淵上さん（註・前シーンの保留例）でもね。……そりゃ、あのう、やっぱり基本にはですね、臨床症状をどう理解してどう捉えるかということに懸っているんで……、だから〝マスクされた水俣病〟といわれるんですけどね。（声をひくめて）あのう、だからこの人なんかは、今もし審査すればねえ、完全に右麻痺ですからね、それから失語症があるわけですから

ねえ……（うめく）否定される可能性がある。」

24　新潟における不全片麻痺例

○新潟阿賀野川沿いの主観移動

（叩きつけるようなピアノ曲）

スーパー〝新潟　阿賀野川〟

○川魚をつる人々

ナレーション「昭和四十年、新潟で第二の水俣病が発生しました。ここでは汚染住民の一斉検診をベースに長期の追跡をしていました。」

（音楽おわる）

25　新潟大学医学部内

人体図形のスライドを前に語る白川氏

スーパー〝白川健一氏（新潟大学　神経内科）〟

白川「新潟水俣病では、川魚の摂取の禁止が昭和四十年の六月に行われております。ですから、その後新らしく水銀が侵入したという事はないわけであります。で、そのことは頭髪水銀量の経過を追っておりまして、半減期七十日で減少しております。ですから、そのことは、まぁ多くの例で確認されているわけであります。しかし、ええ二・三年後の昭和四十二・四十三年になりまして、ええ、知覚障害が起ってきています。（図に赤マジックでその部位を書き込みながら）……でペリオラール――口周囲にこのような知覚低下、上肢の遠位部（註・両手の手首から指先）に知覚低下、下肢の遠位部（註・ひざから下）にこのような知覚低下が加わってきております。そして深部知覚もこのように（と秒数3を示し）低下してきております。で、この知覚低下をみていきますと、これ（註・知覚低下の部位）が次第に上向してきております。で上肢の方もこれが上に及んできております。（と両腕・両足をぬりつぶす）で、その後四十五年位になると躯幹の部にまで及んできております。そしてその頃になると半身の麻痺が加わってきておりまして、その麻痺側《そく》に知覚低下が見られるようになってき、多くの例で、このような知覚障害のパターンを認めております。しかもこの片麻痺は二十代、三十代の若い世代《ひと》にも見られておりまして、ええ、徐々に進行、増強していることから血管障害によるものとは考えられない。」

26　新潟水俣病患者家庭での実見

――若年層不全片麻痺について――

（註、シーン25及び26は『病理・病像篇』と重複しているが、事実報告にかさねて、熊本水俣病との対照を

原田氏のコメントによって試みているためである）

○三人兄弟の患者さんを前に白川氏。

白川「五十嵐さんとこは何人兄弟でしたかねえ？」

松男「ええと七人。」

白川「で、今認定されたのは？」

松男「六人。」

白川「六人。で、今日集まってもらった三人の方の奥さんも、みんな認定されたわけですよね。」

松男「そうです。はい。」

白川「で松男さんが一番髪の水銀が高かったわけだけれども、幾ら位でしたかねえ？」

松男「ええと、二三五だと思う。」

白川「三百いくらかだった……。」

松男「ああ三二五だった！　はいはい三二五だった！」

白川「四十年の九月に入院して調べたわけだったよね、髪の水銀が高いということでね……。その時、はっきりした異常というのは摑まらんだったわけですよねえ？」

松男「そうですねえ。」

白川「その後あと自分で具合が悪いなあと思ったのは？その次に出てきたのはどんな事で？……いつ頃、どんなんが出てきたのですか？」

松男「（構音障害のある口調で）あのねぇ、あの左の、やっぱり足の上りがねぇ、悪い……、けつまづいたりして。」

○このやりとりを見ながら原田氏のコメントが重なる

「白川さんが言っておられるように、最初毛髪水銀が高かった。――魚を食うのを止めたと――で症状がなかったと――しかしだんだん知覚障害が出てきて、それがどんどん進行していったと――更には半身症状が出てきたという、そういう一連の経過を新潟大学では追いかけたわけです。ところが熊本の場合はそのう、その辺のデータが無いわけですよ！」

○若い奥さんからも片麻痺を取り出している。

原田コメント「さすがだと思いますよ！　ずっとこうした経過を追跡していってね。まあ残念ながらね、熊本の場合、規模も大きかったし、原因が何か分らなかったしね。そういう不利な点はあったんだけれども、まあ少くとも三十五・六年以降はね、やっぱりきちんとしなきゃいけなかった！　ということで……。」

○白川氏、指鼻テストを奥さんにつづけている。眼を閉じると左手が鼻から外れる。

白川「はい今度は反対。眼を開いて。はい、眼を閉じてやって下さい。今のを。」

原田コメントつづく「あのう、新潟以前はですね、そのう、〝半身症状〟があるのはまあ〝水俣病でない〟と……。〝中毒なら左右同じようにやられるはずだ〟という事がまあ中毒のひとつの常識だったわけだけれども、しかしやっぱり、こう何年も経ったり、或いは慢性の形だったりすれば、当然半身痲痺も出てくるわけですね。どうもあのう、細かく診るとですね、知覚障害も様ざまあると。で半身の知覚障害もあるし、脊髄性の知覚障害もあるし、それからもう一寸説明のつかないようなですね、ひじょうに不規則な知覚障害もあるし……。」

○白川氏、松男さんからひどい左右のアンバランスをとり出している。

白川「はい、いいですよ。眼をね、きつく閉じて！　思いっきり！」

松男さんの左の瞼がひきつる。

原田コメント「で、そういうものの発生頻度というものが高いとこを見るとですね、いちがいに〝これは脊椎性変形症のせいだ〟とか、〝これは循環障害だ〟とか、まあ〝ヒステリーだ〟とか……どうもあのう片付けられない！」

27　〝全身病〟としてのとらえ方について

○スライドにより解説する白木氏

スーパー〝白木博次氏（東京大学　神経病理学）

——猿の全身オートラジオグラフによる——〟

○標本、猿の脳とともに臓器に濃密な水銀が投影している。

白木「……確かに水銀は脳にも、脊髄にもはいりますから、そういう意味では……そしてその、脳が侵されるわけですから、これは確かに神経病、あるいは精神病でしょう。だけれども今お話ししましたように、ええ水銀というのは首(から上)以外の、血管、心臓、そういう所にもはいって行くし、あるいは膵臓にもはいってそれが糖尿病の原因になり、あるいは動脈硬化症につながって行くということもあるわけですから、どうもそのう、もっとですね水俣病というものはまあ、神経以外の所にも注意をしなきゃいけない。で、これ御覧のように肝臓にも非常に溜っておりますね。腎臓にも非常に溜っている。ですから、こういったところ（と内臓を指し）もですね、……まあ脳は最初にはひじょうに強く侵されますけど、時期が遅れてじわじわと侵されていく可能性も考えなきゃいけないわけです。」

○つづけて意見をのべる同氏、自室にて

白木「……そうだとすると、水俣病を単にですね、神経病という風にだけ見ないで、やはり全身病として捉えていく、と。この場合に、臨床的・疫学的に言えば、例えば水俣地区の高血圧症だとか、あるいは肝臓病だとか、あるいは平均寿命の問題ですねえ、そういうものがコントロール地区に比べて明らかに多い、とか、少いとか、そういうデータをがっちりと掴んどく、ということが非常に重要なことになってくる。……これがまあ胎児性水俣病について言えばですね、あの、ああいうひどい重症心身障害が起る前に、やはり不妊だとか流産だとか死産とかが、非常に多かったのではないか。あるいはその定型的な重症心身障害のほかに、軽い精薄であるとか軽い脳性痲痺だとか、あるいは何となく、そのう素質が低下した人が居るとか、そういうことがやはり、コントロール地区と比べてですね、どういう事か、というようなことを臨床、疫学の立場からがっちりと掴んでいくと……。それが病理にまわってきてどうなるのか、というのはその次の問題になると思いますけどね。」

28　現時点での急性発症例

○雪のふる水俣市湯堂、坂本登さんの家が袋湾のすぐ上にある。

スーパー〝水俣市湯堂　患者多発部落〟

原田コメント「坂本君の場合、私たちが四十六年にやったこの一斉検診の時に、少くとも、それに引っ掛かるような大きな症状は無かったわけですね。」

29　急性発症者宅で、奥さんをまじえてのインタビュー

スーパー〝坂本　登さん〟

坂本「（強い言葉の障害を示しながら）口はこんな……。」

妻「（傍から）口が一番さきだったですねえ。」

坂本「こんななかったもんなあ。」

質問「口はもう、あっという間ですか？」

妻「はい、もう、あの五時間ぐらいの……。」

坂本「ニッスイ（註・建設現場の名）の打上げに行ったろうが。出ていく時は、そ、そんな感じらんかった。……で、飲んどるうちになあ、こうだんだんだんだん（口元をさする）自分では分らんけどこう……。飲んだらおふくろと一緒で、唄うて騒ぐ方じゃけどなあ。と、となりに女の人が二人すわってな、そして社長が横にすわって……。〝なんかお前、こう口がおかしいんじゃないか？〟っていうてなあ、〝そんなことないやけどなあ〟って。」

質問「あんたは気がつかなかったわけですか。」

坂本「自分では気がつかんかったなあ。でその時なあ、あの丸島（註・魚市場のある漁師街）のあらせ亭（註・料亭の

名）で打上げして、でマイク持ってなあ歌おうとするとひっかかってなあ。なんか涎が出てくるような気がするんよな……で途中で止めてなあ。ボーリング行こうかと言うてボーリング行ったら、ひっくり返ってなあ。足がこうひっかかって。」

質問「ひっかかるっていうのは？」

坂本「自分ではこうまっすぐ歩いてるつもりじゃけどなあ、こんなになっとる（と手で足のもつれをまねる）……。」

○急性激症型で死亡した姉の旧映画フィルムに

スーパー〝坂本キヨ子さん（昭和三十三年死亡）〟

○元気に出稼ぎしていた頃の写真。働き盛りの青年そのもの。

重なって原田氏のコメント「坂本君の疫学の面から考えると、あのう姉さんは急性激症で亡くなってると。その時一緒の生活をしていたわけです。両親が慢性型の水俣病だと、ハンター・ラッセル全部揃えた水俣病だと……。で勿論、認定されたのは最近ですけれど、本人は元気だったわけです。で途中で出稼ぎに行ったりはしてるんです。しかし、まああの濃厚汚染の時には、ほとんど一緒の生活をしていたわけです。まあ突然症状が悪くなったということは、誰でも考えるのが、一番最初に考えるのは循環器障害です……。」

○精密検査中のスナップ（ハイスピードによる）

スーパー〝精密検診　熊本大学眼科

――昭和四十九年三月――〟

原田コメントつづく「……あのう、僕も循環器障害じゃないかと思ったけど、診てみて驚いたのはですね、突如ハンター・ラッセル（註・症候群）が全部揃っちゃったという事ですね。勿論、僕が診た時でも、視野の狭窄や眼球運動異常やですね、知覚障害、それから失調、構音障害、聴力障害まで揃っているわけです。」

○姉の遺影のある室で語りつづける坂本さん

原田コメントつづく「で勿論発作が起った時にですね、発作というか、症状がある日、朝起きたときに出たというわけですから……起きたときに、毛髪やら血液やらを調べたんですけれどね、少くとも、その時点で、毛髪は普通だし、血中の水銀が高いわけでもないわけです。」

30　原田氏の推論

○歩行失調を、歩くことで見せる坂本さん。人気ない台地の上

原田コメント「この人のその僕等に突きつけた問題提起と

いうのはですね、本当に底知れぬものがあるだろうと思うんです。たとえば、ある症状の発現は体内の水銀が〝ある一定レベル蓄積されなければ起らない〟という〝蓄積理論〟があるわけですけども、症状の出方には閾値《イキチ》（註・最低発症値）があるかも知れないけども、細胞の、このう、神経細胞なら神経細胞の一つ一つにとって考えてみればですね、閾値はないんじゃないかと。……だから、かつて沢山食べて、ある程度症状を出すか、出さんかというところまで来てて、まあ、それにまた微量なものを長く食べつづけることによって、それが症状を出しちゃったという考え方が出来ないか、どうかですねえ。例えば、20ミリグラムまで達したら症状は出るけれども、達しなきゃ十年続こうが、20ミリグラム以下だったら症状が出ないという理屈では、坂本さんなんか説明つかないですね！　症状がおきたとき、毛髪、血液も水銀は低かったわけですから。」

31　診断時の条件、心理的問題について

○熊本市に開かれた保留者への理由説明会

スーパー〝武内審査会長による保留理由の説明

——昭四十九年二月十九日——〟

○武内氏がカルテをみながら「……正直に申し上げますとね古川さんはね、医者のみた症状が、審査するたびに変る。そしてね、審査しとる時でもね、始めと終りがまた変るという……非常に把まえにくいわけですよね。だから、あなたは正直に言っているつもりでしょうけれども、そのう、そのままをね、言って頂かないと……。」

○古川ハルエさんの自宅

スーパー〝古川ハルエさん　保留患者（水俣市湯堂）〟

ひどい構音障害で、どもり、つかえつつ

古川「……正直におっしゃれ、おっしゃれといいますけど……わたし、あっこに、……大学とか何とかに行けば、まあ（身を縮める）……。」

原田コメント「まあ、この人は僕はもう間違いない水俣病と思います、そのものずばり！　だって湯堂にいてね、漁師をやっててね、もうずっと食べてたわけでねえ。で症状だって殆んど揃っているわけでしょう？　そりゃ確かに検査によって変動があったり、それから少し緊張して言いそびれたり、嘘が出たりするかも知れないけどね、それだって症状なんですよ！……水俣病というのはですね、緊張したらね、これもう言葉……うそのように出なくなったり、震えがひどくなったりする……。まあだから企図振戦とかね、言うわけでね。……だから本当にリラックスすれば言

葉もすらすら出てくるわけですよ。ううん、何か嘘いってるんじゃないか、嘘いってるんじゃないかじゃ、かわいそうじゃないですかねえ！」
古川「床の中に入っとった時でも、夏でんなんでん、寒うして震うくらい……子供たちも思うとですたいね、震うもんだけん……。」
○手のアップ、たえず小刻みにふるえている
質問「寒気がするわけね？」
古川「さむけじゃなくて、はい。さむしてふるうとっとじゃちがうとです。」

32　字幕　疫学的アプローチ
〝変形性脊椎症として
棄却されたケース〟
○県からの通知書のアップ、知事の印、その一行一行を追いながら
堀田さんの声（註・彼女は自主的に未認定患者の発掘の仕事をしている・土本）「……障害軽度、振戦・難聴などの症状が認められるが……。」（文書を交々読む）
原田氏の声「脊椎変形症が主であって、他の症状も水俣病の症状とは認められない……ということですねえ（堀田「はい」）。」
○患者、浜本亨さんが対坐している。
スーパー〝浜本亨さん（芦北郡津奈木町浜）〟
棄却された本人である（註・堀田さん宅の一室）
原田「誰が最初、診断書を書いてくれたの？」
堀田「（亨さんに）いちばん初めに、あの……。」
原田「（引きとって）診察したのは誰？……誰か来たのあなたの家《うち》に？」
本人は忘れてしまっている。
浜本亨「……伊東さん、知んならんですか？」
堀田さん「伊東さん。そこら。」
原田「最初の申請のときは誰の診断書？」
伊東さん（註・伊東紀美代・未認定患者発掘の活動をしている支援者）「鹿児島大の神経内科のサガ……サガ先生《しか》かしら。」
○堀田さんからの聞き書きを調べる
堀田「……三十三年くらいからですね。あの漁民騒動（註・昭三十四）の前から、もうお店をしていたという事ですから……。」
原田「何を売っているの？　魚、魚や食糧品ですか？」
浜本「はい。」

原田「(住いは) 岩城のどの辺?」
○過去の病歴についての原田氏のコメント
「……いろいろ綜合してみると、この昭和三十二年の十月頃から足が立てなくなってですねえ、そして三十四年当時は痺れや、震え、手足の小さな痙攣というような、水俣病に比較的沢山みられる主訴で病院に行ってるんですねえ。で、そこで病院では不整脈、心臓病を指摘されて、で〝心臓病〟ということで入院したこともあるわけです……。」
○問診つづく
原田「それで……言葉がおかしいですね(構音障害がみられている)。」
浜本「(喋りづらそうに) 言葉が自然とこう……。」
原田「言葉はいつ頃からこんな風に、あんまり舌がまわらなくなった?」
浜本「最近ですが……。」
原田「最近ね……最近というと、そのう何時頃だろうか。昨年、おととしね?」
浜本「(考えこむがはっきりしない) うーん次第とこうなりましたけん、最近です。」
原田「気がついたのは?」
浜本「ううん、最近です。」

33 棄却理由の〝脊椎変形症〟をまず診る

(註・高年層に出現する脊椎変形症としてこのケースの決め手とされたのは頸部のレントゲン写真であった・土本)
○患者の頸部に手をそえ
原田「ううん一寸やっぱりふるえがあるごたるねえ、頭がこう……。(首をまげてみる) ちょっと楽してて……力抜いとってごらん? 痛いね?」
浜本「はい、そこが、首がよう回らんとです。」
原田「首がまわらん?」首すじの骨にさわっていく。
原田「ここは?」
浜本「痛い。」
原田「痛い? (「はい、痛い」) こっちは? (「はい痛い」)」
○原田氏所見をのべる「脊椎変形症があることは、これはもう明らかだと思うんですよ。わざわざ (註・棄却のための証明として・土本) レントゲン(写真)撮る必要はないと思いますねえ。ただこのう脊椎変形症でですね……運動障害……痛みのための運動障害が、こりゃ在りそうですけども。それでもって、神経障害まで脊椎変形症で起しているかどうかということは問題だし、もし神経症状を起してるとしてもですね、全部の症状を、では脊椎変形症で説明してしまえるかどうか！　と」

○首を下にむかせる。どういう位置にしても痛みをうったえる

○起立の姿勢のまま、目をつむると少しふらつく。ロンベルグ（運動失調）のテストである

「はい、いいですよ。こんどはね、足をちょっと、こう一直線にしてごらん？」

微かに安定を失う

原田コメント「で、まあ、この人の、そのう失調ですけどね、まあこれは微妙で多くの人（註・医学者）はあんまり失調とは採らないでしょうね。だから、水俣病というのは、それは無論悪くなる例もあるし、軽快《よ》くなる例もあるし、そういう意味ではこの方は三十二年から三十四年当時、非常に症状が苛どくて寝てたと、で今、それがまあどっちかというと〃後遺症〃という形で残ってるだろうと。そういう事を前提に、また今の症状をどう捉えるか……と。」

○握力計で力を計る

原田「力はだいぶあるねえ、（右手に）はいこっち。」

○聴力検査、ストップウォッチを左の耳にあて次第に遠去ける

原田「聞えなくなったら言って下さい。」

浜本「はい。」

原田「（呟く）難聴は有るって書いてあるなあ、ちゃんと検査でねえ。」右の耳にあてる。

浜本「こっちは駄目です。」

原田「こっちは全然きこえない？（「はい」）。こっち中耳炎かなんかやった？」

浜本「いえ、中耳炎はやりません。」

○構音障害テスト

浜本、初音が出にくく、つっかえる

「……パピ……プ、ペポ（原田『ラリルレロ』）……ラ……ラ、リ、ル……レロ。」

○実生活の中のことばについて

質問「あの（市の）セリの時、相手の言った値段の次をパッと言う……気合いみたいなものでしょう？」

○画面、セリ市でのセリの掛けあいに変る。水俣市魚市場、浜本さんは声を出そうとするが、皆まわりにとられてしまって、眼をむくのみである。

浜本さんの声「はい、そうです。口がよくこう廻らんけん、その点がもう……堪らんのです。ううん、買おうと思

っても、すぐ口も出ら……出らんし、言ぅても、もうはっきり向うに聞きとれんらしいです。セリの場合はもう魚市でも、野菜市場でも、もう、その不利な……点が一番もう気にか……気になります。」

34　知覚障害をいかに取り出すか

○寝ている浜本さんの顔面に音叉をあて、触覚をしらべている。

原田「（ひたいと頬にあて）そんならこれとこれは？（「ほほ」）頬……。（右頬と左頬にあて）これとこれは？」

浜本「変らないです。」

○顔面の各部の調べをつづけながら、

原田コメント「口のまわりの知覚障害が在るかどうかということが……ね、脊椎変形症による知覚障害かどうかという、ひじょうに決め手になるわけですけれども、まあ、浜本さんの場合はねえ、口の周りに（しびれ）があるかどうかというのが非常に一定しなくて微妙なんで……だからまあ……（しかし）そういう疑わしい所見を全部除いてみてもですね、一応、知覚障害はある、末梢性の……。まあ言葉の問題（註・構音障害）があるし、振戦《ふるえ》がある、と。」

○上肢、うでの痛覚テスト、針様のものでつつく。

原田「（肩から手の方に運ぶ）どこから？（ひじのあたりで、浜本「はい」）この辺ね。じゃこっちとこっちは？（と腕の内側と外側を刺す）」

浜本「変らない。」

原田「（うでと肩に）これとこれは？（「肩ですか」）肩！（肩から順に手先に）どっから鈍くなる？（上膊半ばで「はい」）この辺。（更に手先につっいていく）この辺ずっと同じね（「はい」）ずっと同じ？（「はい」）（掌の左と右をくらべる）こっちとこっちは？」

浜本「ちっとは、裏っかわ、子指の……。」

○運動神経テスト

原田「（指で輪を作って）こうしてごらん！　こうしてごらん。」

親指と人差指の輪の力をためす

原田「（次に親指と子指の輪）はいこんどはこうして！」

原田コメント「これはあのう橈《とう》骨（註・前腕の親指側）神経と尺骨（註・前腕の子指側の骨）神経に分けて検査しているわけですけどね。まあ、あの脊椎変形症ということも念頭に入れて検査をしてるわけです。」

○原田、躯幹部を調べる

原田「（腹部の左右に針をあてる）これとこれは？」

浜本「ひだりの方ですかね。」

原田「（腹部から腰部へ）これとこれは？」

浜本「変らない。」

○下肢の知覚テスト

衣服をはぎ、下肢のももとすねを調べる。

「はい、いいです。延して下さい。（足を）延して下さい。これとこれは（「変らないです」）変らない。」

針でさす度に足の先がふるえるのが分る。

原田コメント「で、足の先にですね、ぶるぶるぶるぶると振戦《ふるえ》があるわけですから……。ああいう振戦《ふるえ》がですね、脊椎変形症で全部説明つくかという問題があるわけですねえ。」

35 診察後の原田氏の意見

（註、浜本亨さんのように認定申請が棄却された場合、残された抗告の途は環境庁に対する〝行政不服審査の申立て〟以外にない。「行政不服とは、認定申請が棄却された申請者が県知事を相手どって環境庁に不服の申立てを行い、環境庁長官が双方の言い分を聞いた上で裁決を下すという構造になっている。そして今回の行政不服審査では認定申請から棄却処分までの過程での法的瑕疵ではなく、認定審査上の医学的問題が論争の中心になっている」（土井陸雄氏『水俣病認定に関する行政不服審査』――「科学」七五年四月号より）……このシーンは浜本さんのための医学データをあつめる仕事の一環であった。それは原田氏にとっては、再び、審査会の医学判断への挑戦の仕事ともなった・土本）

○カルテを書きこみながら

原田「あのねえ、まあ今の所診て……あのう症状が長い間に変っちゃってるからねえ、やっぱりそりゃあ……診断が……難かしい、ある人に診せれば難しいんじゃないかと思いますよ、そういう意味じゃねえ。あの、何かこう、ま、難かしかっただろうという想像は僕もつきますけどね、しかし水銀の影響がなかったとは僕は言い切れないですねえ。（むろん）他にも病気あると思いますよ、首の病気だとかねえ。」

36 疫学的アプローチ

津奈木の海岸からゆっくりと浜部落全景にパンするカメラ

原田コメント「この浜本さんの例というのは、非常に難しいいだろう――と。そうなったらやっぱり疫学的な調査というのが必要になるだろう――と。」

津奈木・浜部落の山上より――撮影風景

37　山上、部落全景を一望できる岩の上に、作った地図をおいて、部落の状況を説明する有馬澄雄氏（熊本・水俣病研究会会員）

有馬「（地図を指して）これが僕が調べた津奈木の浜部落です。そこであの、ここの津奈木川ですけど、（川を指し）あすこの川ですね。」

○川に漁船がもやってある。

有馬「これが昔は、大体、昔も今も、大体、古川と津奈木川のこの両方を港に使ってやってた部落で、大体この（人家の）密集したのがこの辺です。」

○部落は細い道の入りくんだ典型的漁家部落で古い瓦を屋根にのせた家々がある。

有馬「この全体が二百余戸ぐらいですね。それで大体漁業でここは成り立っていて、それで漁家が六十何軒位です。雑魚漁が多くて網元が昔は八軒あったそうです（と地図上の所在を示す）。」

○部落のそばを国道三号線が走り、その両側に新らしい町の生まれはじめたのが分る。

「そんな中でだんだん衰微してって、あの戦後は五、六軒、そして現在ではただの一軒、ここですね（部落の真中）ここ一軒しか残っていないそうです。」

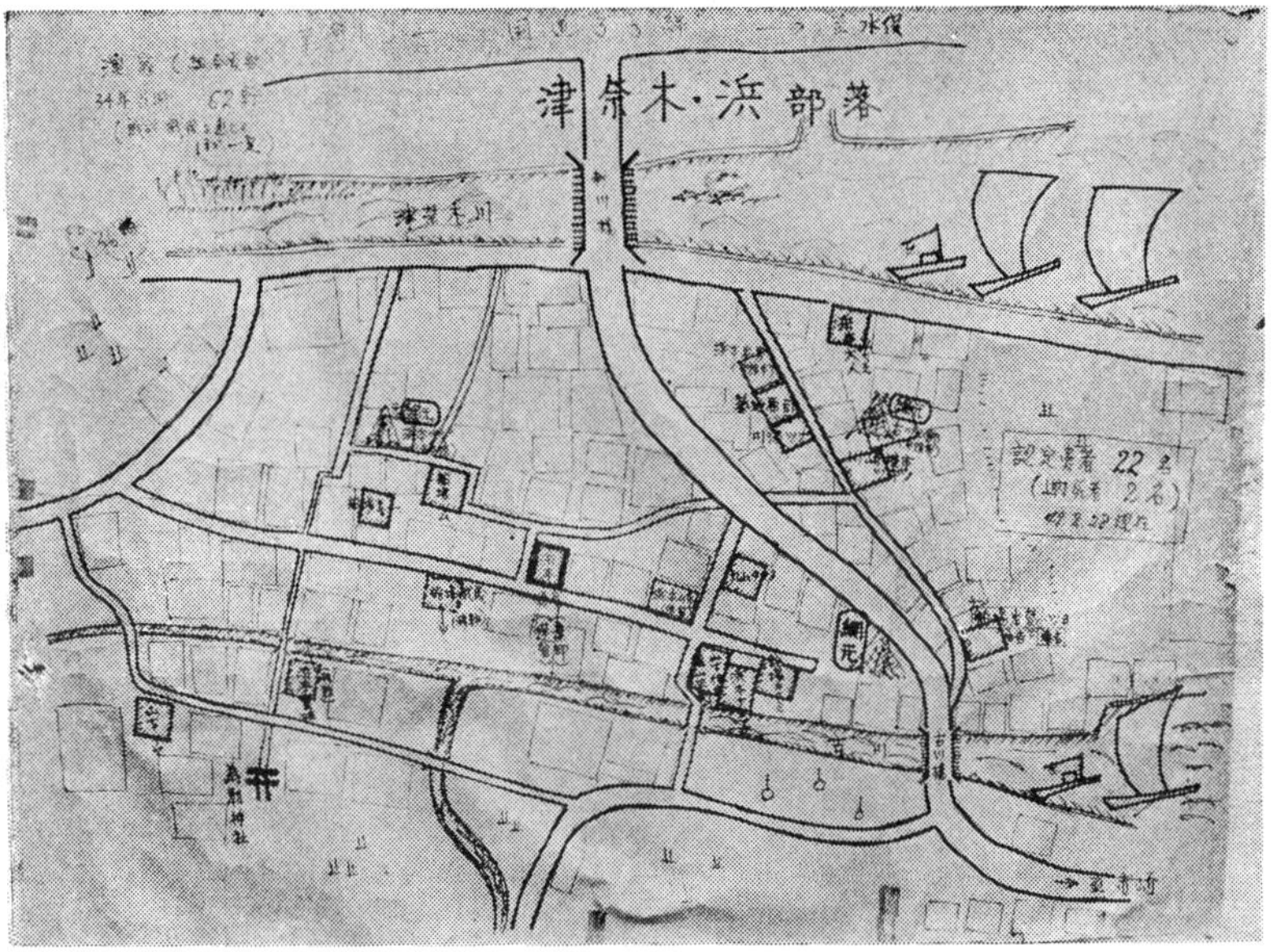

○背後にミカン山をかかえた部落、有馬氏がその全体を指しつつ、
「で、ここは水俣市から五・六キロしか離れてませんけどやっぱし水俣病患者はいっぱいいて、このなかで、今分っているだけで大体二二名ですね。（図で所在を示し）ええ、この黒の人達がばあっといます。でちょっと漁業で成立ってるのにしてはですね……申請者を把もうとしたんですけども、仲々語ってくれなくて、また、手掛りがなくて、町役場もあまり教えませんでしたけれど、そんななかで、青（印）がぼくらの把んだ、あやしい人たち、あるいは保留・申請中の人たちです（図に更に十数カ所が示されている）。」
○そうした患者にぐるりと囲まれた中に赤印で浜本宅が示されている
有馬「でこういう非常に多発した地区《ところ》に、例の浜本亭さんの家があって、あの青屋根の、子供が遊んでいる青屋根の家ですけれど、ちょうど、真中にあります。あの、親戚だらけで……こういう所で漁業をやってたそうです。（カメラ家に寄る）ここが浜本亭さん、順君（彼の五男）の家です。」

38　ひと一人が歩ける幅の小径が家々の間を縫っている。

この地区で民生委員をしている婦人との質疑の声が重なる

スーパー〝地区民生委員の話〟

質問「現在まだ全体には三分の一も認定が済んでおりませんけどね。申請の方なんかは……。」

婦人の声「いいえ！　私たちはそういう事には、全然タッチしていませんし、またあのう、患者さんが何名出ていらっしゃるか……そういうことも全然ですね、ありません！　そして又、あのう、そういう方が、水俣病の方が、あのう相談にみえられたというケースも全然ございません！」

質問「はあそうですか。民生委員の会議なんかで共通の議題になるということも……。」

婦人の声「いいえいいえ（強く否定する）私の地区で、まあその（生活が）きついから、という事で……そういう事はございますけど、水俣病に関してですね、自分はきついからというような、そのう、そういう事は全然ですね、無いんです！　はい。」

○春の花が満開である。網をつくろう老人がうづくまっている。

○老漁夫が日なたぼっこをしている。カメラ更に部落の道を歩きつづける。

原田氏のコメント「なんかこう、水俣病というのは、みんな社会的に嫌うですからね！　……今でこそ水俣地区では、あのう、わりとみんな自由に申請したりしているわけだけども、やっぱり十年前……十年前と言わなくても、四・五年前にはですね、やっぱりこの辺と同じでもう、水俣病の事なんか聞きにきたらですね、もう皆黙っちゃうし、それから、僕らでも〝一寸、お宅には症状のある方があるんで診せてくれ！〟と言ってもですね、断わられることが、つい先頃《さっき》まであったわけですね。」

○カメラのいきつくところ浜本商店である。症状のある浜本順君（十五歳）がつったっている。魚屋を現業している。

原田コメントつづく「……まあ御本人が魚屋であるということは、やっぱりその三十二、三年頃、一番苛かった時に、名乗り出るのに非常に大きな障害を与えただろうと……これはまあ考えられますねえ！」

39　浜本さんの仕事

○冷蔵庫のある一室、浜本亨さんが行商用のさしみの一皿もりを作っている。

○順君が卵をやはり行商用にビニール袋に入れている。

スーパー〝浜本順さん（十八歳　保留患者）〟

ナレーション「浜本さん一家では、現在この少年とその母親が申請しています。」

○店頭の魚。それを魚函に入れて行商の準備をする。近所の主婦が日課のように買いにきている。浜本さんの〃健忘症〃についての話が重なる。

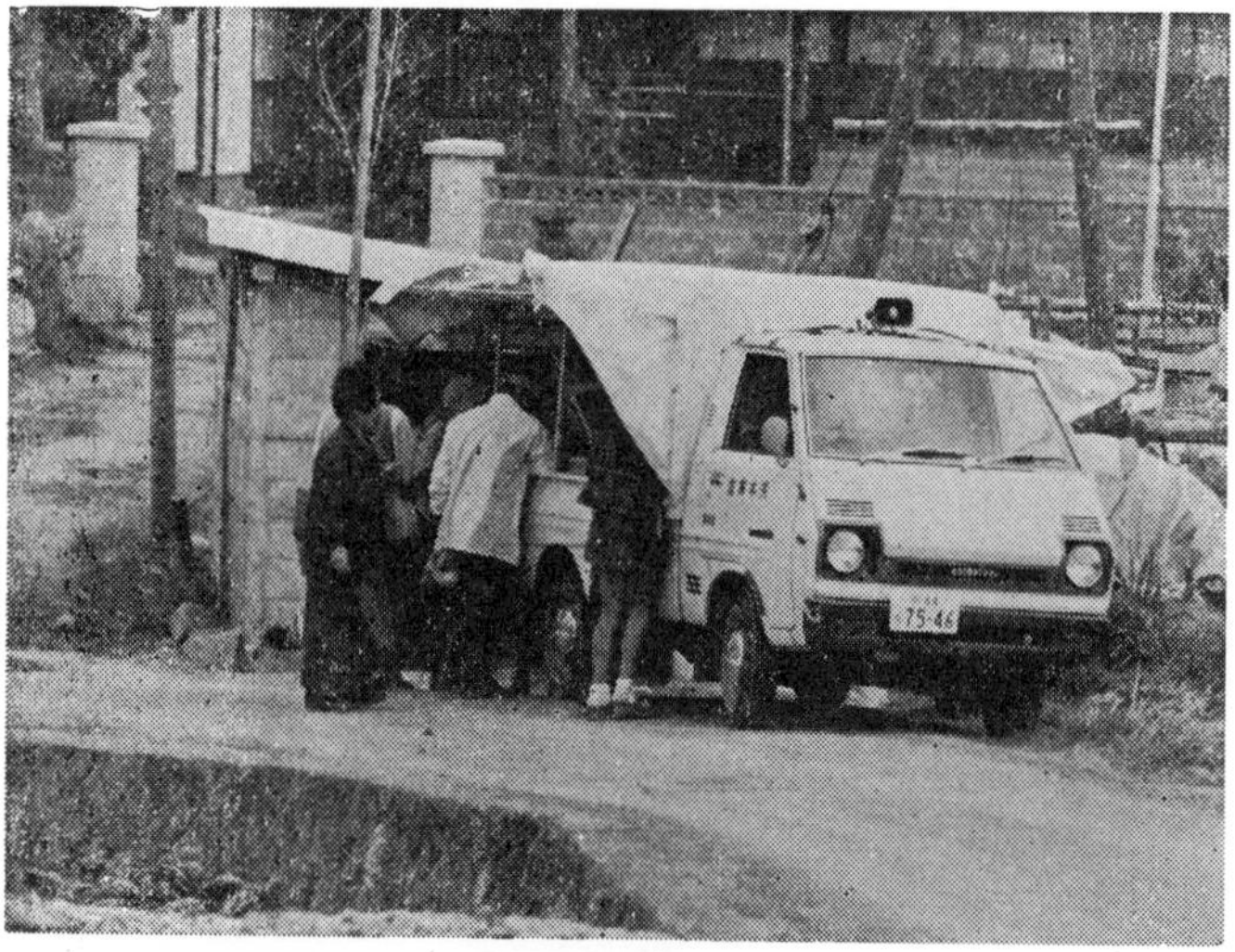

行商中の浜本亨さん

質問「今日も、なんか、ブリをね、〃朝、自分でこれはこう買おうと決めて行っても、買ってくるのを忘れた〃とおっしゃってましたけど。」

浜本「もうそういう事はしょっちゅう！ もう、お客さんから注文されるんですけれども、ううん忘れんようにと思ってこう帳面なんかに書くでしょ、書いたその帳面を見るのを忘れるもんですけん！ 帳面も、見るちゅうのが……帳面につけとるから、その帳面を見らなきゃいかんというのを忘れるのですから処置なしです！」

○行商車がオルゴールの音楽を鳴して稼ぎ出しはじめる。細い路地に所在なく立っている順君、車のいったあと、みぞにかぶせた鉄板のずれを元通りにもどしている。四肢の働きは普通の少年と変らない。

ナレーション「この浜元順君は生後間もなくから知恵おくれ、即ち〃精薄〃と診断されてきました。目下検査不能のため、二年間、保留されています。」

40　**行商中の浜本亨さん**

○山間部に車を停めてホロをひろげ、商いしている浜本さんに主観前進移動。
原田コメント「まあ、浜本さんの場合、幸いにしてですね、一時、軽快したわけですね、そしてまぁ一応仕事が、曲りなりにも不充分だけど出来てる。まぁむしろ——問題はぁるけれども——仕事をされとることが本人にとってはぁる意味ではリハビリになっているわけですねえ。だからここまで回復して来たんだろうという気もするけれども……。」
○計算する声、ソロバンをはじく音。よく聞くと計算ができていない
浜本「……それは百八十円と二百二十円は三百円丁度！（「三百円……ね」）はい。」

41　隣りの老婦人、店の手伝いの方の話

スーパー〝隣人の証言、西川トキさん〟
西川トキさん「この頃は、特に具合の悪かそうです。そしてもう〝体の具合の悪か！〟ちゅうてから、商売に行っても帰ってくるとすぐ寝らすとです。寝ってもう……（この老婆の話しぶりも異常に粘って不明瞭である）もう魚なかもうろたえっつくって、刺身なんかすっちすれば、震えてされんそうですたい。手が震えて……。そして何でも物忘れしてですなあ、なんでも〝あら忘れた！〟……計算もようは出来んとですもん。計算も〝あれ！　どげんじゃったっけ〟というて。昨年頃から特別、悪うなったみたいで……。」
土本「おばあちゃんも、口がかなわないですねえ。」
老婆、恥かしそうに肩をすぼめて笑いながら
「はい、私も口の……、かないませんとです。」
土本「やっぱり！」
スーパー〝目下申請中〟
老婆「ここ四・五年こげんなりました！（恥らいながら）私も魚好きで、魚ばっかり食べとります……（笑う）。」

42　親戚・兄妹からの聞きとり

女ずまいの小ざっぱりした一室、二人の婦人を前に地図を広げて
土本「つまり、水俣病じゃない！　って棄却になりましたね。ところが（浜本さんの）躰はあの通りでしょう、昔からみんなも心配しておられたんじゃないですか？　あの子供も含めて、順さんですか、どんなでした……。」
○スーパー〝築地原シエさん（従妹・認定患者）と
　　浜本ナガ子さん（妹・認定患者）〟
原田コメント「この方はまぁ、妹さんですけどね、この人

は認定されちゃってるわけですね。おんなじ生活してたんだけども、まあこういう差が何故出てきたか？　（もうひとり）この築地原さんとこはもう夫婦とも認定されてるわけだけども。」

○妹、浜本なが子さん、何か思い出そうとして頭をかかえている。

なが子さん「何時っちうて覚えとらんですたい、ねえ！」

いとこ築地原さん「（かばうように）とくに今さっき話したごてさい、こやつ（と頭をさし）が承知せんもんで、今ごろあんた、同じことどしこでん語りきたっちゃ、分らんと！」

なが子「医師《せんせい》も……松本の医師《せんせい》もこの間行ったら、あの私に〝ながちゃん！　あんたよっか……あんたどんじゃないぜ〟って！　っていうてから医師《せんせい》は……。」

土本「はあ、あんたよりこの人（と地図の上の兄、浜本亨さんを指し）の方が苛いって！」

なが子「はあい！〝私よりはあの兄ちゃんの方が苛かばい！〟と言って……。」

○語りはじめたなが子さん。申請の経過について。

なが子「それこそ何遍繰り返しても一緒やけど、もう私どもが（検診）するときいっしょにしとけば、こげん目に会わんで良かったと思うですたいねえ。」

土本「ああ、お宅らより、亨さんの方が審査が遅れたんですか？」

なが子「一緒にしとったとば、自分たちが勝手にオミットしとっとです。」

築地原「検査を受けとらんとたい！　あんた。」

なが子「ところがね、その時は今言いますように原田先生たちのお出でて診《し》なった時は、魚屋の商売でおって〝魚もたべまっせん！〟とかね、何とかもう……。これ（水俣病）に掛ったらまあ子供も居るし――私とは違いますけん――いろんな事を考えとったんじゃないかと思いますたいね。なるたけ店しとるから、店で子供を学校に上げてしまわなきゃいけんがと思うとったっちゃ、自分の苦痛は時にはそんもう……。今ならもう！　まだあと繰り返し何年あとんと自分の具合の悪かつやと……。まてこれはという気ィが今は起きとりますけど、原田先生に一番に診せなさった時はもう〝魚も食いまっせん！　生《なま》も食いまっせん！〟って！」

土本「ああ、子供のことを考えたり、商売のことを考えて……。」

築地原「嫁さんもねえ、全然食わんごと言わすと！　なまなんか私は喰わんごて！」

なが子「……一番に原田先生に紹介しなさったんですたい。そん時、自分たちの勝手で行かん！　勝手ちか、……そういう事（註・子供や商売のこと）を思うとったんだろと思いますけどね！　今はもうそれこそもう（眉根をよせ、口惜しそうに）てき面にやっぱりもう、足が判らんやったり、手が判らんやったり、頭がぼおっとしたり、それこそ狂って！　商売に妨たげるもんだから！」

43　第五子順君　その症状との関連

○医療活動家の一室での検診、父親によりそわれて順君が検診をうけている。

○知能検査

原田「そんならねえあごはどこ？　あご？」

順君理解しあごをさす。

原田「ううん。ひじはどこ？（鼻をさす）ひじよ、ひじばい。」

浜本「分らんですね。」

原田「ううん、耳は？（指す）眼は？（指す）まつ毛は？（鼻を指す）ううん、分らんと鼻に持っていくごたるねえ。かがとはどこ？　かがとは？（鼻にもっていく）」

浜本「返事をせんかい！　はいとか何とか（気弱な声で）すなおくん！」

○原田氏、品物を見せて知能をなお調べる。

原田コメント「で、家族歴の中でですね、ちょうど五番目の子供さんが、御本人（父親）がですね症状の悪かった時に生まれた子供さんで〝症状のある子供〟さんが居るわけですね。だから、この子供さんを一遍診て、今度はその関係がどうなるかという事を、やっぱり検討していかなきゃいけないわけですね。」

○みかんを見せる。

順君「みかん」次に懐中電灯を見せる

原田「これなんね？」

浜本「なんかそれは？」

原田「これなんかね？　ぅん？」

浜本「知らんと？　知らんか？」

原田「知らんときは〝知らん〟といってね。電気だろ、電気だろ？　（次に自分の眼鏡を示し）これ何かね？」

順君「めがね！」　ほっする父親。

○数のテスト

原田「ううん、手でね三つ出してごらん。三つ。（指三本を出す）おお、じゃね、六つ（迷う順君）六つよ（両手をひろげ十を出す）……なら二つ（指二本出す）……六つ！又、迷う）どしこね？　どしこね？（十を出す）……ううん七つ（また、十を出す）。」

44　〝検査不能〟といわれているケースとしての順君

○眼を診ている。重なって原田氏のコメント

「非常に……あの、智恵が悪いですねえ。知能障害があるために、例えばあのう、視野狭窄とかね、知覚障害とかいうのは、非常に確認できないですね。でこの子は〝保留〟になっているわけですねえ。あの、この人を保留ということはまあ、やっぱり一応（註・有機水銀による症状との）完全に疑いをとり切れない段階ですからね、それは僕はそうだろうと思うんですよ。（註・父親に有機水銀の影響を全くみとめず、脊椎変形性とした切り捨てのケースと比べ保留としている微妙な差を指摘している・土本）

○順君の身づまいをととのえている父親・亨さん。

原田コメント「……非常に気になるのは、この疫学的には問題のない、魚と極めて関係のある家族の中で、ひとりは、この浜本さんがおり、しかもその家庭にこういう子供が……しかもその浜本さんが一番症状の悪かった時に生まれた子供で、こういうのが居ると！　これは事実なんですねえ、これはあのう無視できないわけです！」

○原田氏、父親に「ずっと家に閉じこもって、何も……出ても行かない？」

浜本「はあい。とじこもるちゅうわけじゃ、なかです。」

45　順君の日常

○店の前の道にたえず体をうごかし、歩きまわる順君に弟が連れそっている。

原田コメント「あのう、いま私たちが〝胎児性水俣病〟といっているのは、御承知のように、重症で手足の障害がある。ところがまあその〝不全型〟というはおかしいけども(強く)軽症例じゃない！……ですけどね、ま、非常にタイ

プの違った形として、知能=智恵おくれの子供たちが出てくる可能性ちゅうのがある。……。まあ、それについて、私、かなりデータを集めてるわけですけど、まあその中の一人ですけどね、まあ従来の胎児性とは明らかに違う……運動麻痺とかですね、失調とか、そういうのが無いわけですね。」

○歩きは正常に近い。よりそう弟。

重なって弟への質問

スーパー〝――弟さんの話――〟

質問「眼はどんな風、お兄さんの眼は?」

弟「(ひどくつっかえ、どもりながら)ぜ、全然駄目!」

質問「テレビなんかは?」

弟「近くで見らんば、やっぱり見えん!」

質問「じゃあ、町なんか出ると危いですね。」

弟「はい、ボールなんか横から来たっちゃ分らん。(「ボールが」)なんでん飛んできたりして、あんまり眼が見えんので、はあ、すぐぶつかるごたる。」

(註・暮しの中での弟の観測で知りうる限り、傍がみえず、視力は異常であった・土本)

46 母親アツミさん—申請後間もない患者

スーパー〝浜本アツミさん〟

○店先に腰かけているアツミさんに質問

「なるほど。近所の人も、昔ひととき、随分悪かったと言っとられました。(アツミ「はい」)もう(手で示し)見た眼で相当分るごとく震えてたんですか?」

浜本アツミ「はいもう……刺身切んなるとか、あがんことしなさるとき、苛かったです。」

○路地に立っている順君を見ながら

質問「そうすると、あの順君はね、その頃お生れになったんじゃないですか?」

アツミ「はあ、その時は、その前……ええと何ケ月か……その時は……もうここから通って行ったです、ここから(註・医者に)出店しとったから……。それからブランコにも寝せていっちょきました。そしておしめが、なんさま五歳位までじゃなかったでしょうか、要《い》りましたですもん!」

○この母親に重なって原田氏のコメント。

「もう一人いっしょに共同生活してたのは奥さんですね。(一般的に)奥さんは御主人ほど魚を食べなかったとかいろんな問題があるかも知れない。或いはあのう、そういう胎児性の子供を生んだりしたお母さんは、症状も軽いということもあるからですねえ。」
○この部落の魚とのかかわりを聞く
質問「……その後、町役場なんかからねえ、〝魚、食べるな〟とか何とか言ってきました？」
アツミ「いいえ、その話はまだ聞きませんが、いっとき、私たちが魚しよるとき、鯛が……売れんごとなったです。まあ、あじのようなもんが怖ろしかとか、ぼらが、まあぼらようなとが怖ろしいとかいうて……。」

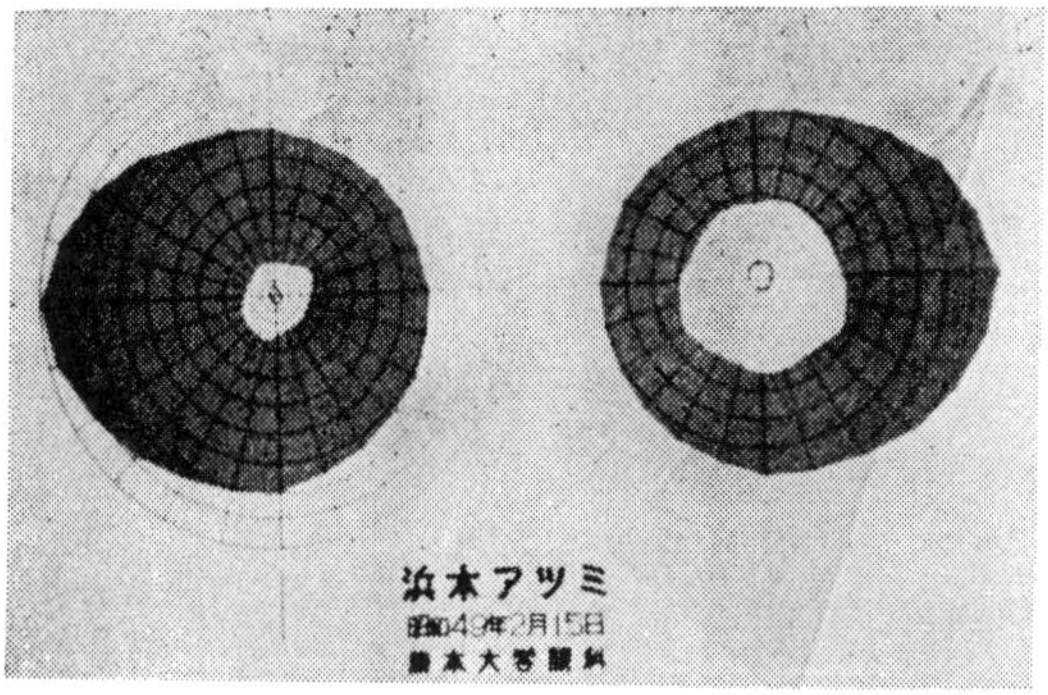

質問者「あぁ、鯛やぼらが……。でも魚を食べるというのはつい最近までね、この辺の魚ですね、漁のあるうちは食べてたんじゃないですか？（「はい」）この辺で漁なくなったのはいつ頃からですか？」
アツミ「漁が全然なくなったちうこつは無かばってん(「今でも」)はい、やっぱり獲りいきなさる人は獲りいきなって、喰べらす人は喰べらす……。」
質問「でも、この辺ではもう獲らないんでしょ？」
アツミ「この辺でもやっぱし獲りなさるです。やっぱり時期のありますけん、とれる時期と獲れん時期の……汐次第で。」
○アツミさんの話しぶりを見つめながら
土本「おかあさんも口がおかしいですね。」
（註・この撮影と前後して、妻アツミさんも申請することになった・土本）

47　典型的求心性視野狭窄図（妻・アツミさん）

熊本大学眼科でテストした結果、水俣病特有の視野狭窄が発見された。そのパターン
原田氏、その所見を見てコメントをのべる。
「奥さんはこれは割とはっきりと症状がしている！　特に、あのう我々が特に重視する視野の狭窄が、ぼくのこの対面法（註・最も原始的なむきあっての検査法）という非常な簡単な方法でも確認されたわけです。」
○「昭和四十九年二月十四日附、浜本アツミ」とするデー

タのクローズ・アップ

原田コメント「……そうなって来るとですね、この浜本（亨）さんの症状、このう、坊や（順）の症状、こういうものが大変問題になってくる！　と。まあ、だから、そういう、こういろんな多面的なアプローチをしていって、それでも充分に言えないかも知れないけどもですね、可成りこう見えてくるわけですよね。」

○順君のスナップ。そして行商から疲れきって帰ってくる亨さんに重なって

原田コメント「そのまわりの状況を見、生活を聞き、それから症状が具体的な日常生活でどんな風に症状として出てきてるのか？　或いはどこが困っているのか？　彼（患者）の言うことは本当なのか、彼の訴えは正しいのか！と。」

○車から降り立つ浜本亨さん。

質問「どうですか、からだは？」

「バン！」とドアを閉める音。

スーパー〝昭和四十八年十月

環境庁に対し行政不服審査を申立[3]〟

48　エピローグ

○津奈木川のほとり、子供たちの遊ぶ背後に二人の老女、双葉杖をついての日常の姿がある。部落の人々の廃疾の一端の光景のごとくである。　（ギター曲　始まる）

原田氏のまとめ「まあ、今、見てきたいくつかの例はですね、私たちが直面した例のなかでも、非常に難しい例、非常に苦心した例です。で、今認定されたり、或いはあのう、保留になったり、あるいは却下されたり、色んな処遇があるんだけども、その中で、私たちが診て、あるいは非常に厳しく（註・症状のそろい方を）採る医学者《せんせい》が診ても、問題のない患者も沢山居るわけです。で、そういう患者さんたちが、まあ、永い事、放置されとったという事にも、あの、責任……問題はあるんだけども、今、少くとも見て来た、患者というのは……、私たちが非常に……私たち自身判らない問題が沢山あるし、悩んでいる問題、そういう悩みの中から、やっぱり今後残される問題点だとか、診断の、ぼくらの考え方というものを述べてきたつもりです。」

○浜本亨さん真直ぐ家に帰る。カメラに、別れの会釈の身ぶり。

49　エンド・マークに代えて

字幕〝「医学としての水俣病」―三部作―

臨床・疫学篇　昭和五十年三月〟

50　**クレジット・タイトル（略）**

（ギター曲、ラストまで）

採録責任　小池征人
土本典昭
有馬澄雄

〔註〕

初期の研究においては、水俣病の原因物質を明らかにするため、症候学的に〝典型的・特徴的症状は何か〟が問題とされた。それらはハンターらの報告を基礎に、有機水銀中毒症としていわいる〝ハンター・ラッセル症候群〟としてまとめられ、三十五年までに確立せられた。三十五年以降、「水俣病は終った」とされ真の意味の疫学調査はなされず、その底辺の症状（例えば、不全型や軽症例など）の検討がなされてこなかった。むしろ返って、補償のための認定制度を通じ典型的症状を示す患者以外は切り捨てるという歴史的事情があった。そして最近になって不知火海沿岸住民の健康のかたよりが問題とされ、徐々に多様な病像の実態が明らかにされつつある。原田氏の意見はこのような事情をふまえて語られている。

徳山で問題とされた水俣病

環境汚染を通じて今後起る水俣病は、おそらく非典型例が見出されるであろうと考えられていた。事実、第三（有明）第四（徳山）水俣病問題のなかで見出されたのは、非典型的症状を示す患者だった。水銀汚染が濃厚に認められ汚染魚介類を摂食していて、しかし水俣病特有の神経症状が必ずしも全部そろっていない患者をどう考えるのか、はたして水俣病と診断できるのかが問題とされた。結局、問題は環境庁水銀汚染調査委員会に移され十分調査されることなく「患者の一つ一つの症状は他の疾患で説明がつく」という理由で政治的に否定された。その後、徳山で問題となった田中さんが亡くなり、故人の意志で事の決着をつけるべく、熊大武内教授（病理学）のもとで解剖され、病理検索中である。

浜本亨さんの行政不服審査その後

申請してから約二年後、環境庁は浜本さんについて「①レントゲンで頸椎に異常があってもただちに知覚障害があると言えないこと、②他の症状として企図振戦や難聴が認められる、③生活歴・家庭歴を綜合的に考慮して、再度慎重に検討せよ」と県の棄却処分を取消した（五十年七月二四日付）。その後、県認定審査会（八月二三日開催）で再審査がなされたが、「綜合的に判断して、変形性頸椎症であって水俣病でない」(大橋審査会長)として再び〝棄却相当〟の答申をした(県知事は行政判断で〝保留〟にした。浜本さんの地位は宙ぶらりんとなっている)。新たな調査を一切なさず旧資料の書面審査のみで同じ結論を出すという審査会の態度に対し、浜本さんは「手足もかなわずこれ程苦しんでいるのに、デタラメの理由で切り捨てようとする審査会のやり方に憤慨をおぼえる」と批判している。

われわれは、このフィルムを審査会の各委員に対し有効に見せることができず、浜本さんら、多数の放置された患者の現状について、少しでも前進させるのに力が及ばなかったことを残念に思っている。

不知火海

1　字幕「青林舎作品」

2　浜辺の岩膚を見る老漁夫ひとり、背景に恋路島。カメラ、ズームで寄る

スーパー〃水俣湾・月ノ浦——昭和四八年十二月——〃

（註・最初の水俣病発生地点）

○濡れた岩膚にまばらにカキが附着している。

老漁夫、田中義光さん（註・一家とも水俣病患者）つぶやく

「……もう、カキは増えておるですね……もう、この調子ならば、まあ、二年ぐらいしたならそうとう増えますよ。」

○汐潮の浅瀬に光る稚魚の群、鱗がキラリ

（タイトル・テーマ音楽始まる）

3　メインタイトル

不知火海

（音楽やむ）

4　汚染魚の始末

○漁村茂道部落から二隻の漁船が出てゆく。カメラに手をふる老漁夫

ナレーション「三日にいちど、茂道から漁師は船ででてゆく。もっぱら水俣湾の汚染魚を獲り、処理する仕事のためである。水俣での漁は、いま見ることがない。そのためか、湾内の魚はむしろ増えているという……。」

○荒れた海、上下にゆさぶられる船

○汚染魚を囲いこむ定置網用のブイが並んで浮いている。

ナレーション「水俣湾のヘドロは、水俣病発生以来二〇年、そのままである。——ようやくとられた対策は、魚を獲って捨てることだけである。」

○網が上げられる。一見普通の漁と変らない。

○日章旗をたてた海上保安庁の巡視船、その甲板に学者や役人たち。寒風の中で、その豊漁ぶりに嘆声をあげている。

スーパー〝水産庁・汚染調査検討委・定置網視察（昭四九・二・二四）〟

ナレーション「この日、水銀問題の権威ある学者らの視察がおこなわれた。（注・東京医科歯科大上田教授、新潟大椿教授、神戸大喜田村教授らの顔が見える）——所用時間、三〇分。これは水俣湾の汚染魚処理を参考にして、全国各地で、この種の対策をたてるための現場視察であった。」

5　魚の状況を説明する漁夫たち

○網に大物のすずき、かれい、たこ、ふぐ、このしろ等がかかっている。元気にはねる音、呼吸する声

○接岸した地点で、甲板上に魚をならべ、その身をひらいて説明する漁夫

「これがチヌ、これがフグ……（質問の声「それは」）」

○大きなカレイを手に

「これで五キロですね。（「五キロ」）五キロです。値段にして、一八〇〇円（註・キロ当り）ぐらいですから、キロの……。大体、九〇〇〇円、九〇〇〇円ですよ。これ、一匹が九〇〇〇円。熊本だったら、これだったら、ええと、一万三〇〇〇円ぐらいしますよ。」

○腹をさいて、胃袋を示す

「この中にいっぱい小魚がはいっとったんですよ。それが出てしまったんですよ。さいぜん、こう、上にあげた途端にですね、ショックでね。（身ぶりを加えて）があがあ、があがあ吐いてしまったんですよ。……これ、何も胃潰瘍

もなにもありません（といって、胃袋を調べ）ちょっとこれやっぱ、潰瘍がありますね。（指で示し）潰瘍がね、潰瘍があるですよ。（役人の声「田中さん、詳しかねえ」）――潰瘍がありますよ。」

○別のすずきを割き、腹を開く。その傍らで説明、やすみなく続く。

「あの、チヌがですね、この前、こんな大きなチヌがおったんですよ（両手を一ぱいにひろげる）そいが瘠せとったんですよ、ものすご。……それを私がね、こう中を割《さ》いてみましたところが、潰瘍が、あの、胃袋をつき通してですね、そしてこの身の中に潰瘍がはいっとった、肉に。この腹膜に潰瘍がはいっとったんですね。それで瘠せてしまうとったっです。それで（魚を指し）すずきでも、これは瘠せとるんですよ、太ってないんです、これは……。」

○工場を背景に、水俣湾をしきった汚染魚の定置網のライン。

6　不知火（八代）海・有明海の汚染魚分布図

○研究データをもとに水銀汚染の魚類分布を解説する医学者

スーパー〝武内忠男氏（熊本大学、病理学）――元「第二次水俣病研究班」班長――〟

○図を示す手もとのみ

土本の声「ここが水俣ですね。」

武内の声「はい。」

土本（以下略）「これはいつの調査ですか。」

武内「これは昨年、すなわち一九七三年八月ですね。」

土本「（丸印を指し）この印は最高値どのくらいまでの……。」

武内「ええ、この丸いのがですね、ええ、一〇検体、すなわち、魚一〇匹の平均値をあらわして、〇・三PPM以上の魚を示すわけですね。多いのは一PPMを越えとるわけです。そういうものは水俣（湾）に集中しとりますね。それから、水俣湾の外にもあるということですね。」

土本「（水俣沖を示し）いま、この辺でですね、天草の人は漁を現業しております。」

武内「ええ、それは非常に危険だということです！　というのは、私が先ほど申しましたようにですね、ここでの、これだけの水銀値（註・〇・三PPM以上）があるということは〝慢性発症〟につながる可能性があるという風に言っておりますので、もう少し遠い処から獲った方がいいということですね。」

土本「（角印を指す——これは天草、獅子島等全域に散在する）この四角ですね、これは？」
武内「それはですね、（註・魚の）一〇検体の平均が〇・二から、〇・二九九までと……すなわち〇・二PPM台のものの集まりですね……が、それだけあるわけです。かなり広範囲に……。」
土本「全域に拡がっていますね。」
武内「はい、（北方の海域も示し）それは不知火海だけでなくて、有明海にも、そういう高い水銀値を示す魚がいるということです。……それから、この三角（印）の方はですね、三角の方は、〇・一PPM以上のものを表わすんですけど、かなり広範囲にある。しかもいまのこのマークをつけた〇・一PPM以上のものが、八代（註・八代海、つまり不知火海）ではですね、一、〇六八検体の約三割を占める——おるということです。」
土本「はあ、全部調べたうちの三割が……。」
武内「はい、三割がこのマーク（註・汚染魚）にはいるわけです。」

7　汚染魚を海に返す漁師たち

○舷側から、スコップで次々に魚を海にほおっている。
ナレーション「この汚染魚は本来、タンクにつめられ、ヘドロ埋立のとき、一緒に埋めこまれることになっている。しかし漁民は、秘かに海に返していた。」

8　チッソ会社の歴史と水俣病

○梅戸港（チッソ専用原料港）よりパイプ・ラインが民有地の畑をこえて工場につながっている。眼下に工場全景を俯瞰する山の上
土本の声「七〇年前にですね、この工場ができて、まあ長い歴史の中で水俣病を生んだわけですけれど、あの、あなた内部《なか》のね、工場労働者として、どんな風にみておられますか。」
○工場労働者と土本
スーパー〝山下善寛さん（チッソ水俣工場労働者）〟

「チッソの前身の曽木発電所ですね、それはあの鉱山関係（註・大口鉱山）に電力を供給するためにできた工場ですね。それが余った電力でもって、カーバイドですね、そういうやつをつくるために、まあ、旧工場《こうば》（註・明四一・日本窒素肥料株式会社）ができて、でまあ、それを主体にして、ええ、肥料ですね……硫安工場が出来たわけですね。……で、その頃から、まあ、非常にこうチッソというのは

創立当初の水俣工場全景――「事業大観」(昭12)より

儲かって、まあ工場がどんどん大きくなってきたわけですけれども、ま、一寒村に、チッソというですね――現在のチッソですけれども――もとの新日本窒素肥料株式会社ですねえ(註・昭二五・企業再建整備法により、第二会社として設立さる)。」

○旧工場全景写真、駅前から田圃をへだてて海側に工場。(註・「日本窒素肥料事業大観」より)

「……それが出来たということで、その農業をやってて非常に困った家庭なんかですね――漁民とか農民の――非常に困った家庭が工場に勤めるという歴史ちゅうか……それがあるわけですね。」

○旧日窒時代の製品群(註・事業大観より)カタログ風に――アンモニア肥料、硫化燐安、硫燐安、ダイナマイト、旭味、不燃性映画フィルム原料、人造宝石、各種ベンベルグから、最終製品としての受話器本体からベークライト製の各製品まで、戦前の流行の尖端をいく製品の原料となったことを示している。それに重って――

山下さんの声

「……だから、始め、チッソの労働者として働きにいくのは貧しいとこの子供だという風な言われ方をしとったわけですけども、それが、あの、現金収入というののやっぱ強みで、会社につとめる労働者が、今まで軽視されとったけれども、非常に羨望の眼で見られるという状態のなかで〃会社いき〃の地位というのが上ってきたわけですね。（工場のサイレンが背後に流れる）……それを中心に、チッソというのは、まあどんどん発達して来たわけですけれども――まあ、日本の資本主義の発展の過程と非常に似ているちゅうか……それをそのまま地でいった――という感じのする工場だという風に思うわけです。」

○話しつづける山下さん

「……で、まあ、（明治）四十一年に水俣に工場ができてから、その利益をどんどん他所《よそ》の方に――水俣だけじゃなくて、よその方にもですね、出していくという発展の仕方をしてきているわけですね。で、八代の鏡工場（註・大正三年建設）なんかも造ってきましたし、水俣でもうけた利益を――肥料でもうけた利益をですね、朝鮮工場ですね、まあ朝鮮の興南工場（註・昭和二年建設に着手）なんかにも、どんどん注《つ》ぎこんで、当時、東洋一という工場を造ったわけですね。」

○「事業大観」の第一頁、創始者、野口遵の案内で工場行幸中の天皇裕仁の写真

○字幕、「事業大観」の見出し〃朝鮮に於ける事業〃

○以下、部落の原型をとどめている興南邑、漁村風の家々と風俗
○「土地買収には警察官が立会った……」と明記する説明文と写真等、朝鮮への企業進出を物語る写真資料（註・すべて「事業大観」による）
山下さんの声「まあ（註・この事業は）チッソ独自というよりも、日本というですね、国家《くに》をバックにして、まあ、朝鮮に乗り込んでいった——ちゅうかですね、そういう意味では、国営工場みたいなことで——ええ発展していったという風に思うわけです。で、特に朝鮮工場——興南工場なんかを造る場合にですね、土地買収なんかについては、日本国から派遣された大使あたりがですね、立会った——と、で、二束三文に土地を買上げていったり……。」
○字幕〝赴戦江発電事業〟　（音楽はじまる）
○巨大な水力発電用ダムの大ロングの写真
「またダムなんかを造る時にですね、非常に多くの人達が死んでいったという風に言われておりますけれども『人はいくらでもいる』ちゅうかですね。届け出用紙を何百枚も用意しとったということを考えてみてもですね……（土本「死亡届けを？」）……死亡届け用紙を何枚でもチッソは準備しておったと！」

朝鮮・興南工場全景——「事業大観」より

○大発電室及び「興南工場」の主力設備、及び完成予定図の全景（「事業大観」より）

「……それだけの事をやってきた背景というのは、当時、戦争がですね、始まる前の日本が、富国強兵策でですね、どんどん外国に出ていった——非常に強大な力をもったところと、まあ、チッソが結びついて発展してきたと——軍需工場としてですね、発展していったということがあれだけの大きな工場になったですね——東洋一といわれる工場を築いていったというところにあると……。」（音楽終る）

○再び工場裏山で語る山下さん

「まあ、こういう絶対的な支配の下にですね、〝生産第一主義〟でその〝安全無視〟という発展の仕方をやってきた結果がですね、まあ今日の、あの悲惨な水俣病を生んだ……ということができると思います。」

○望遠レンズで工場内のアセトアルデヒド工場を探す山下さん。その照準地点をのぞく土本、カメラ、その一劃に寄る。

山下「いまは、……アルデヒド・タンクになっておりますね。その少し上ですね。」

土本「……とこのブロックは殆んど水銀を流しつづけたブロックですね。」

山下「はい、ここは水銀関係ですね。」

（注・昭四三年四月、五・六期アセトアルデヒド工場稼動停止、精溜塔の廃跡が残っている）

○製品つみ出しヤードを眼下に語る山下さん。労働者が貨車へのつみこみ作業をしている。

山下「（註・水銀を）昭和四三年までですね、チッソは闇で流してたと言う風に言われてますね、はい。」

土本「現場の労働者もはっきり、それを知っていて？」

山下「それは、今度の水俣病のですね、裁判の証言（註・昭和四十七年、元工場労働者証言台に立つ）なんかでも明らかになったわけですけれども、サイクレーターを造ってですね、あの、対外的には廃水処理をしてるんだと、いう風なことをいいながら、水銀がなかなか除去することがむつかしかったために、そのままですね、流してたと——。残渣プールなんか通さずにですね、流してたと。また一旦、残渣プールにもっていっても、またこっちにもってきてですね、工場内から流してたという風にいわれてます。」

○熱風の舞上る工場建屋のかげろうを透して市街が見える。

9　急性症状の患者の新発生（註・昭和四十八年九月、発病）

○紛雪の舞う湯堂の繋船場、魚網に雪

○袋湾に接する高台の家。一台の車。
ナレーション「ここは患者さんの多い湯堂である。最近、ひとりの青年に、口がもつれ、足がひきつるなど、典型的な水俣病の症状がひと晩のうちにあらわれた。」
○居間、姉の遺影（故坂本キヨ子さん）を前にすわっている青年
スーパー〝坂本登さん（水俣市湯堂）申請番号二四七四〟
○医師の診断と医学的判断が語られる
スーパー〝話・原田正純氏（熊本大学・精神神経学）〟

「……非常にこの坂本君のケースでね、……まあ、疫学的には問題はないわけですね――水俣の漁師の息子で、しかも姉さんは急性激症型で死んでいて、両親は水俣病だと。ただ彼はひじょうにこう、若かったんで、元気でね、仕事をしてて……。」
○海沿いの道をゆく坂本さんの自家用車、それをつけるカメラに原田氏の話重なる
「……それがその、ある日ね、突然、この……症状が悪化したという……。これはねえ、私たち医学者にとってはね、水俣病を研究しているものにとっては大変なショックなんですよねえ！……まあその、何故そうなるかということに関してはね、未だ充分に説明できないんだけれども、事実としてこういうことがあるというのは、この、大変な事だと思うわけですよねえ。」
○車にのるところからの動作、左足をひきづってシートにのりこむ坂本さん
土本「そうやって手でこう足……介添えしないと場所（註・クラッチ）に置けませんか？」
坂本「（完全な構音障害でどもる）おき、おき、おき、置き憎いな。て、手をもっていかなきゃ。」
○車中、左足を左手で吊り上げてクラッチにおき、又はなす。
土本「あの、踏む力はどうですか？」
坂本「ふむ、踏むちからは、……踏んでしも……しもたら……そうはない……けど、ふむ、ふむまでが……やっぱり、手を添えにゃならんな……。」
土本「ブレーキなんかの方……あれは大丈夫ですか？」
坂本「（動作をしつつ）ブレーキ……右側の方はもう……なんともないけれど……な……。ひだりの方が……やっ、やっぱり、あの……クラッチ……踏み……いかんな。手を……添えてやらな……。」
土本「信号なんかで変速する（クラッチ操作）ときは？」
坂本「…………」

土本「あの……どういう風にしますか？」
坂本「信号なんかの時は……へん、変速はもう……とお……遠くからもう……ブレ……ブレーキには足をのせとるで……（土本「ははあ」）だけど……左の足はもう……あれやな……もう……信号は……変わるいうときはもう……早うから、のせるなあ。」
○数種の交通安全の御守袋がフロントに。
○国道をおぼつかなく運転していく坂本さん。部落の道にカーブする際ごとに、左足を手で持ち上げる。
原田氏のコメント
「で……症状全部揃っちゃっているわけです。それはもう……ハンター・ラッセル（症候群）全部揃ってるわけです。ただ、その知覚障害がね、軽いけども左右差がある、つまり中枢性の知覚障害がひとつある、と。まあ今まで、悪くなった患者にですね、あれは老人性変化だとかね、高血圧や循環障害が合併したんだという考え方が非常にあったんですけども、たしかにそういうケースもあるけども……（註・高年令層の患者で、水俣病の症状が潜在しながらも、片麻痺の症状がそれをマスクしている場合、老人性の循環器系の疾病と説明できるとして、棄却もしくは保留あつかいのケースが多く見られている）彼は若いわけですよ！　ああ、全部揃っちゃってるですねえ！」

10　青年期をむかえつつある胎児性患者

○患者の自宅の一室、小刀で工作している患者に話しかけ、介助している女性（註・水俣で移動診療を自主的につづけている医療・看護工作者）
スーパー〝胎児性患者（十七歳）と堀田静穂さん〟
○郵便箱らしいものを作っている。
ナレーション「この少年は昭和三十一年生れ。母親の胎内で有機水銀を浴び、生れながらの水俣病になった。いま十七歳、青年期をむかえている。」
○堀田さんの質問に応えるかたちで会話している少年、言葉は全く出来ないが、身ぶりで応答する。板の切り方を間違える。
堀田さん「それでいいの？（少年「うん！」）じゃ、どこまでこっち側？（二枚の板を比べ）こっちとこっちとハバのちがうがね、よかね？（物指しを当ててやって）こん長さじゃたろ？　ハガキはこう……、でどっからその長さば計った？　ここだけ計ったろ？　ねえ、一光君！　で、ここば切ってしもたらどこば長さ切っとね……これ、高さじゃねえ（遠慮なくずけずけと長さ、巾、高さのメドを教えている堀田さん）これ、ハガキの高さじゃね？　そんならこん巾は？……。」

○祖母が黙然とこたつに居る

11　彼についての回想

○窓外の不知火海に十数隻のうたせ船が、帆を両翼ひろげた白鳥のように群れている。明水園の一室である

○一光君、車椅子をのりこなしている。

堀田さんの声「……四四年の秋に、水俣に来たわけなんですけれども……（湯之児の）リハビリテーションの二階にね、二階の水俣病の子供たちの室に……あの、病院のひとから案内されたとき始めて会ったんです……四四年の秋からのつきあいです。その頃、こんなに大きくはなかったのね？　もっと小さかったし……腕なんかもすごく細くって、ひ弱わだったんだけど、こんなに大きくなって！（明るく笑う）」

○幼児期の一光君、病院の一室で蛙とびのように腕だけで動きまわっている

スーパー〝昭和三十六年（五歳）熊本大学医学部撮影〟

○少年期の一光君　特別教室で教師に何事か語りかけている身ぶり

スーパー〝昭和四十五年（十四歳）〟

○この過去のフィルムに重なって、堀田さんのコメント

「……で、あの、一光君は、自分で言葉《もの》を言えませんから、私たちが聞き取るとき……何を言ってるのか、こちらから質問の形でしか、こう話を聞き取れないんですよね。だけどあの、聞き取っていこうとすれば、相当、いろんなことを、あの、前から話すひとでしたし、すごく表現の豊かなひとでした、このひとは！　小っさいときから……。」

○弟に背負われて庭先の便所から帰ってくる一光君

「……だから……首を振ったり、手を振ったり、私の頭をひっぱったり……どうかしたら咬みつかれたりして、自分の言いたいことを言ってたんです。」

12　彼の当面の主張——車椅子——

○再び室にもどる。患児、紙に何か描いている。その彼に問いかける堀田さん

「ねえ一光君！　どうして車椅子が、車椅子がそんなに欲しいの？　ねえ？（一光君「ウウーン」）自分で運転したいの？　ねえ？　自動車の方がいいと言いよったけど、始め……。やっぱ車椅子の方が良かった？（一光君大きくうなずく）」

○紙の上に車椅子らしい円や四角の図形
堀田「……そう……で、うしろの車（輪）を小さくするの？（「ううん！」）……ああ、これが後の車ね。これが前の車ね……坐る所がないよ、これ？」
○二人でむきあって真剣に話しあっている
堀田「……で、この前（明水）園のひとに言ったの？　車イス……（一光君手を横に振る――ノー）止めたんでしょう？（ノー）けんかしたの？　言いあいっこしたの？（一光、肯ずく――）駄目になった？　ああ駄目になったのね（…「うん」）明水園の中では（今ある）あれで良いんでしょうもん？　あれでいいから二台目は駄目だって？（肯ずく）ああそう！　あれが壊れてからと言われたんでしょう（笑う）……一光君はでも、おうちのが欲しいといいよったんじゃないの？　それで、おうちで使うっていったの？（「うん」）言った？　話したわけ？　誰に？　事務長さん？（ノー）小島さん（ノー）誰れに……。」
○一光君両手でめがねのしぐさをする
「めがね？　めがねって誰いるかねえ……うーんと庶務のひとね？（ノー）ケース・ワーカー？（大きく肯ずく）ケース・ワーカーに話したの？（「うん」）永野さん？（「うん」）湯之児（註・リハビリ・センター）のケース・ワーカーに話したの？（「うん」）そう……で、解ってくれんだったの？　解ってはくれたの？（ノー）ねえ解ってくれたけれども……無理だって？　（大きく肯ずく）またとってくれることできんって？（肯ずく）」
○一光君、紙の端に字を書く。読みとる堀田さん
「数字？（「うん」）…六……四……二・三？　……ロクヨンサン？　何？」
○一光君数字の上を指でさしつづける。
堀田さん「番号？　……（一光君、自分の鼻をさす）……ああ僕の……僕の何ね？……ぼくの家？（紙の図を叩く）……ぼくの車椅子の？　ぼくの車椅子の……ねえ！　値段ね？　……値段！（「うん」）そんなにするって……だから駄目だって？　ああそう……でもその位……六万四三〇〇円ね！　ねえ？（一寸びっくりする堀田さん）」
○一光君、話が佳境にいって興奮してくる
○両手をつかい上半身をふりたてての応答である。
堀田さん「（からかい気味に）……いわれるの？　皆に……駄目だって！　……やってみる！　何回も！（一光君、気を昂ぶらせる）いまから先よ？（「あーあーん」）……そう、ほんと、じゃあ、頑張れ！（要求するぞという顔付で引しまった表情の一光君）誰にするの？　誰か分らんの

？　……自分でする？　ねえ、（工場の正午のサイレンがひびく）……」
○堀田さん、スタッフに話しかける
「……誰かに車椅子をまだ要求しつづけてみるそうです。（一光君、きッとしている）どこに？　ケース・ワーカーに話すの？（一光君大声をあげる）……大丈夫、ねえ！　めがね大丈夫？（一光君指でＯ・Ｋサイン）……ＯＫってねハハハハ（力づけるように）やってごらん！　それじゃ……何回でも！　……でも、園で使うんじゃないという話もしたね？（「うん」）してみた……お家《うち》で帰ってから使うんだって……してみたの？（「うん」）……永野さんによ！　本当！　それでも駄目だった！（一光君しょげ返る）本当ね！　何か方法考えてくれんだった？（柱時計が十二時をうつ）……指導員には？（ノー）駄目だった！……そこからもう一度する？（一光君、突然輝く眼になる）やってみるの？　そう……来年やってみるわけ！」
○二人の間の話つづいている。それに堀田さんの話かぶさる。
「……この人はそうあらわさなかったけれども、他の子供たちは……異性に対する感覚のあらわれというのも、既に十二・三歳の頃から、……湯之児病院のみんなの子の中で育つし、良く解ってたんですね。何ていうか……からかわれることから、おそらく教育されたのかも知れないんですけどね……とくにあの、何ていうか……女の人に――特におとな（の女）に興味をもってですね、あの随《つ》いて歩いてましたもんね……あの頃から。（註・看護員の）おばさん達がおっしゃってたんですけれど、お風呂なんかはいってる時ですね、こう裸ン坊になってすって（洗って）もらってるんですね、その時に、あの……〝おばさん！　俺《おん》にも嫁ごばさがしてくれんな！〟というような話をしてるわけですね。で、おばさんたちの方もびっくりしちゃって……もう全く……躰は成人《おとな》になって来てるわけですよね、男の子は……。で、気味が悪くなってとびだしてきた、なんて話を時々される位に……敏感になりつつあったんです……。」
○何故か喜色をうかべる一光君、よだれがしきり口もとから流れ、ひたいに血管が張っている。青年らしい表情である。
「……で、私なんかも、うしろから、もう力一杯抱きしめられたときなんかあってですね（笑う）もう、それこそ……私はうしろに誰がいるか分らないで、パキッと勢いよく叩いて飛びのいたことなんかあるんですよね！」

13　明水園の若い胎児性患者たち
○山の中腹にある新設の施設
スーパー〝水俣病複合施設「明水園」〟
ナレーション「ここ、明水園は水俣病患者だけの施設である。」
○その訓練室、マットの上で、小柄な女子患者が腕立てふせの運動をくり返している。足はねじくれている
指導員「もう一回あげてごらん！　はい、わあ上手ぜ、千鶴ちゃんは……。」
別の女性指導員の声「頑張れ！」
顔を紅潮させている患児
ナレーション「主な日課は機能回復訓練である——当面、この訓練しか手足の動きをうながす方法はない。」
○一光君が両肢に補足具をつけて、立つ訓練をしている。
○女性患者末子さんと指導員が話している。
「足の痛か？　足の痛かんね？　背筋ばね、さあ行きなさい……。」

気づかう指導員の様子をみて末子さん、声を放って笑いつづける
○別の時間、休息どきの人気ない廊下を、尻をずりながら富士夫君がカメラに近づいてくる。ことばは「うま、うま」しかいえない。眼の前で指をふるわせるくせがある。一声、つんざくような声

14　明水園の夕食
○配膳車が食堂に着くと、流れ作業のように金属食器がそれぞれに運ばれる。中等程度の患児たちは食堂で車椅子のまま机に向う。午後四時すぎ。陽はまだ明るい。
○スプーンで口にはこぶが、共同運動障害特有のぎこちなさである。口もとが麻痺しているためか、ごはんつぶだらけのあごに気付かない。
○重症児は寝たまま、あるいは上半身を起され、たべものを口に運んでもらっている。そのたたみじきの室の一隅、最重症の富士夫君には二人の介助が要る。うしろから背を起す女性介助員、正面からスプーンでたべさせるもの。
「フジヲ君！　フジヲ君、ごはんよ！　ああんせんかい。（頬をうって、開口をうながし、スプーンですくいこむようにしている）ああんせんか……。」

15　行事・ひなまつりの日（明水園）
○人気のない室内、つき当りの訓練室から幼児用唱歌「今日はたのしいヒナ祭り」の音楽がもれてくる。全員参加し

ての行事である。ベッドに寝たきりの患者も一室に集っている。カメラゆっくりと近づく。
レコードの歌
〽金の屛風に
うつる灯を
かすかにゆする春のかぜ
すこし白酒めされたか

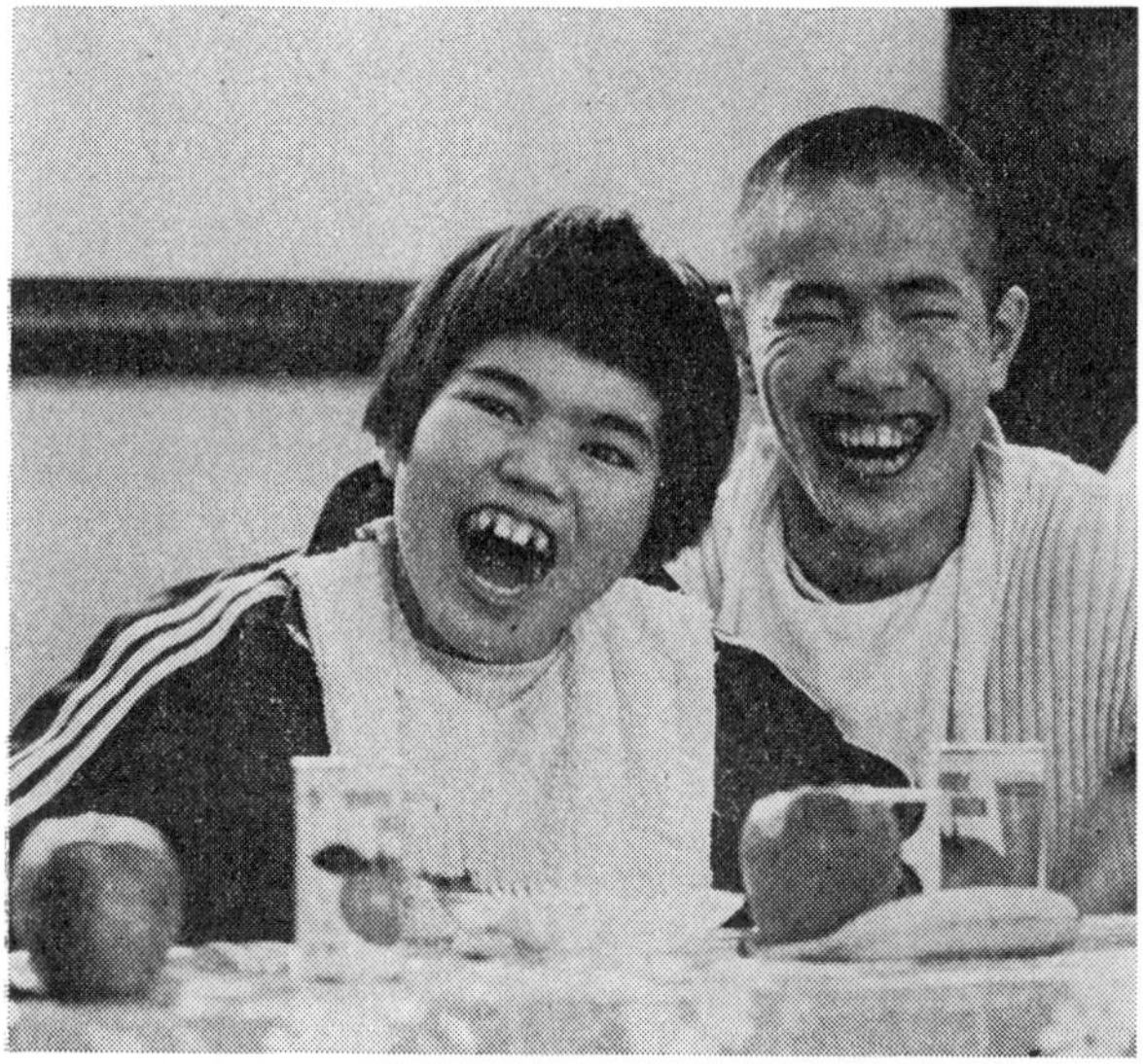

赤いおかおの右大臣
(はしゃぐ女の子の叫び声)
着物をきかえて
帯しめて
今日はわたしも晴れ姿
春のやよいのこのよき日
なによりうれしいひな祭……
○中等、軽症の患児たちがそれぞれに音頭をとって、手拍子をさそっている。全体に幼稚園の雰囲気である
○人形劇のぬいぐるみの狼で子供にたわむれる指導員たち。屈託のない表情で滋然と見守っている十数名の老人患者たち。
○一光君と勇君による「二人羽織」の余興がはじまる。羽織のかわりに白いシーツ。勇君の手でミカンやジュースが一光君の顔めがけていいかげんに運ばれる。自由のかなわぬ手つきや、困り切った一光君の表情におとなどもは笑いころげている。
「ほらどうか、あらら、ほうれこぼした!」「おお　上手ぞ上手ぞ」「ジュースものませんば!」
バナナをまんなかからくいちぎる一光君
「真中からくらいついて、まあ、どうか……象さんにばし、喰わするごたるばい!……」
大人たちの方が遊んでもらっているようだ。
○山の上からの明水園の俯瞰
庭に人影はない。不知火海に面した明水園はそこだけ一劃を区切られたように、白い病舎として孤立している。
ナレーション「少年たちにとって、年にわずかの行事の日であった。この日も入院者たちだけで、家族も、お客も一人も見あたらなかった。」

16　不知火海の三月——その海と人
○リアス式の海岸に早咲きの桜、そして菜の花がある。
（音楽——ピアノ曲はじまる）
ナレーション「不知火海の三月」

17　津奈木の浜の引汐どき
○入江の干潟に少女たちの貝をとる姿がある　（音楽終る）
スーパー〝芦北郡・津奈木町〟
ナレーション「水俣から、ひとつふたつと岬を越えると、汐のひいた浜に貝をとる人がみられる。」
○小学生位の女の子たちが竹かご一ぱいの貝を洗っている
「あった?」「ないよ!」「ああ、あった!」

ナレーション「土地のひとは、これを浜あそびという。」

18　帆うたせ漁
○山の上からみる漁港、計石に、丈たかい帆柱をもつうたせ船が、林のように柱をかさねてもやってある。数十隻が出動の準備をしている。
スーパー〝芦北郡　計石〟
○不知火海としては大型の帆船であるが、船にのる人は二、三人、しかも一家の男女がのりくんでいたりする。
ナレーション「このうたせ漁は、ここだけに残された内海《うちうみ》特有の漁法である。この漁村はうたせ漁のいちばん盛んなところである。」
○漁場まではエンジンをかけて走る。一本づりの舟もゆきかう
（音楽、ギター曲はじまる）
ナレーション「この海は最も深いところで六〇米といわれ、うたせはもっぱら海の底に住む魚をとっている。」
○漁場について帆をあげる。へさきの先に同じうたせ船が満帆である。
○船から見る不知火海は広々とみえる。はるかかなたに、独特の風姿を見せるうたせ船が散在し、それぞれ帆に風をはらんで稼動している。

帆うたせ船

ナレーション「漁場につくとエンジンを止め、風の力で底曳き網を引く。これは乱獲をしないための、お互いに決めたしきたりと聞く。」（舷をうつ波の音と音楽）
○鉄のつめのついたケタ網を海に投げこむ、そして、口の広い別の網をしずかに海にひろげる。父と子らの三人がそれぞれの手順で働く
ナレーション「これはケタ網といわれ、海の底を引っ掻いて、えびや魚をおどし、そのあとから網ですくっていく。一隻にケタ網六張、底引き網が七張ある。」
○海の中にとけこんでいく白いロープ。
かもめが舟の周りを巡る。
○ただ風にまかせたとろりとした一刻
ふなべりで休む漁夫
土本「むすこさんなんか、いま漁をついでやっていこうなんて思っていますか？」
漁師「さあ……そこまで、自分はまだ、親子でも……そういうことは、聞いたこともないしですね。」
（音楽おわる）

19　ツボ網漁

○岸から出てゆく船、あちこちの小船に、竹竿が束になってのっている。こちらは夫婦だけの舟である。

ツボ網漁（宇土半島・船津沖）

スーパー〝ツボ網漁――宇土半島船津沖〟
ナレーション「ここ一帯は、沖合い六・七キロまで水深一〇米内外の遠浅の瀬がつづいている。それをいかした漁法が見られた。」
〇竹竿をびっしりと直線に立てこんでいる。更にすき間に竹をさし込んでいる漁夫たち。漁法を語る老人の声がかぶさる
土本の声「ひとくちに言って、どんな風にして魚をとるんですか。」
老人の声「ええ、竹をですね、潮の流れに応じてですな、まあ、一〇〇〇米ぐらいこう幅をとるですたいね。して竹に当った魚がですたいな、網さに入るごとになっている――まっすぐですね。竹は片面《つら》五〇〇メーター（註・直角に交わるもう一つのライン）片面が五〇〇メーターですね、両方に出とるですたいね。そして竹に当った魚が網の方さにずっと、自然自然、潮に応じて来っです。」
〇竹竿のラインに沿って進むと、直角に植えこまれ竹の柵の交わるところに網がしかけられてある。
老人「そして魚が網さに来たやつがですな、その網に漏斗《じょうご》ちゅうやつがあるですもんね。魚が入ったところ――漏斗というですね、よう――漏斗みたいになっとるですたい

ね。そして魚がはいってから……出られんごとなる……。」
○イワシが網の目に首をつっこんで抜きさしならなくなっている。
○小船をとめて、じょうごをひきあげ、その尻のくくりをほどく。雑多な魚がくびれにひしめいている。
○魚函にぶちまかれる魚たち。
老人の話つづく「……春はですね、イカ、イカが主ですね。イカにすずきですな、ふぐですたい。ふぐがやっぱ……まあ風の吹いたりなんかしたらですね、三〇キロなり四〇キロなりはいることがあってです。……今、ふぐは一二〇〇円ぐらい……キロ、キロですね。……まあ七月、八月時分になったらですね、太刀魚、このしろ、ぼら……です。……こりゃ、もう年中、正月も盆も休《や》めなしやるです。もう一日も休めなしにやるです。三六五日、殆んど休めたことなかですな。そって安定してるですたいね……毎日の仕事ですから……。」
○魚の声がしきりである。吹く音、屁のような音、歯ぎしりの声、船板を叩く尾びれの音など。
○次々にいく張もの漏斗を、又、下ろし、又、たぐりあげていく。
○海の中の生垣ような竹の列に舟を寄せて、畑の実をもぐように手なれた網あげがつづく。
「潮の早かときはですな、もう、潮に応じて流れてきた魚がですな、竹と竹とにこうこう当るですたい！……当ったり……闇夜だったら、まっしろなったり（註・夜光虫のためといわれる）すっでしょう。そうすっと魂消《たまが》ったりですね……網の方さに自然自然に流れていく——そうしたらはいるんです。……嵐の日だったらかえって魚のはいるです。もう大風が吹くごたる時がはいるですね！　網が破れるか、まあ魚とるかという時が、はいるです、魚はですねえ、もう三日分も五日分も一週間分もはいることがあるですな。」
○雑魚にまじってふくれているフグの子。
○大きなカニが逃げまどっている。
○女の手で、分類されていく魚たち
○大きなフグの首の根をつかんで、ペンチを口につっこむ
ナレーション「ふぐは生簀に入れて、生き魚として出される。共喰いしないように、その歯が抜かれている。」
○くらげや小魚、そして、縁起もののエイが海にしゃくりかえされる。モタモタと去っていく魚たち
老人のいまもびっくりしているような語り口「私《わし》がやってからですね、クジラが来てですな、クジラが……網をです

な、こう外からいって、そして竹に当って、また返《かや》って、行き戻り網を破ったこつがあるです。クジランですなあ！　あんな奴が、もういったらですな、もう濡れ紙と同しこつです、わしどんの網は……濡れ紙のごたるふうでもう、何のことはなかつです、破っていくです！　もう、いったり出たりしていくとですね、クジラは！　クジラはやっぱもう……初手は永尾神社《えのおさん》[1]ってありよったですもんね、松合《まつあい》のあそこに永尾神社《えのおさん》って……昔の人はそこに詣ると言よったつです。クジラの詣るて。永尾神社に詣りぎゃ来ってですなあ。」

○竹竿にびっしりとうつぼやかきがついている。海の畠の作物のようである

20　ふたたび　うたせ漁

○うたせ船の流しの数時間は終り、網をあげはじめる

ナレーション「潮の引ききった時、打瀬船は網を上げはじめた。」

○機械でロープをひき、網を三人がかりであげる。底魚が一ぱいである。かれい、たこ、えびにしゃこ等

ナレーション「種類の違った魚を採ることで、うたせ漁はほかの漁とのあいだに自ずと分業をなりたたせていた。」

○シャコが洗われている。キュッキュッと音をたてあうシャコ。

ナレーション「この海の底からとれたシャコは寿司用の上物になるというはなしだ。」

21　浜のしゃことり

○潮がすこしづつみちはじめた波打際

○干潟にしゃこをとる人の群。漁村の浜からズーム・アップ

スーパー〝宇土半島、船津浜〟

ナレーション「潮がひくと、浜はしゃこを採る人々で賑わいだす。それは男の仕事ではなく、主婦や、年寄、子供の仕事であった。」

○小学生の男女が一人前に働いている。

○十円玉大の穴からしゃこの息づかいがうかがわれる

○主婦と老人が一劃を占めて、水をかいだし、穴のありかを見つけている。

ナレーション「ひとり二・三キロは採れる。このしゃこはキロ七〇〇円になるという。」

○ひもをつけたしゃこをおとりにして、穴の中につっこむ。やがてそのしゃこが尻をひり出してくる。そのあとに太い筆をつっこむ。やがて誘い出された穴の主のしゃこが

頭突きのようにしながら入口に出てくる。その前肢をつかんでひき出す
主婦「こっちむいとるですもんな……それでこっちゃん上げにゃん。」
○老人が説明しながら採っている。
老人「さそいだすとですたいね。これは、もう、穴――自分の宿でしょう。宿ンなか何故《どうし》はいったかてごたるふうで追ってくるとですたいね。追いやるというごたるふうな気持ですね。」（土本の声「筆《ふで》は？」）
老人「筆はですな。こん筆は軟《やわ》かでしょう。そっで上の方さズート軟かかんけいで上ってくるですたいね。……上って来たところで、採り良かごとやるとですね。」
土本の声「どういうところがむつかしいですか？」
老人「やっぱりこん、しゃくが……筆をつかうもんと、筆を使わずにしゃくとしゃくと喧嘩させて、上で採るもんとあってですもんね……。」
○四、五匹のおとりのしゃこがひもつきのまま、あっちこっちの穴に押しこまれている。そのあとを筆がまちかまえている
老人「筆の方が採り良かですたいね。上の方さに上ってくる……足の。上ってきたとき……しゃくを一匹《いっちょ》かしてんね……。」
○老人、実演してみせる。入口からの出し方は、しゃこの体の曲り方をみて、そのむきにあわせて引っぱるこつを見せる。「これがですね。こうはいっとるとでしょう。（背中むきにひねって）こぎゃんした風に這わせて上げんと上らん……こぎゃん……こぎゃんしては上らん。（腹を曲げるしゃこを指し）……肢《あし》が欠くんならもう、採れんですもんね（笑う）。」

22　不知火海の夕景　（ギター曲始まる）

○浜からしゃこのはいった女籠を背に、漁家に帰る主婦、かっぽう着と長ぐつ姿が夕陽に染っている。
○日没前の光に彩られた、のったりした海のおもて。
○帆を下げたうたせ船が、次々に部落をめざしている。いつも変らぬ不知火海の夕暮である。　（音楽やむ）

23　認定制度の問題点と、それに対する患者側の仮処分のうごきについて

○パネルの図形を説明する
スーパー〝有馬澄雄氏（水俣病研究会）〟
有馬「昭和四九年、春の段階で、水俣病として認めて欲しいという（申請中の）患者さんたちは二、四〇〇名に達して

おります。従来ならば、患者さんたちが、自ら申請（註・本人申請主義、即ち他人では不可）を県に出しまして、県がそれを受けて、水俣病認定審査会に諮問をし、——水俣病認定審査会で、患者さんを新たに水俣病であるかどうかの検査をいたしまして、それで認定とか、あるいは棄却とか、そういう形で答申をし、県がそれを通知すると——それで、そういうひとつの壁を突破して、はじめて認められた患者さんたちが、加害者としてのチッソから補償を受ける構造になっておるわけです。……ところがこれは、早い方で一年は充分にかかるし、或いはこういう二、四〇〇番台に達する人達は五年ぐらいかかるといわれておるわけです。（註・その後も一ヶ月平均七〇人づつ申請者は増加しており、昭和五〇年一月段階では三千人近い数に及んでいる）……ところが本来ならば現地の医者（註・主治医）は現地の水俣病患者さん達を診て、あの、診察とか治療行為をしているわけですから、この医者が「水俣病である」と診断すれば、当然——本来ならばチッソがすぐさま生活とか、医療保護をするべきなわけです。ところが現実にはこういう認定審査制度というのがひとつの壁となっておりますので、患者さんたちはそういう状態を突破するための、ひとつの手段として、国の裁判所に「仮処分」という形で——一つの方法として——提起して、この問題を突破しようと今、試みているわけです。」

24　川本さん宅、準備作業のために、活動家五、六人が集っている

○インタビュー、川本さん

スーパー〃川本輝夫さん（患者・仮処分提案者）〃

川本「……今日も、あっちこっちずっと回って聞いてみれば、申請が遅いばっかりに、いろいろな風評がたったり、今度ははたまた……何ちゅうか認定されて補償金が出たばっかりに、いろいろな風評があったり、今度は棄却になればなったで、いろいろその、隣近所から嫌みをいわれるとか……保留になれば保留になったで、いろいろ言われる……まあ、それぞれにまつわる話があるわけですよな。……で、やっぱり、チッソのそういう水俣で操業を開始した長い歴史から見れば……これはもう、歴史をみるまでもなく、不知火海一帯、それに汚染されて、まあ、何十万か、何万か、汚染されていると……これは現実としてあるわけなんですけど。……その辺を行政も、企業も、医学も、その、まともに見ようとしないちゅうか、とり上げようとしないちゅうか、やっぱ、それが第一番に問題だと思うわけです、私に言わすれば。」
○お互いに仕事の進め方を話している
スーパー〝供述書作成作業――昭和四十九年三月〟
川本「……診断書に、他の疾病名ではなく『水俣病の疑い』ということで、症状をバッーと書いてくれれば良かばってんなぁ。」
ナレーション「仮処分のためには、本人の供述書が要る。その中に、生活の困窮度と、病状の実態が書かれていなければならない。――この仕事は、支援の人たちがうけおって、それぞれ、患者さんの聞き書きを作ることから始めていた。」
○自分の分担した患者さんの〝供述書〟の草案を読んで検討に附している。
○伊東さんの担当は、患者・小川フィさんのものである。
「……二週間にいちど、市内の佐藤病院に行き、その帰りに、街で、魚や野菜を買ってきます。肉はきらいなので、やはり魚を買います。その他の日は近所から野菜をもらったり、手持ちの干大根をたべたり、近くの店から豆腐を買ってきたりして、あるもので（食事を）済ませます。ご飯は二日分づつ一度に炊きます。たべものや、電気・水道・プロパンガスなどは、出来るかぎり倹約して使います。」
○映画の冒頭に紹介した労働者、山下さんが深刻に耳をかたむけている。伊東さんの朗読つづく。
「……三月から思いきって、医者にかかりはじめました。心臓肥大症と言われました。その年の六月に熊本大学の水俣病研究班から『有機水銀の影響が認められる』と、認定申請を勧める手紙をもらったので、申請しました。……現在、私はひとりで暮しています。生活保護でなければ御医者にも、もっとかかりたいと思います。今は何となく遠慮して、二週間に一度、行ったときも黙って薬だけ貰って帰って来てしまいます。時どき、看護婦さんが、『小川さん！　診てもらわんとね』といわれるので、『はい、診て呉れらっせば、診て貰うごたる』というと診て下さいます。……遠慮せずにもっといろいろ診て貰えば、もう少し良くなるのではないかと思ってしまいます……。」
○批評の声
山下「うん、どんピシャリになっとるですねえ。」
○次は山下さんの担当、八木シズ子さんの分である。草案のポイントを冒頭に説明している山下さん。
「……爺ちゃんが死んで、水俣病……なして水俣病じゃったかということば追加したり……チンどん、チンどんといわれたのは何故かということ……。」

25　八木シズ子さんの場合

○土台のくさった根太に石がはさまれている。風化した羽目板の小さな家、出月部落、その家をめぐって、カメラ入口へ。その間、八木さんのための〝供述書〟を読む山下さんの声が流れる。

「夫の父、よしつぐは、自分で船をもち、体も健康で、一六歳から漁《つり》に出たというだけあって、一本釣の名人で、部落の人からはチヌ釣がとくに上手であったところから「チンどん、チンどん」と呼ばれ、釣が上手なことで、漁師仲間はもちろん、他部落まで聞こえ、一日、二〇〇円から三〇〇円の収入を上げていました……。」

26　八木さんにそのテープをきかせてのインタビュー

○小暗い一間、土間のあがりがまちに足を曲げられないのでのばしたまま、山下さんのテープをきく八木さん。そのむこうに万年床

スーパー〝仮処分申請者八木シズ子さん
　　——申請番号一一三七——〟

山下さんの声（テープ）「……わたしたちにとって、魚《いお》や貝は主要な食物であり、経済的にみても、栄養の上からも、主要な蛋白源でしたので、主食のように多食していました。昭和二十二年……。」

○土本、テープをきって、そこのところを直接聞く

「あの、どのくらいその頃たべていたんですか？　多食といっても。」

八木さん、早くちで、しかも堰を切ったように喋りはじめる

「……どんくらいっち、よう覚えとらんばってんなあ、もうなあ、潮が一寸干《ひ》ればなあ、石に……カキが出とるで、カキ殻《から》打ちよったですたい（註・取っていた）そしてちょっと打ったつは、いそいで喰ってしもうとですたい。そして潮がうんと引く時になれば、浜に貝がおるですもん！潮がうんと干らんばおらんですもん！　それでもう、潮がなあ、ちょっと引く頃からカキを打っとでしたい。四五分間の仕事ですたいなあ。四五分間すれば、潮が満ちてくるとですで、潮というやつは、四五分間しか干らんとですで……。そっでそらもうせっきょな仕事でしたい。」

○再び、テープの〝供述〟に耳を傾ける

山下の声「夫の父、よしつぐは、子供のように涎れを垂らし、舌がころばず、目も見えなくなり、ふるえて寝た切りの生活を送るようになりました。近所の人たちは、夫の父の病状をみて、『あんたは奇病ばい、病院に行って診てもらわんな！』といって、病院にいくことを勧めましたが、

どうしても聞かず……。」
土本「（音のボリュームを下げ）奇病じゃないって、何んで頑張られたんでしょうかねえ？」
八木さん「やっぱ、昔の爺ちゃんじゃもんじゃでなあ！　ほしてなぁ、その頃は〝奇病〟ち言えばなぁ恐《おと》ろしかもんのごて言いよったでしてなぁ！　（突然身ぶりを加えて）ほんのはあ、震るゆっと、もう、それこそが重態な……寝糞ねばったものか、躰のもうかなわんとかなあ……あんな衆《し》ばかりでしょうが（躰で奇病の真似をして）こうひねくれたとか、涎ばこうたらして……もう、けえして踊ったごとして歩《ある》って漂《さ》るくとばっかし奇病っち——奇病はあってしたもんな、その頃は！　ほいでさあ、もう人が恐《おと》ろしゅうするでしょうが……『湯堂はもう、奇病でもう、湯堂の辺からは嫁ごももろうな、嫁ごもくるんな』ちゅうとこやったでなあ！　そん頃は、どうし……。」
土本「世間の眼がきつかった？」
八木「はいはい、きつかった、湯堂ちとところは。ほんと、奇病のひどい子供のおるところの衆《し》は残念かですと、それで……。はあい！　他の所からなあ、もういわれて、嗤われとっとですよ！」
○八木さんの手の指が変形している

土本「手のかたちは、その頃、どうだったですか？」
八木さん「いや、その頃はそげんなかったですばってんがなあ、手の形はなあ、昭和四六年頃からこげんなったつですばい。昭和四六年のなあ……一〇月頃からこげんなったつですばい。まだひどかったですばい。一年ちょっと水俣病の治療してこんだけなったつですばい。（手の指先の曲りを示し）こらこんだけになったつですばい。まだまだこんなになっとったですばい。」
土本「細かいことは……出来ない？」
八木さん「いえ、出来ません！　針仕事などずっと（手が）震《ふる》うとですで……。針の目でも通すときは、けえして震うとですで！　どげんじゃした時、痙攣がしますと、わたしは。すぐ、新聞の見てたっちゃすぐこうこうして震ゆっとです！」
○録音テープに耳をかたむけ、相槌をうってきき入る八木さん
山下さんの声「松本病院では、血液検査、尿の検査など、いろいろな検査をうけましたが、私の話しぶりや、手の指先の変形、手足の震えなどを見て『あんたは水俣病だ。どうして今まで申請しなかったのか？　診断書は書いてやるので、市の公害課から申請用紙をもらってきなさい！』と

いわれ……。」
土本「（テープを止め）……やっぱり、どうしてっていう風に、医者も思いなさったでしょうね。今までって！」
八木さん「はい！　そいでなあ、言うたですと！　寝糞ねばったもんか……踊ったごつして歩いて漂《き》るくもんか、よだれをくいかぶってなあ、漂《さ》るって、……知能のなかもんじゃなからな、水俣病にな出来んち思うておったと言うたですと。」
土本「それは誰かに、そういう風に言われていたわけ？　話を聞いていたわけ？　そういう風にひどくならなければ認定しないと……。」
八木さん「はい。そう思っとったですたいなあ、そん頃は思っとったですで……。そったら、三月二〇日の裁判（註・四十八年三月、水俣病裁判の判決）でですなあ、（症状の）軽い人でもなったでしょうがなあ、ああなあ、奇病患者がなったですもんなあ！　ほいで、私も……（首を横に振って）水俣病とな思っとらんだったでしたいなあ！　ちったあ私《わ》がも、魚や貝や……おどんな人よっか喰っちゃおっとやがち思ちゃおっとですばってんなあ……そん、水俣病になるちは思もちゃおらんだったですばってん！」
土本「松本（医院）さんは、もうはっきりと言われた？」
八木さん「はい、はい、はっきり言うてなあ『こりゃおばさん！　水俣病やがなあ！』……手の変形がひどかったですもん、まだ曲って……。」
○土間にわずかの野菜がある。痛んだ土の壁、冷えびえとした空気の中、しかし、使われない大釜や大ざるは磨きあげられている。売薬箱が手のとどくところにある
テープより朗読の声「……風呂をもらいに行くと『今日はごはんは食べたつや、喰うとらんなら、喰っていかんな』といって、刺身などの残りを食べさせて下さるので『刺身なんかは、あんた家《げ》でもろうて喰う以外は喰わんとばい。甘《うま》かった』と礼を言うと、『あんたは病人じゃっで、栄養をつけんといかんばい』と言って下さいますが、生活保護も打切られ、栄養どころではありません。体はだんだん衰弱し、病状は悪化していくのみで、心配で心配でたまりません。近所の人に『二、三日、戸があかなかったら来て見て下さい』といっていますが、不安な毎日を送っています。」
○八木さん、身をつまらせている
土本「朝、ごはんちゃんと食べてますか？」
八木さん「はい、食べますと！　（声をひそめて）食べておらんならなあ、頭がふらふらと、倒れたりしますとち思てな。味はありません！　口のはたが、いっちょん味がぁ

りません！ もう皆目分りませんとしびれて。舌のジンジンしてですなあ。けど、まあこらえて喰っておっと。ほんでなあ、こんだけ喰えば良かろうと思うてですなあ。昼もごはんのなかったで、炊いて、卵飯でん一ぱい喰ったら……もうこんだけ喰うとってもうよかろと思ってですなあ。また晩な、さかなでも焼いて喰えばと思うてな。」

27 熊本地裁、仮処分提起の日

○熊本地裁の看板

○川本さんに付添われて、地裁の階段を昇る八木シズ子さんと小川フィさん。

スーパー〃仮処分提起——昭四九・三・一三——〃

○報道陣にかこまれる

○字幕

〃——昭和49年6月27日——

仮処分の決定下る

裁判所は、申請人が〃水俣病患者〃であるものとして

『チッソは県が認定するまで

①認定患者と同様の医療費等を負担せよ

②その他、月2万円支払え』と命ずる。〃

ナレーション「水俣病の歴史の中で、はじめて、審査会を経ないで、患者さんを緊急に救済する法的結論がひき出された。」

29 湯堂部落に菜の花が満開である

30 渡辺保さんの家とその意見

○新築の家、白砂を敷いた庭

模型屋の主人がラジコンでうごく自動車のセールスをしている。それを見て興味ぶかげのひと

スーパー〃渡辺保さん（水俣市・湯堂）〃

セールスマン「……これはもう実車と全く同じなんですよね。ところがほかのバギーはこうはなってないわけで……。ミッションがないで、ギヤアがないので。」

保さん「ようこんなもの作っとるなあ。」

セールスマン「（別の車を示し）これがレーシング・カーで、ここにサーボが入るわけですね。無線機が。これはもう舗装道路でないと駄目で……。」

○そのレーシング・カーのアップ

○長男（註・前作「水俣——患者さんとその世界」でオルガンを弾きこなしていた少年と弟、次男が見違える程成長している）のために父、保が点検している

セールスマン「これにサーボがこう。これがサーボで、エンジンのこうですね。サーボのここがこう開くでしょう。これがあいた状態でスローに絞ったら……。」
○その和室、立派な仏壇に老母の遺影写真
○室内に石庭風のコーナー、そして二階への階段
ナレーション「渡辺さんは、親子三代、七人ともみな患者となった一家である。それぞれの補償金をあわせて、思うままの家を造った。」
○二階の工房風の洋間。小さいながら、本格的な旋盤がおかれ、工具箱が並んでいる。長男栄一君、レーシング・カーを買ってもちこんでいる。旋盤の前で
土本「これはもう、全部使っていろんな工作に使うわけね。」
保さん「はい（それは？）これは穴をほがしたり何かしたり、それによって、このアタッチメントが違うわけですよ。」
○ガラスケースの棚に各種SLの金属モデルが並んでいる
土本「当面、作りたいものは何ですか。」
保さん「そう、機関車のこわれた奴の部品ですよね。部品がないからなあ。」
○保さんのアップ「これで手さえ自由にききゃ、まだいい工作が出来るんだけどなあ！　でも、やっぱりなあ、手が敵わんでも、道具でこう補なうちゅうことですな、自分の不自由さをなあ。」
土本「もう、殆んど欲しい道具は揃えた？」
保さん「まあだ、まだ揃ろてないですよ。」

31　長男の室で

○明るい個室。若い人の欲しそうなものはすべて満されている感じである。かたわらにニコンに一〇〇〇ミリ反射式望遠レンズがついている。
土本「あなたの部屋と栄一君と話すときは？」
保さん「下の部屋と話すときはインターホーンですな。」
○近代的な病室のベットに模して、枕下の壁にインターホーンがある。数回押して、応答をまつ。焦れて押しまくる
栄一君の声「ナニスットカー？」
○下の居間のインターホーンのセンター部のクローズ・アップ。それでのやりとり。
保さん「上って、こい！」
栄一君「ドウスット？」
保さん「用事があるよ……ちょっと上ってこい！」

栄一君「ワカッタ、ワカッタ。」
○栄一君のアルバムを見ながら
土本「最初に撮ったのはどれ、最初のころ撮ったのは?」
栄一君「最初とったのは、これとこれ。」
○写真「苦海浄土」のゼッケンをつけた青年のスナップ。外に、告発運動の集会の中で、女性ととったものなど……
土本「これは三年前かな?」
栄一君「そうだな(「そうだね」)カンパしとったから(「そうだね!」)。」
○二階の屋上から見る袋湾、眼下にひろがる不知火海全景
保さんの声「(誇らし気に)なあ! 小《こまん》か庭つくって、何百万かけましたっちって、こうして眺めとったって何になるかっち! 俺《おる》が二階へ上って見ろっち! 三階へ上って見ろっち! 庭どま……これが全部俺《おる》が庭じゃ、俺が! クックックッ。」

32 居間にて

○広い洋間、中央に大きなテレビセットがある。ビデオの再生装置つきである。かたわらに、三脚つきのテレビ・カメラがある。土本、有馬を相手に、テレビ談義がはじまる
保さん「(栄一君に操作を教えている)ストップにして、そのますぐ……ハイ録画! スタンバイ! ハイ、はじまり!」
○カメラを操作する栄一君、ブラウン管にそのままの情景がうつっている。
土本「ふうん。……栄一君、この前、天草でとったのは携帯キャメラでやったわけ?」(註・他に二台ある)
栄一君「そうです。」
土本「……かなりシャープに出るなあ。」
保さん「……携帯カメラの方がなあ、撮りやすか。」
土本「なるほど、重さが……。」
保さん「重さもあるし……やっぱり画面がきれいかごたるなあ……まあ外で撮るかも知れんばってんなあ。」
土本「保さん、こういうメカに強いけれど、大分まえからこういうのは……。」
保さん「そりゃもう若か時から好きじゃったなぁ(土本「眼をつけとったわけ? こういうの」)まあ、眼をつけとったちゅうわけじゃないけどもね、やっぱり、……大体、一番の発祥ちゅうのが……家の防犯用……が一番の目的で、これ入れたわけ……。」
○入口の金属扉のわきに据えつけられたテレビ・カメラ
土本「それがだんだん太っちゃった!(笑い声)」

保さん「そうで、やれりゃ、その、家で映してみても面白いち思うしなぁ。」
○ブラウン管の中にカメラマンの大写し、栄一君のテレビ・カメラのレンズと正面にむきあっている。
土本「しかしある意味でね、普通の平均から言うと、ずば抜けた物をここに叩き込んでいると思うんだけれども……この家とかね、設備――（保さん「うんうん」）その辺のところのあなたの気持っていうのはね、やっぱり一遍、聞いてみたいなと思っているんだけども。」
保さん「うん、結局、自分の体が動かんからねえ！ うごけば、ほかに、打ち込んだんだろうと思うけどもね。」
○土本の側から保さんの話をきくカメラ
土本「……その、船を手離す一年位まえというのは、漁は殆んど出来なくなっていた？」
保さん「うんもう、体がいうこつ活《き》かんもんだから……人手頼んじゃ出来るかも知れんばってんなぁ！ うーん、人手頼んでまでやれるような状態じゃないし。」
土本「三年前にね、ぼくらの映画で、まだ（魚を）採っとられましたけど、あれからどんな風に体がおかしくなりました？」
保さん「眼が最初ね。遠くの品物（註・景色も指す）が見えんでしょうが。そうすると漁場探すちったって、あれ三角測量法でいくでしょうが、遠かやつが見えなきゃ全然駄目じゃないですか、そうすっと、結局、手足をもがれたカニと同じことですたい……動きがとれんもんなぁ。」
○居間全景　正面のテレビで再生放映している。
土本「保さん！ こうやってぼくら映画を撮りにきてね、あの、色々こう見せてもらっているわけだけども、あなたとしてこの家でね、一番見て欲しいというもの、何？」
保さん「……見て欲しい……ってものはないな。とにかく全体見て欲しいと……うん。」
土本「たとえばさあ、ほかの人が見てね、わぁー御殿が建っちゃったあ、みたいなさ……。」
保さん「うーん、そん外部だけ見てもらいたくはないな、設備ですよ。ぼくがやっているのは、とにかく見えないとこに金を入れとるわけですよ。もうこの床（註・全面床暖房）にしろ、うしろの倉庫にしろ。」
土本「……そのことでの知恵をつかいながら作る間というのは、今日より生き生きしてたけどね？」
保さん「やっぱたのしみじゃったなあ……。」
土本「でも、家が建て終ってさ、あとはどうするわけ？」
保さん「あとこれ（ビデオ・テレビを指し）一刻《いっとき》もてとったけどなあ。まあ、あと設備に、テレビとか何とかね……でもやっぱり、そうねえ！　……自分なりの一時、一時ですよね慰さみというのは、本当！　やっぱり（強調して）仕事が一番いいなと思うよ。（回想するように）……仕事やっとさあ、毎日まいにちが、こんだ明日はあれしよう、これしよう……こんだはあれしよう、これしようと。家作りはさあ、家作る間、三ケ月なら三ケ月の間だけ！　あそこはああしよう、あれはああいうことにしよう、こういう設備にしようと考えて職人に、『おい、こうせい、こうせい』といったら、もうその瞬間にさ、もう目的が失くなっちゃうわけでしょう、それで次に考えるでしょうが！　それで次これしよう……　もう、そこをやらせはじめたらそれでもう、自分の目的ちゅうのは終るわけですよね、で仕事になるとさ（土本、テレビ音に注意「ちょっと小さくして！」）。」
○カメラ、保さんに近づく
保さん「今日が今日でもさあ。今日、昼まではこう何かやっとったと、昼からは何をしようと——夜は夜なべに何かしようと——そん次から次へと頭の中がいつも回転しとるですよね！　それが全然なくなっちゃうわけですよ！」
土本「その点でね、仕事というのは金を稼ぐということもあるけど……。」
保さん「（ことばを強くひきとって）金の問題じゃない！金の問題じゃなかですよ、ありゃ。人生のたのしみ、それが最大のたのしみじゃなかろうかと思うがなあ、おれはなあ。そりゃ生活するためにゃ、金は必要だから、金もかけてやるかも知れんですよ！　でも、やっぱりね、仕事っちのはさあ、自分のたのしみっちゅうのが先にでてくる。……普通の人はさあ、仕事に追われてそれが分らんわけ！　……でも、ぼくらみたいにこうなってみるとさ、やっぱりこう毎日まいにち、こう体がしんどいなあ、しんどいなあと思う片《かた》にも（註・一方にも）さ、あれやり、これやると考えるのが一番の楽しみ、人生の最大の幸福じゃなかろうかち思うよ。（ある昂ぶりとともに）おれがこんな大きな家つくったってこりゃ何んにもならんわけ、何の足しにもならんわけよ！　こりゃ。」
土本「……作ってみてそう思った？」
保さん「はい！　はい！　ただもう足しになるのは、自分がさ自由……或る程度こう利くちゅうのが……それもさあ、こう慣れてしまうと何にもならんわけ！　仕事をすると、慣れる！　ちゅうことがないわけよ……慣らされるちゅうことが……。そして、どんどん、どんどん、次から次からと、どんどん、どんどん回っていくでしょうが……。それが一番、人間のね、人生のさ一番の、このたのしみじゃないじゃろうか！　そりゃもう、たのしみ……他のたのしみ方もあるかも知らんばってん俺にはそうと思う。まあおんな抱いたって何にもならんわけやからねえ、それもやっぱり一時のたのしみでしょう。」
——間——
土木「水俣病というのは、傍目で見ると普通に……普通っていうか……歩けるし、めしも喰えるしね。ところが、どっかがカチンッとやられてる、というもんでしょう（保さん「それがショックですよね！」）……こうやってみてるとあんたは普通に見えるよね？」
保さん「普通ですよぼくは！　（うめくように）でもさ、……草とりでも、もう、三〇分もやらかすと、そりゃ、夜は相手（註・奥さん）ば眠らせんとやから（土本「えっ？」）躰、揉め！　とか、あっちが痛い、こっちが痛いで一晩じゅう眠らせんとやから。そっでうちの家内なんか、まあ、俺が仕事しよると、『また、妙なことしよる！　そげんこつばして、また今夜一晩寝せんとやろが！』ち、怒られるごたる風やっで（土本「ああ、そう！」）　そいでうちの家内にしてみれば、今は俺が遊んで、ぶらんぶらん、ぶらんぶらんやってた方が自分の体が楽ですよ（土本「ああ夜中に……」）うーん。クックックックックッ。」

33　述懐——こどものこと

〇工作室で、旋盤にむかっている。これは保さん自身の楽しみである。

「……自分の子供にしてやれるちゅう事が何にもなかわけですよ、もう。ほんと！　ぼくらで出来ることがなかわけですよ、できないわけですよね、これは！　実際言うて！……（無言）……まあ金の力でできるちゅうのは、まあ、家か……財産つくってやるか、まあ、金で残してやるか……（無言）……それがさあ金を残してやってもさ、その金を一ぺんに（ことばつまる）その、使ってしもう、変なところにつかってしまう。女とかね……そういう……結局、だまされて費うとか……そうすりゃ、もう、おしまいですよ。そうしたら家もなか、何にもなかちゅうことになってしまう。それじゃどうにもならんから、とにかく家なっと……おれが……何十年間か保《も》てるやつを作ってやろうという想いが先に立つ。でも（悲鳴に近い）それでもやっとかにゃしょうがなかちゅうわけですよ、ぼく自身にとれば！……（間）……これは綺麗ゴトにしかすぎんとですよ、ほんとうは！　人から言わすると！　でも、こどものこつば、考えておるばってん、やっぱり、……（うめく）その……なあ！」

34　汐目のはっきりと浮ぶ不知火海、天草の島々との間にただ一隻の船

35　胎児性患者との会話

○八ミリ映画を撮るという少年患者長井勇君と土本（於湯堂・宿舎「遠見の家」）

長井「……指導員と……えーと……看護婦さん、看護員、事務所、婦長室を撮るの……。」

土本「そういう人たちを映画に撮ってね、どういう所を撮ると、君の思うようなところが撮れると思う？」

長井「あのね、第一にたいね、今度たいね、巧《うま》あくこの八ミリを使って……撮すわけ！」

土本「それは、君がさ、一番、何てんかな、厭だなあって思っている――その態度とか、その話し合いとかそういうところを撮るわけ？」

長井「（首をうなだれて）うん、ぼくたちの悪口を話してる時があるわけよ。」

土本「聞いちゃうわけね、君が。」

長井「うん……ここを撮影しよう……。」

○土本、八ミリを教える手をやめて聞く

「そういう時には、看護婦さんとか看護人のひととかね、いろいろ、こう付合ってるわなあ？　それがどうなると思う？」

長井「えーと、ぶ、ぶちこわれるな。」

土本「ぶちこわれる。」

長井「少しはね……。」

土本「でぶちこわれたあとは、どういう風に、……どこへいくという風に考えているわけ？」

長井「（考え、考えしながら）ぼくたち……ぼくはですね、ぼくじ、……自身としまして、えーと、おじちゃんたちと、

えーと、おじちゃんたちと、まわるつもりでいるわけ！」
土本「アハハ、全国、旅するか！　むつかしいなあ、でもね、君ひとりでやったら、皆んな、われもわれもったらさ、明水園ぜんぶつれて歩かなきゃいけないだろ！（二人ともふき出す）」
○更に話す長井君
「相手がたいね、オトナアツカイシトランワケョ（土本「？」）、オトナアツカイシトランワケョ　（土本「うん？大人……？」）　あつかいに……。」
土本「あつかいしてない……。」
長井「こっちも大人あつかいされてないけんね！」
土本「どういうとこだったらいいと思う？　例えば、いまみたいな病院じゃないとこがいいわけ？」
長井「ええと、いいえね　一番いいのは。」
土本「家《うち》？」
長井「家《うち》！」
土本「きみのうち？」
長井「うん！　（気分をかえて）だけどぼくは、えーと、おじちゃんたちと……全国まわるつもりでいるわけ！」
土本「うーん、それは（スタッフの方を見て）おじちゃんたちの仲間のだれか、うーん、一しょに旅しないかと言ったわけ？」
長井「ううん、言ってないけど、ぼくは、えーと。するわけ。」
土本「（その断乎たる口調にうろたえる）そう言われても、まあいいや、うーん……。」

36　明水園の中の長井君

○バスのタイヤを手で叩いて、点検している長井君、腕に交通係の腕章をまき、呼子笛を口に、車イスで車体のまわりをまわっている。テープレコーダーがある。
スーパー〝職員帰宅――午後四時三〇分――〟
ナレーション「明水園の一日はここで終る。交通係を自認する彼は、日課として、お別れの挨拶と音楽を贈る。」
○あらかたの職員が送迎バスにのりこんでいる。鬼塚勇治君も腕章をまいて整理にあたる。
○長井君　テープレコーダーにふきこんだ挨拶を流す。
テープの声「これは、皆さまがたに、おつかれ様でしたの、心ばかりの、心ばかりの、御礼と、色々な御礼を、これに入っています。……みなさまがた、ならびに、ご苦労さまでした……。」
あと、一日の終りの意味で　テレビからとった「君が代」

が吹奏される。
○そのボリューム一杯の「君が代」の中、発進合図をうながす「パァーン」というバスのクラクション音。
長井君の確認と発進の合図の笛で、バスは去ってゆく。まだ西陽は高い
○のこされた二人にカメラ寄る。テープの声は更につづく
「……春の交通安全週間が実施されます。期日は……二月一一日から二月二〇日まで、複合施設明水園だけの春の交通安全週間が実施されます。御《ぎょ》協力を、御《ぎょ》協力をお願いいたします。」[2)]

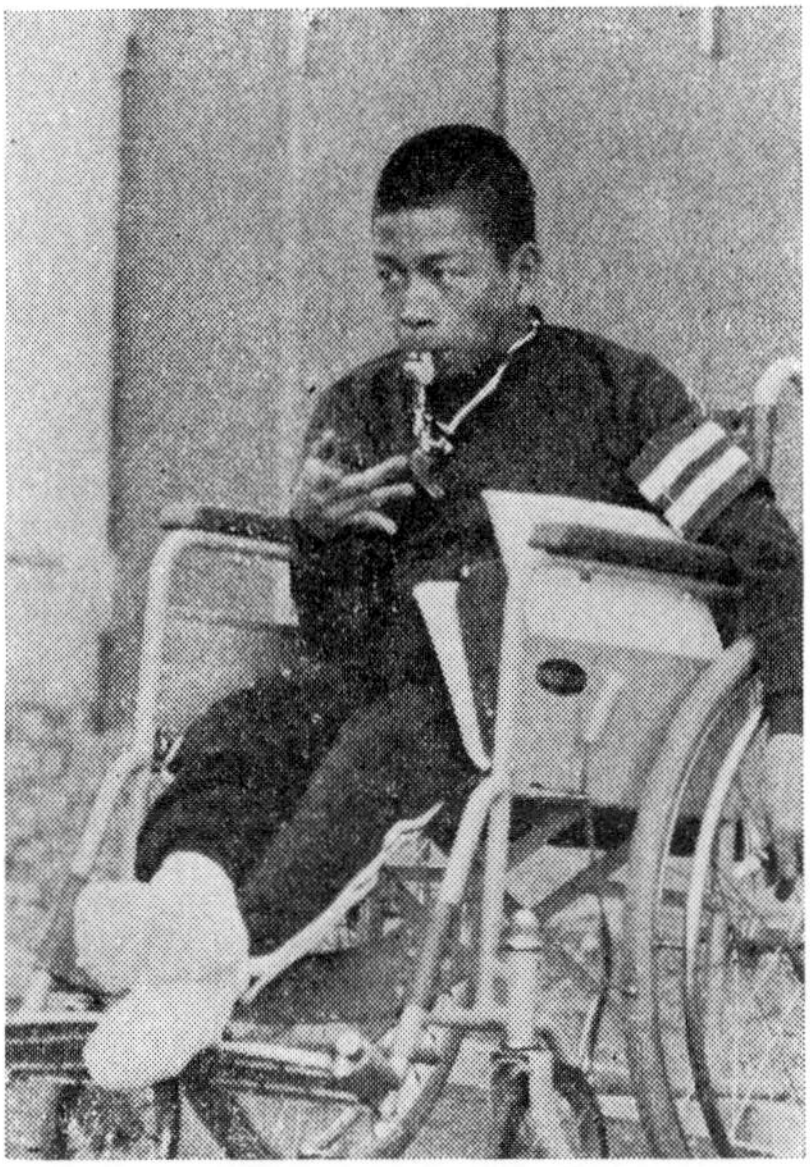

37　身障者用自動車に触れる若い患者たち

○人気ない構内に、最新型の乗用車がすべりこんでくる。
一光君たちが、車椅子の上から双手をあげる。
ナレーション「職員の帰宅後、わたしたちは一台の自動車を運んだ。——明水園の若い患者たちは、腕だけで動く自動車をみつけ、長い間、関心をもっていた。」
○一光君、車のわきで、もう両手でハンドル操作の真似をしている。心ははやりにはやっている。車の持主はやはり足の不自由な人だ。
スーパー〝林親治さん（湯之児・リハビリ療養者）〟
○林さん、運転台から車のメカニズムを噛んでふくめるように教えはじめる。
「これがハンドルね。知ってる、ね。普通の健康な人であればね、アクセルは足でふむのね、この足でね（エンジン全開する音）わかった？　これがブレーキ……。」
○足でブレーキをふむと手動レバーもうごく。その動きを、助手席の少年早くも真似している。のぞきこむ一光君の眼はひきつったようにみひらかれている。
「……ね、ぼくなんか足が不自由であるから手でやるわけ、ね。前に（レバーを）押したときがブレーキになるわけ、分るね？　これロットがついてるでしょ。分るね？

健康な人であれば足でふむわけね、これをね。分るね？（車内のカー・カセット・ミュージックが流行歌を流しっぱなしである）……そして、これを、こっちのレバーをね、手前に引いた時はアクセルになるわけ。エンジンがふくでしょ？（エンジン音）ね、で、これがチェンジレバーね。ギィアを……あの、車のスピードを出すときにね、このレバーを入れるわけ。ね、分った？」
○一光君は押えきれぬ気持をまわりの人につたえる
「のせてもらってみる？」

一光君、大声でそうだという意味の声を出す。

林さん「そんならこれに乗ってみるね？　よし、それならおじさん降りようからね。」
○林さん車椅子で外に出る。一光君抱きかかえられて運転席にすわる。林さん、手をとって一つ一つ順序よく触りながら教えていく。
林さん「これが何？　ハンドル。ハンドルでしょ？　ね？（まわして）こっちに切ったら右にまわるわけね、わかった？　右にまわるわけね、こっちに切ったら、左にまわるわけ（そり返った両手の指でハンドルを握っている一光君）分るね？　こっちのレバーをみてごらん。このレバーを、このレバー。（把ませて）はい、それはブレーキ……前に押した時、ブレーキになるの、ね。そこにボタンがあるでしょう。赤いボタンがあるでしょ。押えてごらん（ビビーとクラクションがなる。感に耐えたように酔う一光君）。」
林「……クラクション。分った？　クラクションね。これがアクセル、ね。これがスイッチ、はい（一光君の手をとって、スイッチを入れさせる）これがスイッチ。これエンジンをかけるでしょう。はいかけてごらん！　はい！　かけてごらん。」
○エンジンの音、最高速回転まで出る。興奮、その極に達する一光君
林「よしよし！　アクセル、ね。それを引いたらアクセルになるでしょう。これブレーキ、分ったね？　分ったね！これが方向指示器、ね、右左右にまわるとき使うやつね。右左にまわる時にね。」
○林さん、半永一光君にひとりでやらせてみる。
林「エンジンをかけるとき……アクセルを引いてごらん（一光君別のレバーを持つ）それはブレーキ、その下、ほら、もうひとつ小《こま》いとがあるでしょ？　それをひいた時、アクセルになるわけね……、分ったね。」
一光君、ハンドルにおおいかぶさるようにして触ってい

る。
○ひと通りのレクチャーは終り、再び林さん運転台に、半永君は車椅子にもどる。清子という女子患者、半永君のそばにいる。物言えない一光君の通訳である。
清子「（もつれる口で）あんね、しけんはね、どん……どんくらいかかるね……。」
林「（一光君にむきをかえて）ああ試験ね。一応……あの、試験をうける前には、あの……（カメラの方を指し）この人みたいにね、皆、元気でしょう。ね？ 手も健康で（と体操の真似）手も充分動いて、ね。それから足もうごく。それから耳も聞える、ね？ 眼、ね！ これがまず第一！ でないと駄目、試験はね！ それから、あの、練習するにはね（一光君をさし）いまのこの人の状態では、練習ができけんでしょう、ね！ けいこができけんでは、ハンドル切ることができけんでしょう？ ブレーキを踏んだりすることがね？ わかるね？（一光君「ウン」とうなずく）分る！ ……だからねいっしょうけんめい訓練をせにゃいかんのだよ、ね！ 訓練にいきよるでしょう？ リハビリに！ 下に（註・明水園の下の海辺にそれはある。午前中そこに通っている）訓練行きよるでしょう？（一光君「うーん」）行きよるね？ 行きよる！（一光君、大きくうなる）とにかく、良くなってね、……せんとくるまには乗れないわけ！ ね？ それから、別に聞きたいのは？」
○半永君、考えたあと、指を二本つきだす。その意味の分ったのは清子さんだけだ。小声で「二年ね？」ときく。
林さんに清子「あんね、二年したらね……（註・免許）とれるですかって……。」
林「ああ、二年したら取れるかってね？ 二年でねえ……さあ、どうかねえ……（一光君に）あなたのね、努力次第ではねえ、それは判らんけども、ね、一生けんめいにね、訓練して、まず第一に健康にならんとだめねえ！ わかった？（一光君うつむく）分る！」
○清子さんが年のことを言っている
「一七歳よ」
林「一七歳？」
清子「一八……」
笑い顔から、一瞬暗い顔に変る。

38 **字幕**「胎児性患児、始めて医師に質問する。
原田正純氏（熊本大学・精神神経学）」

39 **月ノ浦、壺谷の鼻**

原田正純氏と清子さん、一光君。潮騒とカラスの声。とぎれとぎれの清子の質問を、意味をたしかめながら聞きとり、応答する原田氏。

清子「あんね、（「何て？」）あたまのしゅじゅつがね、（「うん？」）されん？」

原田「頭の手術がされんのかってね！…誰から聞いた？」

清子「じ、自分でね、おもっただけ。」

しばし答えない。

原田「あの、頭の手術したら、病気はよくなりゃせんかって？　ううん……（間）……頭の手術をする病気はね、あの……死んでしまう病気だもん！（清子「うん」）だからね、ううん、……頭の手術は、せん方がいいだろう？……誰かが教えたんじゃないの？」

清子「う、うんね、じぶんでおもっただけ……。」

原田「自分で思っただけ……ふううん。」

――間――

原田「手術するとねえ（物を切る手つき）また、そことっちゃうでしょう？……とっちゃったところが、また……悪くなるからねえ。ううん、まあ、手術じゃなくてねえ、あのお……訓練して……上手にならにゃしょうがないよ、ねえ？」

清子「あの、訓練って、どんな、どんな、くんれんしたら、なおるの？」

とっさに答えに窮す。――間――

原田「ううん……ねえ？　いま、どんな訓練しとるのかねえ？」

清子「てのくんれん（「うん」）てのくんれんとね、ええと……。」

原田「……手の訓練……他に何を訓練？」

清子「……あしの、くんれん……。」

原田「うん、足の訓練とね！　あんまり効果がないね？あんまり良うならんね？（清子、うなずく――間――）……ううん、まだ、だけど若いから……ねえ？……しかし、最初、ぼくが診たときよりも足はしっかりしてきたよ！ね、一〇年ぐらい前だもんね、あんたの家がどっかそこの（指さす）なんだっけ……月ノ浦にある頃……ね？　覚えとるね？（「おぼえてる」）覚えてる！（医師らしい顔になる）ううん、一〇年ぐらいまえ……。」

○清子さんやはりうなずく。原田氏半永一光君に話をむける

原田「ううん、ねえ、半永君も手術したいの？（半永君恥らう）ううん？　違う？（清子さんに）半永君も手術した

いといっとったの？……（半永君、足を指す）足ね……うん、うん、なんて？　足が……足が動くようになるごとね！　手術を……ううん。」
○半永君テープレコーダーにその一言ももらさじと、こたえを待っている。考えこんでしまう原田氏
「……手術をね、そんな、お人形さんのね！　お人形さんの足、こう、かえることとならないもんねえ……。」
機敏にその意味を察して照れくさく笑う半永君。三人の間に沈黙がくる。
原田「……みんな、いっしょうけんめい、その訓練やら治療やら考えてるんだけど、まだねえ、ぱあっと、こう、良くなるものはないでしょう？」
半永君、あいづちをうって微笑する。清子さん、身をかたくしてうつむいている。
原田「……ほかに、何を考えてるの？　うん……なんね？」
清子「あのね、（身を原田氏に寄せ）じぶんのことがね、じぶんで、わからんわけ……。」
原田「自分のことが？……うん、自分のこととというと？あの……いまから先のこと？」
突然、こみあげるものと共に嗚咽する清子さん。原田氏、その背を撫でる。
原田「ううん……泣かんでいいや……ねえ（清子一しきり、どうしようもない）……自分のこと……っていうと、どういうことかね？　ううん？　将来のこと？」
清子「……あんね！　じぶんでね、なにをね、かんがえていいのか、わからんわけ……。」
原田「うん、うん、うん、うん、いま、自分が、なにを考えていいのか分らない！」
清子「あんね、そって、……あたまのしゅじゅつを……したらね、わかると……。」
原田「うん。どうしていいか判らんから、頭を手術したら、良くなりはせんかなと思ったのね？（彼女の答をまつが、無言のまま……）……だけど、だいぶん分ってきたんじゃないの？（彼女、首をよこに振る）違う！　分んない！……そういうことを、いつもひとりで考えてるわけ？（彼女うなずく）ううん……。」
○原田氏、じっと清子さんを凝視している。はじめて会ったもののように見つめたまま、言葉がない。カメラ、ズーム・バック。それまで二人の間に煮つまったものをつつむ海がひらけてくる。えびす様をまつる自然石の像がある。
原田「……みんなで、そんなことを話してるの？　いつも……違う？　黙って考えてるの？　ううん。」

――長い間――

話をかえてみようとする

「いまね、あの、もしね……その、いまみたいな状態だったときにねえ、で、止ったとするよね、そしたらどうする。何がしたい？　それで……。勿論ね、（「ハイ」）いまあなたがね（「ハイ」）一番希望しているのは、もと通りの躰になればいいわけでしょう（註・胎児性患者の場合、胎内ですでに有機水銀におかされている）……そうじゃなくてね『もし、そのままで、何がしたい？』と言ったら……何をしたい？（原田氏自身つまる）変な質問だね！なおらなきゃこまるもんねえ……（間）いまさあ、今、何がしたい？　勉強以外に。」

カメラ壺谷の防波堤にゆっくりとパンする。ぽつんと坂本しのぶさんがいる

清子の声「いま？（「うん」）……編物したい……。」

原田の声「あみもの？　いま、あみものしてんの？　これ、自分で編《ぬ》ったの？　違う！」

○坂本しのぶさん、光る海の中でほぼ影である

40　**つづき、患児の心のうち・清子さんの場合**

○二人のむきあいのまま。鴉の声が高い。

清子「うみ……。」

原田「なんて？　海に……。」

清子「うみを……みてると、なんかわかるでしょう……全然わからないの……。」

原田「ああ、海をみたら、……海を見ても、何を見ても、浮んでこないちゅうわけ？（「うん」）ううん。……美しいとか、楽しいとか、そういうことが、無いちゅうこと？そういうこと？」

清子、そうだというようにうなだれたまま。

原田「じゃ……きれいなお花を食ても？……お花をみたら分る？」

清子「……わかんない……。」

うながして海の方を見させる。

原田「海を見るでしょう、で、きれいだなあちゅう考えが浮んでこないわけ？……悲しくなっちゃうの？（清子、首をかしげる）そうでもない、何にも浮ばないわけ！」

清子「うん……。」

原田氏、改めて聞きはじめる。

「景色は見えるんでしょ？（肯く）……ううん、……他の人もそんなことを言ってるかね？」

清子「いってない……。」

原田「清子ちゃんだけ！（「ハイ」）じゃね、人がこう、楽しそうにわいわいさわいでいるでしょう、それをみたら、どう？」
清子「なあんとも、おもわない……。」
原田「何にも浮んでこない。……ううん。じゃ、テレビ見るでしょう。あの、ドリフターズ知ってる？（肯く）あんなの見るでしょう（肯く）おかしくない？（それははっきり肯いて「おかしい！」）おかしい！　おもしろくない……やっぱり浮んでこない。ううん……そうねえ……（溜息と無言）。」
○半永一光君、テープをいじっている。（註・長時間のため、テープ・チェンジしようと焦っていたという）
清子「あんね、が、が、がっこうにね、（「うん」）行ったときもね（「うん」）毎日が、か、変るでしょう、他のひとたちはね……（「うん」）自分は、まいにちがね、毎日（「うん、うん」）同じようにね、つづくわけ……。」
原田「ふううん、学校に行っても……他のひとは、まいにちまいにちが変っていくのに……自分だけ……同じ日にちがつづくわけ？……（間）……そうじゃないと思うけどねえ、少しはね、やっぱり、進歩したりしていくんじゃないの？（首をふる）どうね？……そうおもわない？（首をふって「おもわない」）おもわない。……ううん……。」
○波止場の坂本しのぶさんが立ちどまっている。原田氏の長い溜息——

41　**土づきの歌**

○袋湾にのぞむ湯堂部落全景
新らしい家がめだつ患者部落に土づきの掛声と歌がきこえる。そこは坂本しのぶさんの家である。
数十人の男女がつなをひいている。
　ヨイヨイ　ヨイトナ
　アリャナ　コリャナ
　アラヨーイトナ
　ヨッショイ　ヨッショイ　ヨッショイ　ヨッショイ
〽あなた百まで
わたしゃ九十九まで（ヨイヨイ）
ともに白髪の
ヤッコラ
生えるまで
（ヨイヨイヨイトナ……）
〽女の木のぼり

下から見れば
どれが屁の出る
ヤッコラ
穴じゃやら
（コリャナ　アリャナ）

42　陸に上げられた漁船
○子供たちが遊んでいる。スクリューのかきを落す子、エンジンを見る子。みんな杉本さん一家の五人兄弟たちである。静かに波の音が聞こえる。
「イカリソース！」とおどけてみせる子供達。

43　杉本栄子さん、病み方と生き方を語る
○満潮時の茂道の海が眼下に見える、新築中の杉本さんの家の二階
土本の声「二、三年前、相当、悪るかったと聞いてますけど、その後どうやって……。」

夫婦二人すわって話し出す。

スーパー〝杉本雄さん、栄子さん（水俣市茂道）〟
○ベランダに五人の男の子が仲良く遊んでいる。
栄子「もう何ちゅうかね、悪かったちじゃなく、もう、ちからが入らんかったっですよねえ、入らずに、とにかくもう、いちばん汚なか話が、トイレにいっても力がはいらんもんで、そのまま坐り込んで、支ゆっちたっちゃ、手に支えが利かんもんで、だから主人に来てもらって、すこし体を……すこしじゃなくって、もう体を抱きかかえるようにしてもらって、というようなこと……。」
○五人兄弟の全景
「……そして男の子ばっかおったですけど、私だけが膝が曲らんかったですよね、全然。もう（足は）延しっぱなしというようなことで、この子も膝にしとって（註・正座ができて）、私は膝が全然出来ないちゅうなことで……。」
○カメラしづかに寄る。
「こうなるまえ、自分に腹立たしくなったんですよね！　だから何かがあるはずだっていうようなことで、あのお、最後の神頼みっていうようなことですね。だから……そうなるまえにですね、もう御医者さんを信じない！　とそれまでなっとっとです。それまで懸っとったっですよ。だから、もう何時死ぬっていうようなことでもう……。苦しみから逃がれるっちか、逃がれならんという事実も知っとったし……もう（痛みが）急激にくれば、もう私は駄目だっちことも知っとったからですね、だから、あの、何ちゅう

か、最後の神頼みちったら可笑しかか知らんばってんが、……信じるならば、仏があるならば、神があるならば、そのひとの言葉を聞きたいってなことですねえ……まあ、信仰……私たちは真宗ですけど、でも、何ちゅうか、あの、たまたま立正佼成会のひとが来てですねえ、私の名前判断やら、『私が居るということは祖先が居って、またあなたの生まれ……生まれる前を勉強してみたら……』ってなことで……（ひざ小僧を両手でなでながら）あの、だから水がたまってこうしとった（と腫れ方を示す）ですよ。そしてここ（膝）もまがらんかったしですね。まだここも（足首を指し）現在曲らんとですけれども。……こげんとこに水が溜まるって時から、私が……何も、あの転げて、ほら妊娠したち思もえば、ころころ転げおったでしょう！ だから、あの、直ぐ流産しよったっですよ！ もう尻を打ったり……頭をうったりして、流産が続いたんですよ。だから、その子の供養を――病院でやっぱり産みっぱなし、流産したなりだったから、その、ひとは、あの私、やっぱり殺したことになっとですよね？ 病気があって、つっこけたんですけど、その前にやっぱりその子らは母親にすがるのじゃないかって。だからその子を『ひとりまえに認めて、そして御戒名を頂いて、その子の一番、納得するような供養をしてあげなさいよ、あなたが！』ち言われた時に（涙ぐむ）『それだなあ！』って思ってですね。（泣く）だから三人ぐらい流産したんですけど、その子の（註・御戒名）を貰って……。そしたら涙が出て仕方なかったんですね。……して、供養はじめて、もう、私が『成仏せんかも知れんばってんか、成仏してくれよ！』って、もう引っかかり、まんかかり、ひっかかり、まんかかり（註・つっかえ、つっかえ、経典をよむ）だから上手な人は一〇分もそこそこかからんとです、私は一時間……四〇分ぐらいかかったんですよ。膝が曲らんし、その教典が（手で）支えられんし……。で主人の力を借《か》って、……もい、何時も主人は私に付きっぱなしで、後から支えとってくれたり、教典を載せる箱を作ってくれたりですね、（涙を拭う）……で、めくる力が無かってですよ。（めくる手つき）こげんする力が……。だから、そこを読み終ってから主人が開いてくれたり、私が、言葉が引っかかったりしたら、主人が読んでくれたり……。」

○にんにく酒やくこ酒のびんが数本並んでいる。

栄子「……あの何かねえ、こんなことをおっしゃったんですよ！『あなたが、いちばん人に分らん病気にかかったならば、あなたの周囲にその薬草は必ずある！』っておっしやった……で、あの何ちゅうか(小首をかしげる)……だから、そげんちゅうような事を聞いたときに、ピンちこなかったんですよ。そしたら家のまわりは、まず毒だみ草が一ぱいです！ それとフツが一ぱいおっとですよ！ だから、その……やっぱり、私たちが小さか時は、毒だみ草をですね、柿の葉っぱに焼いて、そして、ほら、ねぶつ（註・できものの根）の上にすれば、すぐ膿を取り出しよったですよ！（首をかしげる）そしてまず、そげん毒ば飲んで良かじゃろか？ ち疑問があったんですけど、でも私には、世界に無か毒(註・有機水銀のこと)がはいっとるならば、それでくだそうちな考えですね！『いつでも死んで、もともと』と考えておったし、苦しかったですから……。これ（土びん）にフツを入れて、そして毒だみ草を入れて、――毒だみ草だけをですね、蔭干ししたんですけど、あの全部（家族が皆）飲んだもんで、足らんかったんですよ！ もう乾燥させる暇がなくて！――だから、葉っぱを採ってきて、すぐ洗って、これに容れて……。だから、あの、まず一番に勘づいて……それを飲めばどげんした結果が出るちゅうことじゃなく、それは分らんかったです。でも。……もう私が一日、四、五回小便《しょんべん》をするのをですね、もう、どもこも匂いの強い小便が出るとです。（手で押し出すようなかっこう）もう、じゃんじゃん！ だから、午前中、四、五回しょんべんをするなら一〇回ぐらい出ます。もうそれがですねえ、何か、それが、いつも、ジャァって、ソン！ と止るとがですね、もう一〇回なら一〇回、ジャッジャッジャッジャッジャッジャッ！……どこからこのしょんべんな、あの出っとやろかちうくらい！」

○かたわらで終始、静かに妻の話をきいている雄さん。

土本「雄さんね、奥さんどんな風に？」

雄「……自分なりの努力は一生けんめいやったと思いますけど、途中でまあ諦めるちゅうかですね、まあ挫けるようなことが再三あったばってん、それをこっちが気がついても気のつかんふりをして、まあ如何にしてそれを続けさせるかちゅうことが、いちばん。……私が心配したのはそこだったですね。なるだけ神経使わんように見せかけながら、ずっと努力させていかんばいかんち思うて、それだけやったんです。」

○栄子さんにある自信と笑みが浮ぶ

「……だから激痛がきた時は、ひとつの波って考えれば『まっぽし（註・真っ正面）からあたって行こい行こい』ちゅうようなことでですね。でもその船にのっている間《はざ》はですね、健康な時だっただけに、あの、素直に受けとめた

じゃばってん、激痛の波は、もう、とにかく哀れだったし、でも、櫨を漕いでくれるちゅうか、激痛の時に主人の言葉が櫨になっていった時に、今になったんじゃなかろうかなあ……だから激痛が来るちうな感じのした時には、『いっちょ、波の来たぁ！　って、その波が何時間――台風が続いとるかなぁ！』って考えるようになってからですね。やっぱり、具合が悪くなっても、船に乗っている気持でですね、やってきたとは事実ですよ！（遠くを見ながら）だから家族がいっしょの船にいつも乗っているってな感じ……。私たちが入院すれば、この子たちの船は進まないって感じですね。――いまもそれを一生懸命考えてつづけとっとですけど、やっぱり、私たちの御先祖はどうしても漁師だったのだから、その漁師ってゆうようなことばから、私たちを切り離そうとする……どんなことがあっても、あの、する人があっても、私は切り離させては、ならない！　と思う……、それとですね、あの、海を見ない日があった時に、私はもう生き甲斐をなくす――それは事実です。だからあの、他人《ひと》以上に海の見える家ちゅうか、それを保っていきたいちうことですねえ。だから、私は三日でも海の見えんとこおれば、あの、地獄に行ったごたる感じですね。」
土本「こうやって海をみてますとね、やはり、むかしのさ

かな、今の魚、いろいろのことを……。」
栄子「（大きな声で）もう、魚がなからんば！　私は先ず、魚を採るためちか、そのために生活してきたんですけど、やっぱり、その……いちばん魚から生れ変ってきとっとじゃなかろうかなってな気持、いつもします。じゃなからんば、……あのさかなの供養もしましたし、またいまでもあの、その日（註・月一度日をきめている）が来ればするし、でも、なんちかなあ、コンクリ詰め（註・汚染魚をとってタンクに入れる水俣湾の作業のこと）いろいろ見とってですね、私はもう痛かっですよ、体が！　さかなが今日もコンクリ詰めしよるっちなれば、思った瞬間動かなくなるんですよ、私の躰が！」
○海をじっと見つめている
栄子「で……その、その……魚が私に何を言い聞かせようちとしとっとやろうかちした時にですね、やっぱりひとつは、恐ろしい！　ってな感じ、……とですね、だから……私が魚だったら、どんな気持だろうち時にですね、その痛みは消えますけど、やっぱりその……（間）……まず、他のなにって考えたくない！　……ですね、でも、私が魚だったら、本当に人間が――私以上にえらか人がおったならば、私は踏まれても、叩かれてもその人のために、あの喰われたり、いろいろするならば本望であろうし……だから何ちゅうか（涙せき出る）わたしが魚であれば！　その『海を取り返してくれろ！』っと私の、その意味はそこにあっとですよ。だから、私の生きるそれは海から……海を取り返さなければ、私は生きられないし、それも魚が私に問いかけることばであって、私も人間として生れて、現在《いま》の姿はあるんですけれども、その姿がですね……やっぱり、にんげん生れてきた以上は、その魚と私が……その魚が私に生活をさせてくれたんだから、だから、『私が生きているあいだは、その、魚の供養もしてやるから、あの、成仏してくれるんだよ！』て、魚に、海にむかって問いかけますけど（すすりなく）そうじゃなかですかねえ！　私、それ以外にまた考えたくないんですよ、じつは！　……だから、海が狭くなる……あしこも埋立てるちうなこつば知ったときに、それをいやじゃってときには、私の躰は、いちにち動きません！」
○家の前、背に不知火海。一家並ぶと木琴のようである。やさしみの顔々。
「……だから、どんな破滅があってもですねえ、私はそれを、『水俣病はこうだった！』ちゅうようなことをはっきり言ってですね、子供たちも、それを言い伝えてですね、

生き続けたいと思うんですよ。」

44　水俣病センター・相思社

○センターの入口、車で来た明水園在園中の胎児性患者たちが、手をひかれ、背負われてくる。読経の声が洩れてくる。

○相思社母屋の全景

スーパー〃水俣病センター・相思社、落成式

――昭四九・四・七――〃

ナレーション「水俣病センター・相思社が完成し、患者さんがつめかけた。この二年間、全国から寄せられた二、〇〇〇万円のカンパで実現したものである。」

○広間あいさつを聞く、重症児、田中実子さん、そして明水園の患者たち。声は水俣病を告発する会、代表、本田啓吉氏

「……春から夏、秋にかけては、いつでもあたたかいお風呂にはいっていただけると思いますので、はいっていただいて、或いはここでマッサージしてくださる方も、いつもじゃないかも知れせんが、お出でいただけるかと思いますので、そのようなことで、痛みとりに来て頂きたい、いうふうに思います……。」

○満堂、酒、肴があふれている。患者さんが作り盛ったものだ。料理をすすめるかんだかい声、ざわめき。

45 余興がはじまる。すっかり旅役者風にきりりとしたて
た股旅姿で踊る杉本雄さん

〽（唄三度笠）

……三度笠……

（どっとわく）

どこをねぐらの渡り鳥

ぐちじゃなけれど

このおれは

帰る瀬もない

（「よう、橋幸夫そっくり」の野次）

伊豆の下田の

灯が恋し……

〽意地に生きるが

おとこだと

胸に聞かせて

旅ぐらし

三つき三ねん

今もなお

思い切れずに

残る未練が泣いている

○あでやかな娘姿でおどる女たちにまじって栄子さんも舞う

うたは「花笠音頭」である。酔った支援の人、組合の花田さん、劇作家の砂田明さんが興に花をそえている。

○その踊る晴れ姿の栄子さん。（註・この日踊りぬいて、のち二日寝こんだという）

46 不知火海

○曇天のさけめからの光芒がチッソ工場を鉛色に光らせている。煙が立ちのぼり、えんとつが毒針のようにつっ立っている。

○漁場を示す笹つきのブイ

○工場をバックに操業する漁船

ナレーション「水俣の沖には、天草、御所浦の漁民が働きに来ている。速い船で一時間の距離である。」

○水俣からカメラをゆっくりめぐらす。不知火海の海岸は岬が重なっている。開けた水平線のかなたは宇土半島、そして対岸、天草諸島のそそり立つ山々がみえてくる。

ゴチ網漁

ナレーション「この内海《うちうみ》の奥ゆきは深く、沿岸に十何万のひとびとが、この海と離れがたく生活している。ここはいわば現役の海である。」

47　漁場

○一隻の小船、スーパー〝ゴチ網漁〟

ナレーション「これは小規模の流し網漁である。」

○夫婦と若い娘がころをまいて網をあげている。イカ、アジが揚げられている。

そのきりりとした娘の仕事ぶり、うしろで父親が笑っている。

ナレーション「このあたり、半年程前に、マナガツヲの大群がまぎれこみ、ひと晩に一隻、最高一三〇万円の水揚げがあったという。――また、ひとつの語り草が御所浦に生れていた。」

48　大きな籠をいくつものせた小型漁船

○スーパー〝イカ籠漁〟

○漁夫がひとりで動力のころの力をかりて、イカカゴをひき上げている

ナレーション「この籠が一隻あたり、約三〇〇。それを順

ぐりに手繰《たぐ》っての漁である。」
○その籠は直経一メートル余、入口のわきに何かの草の束。
土本「あれ、あそこにくくりつけてある仕掛けは？」
漁師「ああ、あれですか？ あれはですね、山にいけば岩ツツジって、岩ツツジ、こう花が咲《さ》すでしょうが！ あれが小枝《こぼね》があって、あれが一番いいんですよ。あれに卵ば産《っ》けに来るんですよ！ 卵をですね。それで知らず知らずに籠の中にはいってくるんですよ。それで一匹がはいればですね、同志に寄って、イカがなんぼでもはいってゆくと……同志を見てですな。」
○カゴの入口には何の蓋もない。つつぬけである。可笑しそうに喋る漁夫。
漁夫「あれが出たり、はいったりするんですよ。それで毎日ですね、起しに行かにゃ駄目ですよ。」
○籠から出されたイカ、漁師の手の中で威嚇的に足を開いて鳴きわめく。
○一匹の大蛸が住みついている。
土本「こりゃ大蛸ですね、これはもう！」 蛸がひっくり返る。船の上は賑やかである。それぞれ吐息や汐ふきのような呼吸音をたてる。そのイカや蛸の表情。
漁師「……みんな、はいらんという魚は殆んどないですよ！ やっぱり。たいがいはいるんですよ。余計にはいらんちだけでね。やっぱりもう、たいがいはいるんですよ。」
○蛸が大きく息している。
○船は御所浦のとつきの岬にかかる。
漁師の声「（鼻うたでも歌うように悦に入った調子で）ああ、もう、死んだ魚は喰べんですねえ！ 死んだ魚ばたぶればミナマタビョウになるもん ワハッハァ（しかしことばつきが粘って異常である）やっぱ、生きた魚じゃなからんば、味がせんですよ、ぜんぜん！」
○とろりとした御所浦の海
「……それで御所浦なんかはですね。やっぱもう、熊本やどこにいっても、魚が弱っとるでしょうが？ それで喰われんとですよ！」

49 地図 水俣から御所浦へパン　（ピアノ曲はじまる）

ナレーション「水俣から約二〇キロにある御所浦。大小一八の離れ島からなっている。人口約六、五〇〇人。漁民の島である。[3]」

50 御所浦町

○浜辺の漁家を背に、つい庭先のような瀬であみをひく夫婦
○足がわりの舟に孫をのせた老人
○やや大きい部落、役場やコンクリートづくりの建物がある。港に多くの漁船
スーパー〃天草郡　御所浦町　本郷〃
ナレーション「この島に水俣病認定患者、いまのところ十一人。」

51　鮮魚店

○水槽をのぞきこんで泳ぐ魚をえらぶ男、女主人、タモ網を手にしている
○生けすの中の黒鯛、はまち、おこぜが悠々と泳いでいる。蛸が脚をひろげている。ツイカとよばれるイカが陽の光によって甲らの色をかえる。澄明な海水が注がれ、水泡が光る。ここが店頭である。
○子供たちが、そのツイカの背を次々にピアノをひくようにつついて笑いころげる「ドーレーミーファーソーラーシード」いかにも島の子である。
（ピアノ曲やむ）

52　夕方の漁家

○漁夫、タモ網に一ぱいの魚、イカをかついで、石だたみの道を帰る。
スーパー〃御所浦町　大浦〃
○夕餉前のひととき、家の前でイカのさしみをつくる主婦と漁夫。
真水でイカを洗う
土本「同じ水でも真水にゃ弱いんですか？」
漁夫「はい。」
イカの甲に包丁が当てられ、手ではらわたを割いていく。
中味をよりわける。

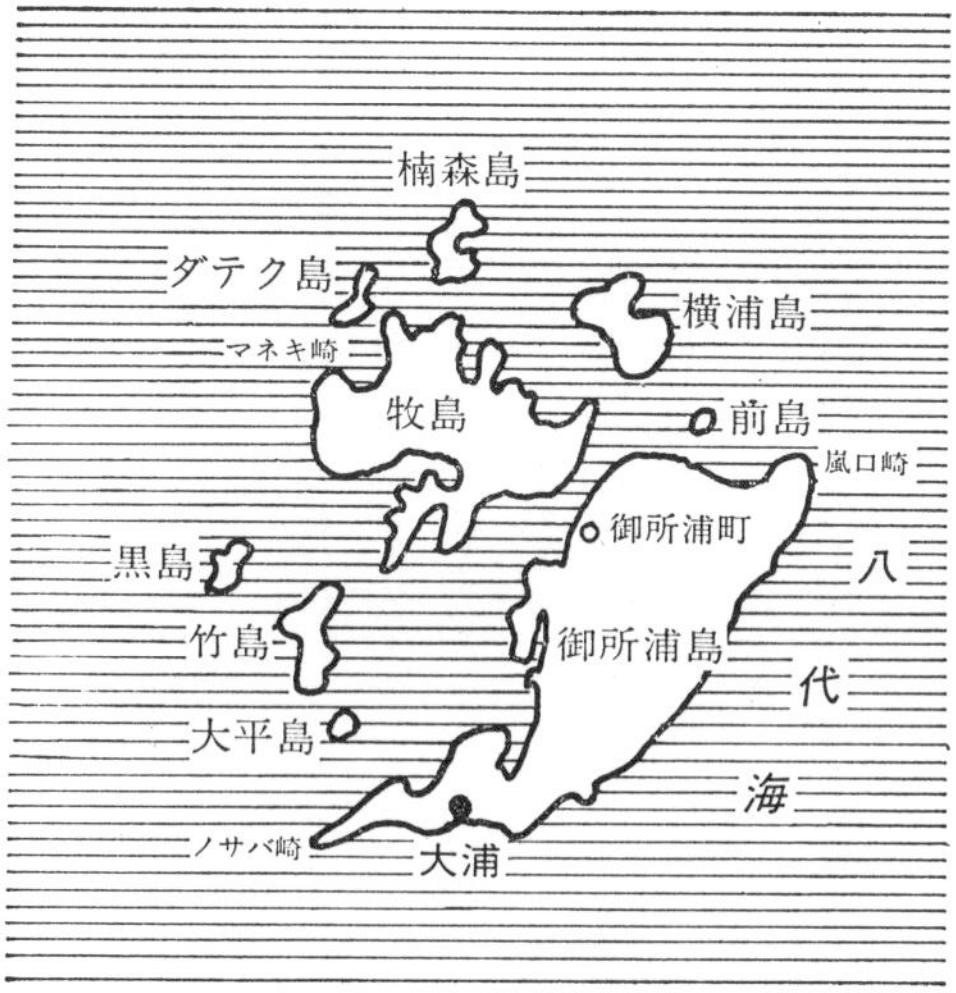

「卵！」

黄色い卵を水あらいする。すみの出る袋をつまみとる。
○土本「すみの出るのはその袋ですか？」
「はい」……「あの黒いの」

身を塩でもみ、うす皮をはぐと、まっ白にすきとおるような身になる。
○主婦、手なれた包丁さばきで刺身ごしらえに切る。じわっと丸まる生きた切りみ。さい前まで呼吸していたイカが口にあう姿になった。

53　入江を出て家に帰る小船、鏡のようなおだやかな海にひとびとのすむ島影がすべて夕暮をむかえる

54　白倉さんの家でのあつまり

○大きな食卓にところせましと肴が並ぶ。さしみ、煮つけ、からあげ等多彩である。主人白倉氏の他、漁師、そして部落の男二人。スタッフでは土本のみ食卓についている。
森老人「私たちもここには来とっとですばってん、近頃はちょっと体の具合が悪うなったじゃってん……。」
白倉「おとり下さい。あんた方にごちそうすっと……（と土本に）。」
○箸のうごく卓の上、そのみずみずしいさしみのアップ
白倉「さあ、たべなっせ。」
漁師「東京あたりじゃ、これだけの魚つくって……。」
白倉「ほりゃ、大したもんだもんじゃろなあ。」
土本「イキは、生きのよさはこんなもの喰えんですよ。」
若い男「ぜんぜん、食べられんですもんね。」
漁師「いきた魚ば喰われんですたい！……やっぱり東京あたりじゃ。こっちんとはみんな生きとるでしょう。魚が生き生きしてですね。それでもう（大きく肯いて）いいんです！……これだけの魚っちいえばやっぱり大したもんじゃもんなあ！」
○若い男、漁師一ぺんに何か喋りだす。話のはずむ食卓である。
若い男「わたしも水俣病になりたくなかったのは事実ですばってん……。」
漁師「（さえぎるように）わたしはやっぱりですね、ここは大体、半農半漁でだいたい生活していくところですから、だいたいまあ、漁師がいちばん専門的ですけんなあ！漁師じゃなからんば、ここは喰われんで死んでゆくところですよ、本当にここは、もう！　漁師でなからにゃ、もう百姓ばっかじゃ喰うてゆかれん、死んでいかにゃん！」

55　話題「水俣病」

○皆、話しぶりがもどかしい。軽い構言障害のようである。

若い男「私も大体、いたって魚が好きですもんねえ。飲む方も好きですけどねえ（笑い声）まあ、何ていうかなぁ。いつでもこう（足をさする）もうほかは何んも無かですよ、ここのこう足の段階が、ここだけは、どうしてもこうしびるっとですよ。ねえ。」

老人「わしがお医者さんになぁ、一番はじまりに診察してもらったとき、あなたは自然《じねん》と齢とるかずも……かなわんごとなるっていうたもんなぁ。それでわしは言うとですたい。わしどん家《げ》の家内どめな、『自然《じねん》と、今年はもうなお手足のかなわんごとしなったっじゃが。そって、もう、わしどんが（医者の）言うこつ聞いとれば俺《おる》は年々に苦しむだけじゃがもう』って言うわけですたい。……お医者さんの言わすとは間違いなかろけん、年々に、変るっちな……そいでわしどんは水俣病にかかった人には、かわいそうと思っとるですよ……自分なもう、こしこ（これだけ）水俣病にかかっとるからなあ。」

56　漁師さんの場合

スーパー〝白倉幸雄さん（御所浦町大浦）〟

○白倉さん、漁師さんを半ばからかいながら

「この徳松くん（註・漁師）なんかがねえ、センセイ、そうでしょう。ううん、本人なぁ分らんらしいが、われわれが聞きますと、非常にこう、ことばの舌の根が、こわ……ううん、こだ、こだわってますね。で本人は、まぁ何んでもない、なんでもないとおっしゃるけれども、私はですねえ、なんかの……。」

若い男「（ひきとって）やっぱ、白倉さん、そぎゃんですもんなぁ！」

漁師・徳松さん「これは、私はですなぁ、やっぱり病気はもっとっとですよ。……てことは、だいたい三角《みすみ》（宇土半島）の池田病院の薬を四年間呑んどっとですよ、四年間！（頭を手でおさえて）これは脳血圧のくすりといってですね、これを呑まんば、こうグヮーッと頭が痛いんですよ。これを呑めば……じいっとおさまるんですよ。ほいでですなぁ、これが……やっぱり、やっぱりほう、どこかに気《け》のあるんじゃないかなあと思っとっとですよ。」

○白倉さん、世話役らしい口調で語り出す。その口調もどこか自在ではない。

「……水俣病自体をですなあ、嫌っているでしょうが！

だからもう、自分の一門から水俣病が出れば困るっち！　周囲の人たちに対して申訳ないちゅうことでねえ。私が今まで交渉した話合いの過程においてはですよ……。」

若い男「それが往々に多いですもんね！」

白倉「だからね！　そういうようなことで非常にむつかしいんですよ、新らしい患者の開発っていいますか、そのお、新患者の開発については……私は私なりに努力はしますけれども、まあ、そうした部落、あるいは御所浦町自体のね、空気といいますか、それに圧倒されてね、周囲のものが——患者自体が、その、自発的にやるちゅうことは、余程の勇気がなきゃでけんわけです。（かたわらの老人・森すなおさんを示し）このすなおさんなんかも、そうですよ。この人はね、三年前に、熊大のお医者さんからですね、『あんたはこういう気配があるから、どうも病気があるからね、（認定申請を）出してみんですか？』と……」

土本「熊大からもう言われたんですか？」

白倉「言われたんです！　すなおさんと、私は友達でしょうが、お医者さんも、私に相談して……『白倉さん、こうだから、あんたのともだちのすなおさんはこぎゃんだから、こういう風にしなさい！』って……。」

土本「申請しなさいって？」

○森さん、肯いて、眼をしばたかせている。

白倉「はい！　それでわざわざ本人がですよ、言ってくれた人がですねえ——多くは特に言いませんからねえ——人がわざわざですね、この人が働いているところの畑まで行ってですね、説得にいった。（手を横にふって）ところがそうはいかん！　周囲の人が！　周囲の人が。つまり家族ですたいねえ。家族の人が、『あんたが水俣病になったら叩き出すぞと、承知せんぞ！』ちゅうわけで……。それには、もともと正直な人でしょう？　だからもう本人はですね、自分の病気の……苦しみにねえ……何とかして、この苦しみのためには、何とか……治療費なりとね只にして貰いたいという、その、願いがあった筈ですよ！　ところが如何せん、あんた！　自分の、……をとりまくところの、嫁さんねえ、子供さんたちがあんた！　反対でしょうが！　あるいは周囲の親類の人たちまでが……『駄目だ！　われわれの家柄からね、家から、水俣病患者を出したらいかんから……絶対いけませんよ！』というのが、現実、現実ですよ。」

○話は熱を帯び、聞き入る老人、漁夫とも箸をおいている。

白倉「これはねえ、すなおさんだけの問題じゃない、多くの、この部落の実態なんです、本当は！　……だから最近はですね、最近は……最近は特にです。ということは、この人たちの時までは、まだ裁判がですね、ちょうど裁判中でしたから、いまの補償金なんて問題は出てなかったんですよ。——水俣病になっても、ひょっとすればただ……汚名だけね、水俣病という悪名だけは、まあ蒙るけれども、賠償金なんかは、これは夢にも及ばんことだっという……ことも、あったはずです。ところが最近はですよ、〝水俣病〟まあ……イコール〝認定〟でしょう。〝認定〟イコール〝賠償金〟でしょうが！　……そこでわたしは考えたんですねえ、まあ県庁の方もね、いまの行政の方でも、〝認定〟イコール〝賠償金〟ということになったが故にですね、認定作業というものが非常に困難になった、と同時にですね、なかなかそのお、進行しない、これは！　と思うんですよ。私は、行政の姿勢ってものが改まらんと思うわけですたいね。そうしたことでね、そうした空気のなかでのですよ……まあ家庭的に、あるいは社会的に、あるいは行政——政治的に、いろいろな面において、ええ、圧力がかかるが故にですね、水俣病じゃないか思いながらも、私はですね、申請を鈍っとるんじゃないかと思うんですよ！」

土本「白倉さんも眼が悪いのに、何故、申請しないんですか？」

白倉「（もごもご）はい……。」

57　嵐口《あらくち》の朝

スーパー〝御所浦町　嵐口〟

○日出前の嵐口港。すでに魚箱を下げた夫婦が帰ってくる。鳩の声が屋根に聞える。

○港のそばの診療所附近に三、四人の人影がうづくまっている。

ナレーション「この島の医院、診療所は各一ケ所、医師は二人である。朝五時半ともなると、はやばやと患者が並びはじめていた。——診察は八時にはじまる。」

58　老人たちとの話

○老人男女四人。手もちぶさたの人々に、土本インタビューをする

土本「この嵐口は、あと何人も申請しておられるんでしょ？」

老人A「いんにゃ、どがんかな、わしどまトンと知らんでなあ……。」

――間――

老人B「やっぱし、血圧(高血圧)が多かっじゃもんなあ。」

老人A「血圧……焼酎のんだりなんしたりする者《もん》が多かっですたい、そっで水俣病ってはっきりなかですなあ！　やっぱり」

土本「でもお婆ちゃんなんかお酒を、その、飲まれないのに？」

老人A「ううん、そりゃ、飲まんばってんなあ。」

○老婆、顔面がたえずふるえている。

土本「あの水俣病って……ことで診てもらいましたか？」

老婆「はぁ、あの……。」

老人A「何回って(診に)来たっですたい、こっちに……。」

老婆「二回……。」

土本「申請しておられますか？」

老婆「はい？（耳が遠い）」

土本「お婆ちゃんは申請しておられますか？」

老人B「（大きい声で）申請しておるかっち！」

老人A「（笑って）申請してはおられん！」

老婆「しておりまっせん。」

○手先がふるえ、指がまがっている。

土本「あの、ふるえてますね？」

老婆「はあい？」

老人A「（からかうように）老人病じゃで！」

老婆「（どもりながら）チャワンデンナンデンナ……テデ、モタ、モタレント。」

診察を待つ老人たち

土本「あぁ茶碗が持たれない?」
老婆「はあい。」
土本「腰なんかきついですか?(「はあい……」)しびれはどうですか?」
老婆「しびれも、やっぱし……。」
老婆、ふるえがつづいている。
○ひとときたって、診療所の雨戸をお手伝いさんがあけている。
土本の声「こんな朝早くからですねえ、あの遅くいくと順番がないわけですか?」
老人B「いや、あっとですばってん、長うかかるですもんなぁ、人間が多かけん!」
(註・一人の医者で一日一五〇人前後を診るという)

59 通院

○大浦部落の海岸を、妻に支えられて、眼のかすんだ白倉さんがたよりない足どりで歩いてくる。
そのうしろに杖をついてゆっくりと歩く老人ひとり。

(音楽)

スーパー〃水俣病認定患者、森又一さん〃

ナレーション「白倉さんたちの住む大浦は御所浦本島の南の端である。北の嵐口の診療所まで、交通手段は船しかない。

——かつて船は自分の手足であった。しかし、この病気になったいま船への乗りうつりが一番難儀になったという。」
○運動失調、平衡感覚、視力障害等が重なる水俣病である。不安定な船のわたし板を辛うじてわたる。(サイレント)
○三人をのせた貸切船。町役場のある町を横眼に北端の部落、嵐口に直行する。
○汐が引いて岸壁が高い。森又一さんは尻を押されて這い上る。白倉さんは片足踏みはずす。奥さんが舟板にかかえ坐らせ、ロープをもって岸の船頭にわたそうとする。
(音楽、ピアノ曲はじまる)
○診療所の附近で、所在なく坐っている老人。

60 字幕 ローリング

御所浦町(一三一九人)
「毛髪水銀量調査」より——昭和35・36年——
熊本県衛生研究所
当時考えられた最低発症量 五〇PPM

松崎　ナス（女）62歳　九二〇PPM
藤野　レイ（女）46歳　六〇〇PPM
森　久子（女）4歳　三五七PPM
森枝イセ子（女）10歳　二三三PPM
森　久美（女）10歳　一五三PPM
森　アサノ（女）66歳　一四〇PPM
中村チマ子（女）5歳　一三七PPM
……以下一〇〇PPM台の人々は数十人を数える。
〈註〉御所浦町人口の1/3が検査を受けた。
ナレーション「その当時、水俣病の最低発症値は五〇PPM。すでに一〇年前の調査で最高九二〇PPM以下、驚くべき数値が記録されている。――しかし、このデータは全く見向きもされないで来た。[4]」

61　**広い役場内**

スーパー〝御所浦町　町役場〟
〇土本、助役さんと公害担当の課長さんにインタビューしている。
土本「まあ、御所浦にですね、皆が関心を持ちますのはね、水銀の調査がありましてね、最高九二〇PPM、現存者で六〇〇PPMという多量の水銀値が、毛髪でもう発見されておりますのでね、やはり体に対する被害は、この地区は、水俣にも劣らず強いだろうという……。」
助役「ええ、此処は熊大からも、何回ですか、三回か来て健康診断やったですね。そういうことで……それから、あの、受診率もですね、（註・天草の）他町村に比べて非常にここは高かったわけです。で、よそに比べると、その点の医学的な調査は、よそよりも、ずっと進んだ調査をやっとるわけですね。」
土本「あの、町でですね、水俣病の患者さんについての予算ては取っておられるんですか？」
助役「（首をかしげ、課長に）ええと特別にないねえ。」
課長「ええと、取っておりますね。あの、ただ町として治療したりするということは出来ないもんですから、やはり、その、患者さんとか、あるいは申請者ですね、……認定申請者の人たちにいろいろ御世話したりする……そういう、まあ、事務的な費用ですね……というのは少し取っています。」
土本「どのくら計上されていますか？」
課長「十二、三万円ぐらい。」
土本「年間？」
課長「年間！」

土本「年間ですか……。」
課長「……で、大分年とっている人が多いもんですから、まあ神経痛だとか、リウマチというのが、昔からその人達の言ってることでですね、そういう人たちなんかが水俣病だというのが多いようですねえ。ちょっと見たって判らないわけですよ！」
○町の人影、よろよろと歩く老女。坐ったきり、ものうげな年よりたちが波止場近くに眼につく。それにかぶって、
助役の声「……あの神経痛とかリウマチ……この地域に多いのは、おっしゃられるとおりです。私たちが考えとるのは、この地形の関係じゃないかと思いますね。あのすぐ海岸から山でしょう。急峻な土地で、若いとき、重労働をやったためにこういう事じゃないかと考えとるわけなんです。水俣の水銀に汚染されて、神経痛がどうという様なことは考えておりまっせん！」
○力説する助役さんの表情
「私達が、まだ小さかった時の方が、かえって神経痛って人が多かったです。」
○部落の道、今も一輪車で、天びん棒で物を運ぶ町の人。肩幅ほどのせまい道が人家の間をぬっている。
助役の声「……戦前に神経痛のために、兵役を免除された人たちがおるんです！　そのような状況ですもんね。そういうことで地形に関係がありゃせんかと考えているわけです。……認定されてる患者が六〇から八〇歳ぐらいの人ですもんね！　と、今までずうっと老人病といいますか、年とれば皆んなこうなるという——先入観があるもんですから、年とれば、みんなそういうこつということで……。水俣病の恐ろしさは、まだ町民の間にもピンときておらんような状況です。」

62　**治療の話**

○嵐口の波止場、森又一さんが這って渡し板をつたい舟にのる。白倉さんも、またよろけている。その舟の上。
土本「今日はどういう治療して貰ってきたんですか？」
森又一さん「今日ですか？　あの、こけえ（腰を指す）血管注射をしてですな、それからここ足がこう、ずうっと（大腿部からふくらはぎまで）痺れて、しびれて痛かもんですけんなあ。こけえ皮下注射を（土本「注射を！」）ここからずっと一五、六本づつ、両方に注射をずうっと……。」
土本「すると、筋ごとに注射を打っていく？」
森「はあい！」
土本「薬はどんなのを貰いました？」

○手かばんから、大きな紙づつみを出す。中から十種類余のくすりが出てくる。
森「薬はさぁ、何んて薬か分らんけど、血圧とか痛み……痛みどめの薬とかですなぁ……これは高血圧の薬……これは、あの、晩眠れんからといえば……これ、ねむる薬ですな、眠りもするし栄養もつくちゅう奴です。（土本「これは？」）これが、あのお、小便がおおごとだからといって、……これとこれが小便の……。」
土本「小便の薬、胃の薬ですか。」
森「これが血圧です、これとこれがですなぁ。これが水俣病の薬そうです。（一つ一つ手にとって）これが腸の薬だそうです。……色々とあんた！　あっとですもん！」
土本「しかし医者に通うのも大変ですねえ、白倉さん！」
森「（せきを切ったような早口で）はい！　いつも言うことで、これが一番です。それはあんたらも来てな、御承知の通り、いまじゃ船（町営船）も通わんし、船を貸切ってくるとです。それこそ貸切れば、やっぱもう、一〇〇〇円か、そしてまた……片道、ちょっと、降してもろて、そっで診てもろて、そして帰って二へん頼まんばならんですもんなあ！　待たすればそうなぁ……一ぺんに八〇〇円か七〇〇円かじゃなかろうかなぁ！　そしてそう待たすれば千何百円ですもん。そん、これが一番困っとです。どうせ、お医者さんにも今日は『先生！　今まで来とったが、もう、ちょいちょい来られんとですけん！　そって、来っと（註・行くと）いう人を五人か一〇人かまとめて、ほして行こうと話合って来んば、もう、来られんですもんなぁ！』って話で。『こりゃ困ったもんですなぁ！』って。『これが一番困っとですばい』って……」

63　町の医師

○路地から医院へカメラ移動
土本「ここが、あの、相当な、やっぱり水銀汚染をですねえ……毛髪に（水銀が）出たということからですね、あの、まぁ水俣病のアングルでですね、あの患者をその角度から検診なさるという事はなさっておられるのですか？」
○医局、診察室、中年の医師である
スーパー〝町立診療所　医師〟
医師「ここは確か三十六、イヤ四十六年ですねえ、あのいっせいの、一斉に検査がございましてね、（註・第一次調査）で、大体、あの、ピックアップされとるのは、一応、まあ、ふるいにかけられとるのは、かけられとるもんですから……。その後は特別にこれといって、そう診た、あれはないんですけども……。」
土本「先生は、あの水俣のですね、いろんな各患者の病像というものをですね、むこうにいって御覧になったことがございますか?」
医師「いや! ございませんねえ、ハァー……。」
土本「これは非常に失礼な言い方になりますけど、特にこの御所浦でですね、医学にたずさわっておられて……。」
医師「……その精密検査をやる! ……というそのふるいわけがまたひじょうに難しいんですねえ、……もう……例えば、こう手足がしびれるという患者さん（註・水俣病の主要症状のひとつ）なんか、いや、患者でなくて、そういうような症状を訴える人は、案外、少なくないんですねえ。かなり居るわけなんです。……まあ一応、疑わしいのはどんどん、まあ……ひっぱり出してですねえ、まあ、専門家に診てもらう……その手しかないんじゃないかと思いますねえ……もう、われわれ第一線医では、全然、手足でらんと思います。」
土本「先生でですね、申請をされたのは、何件ぐらいありますか?」
医師「ええ! いや、これはですねえ（つまる）実はおらんのです! はあー。」

64 椛ノ木部落

○地図　御所浦本島から更に牧島へ
ナレーション「牧島・椛の木は御所浦の中の、また離れ島である。戸数約四〇。ここに九二〇PPMを記録された婦人の家がある。」
○自然のままの島影にそって進む先に、狭い舟つき場のある小部落がある。カメラ、海から島へと近づいていく
これに白倉さんの声が重なる。

スーパー〝松崎重一さん（椛ノ木）に語る白倉幸雄さん〟

白倉さんの声「だんだん、だんだん、こう御所浦町自体もなあ、いまの町長も、議長さんたちもな、最初は反対じゃったばってん、こん頃はですよ、こんごろは、嵐口なんかにも病人がだんだん出てきはじめたもんだから、放っとくわけにもいかんもんなあ、政治もね! 最近はですね、やはり役場も、ちいったあ風向きが変ってきたごたる……。」

松崎さんの声「ああ、そうですかあ（重く、おそい受けこたえである）。」

白倉さんの声「それで私もね、眼がもう少し見えれば、あんたの所にも再々きて、あなたを力づけてやりたいと思うんですよ! というのはね、あんたの奥さんなんか、いろ

いろまぁ……何ていいますかなぁ、調べられた結果によると、ね、お宅の奥さんなんか、可哀そうに九〇〇いくらかのピーピーの、毛髪にあったという……。」
松崎さんの声「はあ、そん当時には、あんた……。」
白倉さんの声「ねえ！　自分で病気せんば分るもんかな！　だんだん、だんだん眼が見えなくなって淋しうなってねえ。……」
○谷あいの家々。その岡の上に、土葬の墓がある。ブリキ屋根は赤く錆び、水のみ茶碗が一つ。九二〇ＰＰＭの婦人の墓である。

白倉さんの声「……なにかこう……地獄の底に引き込まれていくような気がすっとですよ！　……それでなんとかしてね、奥さんもこうして亡くなっておるんだから、これは何とか方法がつかんとかっていうわけですたい。」
松崎さんの声「はあい。」
○部落の細道を松崎さんの玄関まで辿るカメラ。
白倉さんの声「生き返らすわけにはいかんから！　しかしこれは九九〇のピーピー（註・九二〇ＰＰＭのこと）がですね、有機水銀が、ほんとに含まれて亡くなったとするなら、その証拠品があるならばですよ（註・熊本県衛生試験所資料のこと）……証拠品があるならば、この人だって何とか方法がつかんとかって……。」
松崎さんの声「はあい。」
白倉さんの声「そいでなぁ、あんたも一回なぁ診て貰いなっせよ…。」
松崎さんの声「はい。そうですねえ！」
土本の声「白倉さんねえ、ちょっとお訊きしたいんですけど、松崎さんにですねえ、九二〇ＰＰＭがあったということがですね、あの、連絡があったんですか、その当時？」

65　松崎重一さんの家

○こたつに入って端然とすわる重一さん。白倉夫妻と土本
松崎「……始まりは、もう一般民じゃったですもんね。そしてから、もう二遍三遍と（水銀量を計るための髪の毛を）採らしたとはうちと……うちんとだけは、ほう三遍とらしたとですたいね……。」
土本「あんまり高いんでね、怪しんで、三遍とったといってられました。」
松崎「はい、はい。そのほかの者《もん》もな、何人かは二遍なり採らしたと……三回採らしとは家内《うちんと》だけじゃったですもんねえ。」
土本「御医者さんが水俣病ではなかろうかという風には……あのう……。」
松崎「（首を横に）いいえ！　……その時分には水俣病という話しもなかったです……。で、家内が死んだ頃に、まあ、訪ねきらした衆《し》（註・「告発」活動家で行政関係ではない）は、『あんたがん家の奥さんのあがんとは、水銀も多いし、こがん、こがんで水俣病じゃなかったか？　水俣病という、あがんとは、そん、記憶はなかったか？』って聞かすばってんなあ、わしとして、水俣病はどういう風な……水俣病患者のひとを見たこともなかでしょうが……そいで水俣病が、どういう風な病気が水俣病かも、まだその当時は知らんじゃったですもんな。そいで、わしに聞かしたっちゃ、わしが水俣病がどがんとじゃ、何んとじゃい……風邪ひきとか、何とか、そういう風な……ぐらいは知るばってん、判るもんですかというたぐらいじゃったでした。」
白倉「七年ぐらい前はそうですね！」
松崎「はあ！　テレビなんか見て、あの寝たきりの患者のチロチロ出るところば見れば、ああ……やっぱり！　ああいう風な患者がおっとぞ！　まあ、よう似いとるばいという、気持はあっとですばってん。（亡妻の様子を思い出して）また、起きて坐りもきらんで、ここば（とひじをついて）こうムシロについてですねえ、これくらいが一番、起きりよっとも最後じゃったですもんね（鼻をすすり上げる）。」

土本「松崎さん自身ですね、あの検診をうけられましたですか？」

松崎「わしですか？　はい、わしはこっちの公民館に来らしたとの分（註・第一次検診）は受けたっです。一ぺん、あそこに……あの上天草病院にですね、去年……一昨年《おととし》になるですか、あの、出張して来《け》、じゃったですもん（註・第二次検診の対照となったことを示す。第三次がつづいて行われる）でちょうどその日は嵐《かぜ》の日で、雨風で、それで、この部落からは、誰れも行かんじゃったで……舟の、あすこに着けられんというてですね。で、他所さにいってにゃ、あがんして受《う》診けたことはなかでした。」

土本「別の、別の日にですね、あの……検診なんかやるということはなかったんですか？」

松崎「いえ！　そりゃあ、なかったです！」

土本「それじゃ、嵐のためにあれですねえ！」

白倉「はい、してなかです……。」

松崎「はい、してなかつです。」

白倉「上天草、第二、第二回の検診ですね。はい。」

66　その帰り路

○白倉さんの帰りを、見送ろうとする松崎さん。その背に語りつづける白倉さん

「あんたでん、私でんですよ、……私の眼もおそらく水俣病じゃないかなあ、と思わるる。あなたがそうしてヒョロヒョロ、ヒョロヒョロしとんのも、或いはですよ――水俣病でないならば、私は結構と思う――しかし、もしあなたが、水俣病に侵されているとするならば、私は勇気を出してですよ……まわりの、周囲の人たちなんかに、もう、恥かしい思いをすること無かで！　これ、伝染病でなかけんな！　遺伝でもない！　……つまり魚を喰うことによって、喰たことによって感染するのが公害じゃけんな！　公害の病気！　あってん、あんた、神経痛とかねえ、リュマチとか、それから中風とか言うても、治らんでしょうが、実際は！　お医者さん次第では、『あんたは中風やがな、あんたとは、神経痛ばな！』とおっしゃるけれども、実際の専門家にいわすればですよ、専門の御医者さんに言わすれば、『どうも白倉さん！　あんたは、やはり、魚を喰うた結果による水俣病のようでございますよ！』といわれた以上は、これはもう！　今の裁判の結果による賠償金でも貰わなければわたしゃ浮ばれんもね！　……と思うのが

私ですよ。」

67　墓のある山

○二隻の漁船が帰投している。ふたたび、松崎夫人の墓。

白倉さんの声「……もともとただせば、いまの日室会社（註・チッソの旧称）それ自体が悪いんじゃないか！　というのが私。そぎゃんとば憎までな、誰ば、あんたどんは憎むとか？　病人ばそがん憎む必要もなかろうもんというのが、私ですたいねえ！……そぎゃんでしょうが？」

松崎さんの声「（笑いさえ浮べながらつよく）仇《かたき》じゃばってんか、いくらかの香典なっとなぁ（笑う）……くだっせば、それでもう、ありがとう……。」[5]

68　再び不知火海の水俣病発生の可能性について

○不知火海産の魚の汚染データをめぐって。

スーパー〝ふたたび、武内忠男氏（熊本大学・病理学）〟

武内「これは昨年（註・昭四八）の八月時点の魚ですけども、これはやはり……魚は蛋白源で重要なもんですから、あの、あまりにも危険が……何ていいますか、強調されますとね、喰べなくなるでしょう？　そうすると、ここ（不知火海）に住んでおる、少くとも魚を採る漁民の人たちは生活出来ないということになるんですよ！……それが、あのう、生活できるような形でなければ『喰べるな！』とは言えないんですからね！　そのかねあいは非常にむつかしいわけですね。（ことば途切れる）しかし、私どもの医学的に、純医学的な立場から言えばですね、やはり……今までのような喰べ方を漁民の方がすれば、あるいは一般の人でも、魚が好きでですね、一日に三〇〇グラム、あるいはそれ以上喰べるということはですね、かなり警戒しなきゃいけないんじゃないかと思いますね。」

○別のデータ、患者発生図を示し

土本「いま、ここの中だけの……状況から、もっと拡がるという可能性も今後に残されているわけですね？」

武内「（つよく）喰べつづけたらですね！」

土本「喰べつづけてますよ！」

武内「だから、喰べ続けないようにしなきゃ困るわけです！」

土本「それはしないですよ、この人たちは！」

69　フグ漁の朝

○未明、真赤な朝やけの中、一隻一隻小船が出てゆく。エンジンを全開にして漁場にゆく。

ナレーション「四月、御所浦は全島、フグ漁の最盛期をむかえていた。」
その朝の海の上を　漁師・森徳松さんの浪花節が舟唄のように流れる。

〽八代《やっちろ》の
八代《やっしろ》の
セメント会社ば　右に見て、
横に見ゆるは横浦の
欲はいわねどつゆどころ
左に見ゆるは
嵐口の
中の瀬戸をば越えまして……

○朝陽を背にして進む。うみすずめが、群をなして漁船に道をあけている。
○はるかかなたに、全船、白帆をあげたフグ漁の船約三百隻。漂渺と群れている。

〽種はまかねど
牧の島

ついた所が御所浦の
花の都の
（エエ……）
御所の浦

スーパー〝フグ一本釣漁〟

○浪花節と共に船団の中に入る。

70　エピローグ

○舩から、老いも若きも、女も、指にかけた一本の釣糸を垂らしている。

○群ごとにかたまっている漁船。船首をそろえて、海底のフグの群の上にある。

漁師「かたまってですね、フグはずっと、こう、始終もってかたまって漂《さ》るくんですよ……そすと、ここに（船のかたまりが）むこうにもおるでしょう。……そいでむこうにひとかたまり、ここにひとかたまりいう風にして、ずうっとフグがこうかたまって漂《き》くんですよ。」

○餌のサバの切り身の先の鋭い針にわきばらをひっかけられた大フグが上ってくる。やはり歯を折られる。

○いけすの中で元気なフグ四・五匹

「……それを電波で見てですね、回ってこう採って漂《さ》るくんですよ。はあ、やっぱりですなあ、一日にやっぱ二万三万。釣るのは五万六万と釣《と》るんですからなあ、やっぱり。そいでやっぱり、一ヵ月すれば五〇万か六〇万ぐらいの水揚げがあるんですよ。」

○数隻、舩を接して漾っている。

○子もちの夫婦が舟の上で朝餉である。

子供たちは船の上の蛸と遊んでいる。

○生後まもない赤ん坊も舟板の上にいる。「そいで、みんなで、ああいうふうして、朝飯ば食べるんですよ、みんな寄って。（大声で笑いながら）酒でんのんで！　朝ごはんに、酒でんのんでから、ハハハ！　で、漁師の仕事はですね、なんでも、まあ……やっぱり、まあ（強く）肉体労働じゃなかですからなあ。みんなこう、機械ばっかしですから……そっで楽なもんですよ。そして簡単にして、おかねをとるんですよ！　やっぱり！」

○いけすの大フグ　　（音楽、ギター曲始る）

○赤ん坊を抱く母親

「面白いですよ！　くうときはあんた、こんな大きなフグをですね、三〇も四〇も釣るんですから……ハハハ、ようしたもんですよ！　やっぱ！」

○朝陽を背に漁船の群、海の上に、魚の群の上につきそって漾よう。海にシェルエットのようにうかぶ船の中をゆくカメラ。海が痛く光りつづける

（音楽終る）

71　**字幕**　〝不知火海　――昭和五〇年一月〟

72　**タイトル**（ローリング）

製作　青林舎

スタッフ（五十音順）

高木隆太郎
浅沼幸一
有馬澄雄
石橋エリ子
一之瀬紘子
一之瀬正史
市原啓子
伊藤惣一
江西浩一
大津幸四郎
岡垣　享
小池征人
土本典昭
成沢孝男

渕脇国盛
宮下雅則

音楽　『松村禎三作品』より
『小栗孝之作品』より

協力　塩田武史
坂口　顕
川本　久
星野道雄
水俣病患者同盟
水俣病研究会
水俣病センター相思社
水俣病を告発する会
新日本室素労働組合
熊本日日新聞社

タイトル／菁映社・ワールドビジョン
機材／記録映材社・東京シマネ新社
録音／三幸スタジオ・新坂スタジオ

現像／東洋現像所・ＴＢＳ映画社

青林舎事務局　米田正篤
重松良周
佐々木正明
飛田貴子
長　もも子

（上映時間　二時間三十三分）

採録責任　小池征人
土本典昭
有馬澄雄

（註）

永尾神社《えのおさん》と不知火

宇土郡不知火町永尾区にある海童神《わだつみのかみ》を祀った神社で、古くから胃腸病の神として辺郷近在の人達の信仰をあつめてきた。

伝承に、昔海童神が不知火海から〝えい〟の背中にのって宇土半島を越えようとして陸に上りそのまま鎮座した、という漁《すな》撈《どり》の民の生活圏にふさわしい物語が残っている。北にある鎌田山がその御座（永尾神社の奥の院）で〝えい〟の魚にあたり、神社が尾尖にあたるところから、別名〝剣神社〟と呼び親しまれてきた。また海岸に海の参道があり海神にふさわしい。

永尾神社はまた〝不知火〟を観望する場所として有名で、旧暦の八月一日、八朔祭の日は、一年中で最も干満の差がはげしく暗夜である関係で、〝不知火〟出現の可能性が一番高いとされている。〝不知火〟の起る原因は、景行天皇が九州征西のとき〝不知火〟と名付けたとの神話の物語り以来あれこれ考えられてきた。信仰と結びつき神秘的な伝承として龍燈説、あるいは漁火説や動物発光説、星光投影説その他があったが、大正年間頃より科学的解明がすすみ、〝不知火〟は気象学的現象であって、光の空気通過中の異常屈折による明滅現象である、とされている。

八代海が別称〝不知火海〟と呼ばれるのはこの〝不知火〟に由来することは言うまでもない。

長井君たちのその後

長井君をはじめとする明水園の若い患者たちと青林舎のスタッフとは、水俣からわれわれが離れて以後もいろいろの形で交信（カセット・テープによる手紙のやりとりなど）がある。それらを通じわれわれが見守っている、長井君らの活動の一つに八ミリ映画を撮りはじめたことがある。多くの人達の協力で念願の八ミリカメラを手に入れた長井君は、若い患者でスタッフを組み、明水園や水俣の風景など撮りためたものが早や二時間ほどの長さに達している。フィルムに撮しとられた映像は、われわれのそれとは趣を異にして、患者の眼から眺めた外界であり、あるいは車イスから撮る低いカメラアングルの記録である、若々しく新鮮な映像は、他ならぬ長井君たちの自己表現の手段となり、彼らの仲間あるいは外部の人たちとの有効なコミュニケーションの手段となっている。

御所浦島の医学的地位

御所浦は水俣の対岸約二〇キロの距離にある。典型的な過疎地帯である。漁業中心の生活が現在までつづき、魚種によっては水俣沖まで漁に出ている。三四年、汚染のピーク時、多数の猫の狂死（水俣病発生の前兆とされた。原因は回遊魚と考えられた）が気づかれ、また毛髪水銀量調査によって最高の九二〇PPMをはじめ一〇〇PPMに限っても数十人という高濃度汚染が確認されており、早くから水俣病患者の存在が疑われていた。漁業現業の島であるため、それらの事実は最近まで隠され、水俣病の情報は伝えられず、医学的に調査されることはなかった。従って住民も、諸症候をそれと気づかずあるいは隠して現在に至った。四十六・七年になされた熊大第二次研究班の調査（但し四分の一の人が住む嵐口のみ）で三〇数人の水俣病が疑われ（その中で本人が申請した人のみ、現在一一人が認定されている）本格的な疫学調査の必要が指摘されたが、形どおりの調査のみで終った。ここは一昔前の水俣と相似であり、その厳しい情況のなかから大浦の白倉さん達が立ち上った。水俣を中心に対岸の島々は御所浦と大同小異であり、医学未踏の地といえる。この御所浦島の現実の把握の仕方が、不知火海全域の汚染をどう考えるか、どうとり組むかの一つの指標とも言えよう。

毛髪水銀量調査

「水俣病は三十五年に終った」という医学常識あるいは社会風潮のなかで、熊本県衛生研究所松島義一氏は、三十五年―三十七年にかけ、不知火海沿岸住民約三〇〇〇人について毛髪水銀量調査をやった。熊大医学研究班とは別に、水俣病発症の可能性の有無、予防の観点からなされた。この調査によって、有機水銀汚染が不知火海全域にわたることが明らかとなった。最高値で九二〇PPM（御所浦の婦人）、また水俣病の症状を疑われた人も見出された。松島氏は毎年調査結果をまとめ、関係市町村衛生担当者に送ったが、このデータは三十五年以降の水銀汚染の経年的減少の証拠として、熊本県によって利用されたのみで、毛髪水銀高値の人達の追跡検診も、あるいは本人に対する通知も全く行なわれず埋もれてしまった。

昭和四十六年に至り、これらの基礎データは、水俣病を告発する会員の手で捜し出された。

松崎重一さんの奥さん

松島氏の調査で最高値の毛髪水銀量が記録された。松崎さんの奥さんの髪の毛は、根元から切りそろえ三〇センチの長さがあった。松島氏は水銀蓄積の時期を推定する目的で、三センチづつ十等分し水銀測定したところ、根元四三〇PPM、先端一八五五PPM、平均九二〇PPMが検出された。驚いた松島氏は、至急町役場を通じて連絡したところ、毛髪提出以前から病臥しており、その症状は水俣病と同様だったと伝えられた。また審査会にも報告したが、調べられることは全くなく、その後四十二年に奥さんは亡った。松崎さんの奥さんの死は、水俣を中心に不知火海沿岸において、人知れずそのようにして死んだ多くの人達の運命を象徴しているといえる。

V

ふるさととの再会
――映画『不知火海』をつくって

高木隆太郎

海のいのちや土のいのちから遠ざかった分だけ、私たちは人間のいのちから隔だって生きていることになる。私は、今の自分のいのちの根に、もう一度ふるさとの海を取り戻そうと、映画『不知火海』をつくりにかかった。映画をつくりながら、私はことごとに、今もなお人と海の関係が健在であることを改めて確認した。

フグを釣る船の上で、ある漁師は「漁は肉体労働じゃなかですもん。楽なもんじゃけん」と、いとも陽気に語った。そのことばのショックは快適だった。その人はたぶん、労働によって商品を生産しているのではなかった。その人は漁を営んでいるのであって、行いの全体がどこともの分かちがたく、暮らしなのであった。自分と海との関係が、ちゃんとしていればよいのであって、それにつけ込むメチル水銀やチッソという企業の存在は、その人の眼中にはなかった。

ある漁師は、「よその魚は食われんですもんな、傷んだ魚ば食えば水俣病になるもん」と笑いながら言った。そのことばには海のいのちとの一体感があった。口のもつれ具合からは、その人も水俣病でないとは言い切れないように私には思われた。

イカはイカ籠の中のイワツツジの小枝に卵を産みつけに出たり入ったりする。「ちょうど揚ぐっとき入っとったヤツが運の悪かつですたい」と、イカ籠を引き揚げていた漁師は言った。

かつて一本釣りの名人で鳴らしたという天草・御所浦の老人は、今は水俣病の病床の中で、魚が海底のガタに腹部を埋めて休んでいる様子を、その目で見てきたように、私たちに話して聞かせた。「そっだけん、魚の腹んところは白かつです」と。その老人には、海の中のことが全部見えているに違いなかった。彼は水俣病を、自分の病苦については語らなかったが、「灘に捨てた毒は戻らん」と、海の病については痛恨の涙を浮かべるのだった。

「人間にうまいうまいと食べられることが魚の幸せである」と信じて疑いもしない漁師たちにとって、だが、汚染魚をとってそれをポリタンク詰めにする処理の仕事は、身耐えがたい痛苦なのであった。

五年前、『水俣―患者さんとその世界』という映画をつくる時に出逢った胎児性水俣病の子供たちが、今いっきょに青年になろうとしていた。かつて私に、彼らが幼児のようにしか見えなかったのは、彼らの芯の生命の潜熱に対する私の洞察がなかったからであった。彼らの青春は、今はやりの温床の花ではなかった。それはキラキラと澄明で、やせていて、風の中を走っていた。ことばを話すことが不自由なその子たちが、私よりもはるかに自由に身体全体でなしとげようとする表現は、丹念で厳密で決してなれ親しみを許さなかった。私は自分の贅肉を恥じなければならなかった。適度な合意の上に成り立っている自分の日常を深く反省しなければならなかった。そしてなによりもかつて、この子たちに同情する立場にいた自分が恥ずかしくていたたまれなかった。

私を不知火海に連れ戻したのは水俣病であった。だから映画をつくる過程で出逢った人の多くは水俣病の患者であった。しかし、体は水俣病におかされていても、〝海に生きる人間〟はその人の中に健在していた。メチル水銀に汚染された海と水俣病に病むその人との間に、むしろかえって、あるべき青春が、あるべき海と人との関係がきわだって見えた。これは、今日の私たちの文明の逆説である。

三年前、水俣病の自主交渉の闘いが正面にすえた命題も逆説によってであった。人の生命を金で買うことはできない。だから水俣病の補償は非常識な金額によってなされなければならない、ということであった。経済が人の生命の支えであるならば、その経済の文明構造に対して、この逆説以外に、私たちは何に拠ってものを言うことができるのであろうか。

人の生命を金で買えると即座にうなずく人はいない。しかし、私たちは本当にその思想と方法を持っているだろうか。私たちは、それを人と人との関係において、あるいは自然と人との関係の中から獲得しつつあるだろうか。「生命の値段は非常識な金額でなければならない」という逆説に拠る闘いを、金額の多寡のための争いと見た人はいなかっただろうか。

私は、水俣病の闘いはずっとこの命の原理に貫かれていると信じている。そして、これは、不知火海がその風土に持っている思想性ではないのかと思うのである。

私の母は不知火海に生まれ育った女である。私の父も不知火海の男であった。私は母からいつも女の〝業〟を聞かされた。母が自分の祖母について、自分の母について、従妹について、部落のだれそれについて語るとき、それは決まって女の業の話であった。私は父から男の業の話を聞いたことがない。そのゆえか、不知火海の歴史が累々たる女の業によって錘がれてきたという印象が私の中に刻まれていて、私はこれを消すことができない。だから、人間の命に通底する不知火海の思想性が、この女の業の累積にあるように私には思われるのである。

私は映画『不知火海』をつくりながら、ふるさとの海を十分に堪能したと思った。この映画を完成した時、海の命をかなり十分に撮ることができたと思った。だがそれはふるさととの再会にすぎなかったのかもしれない。例えば石牟礼道子さんは、私たちにこう言った。「確かに海のいのちをお撮りになったと思います。しかし、魚は海の岸辺の林の色や音を聴いて卵ば産みにのぼってくっとですよ。松の木の林と杉の木の林は魚にはちごうて聴こゆっとですよ」と。石牟礼さんには、私たちの映画は見る前から、直観的に私たちに撮れていない海のいのちが、わかっていたのだ。今の私には、不知火海の女の業を背負った人に督励されて、さらに深く海のいのちに分け入っていくことが、不知火海の男の末裔の業ではなかろうかと思われる。私は、父の人生と私の人生の接ぎ目をその辺に探している。

たとえ先輩の督励がなかろうとも、私は私から遠去かった命の実体感を、自分の手もとに手繰り寄せ、自然の命と人の命の一体性を取り戻し、今自らが住む文明の構造に、そのことによってかかわることを、私の映画の命題にしようと思う。それは私の映画の体力が続く限り、やり続けなければならない私の仕事である。できれば、水俣病の逆説に拠らず、海の命と人の命の順縁のロマンを記録映画による叙事詩として達成したいというのが、悲願になりつつある。

(「熊本日日新聞」一九七五年五月二七日)

生類共生の世界

——映画『不知火海』上映に寄せて

石牟礼道子

とある文明史とより衰弱する文明史との、入れ替わりの世紀の一員として、観客であるわたしたちは映画『不知火海』に出遭うことでしょう。画面に対する影として、自分たちがそこにいることをも発見することでしょう。

生き残って青年期に入りかけた患児たちから、フグ漁の船の上の赤んぼ、高名な大学の教授たち、さまよう未認定患者たち。かの海の魚たちの声をも含めて、画面いっぱいにふくらんでくるうたせ舟の帆の、海風の光の下に、映像の影としてのわたしたちが、そこに落とされているのに気づきます。

ひとりの少女が、熊大の原田正純先生に、不自由な舌を操って語る言葉は象徴的です。

「……あんね、自分でね、何を考えてるのかわからんの……」

「うん、うん、うん、今自分が、何考えてるのかわからない……」

「……頭の手術したらね、わかると思うた」

「……みんなでそんな話してるの？　いつも黙って考えてるの？　いつも考えてるの？」

「……うみ……」

「なんて？……海に……」

「海を見てると、なんかわかるでしょう……全然わからない……何にも浮かんでこない。学校へね、行った時もね……毎日変わるでしょう（他の人は）。自分はね、毎日がね、毎日が……同じように続くわけ、なあんも思わない……」

この繊細きわまる少女は、現代の生の無意味さを先取りして、生き切ってしまったのでしょう。ですから、常人には全然ききとれない、他の患者たちの言葉をすべて通訳することができるのです。彼女の余生と、わたしたちの余生とが、観念の中ではじつは一つになってしまっているのだと言ったところで、永遠に後姿のままの少女とわたしたちが入れ替わることは出来ないようになっているのです。

言葉を持っているものたちの言葉がいのちを失い、言語を奪われたいのちの極みから、言霊そのものが生まれつつあるのは意味のあることかもしれません。生命は滅亡へ向かうとき、はじめて永遠性へ回帰しようとするのかもしれません。たぶんそれは、生命自体が具えている理知なのでしょう。絶対的弱者として生きている人間にのみ甦ってくる生命の理知、その生命が発する声に、土本一家が耳を傾けているのがよくわかります。

シナリオの中に、◇魚函にぶちまかれる魚たち。……魚の声がしきりである。音、屁のような音、歯ぎしりの声、船板を叩く尾びれの音など――、というくだりがあります。

自分はコンクリートづめになって死ぬ魚の生まれ替わりで、前世も後世も魚だとしか思えない、それ故のこの苦しみだという、五人の男の子の母親が出て来ます。生類たちが共生しながら生きている世界からしか、このような生命のありようは生まれないでしょう。

現代人には後進的アニミズムととられるかもしれぬこの言葉は、母胎そのものとしてのいのちが、灯ろう灯ろうとして、凄絶な死闘をくり返している筈なのに、彼女の語りも表情も無辺世界に語るようにまるでうぶなのです。不知火海の精みたいな女を、撮らせてもらい、純度の高いエロスのかがやきにふれて、映画屋さんはたぶんしあわせだったことでしょう。

この世につくり出される毒は有機水銀の類だけではないわけで、自分や、隣に住んでいる人間たちの日常、非日常の情念もこの世の毒素となって働いていて、それは画面の中の朝焼け、夕焼けに溶けこみながら『不知火海』を奥深く、優婉な物語にしています。

不知火海域漁民の暮らし方のさまざまが、これほど生々ととらえられたのは、叙事詩としてだけでなく、文化人類学的にも画期的なことでした。

（「熊本日日新聞」一九七五年六月五日）

レアリズムを想う

——映画『不知火海』から

原　広司

一月末、神田の共立講堂で映画『不知火海』を観た。不知火海は水俣病の海、現在社会的に焦点があわされている場所である。この場所に腰をすえてカメラを向ける行為、そして報道する行為は、この仕事にたずさわった人々の心と写された人々の心とを、かなわぬまでも推し測ったうえで評価は低かろうはずはなく、この海を遠くから見る者は痛く打たれるが、もしそうした者にも語る余地があるとすれば、講堂で見入った二時間半あまりの時の流れ、映画としての『不知火海』であろう。

この映画の監督土本典昭が、上映に先だって書いた文章（「展望」二月号）と、後に彼個人の心情の断片を記した文章（東京新聞一月三十一日夕刊）からは、水俣病を撮ることのただならぬ難しさが滲みでている。特に後の文章で、仕事を始めた頃、患児を無断で撮ったと責められた土本とカメラマンの原田とが「二人で海底のセトモノを黙々とあれこれ時間を費やして何カットも撮りつづけた」ことで記録作家としての挫折をまぬがれたというくだりは、久方ぶりで表現にかける者の真髄を示していた。

土本の文章からも、映画からも、水俣病を対象化することの心の震えが伝わってくる。彼が言う記録映画がおかれている〈逆境〉とは、記録するにあたっては何事も一度は対象化しなくてはならない不可避な過程にもおよんでいる言葉としてうけとめたい。とすれば、〈逆境〉からの解放は、映画をつくる方法の構築と同義であって、それだから土本は映画の方法については語らず「記録しつづける」とだけ言うのであろう。

しかし、映画『不知火海』には、明快な発音の方法があったように思われる。海の画面はひとつ残らず美しい。多少非難めいて言えば、絵はがきのように美しい海である。病める海、毒を融かす海は説明されはするが画面にのらない。海の障害は海にあらわれず、人間の動作の障害となって大写しになる。つねに美しい海は、まさかあの海が毒を融かしているとは、と思われる自然さであって、しかし前景に人の動作の障害がよぎるとき認識しなおされる自然、つまりそこに新たにあらわれるのは社会化された自然である。

それでは動作の障害を映画はどう描いたか。美しい海と対比的に描いたろうか。そうではなかった。映画は動作の障害と人間とを切断し、まず登場する人々を美しい海と同相にとらえ、さらに動作をも美しい海と同調させ、ただ人の動きの差異だけを残した。こうした同相と異相をめぐる峻別と同調の方法は、中心がなく、場面は互いに分離しているが境界がなく、しかも場面の順序がアナーキーななだらかな起伏からなるひとつの総体をつくりだした。

記録映画は時間の順序と空間の配列を濃縮して組みかえる作業である。いかなる記録映画といえども忠実に撮ることは不可能である。場面はカメラがつくらなくてはならない。それゆえ、現実をスクリーンに射像するためには、なんらかの函数、いいかえれば方法というか〈眼〉が介在してくる。土本は「記録しつづける」とだけ言うが、それはまだ手中に納めてない文化にむけての吐息であって、彼とて射像のための介在者をもっていないわけではなく、事実、中心があって、場面が密着し、順序と配列に意匠をこらした従来の舞台としての映画の方法とは一線を画す手続きを提示している。この介在者によって、映画の対象からは予期されないことであるが、観衆の間からは明るい笑いが時として誘い出されもする。

レアリズム、これはしばらく忘れていた言葉。この映画を観てレアリズムを想った。二十年ほど前論議されたレアリズムには、近代の芸術にたいする反語としての響きがあった。しかし、それまでにも試みはことごとく失敗し、文学大砲論のような畸型を生んで、政治力学のうつりとともに消えてしまった。それからというものは、芸術は社会とは別な場所に舞台をしつらえたが、それは自己完結的な安住地である。浜を洗う波のようにくり返される近代への問いかけが、いままた寄せてくると、しつらえた舞台からは巧緻を極めた〈芸〉への憧れが返答されてくる。舞台にたいして〈生活〉が投げ返される昨今では、一度は冥府へ送りこまれたレアリズムもまたひきかえしてくるのかもしれない。

たとえば社会的な発言をする文学者、あるいは科学者は、このあたりをいかように考えているのだろうか。社会と文学、政治と科学は、それぞれ固有の美と論理が許される別領域なのだろうか。たとえ、社会に障害がおこっても、文学や科学そのものは障害を起こさないのだろうか。

少なくとも近代の組み立てを考えてみれば、科学や芸術が社会や政治と共通する礎石をもっている。それが文化の観念的な部分、現実をスクリーンへ射像するときの介在者である。科学や芸術は、社会が悪く使い方や観方が歪められているという話ではない。体制を支える観念的な領域を、科学や芸術が支えている。とすれば、批判を社会的事象に向けて悪いとはいわないが、まずは芸術や科学が直接的な課題としている観念的な部分、つまり介在者に内的な批判が向けられるべきではないのか。支配的なる社会の層は、文化における支配的な介在者によって維持されている。人間の組織が変われば文化も変わる、全体の見かけが変われば部分も変わるといった発想は、いまや絵空事でしかない。支配的な介在者が踊る舞台をとりはずせなかった変革がどうなるかは、すでに実験ずみである。文学者にとって重要なのは文学自体、科学者にとっては科学自体である。しかも、問われているのは〈芸〉や技巧ではなく、そこに登場する介在者である。

『不知火海』がアクチュアルな意義を評価されるのは当然であっても、なお映画として問われるのはそのためである。専門領域を廃棄するといったストレートな回路ではなく、むしろ全体としての社会を部分としての専門領域に封じこめる回路を暗示するだけの力が土本らの仕事にはあった。不知火海を撮りに映画が出むくのではなく、映画のなかに不知火海を埋蔵することが、土本の仕事ではなかったろうか。何故なら、映画『不知火海』の出現は、舞台のなかでつくられる映画のなかの介在者を点検の場にさらし出さずにはおかなかったからである。

土本らが登場させた介在者は、荒涼とした自然のなかで住戸がたがいに離散する古い集落が形成されるときにあらわれる計画の論理としての介在者にどこか通じるふうがある。なめらかな風景は、抑えられた表現を約束する介在者でもある。現代には稀な登場といってよい。おそらく、映画を担当した人々が持続した配慮の緻密さと緊張が、そしてこれから潜在力を育てあげる自然としての社会・不知火海がそうした介在者を誘起したのであろう。

（「東京新聞」一九七五年二月二一日）

ひとつの思想的事件
——映画『医学としての水俣病』と『不知火海』

日高六郎

1

土本典昭氏がはじめて水俣をおとずれたのは、一九六五年（昭和四〇年）のことだった。以後土本氏と彼をささえる十人前後のグループが、水俣と水俣病の患者さんたちをとりつづけた。

完成された記録映画はつぎつぎ発表される。一九七一年『水俣——患者さんとその世界』、一九七三年『実録公調委』および『水俣一揆』。とくにその第一作は衝撃的だった。患者さんたちの、その生活、その病症、その苦痛、そのいきどおり、そのうったえ、そしてその行動力。大企業チッソの責任者たちの、なんともいいようのない醜悪さと非人間性。

『水俣——患者さんとその世界』は、海をこえて、ストックホルムの環境広場で、先進資本主義国と発展途上国の人々のまえで上映される。さらには中国や朝鮮民主主義人民共和国にもとどけられる。パリ、ロンドン、ローマ、ハンブルグ、モスクワその他でも上映される。それぞれの場所、それぞれの条件のなかでの反響の微妙なちがいをふくんで、事態の深刻さと映画の質の独自性とは、重たくうけとめられた。ついでにいえば、その微妙なちがいこそ、現代という時代を考えるさいの、ひとつの絶好の尺度となるべきものであったと思う。

しかし土本氏グループはそれだけで満足しない。水俣病の課題がはらんでいる全体性が表現されなければならない。なにがうつしのこされているか。

もちろん、私などは、第一作がすでに問題の全体性をめざしていることで人々をとらえたと思う。それはせまい政治目標で全体を統御などしない。患者さんたちの生活のひろがり、自然との交流、生活破壊者としてのチッソへのいきどおりの根源。そうしたものが漁夫的感性のふくらみのなかでとらえられている。

そして『実録公調委』『水俣一揆』とつづく。それは水俣闘争の進行にみあっての、そのときどきの〈報告〉である。ここではもちろん課題の「運動としての側面」に力点がおかれる。といってもそれは外部からもちこまれた目としてではなく、患者さんの内部からの視線にカメラはよりそっていく。

ここで蛇足をつけ加えるならば、「運動としての水俣病」がもつ重大な意味は、いまなお十分に認識されているとは、到底思われない。戦後三〇年の民衆の運動のなかで、それはたしかに質的にきわだって深いなにものかをつくりだした。おそらくそれを理解するためには、それを戦後の大衆運動の歴史のなかで考えることでは不十分だろう。それは明治にさかのぼり、幕藩体制にさかのぼって理解されなければなるまい。研究者がそのことに不感症であり、党派の指導者がそれにアレルギーをもち、いわゆる運動の指導者がそれに盲目である現状に、私は批判をもつ。しかしそのことをとことん考えるのには、また別の機会をつくるべきだろう。

そして、裁判がおわり、水俣病問題は終らないという状況のなかで、土本氏らは、課題をよりいっそう日常の世界のなかで持続していく必要を考える。『医学としての水俣病』と『不知火海』（それは「生活としての水俣病」と名づけてもよい）とが、同時にクランク・インされ、同時に完成し、同時に上映される。それは、水俣病問題を患者さんの目で徹底的に追いかけることで、結果としては、医学そのものを問うことになり、あるいは人間と自然との交渉としての人間の生のいとなみそのものを問うことになる。第一作からはじまって、五本十二時間の記録映画を完成されたことは、いまの私たちにとって、ひとつの思想的事件でさえある。

2

おそろしい場面である。

死に近い水俣病の患者さんが、ベッドの上で、苦痛にころげまわっている。けいれん、強直、反転……

私は、じっと見ておれない。じっと見ておれないと感じながらじっと見る。

それは、映像以外では、ほとんど表現されえまい。一九五六年、熊本大学の徳臣教授が、現地でとった十六ミリ映画である。

「……本当に気の毒な状態ですねえ。初めてあの水俣にいきました昭和三一年の八月ごろが、こういう人たちが水俣の『避病院』ね……伝染病棟に収容されましてねえ。ほとんどの人たちがこういう状態でしたねえ……もう、びっくりしました。それはもう。本当にもう。暑い、ものすごく暑い病室のなかで、のたうちまわって……ええ、こう、ベッドから落ちたりして、手足を怪我しましてね……」
（徳臣教授）

『医学としての水俣病——三部作』の第一部「資料・証言篇」。そこには、そのころの水俣保健所長伊藤氏の八ミリもうつし出される。氏は「工場—ヘドロ—魚—人」の図式を最初に想定した人である。猫の実験、急性患者の記録、チッソの工場排水口。保存の限界にきていた八ミリ・フィルムが復原される。

大きく社会的に注目され、マス・コミが色めきたつ以前に、ことがらの重大さ、その因果関係を黙々として追いかける。その無名的な仕事と高さを、フィルムは教える……

ところで、土本氏グループは、問題の全体性をめざすと書いた。『医学としての水俣病』は、いわゆる教材用の医学啓蒙映画あるいは専門映画ではない。たとえば、科学は、そして医学は中立的であり、あるべきだという命題。それは二重の意味で不正確であることが暗示されている。

このフィルムが、土本氏らの手で丁重に洗われ、復原されたタイミングは、私にはほとんど偶然に近いようにさえ思われる。

水俣裁判の進行中、徳臣氏らのもとに貴重な記録が残っていることを知った患者さんたちは、証拠としてそれが裁判所に提出されることを求めた。しかしそれは提出されなかった。反響の大きさをおそれての配慮であったか。しかしそのことは、チッソがわの望むところに一致していた。

土本氏のクランク・インは判決確定後であった。問題は一見鎮静したようにみえた。フィルムの公開に協力が得られた。

しかし今後未認定の患者さんの問題が、もう一度大きくなるであろう。もう一度嵐がおこるだろう。

そうなったとき、はたしてフィルムはやすやすと公開されたかどうか。

まして徳臣氏らのフィルムが行政のがわの手にはいっていたならば、いまにいたってもその公開はありえなかったろう。

こうした、医学の中立性という保護膜は、外部からやぶられる。より大きな力をもつものが、闖入者としてあらわれる。そのことに本気で反対するつもりならば、中立性の論理それ自体の見せかけと実質についての、きびしい反省が必要である。結論は、そうした見せかけの保護膜をとりはらって、医学を民衆——なかんずく患者の声のきこえるところにおくことで、医学の〈全体性〉をとりもどすこと以外に、医学の成長と発展はありえない、ということである。

そのことに気づいて、たとえば原田正純助教授は、患者さんたちのところへ出かける。患者さんたちを診察室に呼ぶのではなく、患者さんたちの生活の場所に出かけていく。つきあいは、病気とのつきあいをこえて、患者さんとのつきあいとなる。病気が問題ではない。病人が、そして人間が問題なのである。

だから、医学の中立性という保護膜は二重の意味をもつと書いたのである。

一方では、それが錯覚であることに気がつかず、その膜のなかに侵入してくる外圧に左右されながら、しかもそれによっては左右されなかったかのように幻想するものがいる。

他方では、その見せかけの膜を自分からやぶって、患者さんの全生活とつきあうことで、医者と病気との関係ではなく、医者と病人のつきあいをつくろうという医師があらわれる。

土本氏らが、この記録映画のタイトルを「医学としての水俣病」ときめたとき、おそらくは、病気とだけつきあう従前の、そして現在の医学がみた水俣病、つまりは水俣病の、偏狭な意味での医学的側面、したがって、医師および医学生を主たる対象とする専門家向け「医学」映画とまちがえられる危険を感じたにちがいない。しかもなお「医学としての」というタイトルに固執したのは、そのような、狭さに閉じこもる「近代」医学の枠をこえての「医学」が存在するし、しうるし、しなければならないという期待と要求をこめたからであろう。水俣病を社会病と考える立場から出発する以上、医学もまた特別にいっそう「全体」医学でなければならない。そうした特殊性をはっきりと自覚するほかない水俣病患者とのつきあいのなかで、医学の普遍性への道が見えはじめる。

原田氏が、手さぐりで、すすむ。カメラは原田医師を追いかける。

3

あるとき原田氏は土本氏に告白する。

「私自身がいま水俣病に対する医学的判断について、迷いに迷っていることが一ぱいある。かつての教科書的な、ハンター・ラッセル症候群の型にはまらない患者、新しい病像をもった患者にぶちあたって、いま医学的にすっきりした判断を下せないでいる。この迷いそのものを記録映画にとったら、恐らくいまの水俣病医学についての最も現実的な課題を描くことになるにちがいない」

そう聞かされたとき、土本氏は『医学としての水俣病』をつくることを、最終的にきめたという。このエピソードの意味の深さを、いま私が改めて補足する必要はあるまい。

『医学としての水俣病』第三部は臨床疫学篇である。それは、原田医師の、患者の生活の場のなかでの臨床記録である。

水俣病の典型例として、尾上光雄さんがうつされる。白い夏の半袖シャツ姿。原田さんが、シャツをぬぐことを求める。尾上さんの苦笑。手を首のうしろのシャツのところへ持っていく。しかしシャツは見えないし、指には知覚がない。光雄さんは、空(クウ)をにぎって、シャツを引っぱったと錯覚する。失敗。苦笑。やっと指がシャツをとらえる。しかし手はぎこちない。シャツはぬげない……カメラの目は的確に追いかける。小さなドラマ。診察室のなかではない、日常の生活の場のなかでの、日常のドラマ。

しかし、問題は「迷いに迷う」場面にうつる。「認定」を求めて、保留あるいは棄却〈処分〉となった患者さんたちを、生活の場のなかにおとずれる原田医師。

認定制度というものがある。厚生省がつくって、県が運営する。いままでに認定されたもの、七九八人。認定申請中のもの二千六百人。

認定、保留、棄却。この三段階に、申請者たちは分類される。認定されたものには、補償金や医療保護があたえられる。

最近〈作業〉は遅々として進まない。最低二年あるいは五年かかるという。

認定制度をもうけた理由は、他の疾患であるのに水俣病と錯覚しているもの、虚偽の申請をしているものを除外したいということであろう。しかし、それは問題をふくむ。

——たとえば、水俣病の基準それ自体が医学的にゆれ動いているということ。かつての急性水俣病とはちがった病像をもつ慢性水俣病がふえている。その研究は進行中である。

たとえば、錯覚あるいは虚偽の申請者を除外しようとする努力は、うらはらに、真の水俣病患者をも保留、あるいは棄却する危険をともなう。どちらがより多く社会的公正に反するか。

たとえば、長期保留は棄却と同じ効果をもつ。

基準を厳格にするほど、検査のさいの患者の肉体的疲労や精神的重圧感が増大する。医師と病人という関係はうすらぎ、警察関係者と被疑者との関係にうつりかねない。なんのための検査か。患者を救うためか、圧迫するためか。(医学篇第二部で、こうした問題が如実に明るみに出される。)

原田医師の「迷い」は深い。第三部臨床篇では、保留あるいは棄却された患者さんたち、しかし、原田医師からみると、有機水銀中毒とうたがわれるケースが集中的にとりあげられる。

審査会の十人のメンバーのなかには、恩師先輩もいる。そこで認定されなかった患者さんたちと、原田氏はつきあう。胎児性水俣病をうたがわれるケース(審査会では保留)、脊椎変形症として棄却された魚屋さんのケース、その他……

原田氏は口ごもる。迷う。しかし原田氏の意見は、十二分に理解できる。九九%、それらの人たちは水俣病患者である。部落の人たちは、一〇〇%まちがいなく水俣病だと見ている。部落の人たちの直観に学ぶことは、医者にとって恥ずべきことか。

原田氏をよく知り、熊本をよく知り、審査会をよく知るものは、原田氏がむしろ勇敢であることにおどろく。医学は医者の世界のなかにおかれ、国の行政機構のなかにおかれている。そういう医学の「全体性」がある。

胎児性水俣病(ただし保留)の子どものばあい、ほとんど常識では考えられない保留理由をきく。つまりこうした子どもたちは、知能低く、視野や知覚の検査で、はっきり意志表示できない。それが保留の理由なのである。水俣病であるから知能が低いということがありうるはずだろう。ところが知能が低く、検査ができないから、保留という。この論理、おかしくないか。

水俣病は進行していく。今年、あやふやにしか答えられなかった患者が、そのゆえに保留となる(検査のさい、逆上することもまた水俣病のひとつの特徴といわれる)。次の年はもっとあやふやになるかもしれない。こうして水俣病が進行するにつれて、棄却の可能性がふえる危険がある。

少し、おかしいのではないか。

認定制度とはなにか。それは映画が問いかけている。根本的に、ふりわけ作業をめざす、認定制度のまえに、水俣病患者探索制度をつくらなかった行政がおかしいのである。水俣病患者に謝罪し、補償する。それは約束された。それを実行するためには、患者をさがすことが制度的に行なわれる必要がある。草の根をわけても、である。なぜ探索制度が社会的公正に反し、なぜ認定制度がそれに合致するのか。なぜ医者は前者を要求し、前者に努力しないまま、後者に協力するのか。医者は、こういう「全体」社会のなかで生きているのである。医学は、そのようななかで、行政に利用されているのである。はっきりいえば、企業に、といいかえてもよかろう。

（環境庁の人々は、このフィルムをみて、「やはり現地に行って、実際を見てこなくては裁決できない」と語ったという。実行を望む。）

4

原田氏は、「水俣病のことは患者さんに聞け」と水俣へ足をはこんでいく。

かつて徳臣氏もまた、情熱をかたむけて、水俣へ足をはこんだ。急性患者に、氏は立ちあった。その後氏はその仕事を後輩にゆずったのであろう。慢性水俣病患者との接触については、原田氏の経験が豊富であることも、氏は否定すまい。そしてそのことは氏のはたした仕事を否定するものでもない。

しかし氏が水俣病患者の審査にあたったとき、初期の急性患者の印象が強烈すぎたのであろうか、基準は患者さんたちにきびしかった。貴重なフィルムをみて、氏は回想する。しかし現在については語らない。

学問というものの生命力の秘密はなにか。

原田氏は水俣へ出かける。氏は患者さんたちにあまいか。カメラはその原田氏を追いかける。原田氏を追いかけるとは、原田氏の視点を追いかけることである。それこそがこの記録映画の秘密である。

表現することをためらう人たち、その方法をもたない人たち、その能力をもたない人たち、沈黙の世界の底で腰をおろしている人たち。その人たちが口をひらくとき、なにごとかが語られる。世界をそこからてらしだすとき、世界はどう見えるか。

原田さんは、患者さんに聞けという。カメラは不知火海の底深い沈黙、人間の言葉をもたない自然の沈黙にさえ耳かたむけるべく、移動していく。その沈黙は、豊富な表現をもつ。その表現を、どんなに敏感に患者さんたちは発見することだろう。

5

映画『不知火海』は、なぜ浜辺にたたずむ老漁夫からはじまるのだろう。一家ぜんぶが水俣病患者である田中義光さんは、ぬれた岩はだにくっついているカキを発見して、大きな声をあげる。——もう、カキは増えとっとですね……もう、この調子なら、もう、二年もしたらそうとう増えますよ……

そしてカメラは、ヘドロの浅瀬にとびはねる小さな魚の群、そのうろこの光にむけられる。

水俣湾に生命がよみがえろうとしているのか。

湾内のおびただしい重さと量の有機水銀ヘドロ。それにはまだなんの手もうたれていない。汚染地域の魚は、たべるためにではなく、大水槽で殺し密閉するために、捕獲される。しかも汚染は、水俣湾どころか、不知火海全体にひろがりつつある。

しかし、かつてカキが完全に姿をけした地域にまたカキがもどってきつつあることもまた事実である。

死滅への過程と、生命再生の過程が、同時に進む。

公害反対の立場に立つものは、前者に目がいきがちである。従来の公害反対運動は、死滅の予兆と結びついている。たしかにそれも真実である。

しかし、水俣の漁師たちは、熱い熱い願いを生命再生にこめている。海の健康の回復と、住民の健康の回復とが、同時に熱く望まれる。

この願いを欠いて、死滅あるいは死滅の予兆だけをみるもの、それだけを強調したがるものは、住民の真実の願望からずれる。当然に公害反対のまっとうな基盤をつくることはできない。

水俣湾のよみがえりは可能か。それは未確定なのではあるまいか。しかしすくなくとも再生への願いが存在することは、否定できない。同時に、全体的な死滅の危険が存在することも、否定できまい。

もうひとつ、生命は新しく生まれるけれども、それは胎児性の子どものような形で誕生することがある。しかし、一度生まれた子どもたちは、やはり必死になって、ひとつの生を生きぬこうとする。そこに生の残酷さと讃歌とが、ひとつの生命の表裏として、同時に存在する。それは死にいたるまで存在するだろう。

公害反対運動をすすめる現場の当事者ほど、この二つの側面の同時存在に敏感なのではあるまいか。現場からはなれて、しかも危険を強調することの政治的効果にだけ関心が走ると、一種の公害サディズムにおちいる。公害で苦しむ人々が増加するほうが、運動はやりやすい。その発想はもちろん病的である。

終末の予感だけに傾くこと、あるいは再生の願望だけにたよること。おそらくそれは感傷のなせるわざである。

終末への病いをもつ一老人が、カキの再生に目をかがやかす。映画はひとつの思想をきりひらく。

6

『医学としての水俣病』、第二部のおわりで、またこの『不知火海』で、土本監督と武内教授との問答が聞かれる。

土本「いま、この中だけの状況から、もっと拡がるという可能性も今後に残されているわけですね?」

武内「(つよく)食べつづけたらですね!」

土本「食べつづけていますよ!」

武内「だから、食べつづけないようにしなきゃ、困るわけです!」

土本「そうはしないですよ、この人たちは!」

土本氏一行を、途方もない海の珍味で歓迎した天草御所ノ浦の人々(漁師もふくめて)も、水俣病がすでにその周辺で発生していることを知っている。いや、自分自身がすでに水俣病にかかっていることを、自覚している。そして土本氏たちにテーブルにならべきれない魚料理をすすめるのである。

「さあ、食べなっせ」

「東京あたりじゃ、これだけの魚つくって……」

「ほりゃ、大したもんだなぁ」

「イキは、生きのよさはこんなもの食えんですよ」

「ぜんぜん食べられんですもんね」

「いきた魚は、食われんですたいなぁ! やっぱり東京あたりじゃ。こっちんとはみんな生きとるでしょう。魚が生き生きしとるですね。それでもう(大きく肯いて)いいんです!」

これは背理なのか。非合理なのか。

水俣湾に沈むヘドロの始末に手つかずの政府や県の衛生担当責任者が、魚をたべるなど呼びかけるほうが、合理的か。

不知火海と住民との一体性。魚とひととの、ほとんど神秘的といってもいい融合。自然と人間との交渉の、根源的な深さ。

だれしもがそうした思想を『不知火海』に見るだろう。しかしそれは、いわゆる深遠な思想ではない。住民にとっては、それは思想というより数千年の生活の継承にすぎない。それはまことに単純で、具体的なことがらである。ひとつは、魚は口にうまいということ。もうひとつは、身体のやしないになるということ。そしてその二つのことなしに、生活はないということ。

奇病にかかった患者が、医者から栄養をつけよといわれ、ますます魚（汚染魚）をたべたという話は、ひとつのブラック・ユーモアである。しかし水俣病の原因が究明された現在でも、御所ノ浦の人々の会話のなかには、そのブラック・ユーモアが生きている。こうした状況に追いこめられて、しかも他に方法手段がないということであれば、ブラック・ユーモアが生まれるのは、あたりまえの話である。


無知であるはずはない。

どうして自然を信じることが不可能になったのか。イキよく、あいかわらず美味しい魚たち。それを信じることは病いに通じると医者はいう。では自然を信じないで生活することで、漁師にとって、海のほとりの住民にとって、病いはないか。自然ときりはなされて生きていく可能性と手段とを、沿岸十万の人々に、だれが提供したか。

自然を信じることでも、自然を信じないことでも、危険が待っているというのであれば、自然を信じることで危険に向うほうが、自然とともに生きてきたものにはふさわしい。この結論は健康ではないのか。

7

茂道の杉本雄さん、妻栄子さんがカメラにはいる。栄子さんが、ほとんどカメラを意識しないで、話しだす。それは、えんえんとつづく。私はそこに引きずりこまれる。

「……だから激痛のきた時は、ひとつの波と考えれば『まっぽし（真っ正面）からあたって行こい行こい』ちゅうようなことですね。でもその船にのっているはざ(間)はですね、健康な時だっただけに、その素直に受けとめたじゃばってん、激痛の波はもうとにかく哀われだったし……、だから激痛が来るちゅうな感じのした時には『いっちょ、波の来たぁ！　って、その波が何時間――台風が続くかなぁ！』って考えるようになってからですね。やっぱり、具合が悪くなっても、船に乗っている気持でですね、やってきたとは事実ですよ。（遠くを見ながら）だから家族がいつも船に乗っている感じ……私たちが入院すれば、この子たちの船は進まないって感じですね……いまもそれをずうっと考えておっとですけど、やっぱり、私たちの御先祖は漁師だったのだから、その漁師ってゆうようなことばから、私たちを切り放そうとする……どんなことがあっても、あの、する人があっても、私は切り放させては、ならないと思う……それとですね、あの、海を見ない日があった時に、私はもう生き甲斐をなくす――それは事実です。だから、あの、他人(ひと)以上に海の見える家ちゅうか、それを保っていきたいということですねえ。だから、私は、三日でも海の見えんとこにおれば、あの、地獄に行ったごたる感じです。」

そして栄子さんは魚について話しだす。

「(大きな声で)もう、魚が、なからんば。私はまず、魚を採るためちゅうか、採るために生活してきたんですけど、やっぱりその……いちばん魚から生まれ変ってきとっとじゃなかろうかなってな気持、いつもします……魚のコンクリ詰め(註・汚染魚をとってタンクに入れる水俣湾の作業のこと)いろいろ見ておってね、私はもう痛かっですよ、からだが! さかなが今日もコンクリ詰めしよるっちなれば、思った瞬間動かなくなるんですよ、私のからだが……」

身体がうごかなくなるというのは、もちろん比喩ではあるまい。それは、自然と切りはなされて生活してきたものが、ずっと以前に失なった感覚である。

栄子さんは、「科学的な社会認識」にではなくて、新興宗教の信仰へむかう。医者の薬ではなくて、庭の毒だみ草をえらぶ。「あなたが、いちばん人に分らん病気にかかったら、あなたの周囲にその薬草は必ずある」という隣人の忠告にしたがう。薬草の効果は強烈だ。「だから、午前中、四、五回しょんべんをするなら、一〇回ぐらい出ます。もう、それがねえ、何か、それが、いつもはジャアッて、ソンと止るとがですね、もう一〇回なら一〇回、ジャッジャッジャッジャッジャッジャッ!」

彼女は、そうして、たしかに、少しずつ元気を回復していくのである。

栄子さんのアップの顔、力強い声。こうした水俣病の患者さんがいる。

8

私は、原田医師と胎児性水俣病の清子さんの問答の場面を忘れることができない。

海があり、空があり、船が見える。カラスの声。半永一光君が、少しはなれたところで、テープレコーダーに、二人の問答をとろうとしている。遊びではない。二人の問答の大切さを予感しているかのようである。

私は、それのすべてをここに紹介したいという誘惑を、強く感じる。その一問一答をつつんで、時間は流れをとめる。
月の浦　壺谷の鼻。
清子「あんね、（「何て?」）あたまのね（「何て?」）あたまのしゅじゅつね、されん?」
原田「頭の手術がされんか……ってね！　誰から聞いた！」
清子「自分でね、おもっただけ」
しばし答えない。
原田「あの、頭の手術したら、病気はよくなりはせんかってね? ううん（間）頭の手術をする病気はね、あの……死んでしまう病気だもん！（清子「ああ」）ううん……頭の手術は、せん方がいい……だろ?　誰かが教えたんじゃないの?」
清子「ううん、おしえない、じぶんでおもっただけ……」
原田「自分でおもっただけ……ふううん」
…………
原田「……ほかに、何を考えてるの?　うん……なんね?」
清子「あのね（身を原田氏に寄せ）じぶんがね、じぶんのことがわからんわけ……」
原田「自分のことが?　うん、自分のことということ? あの……いまから先のこと?」
突然に、こみあげるものと共に嗚咽する清子さん。原田氏、その背を撫でる。
原田「ううん……泣かんでいいや……ねえ（清子、一しきり、どうしようもない）……自分のこと……というと、どんなことかね?　ううん?　将来のこと?」
清子「……あんね！　じぶんでね、なにをね、かんがえているのか、わからないの」
原田「うん、うん、うん、いま、自分が、なにを考えるのか分らない！」
清子「そいでね……　あたまのしゅじゅつしたらね、わかるとおもったの……」
原田「うん、どうしていいか判らんから、頭の手術したら、良くなりはせんかと思ったのね?（彼女の答をまつが、無言のまま……）だけど、だいぶ分ってきたんじゃないの（彼女、首をよこに振る）違う！　分んない！　そういうことを、いつもひとりで考えてるわけ（彼女、うなずく……）」
…………
清子「うみ……」

原田「なんて？　海に……」
清子「うみをみてると、なんかわかるでしょう……全然わからないの……」
原田「ああ、海をみたら、海を見ても、何を見ても、浮かんでこないちゅうわけ？　ううん……美しいとか、楽しいとかちゅうことが、何も無いちゅうこと？　そういうこと？」
………
清子「が、が、がっこうへね（「うん」）行ったときもね（「うん」）毎日がさ、変わるでしょう（「うん」）自分はね、まいにちがね、まいにちが（「うん」）同じようにつづくわけ」
原田「ふううん、学校に行っても……ほかのひとは、まいにちまいにちが変わっていくのに……自分だけ……同じ日にちがつづくわけ？　（間）そうじゃないと思うけどねえ、少しはね、やっぱり、進歩したりしていくんじゃないの？　（首をふる）どうね……そうおもわない（首をふる）おもわない。ううん」
原田氏の長い溜息……
………
この場面からうける言いあらわしがたい印象について、私は書く力をもたない。

これをみて、患者さんたち、とくに母親たちは、声を放って泣いたという。それは、ことばで表現すれば、あわれだ、かわいそうだという簡単なことにつきるだろう。しかし、その深さには、はかりしれないものがある。

明水園の施設のなかで、清子さんは生活する。そして、より重症の子どもたちの表情をよみとる彼女には、通訳の仕事があたえられているという。能力とはなにか。清子さんは、胎児性水俣病患者の通訳として、最高の能力をもつ。永遠の苦しみをもつものは、たまゆらのやさしさを求める。原田医師は、自分の無力をかくさないことで、たまゆらのやさしさを清子さんにもたらした。そのあと、そのようなやさしさをはこぶものが、清子さんのまわりにあらわれているのだろうか。

『医学としての水俣病――三部作』と『不知火海』とが一挙に上映されるという（東京では四月一一〜三〇日、於岩波ホール）。七時間は、一日の労働時間に匹敵する。それだけの労働を強いても、この長時間記録映画を見させようという企画は、時代ばなれしている。しかし時代ばなれしなくて、どうして現代を語ることができようか。

現代はひとつの根本的危機の時代である、などと、われもひとも、したり顔で書いたり、言ったりする。大仰に現代の危機というほどでなくてもよい、なにか少しおかしげな時節だというほどの感じでもあるのならば、一日の有給休暇をとってでも、七時間をつくる意味はあるだろう。もし口ほどの感じも持たないということであれば、昼はおつとめ、夜はテレビのチャンネルまわしで、一日をすごせばよい。私は、断乎として、この記録映画の呼びこみ屋の役割をつとめたいのである。

（「世界」一九七五年五月号）

映画と現実とのかかわりについて

映画が、あるいはドキュメンタリーが、現実の認識をいささかでも補うものでありたいと私はねがっているものの、それがどこまで果せるかについてはいつも迷うしかない。まして「現実変革の武器」といった仮定に組することはできない。やはり、それを出来れば契機のひとつにして、実際の体験、直接の行動におもむくものであればそれで充分である。このテレビ、週刊誌文化の中で、情報は過多ともいえる量をもち、その〝質〟は変転する現実の内実の一側面だけ切りとり、〝現実〟より興味ぶかくさえ描かれる。直接体験への一歩の踏み出しを求める態のものではなく、間接体験で充分すませられるものとして、情報は流されてくる。投書、あるいは視聴者参加という〝フィード・バック〟論も、情報による世論操作のひとつとしてしかいまは機能を許されていない。「マスコミの責任」というとき、現実の変革については、つねに彼岸に置いての話であって、直接体験を記者なり、カメラマンが代って〝体験〟してくるのであり、観る人読む人に、「その場にいけ」とか「その人々とつながれ」という真の変革へのモメントは指示しない。「責任」とはその範囲での情報上の〝正確度〟に限られているようである。映画にせよ写真にせよ、ルポルタージュにせよ、ある現実に対し、たかだか何事かがなし得るものであり、何事は〝直接体験〟〝直接行動〟のみによってしか知り得ないものではなかろうか。そうした隔膜を自から知らなくてその個有の役割をどうして自覚出来ようか。私の水俣に関する一連の仕事にしても、映画を見ただけで、現実に赴むくことなしに、気のすむ、あるいは自足できる映画ではない。やはり肉眼と肉体で相むきあわなければ、その映画での認識は運動しないであろう。

昭和五〇年、夏は、私にとってはカナダ・インディアンの人びととその映画化の仕事にあけくれた。文明の病理、資本主義社会の根源的病理としての水俣病を、あらためて、地球半周のかなたの人々によってその思いを確かにされた。カナダの一夫人からの手紙が緒口で、二年前から現地に飛び、以来、日本の研究者と患者との交流に腐心してきた写真家アイリーン・スミス（ユージン・スミスの妻であり協同者である）のことが心につよく灼きついている。かつて水俣でそれぞれ仕事をしていた時、私たちは映画をとり、スミス夫妻は二人で写真をとり、互いに同じ現場で顔を合せてきた。同じカメラアングルを譲り合ったりする瞬間に、〃仲間〃を意識してきた。だがその時は、表現者同志であった。しかし、今回、インディアンを引率しての彼女はオルガナイザーであり、通訳であり、彼らにとっての水俣病の学習のリーダーとして、私も舌をまくほどの八面六臂の活動に明けくれた。写真家ではなかった。その彼女が、日本での仕事に一つの区切りをつけ、帰国の直前、九月六日、神田の全電通会館でのあいさつのことばほど、私の心にしみ入ったものはない。彼女は冒頭からこう話し出した。

「私はカナダで水俣病のことを色々話してきました。写真集も見せ、何百枚のフォトで説明してきました。しかし、今度、彼らが水俣に足を運んで、実際に見たときの彼らの新鮮なおどろきは大変なものでした。一つの見たことが何百枚の私たちの写真よりもつよいものでした。……私は、何て、オロカナことを……写真で分ってもらえるなんて……思っていたのは間違いと分りました。やはり現実を見てもらって本当によかったと思います。」このことの言い出しはじめから、私は予感もあって一語一語をとり出す彼女の表情に釘づけになっていて、「オロカナこと」という一ことをきくと共に大きな嘆息を発しないわけにいかなかった。同じ表現者としての諦念ともいうべき辿りつきかたであり、同時に、彼女が実践者としてひとつの事を完璧にしおえた充実感によって、はじめてそのことばが形をとったものに思えた。だからといって、彼女は決して写真をやめることはないと信ずることも出来たのである。表現者としては辛い思いで自らの隔膜の所在を知った以上、さらに自覚的な方法で表現と現実、認識と行動の関係を洗い出していくであろうと思ったからである。

映画が、あるいはTVも含め映像表現が、形、音、色という感性の多くを求めるものであっても、それは映画体験にすぎない。そのあとに行動への模索の開始を期待し、実際の関係をむすぶことへの希いまでしかその思いを托し得ない。もし強烈な闘いとクライマックスが映画にこめられており、そこで自給自足でき、行動への胎動を、虚像的に空想妊娠的にすませるものとしたら、それはドキュメンタリーとして、あまりに劇化されたものではなかろうかという疑問が残る。作り手の私たちにとっても、映画をとる作業を一まずどこで終えて一本にしあげるかが問題であり、「さしあたってひとまずここで筆をおく」といったものであり、筆をおいたときから現実はさらに進展し、ときに爆発してゆく。その時をカメラとして、撮影行動として逸することの方が多い。唇をかむ思いがするのはそうしたときである。ただ、これと同質の現実を必ず次の機会にとるであろうという一片の可能性と、決心をもとに断念するのである。だから、映画は現実の闘いを予感するとしても、その予感を、観る人の心の中にも分ちあえる認識の骨、現実の岩盤を正しく提出できるかどうかに私はかかわりずらう。そしてドキュメンタリーの場合、運動が顕然化した時にしか、運動は記録できないことが多い。だが運動が潜在化せざるを得ない時の状況、その現実の構造を描くことで、時期を得ての爆発がまさしくその過程から生まれたものであることを直感的に理解しうるだけの運動性はフィルムにとどめておきたい。私たちのこの二年間の『医学としての水俣病』『不知火海』はこのような思いを心にしずめて辿ってきた。しかし、そういう思いがみる人びとに伝わったか否かは、別の点検を待たなければならない。

「告発」のあとその志をついで出された「水俣」（運動機関紙）にのった「観る側の作業を待って完成する映画」の文章は私たちの『医学としての水俣病』について、運動の現時点から批判した。

その批判（熊本・水俣病を告発する会・水俣病研究会メンバー　宮沢信雄氏）を紹介する前に、現時点での運動と医学との「敵対」についてのべておこう。それは映画『医学としての水俣病』のもつ運動との関連性そのものをも指摘しているからである。

すでにシナリオ全文、及び、この映画をつくる経過やその立場については拙文を参考にして頂きたいが、この映画に登場する医学者はたしかに水俣病全史のなかで良くも悪くも足跡をとどめ、今日にかかわっている人びとである。その学用資料と見解を恐らく大衆的、映画的にははじめて公開したものである。しかも、その撮影期間とタイミングは恐らく裁判判決以後の数ヵ月間しかなかった。

大まかに言えば、その病理・病像は、水俣病認定制度の生んだ歴史的な歩みの結果、一部委員の手中におかれ、二十年にわたって公開されなかった。患者としては、人間の病いとしては未曽有の疾病であるために、「水俣病とはそもそもどんなものか」という合わせ鏡がなかったのである。歴史的裁判の終熄はやはり一つの節であり、はじめてわれわれの映画への協力が得られた。数ヵ月の撮影の終りとともに、再び医学は行政の手によって、再編成され、水俣病像を過去の研究の段階にとじこめることによって、患者の〝認定〟を限ろうという〝再構築〟の時期に入った。時期として昭和四十九年四月以降であり、とくに八月に、認定促進の名の下におこなわれた約五百名の大量検診は医学の名に価いしないものであり、今日もそのデータを認定に使うことをやめよと患者さんは強く訴えつづけているものである。かつて、映画で少くとも真摯に水俣病像の深みとその全身病的な臨床把握や、疫学重視を示唆した学者さえその新認定制度に決定的批判をつきつけることなく後退し、患者はまともに行政の医学者操作による「水俣病否定のための医学」とぶつかることになった。これが四十九年四月以降の基本的対立であり、全国的には有明海、徳山湾、佐賀、長崎の第三、第四の水俣病様疾病もすべて「現時点ではシロ」という結論づけにむすびつけられた。こうした流れの中で、かつての研究を提出したこの映画の協力者の一部もこのシロ説に組し、他の〝進歩的〟と思われる人も後退するという水俣病闘争史中の暗転もまたあったのである。また、撮影開始時には、熱心な協力者としてのみ認識していた学者が、一ヵ年余ののちには、その学問的業績もふくめ、かつての脳外科手術における〝脳ロボトミー〟を糾弾され、その資料ともども記録作業できないような情勢も生まれていた。変転極りない医学であるとともに、水俣病史をつらぬく医学の壁もまた幾重にもかこい直されたことを実作の過程で知らされたのである。

当然、映画の発表時の現実の運動との阻誤がいくつかあらわれた。その最大のものは、熊本県の認定制度にあらわれた医学の反動化との闘いに同時的に、真正面に対応してないという批判である。その批判は宮沢氏によって代表されていると思う。つまり、編集している一年の間の現実の激変の中で、〝医学〟に対する糾弾性が相対的に弱く、焦点を今日にしぼっていないとする意見である。たしかに、患者の発掘と救済をすでに過去のものとみなしている某教授が、昭和三二・三年頃に行った映画による臨床記録を再構成して〝研究史〟のシーンを作り（第一部『資料・証言篇』）、そのコメントはその教授が担当している。その時期のコメンテーターとして、以後の研究史には二度と登場はしていない。そして、新らしいアプローチを行っている医学者の研究にその歴史をゆずっていくようにしてある。今日、その医学者が何の役割を新たに担うにいたったかは記録していない。「それでは日本の医学がすべて正しい足跡をとどめてきたと短絡はしないか」という氏の危惧はあたっていよう。だが私としては『病理・病像篇』『臨床・疫学篇』そして長篇記録『不知火海』という私にとっての映画の立体像としては必ずや分ってもらえるだけの記録はしたつもりでいる。だが現実の闘いとの隔膜はまたも私の未熟ゆえに残っているのである。

宮沢信雄氏は、大前提としてこの映画『医学としての水俣病』を「この映画は『水俣病医学の真実』を露頭せしめた。水俣病のおそろしさは有機水銀によって脳細胞をおかし、溶かされて、いわゆる急性激症といわれるようにバッタグルッたり生ける人形のようになったり、生まれながらの胎児性水俣病があらわれたりすることだけではない——ある意味でそれ以上に恐ろしいのは二十年来汚染にさらされ確実に影響をあらわしながら、放置されたり、〝水俣病でない〟といわれたり、〝研究が進んでいないからはっきりしたことは分らない〟といわれたり、現にしていることである。これが医学における水俣病の実態である。この三部作は、そのような医学不在とそれによる二重被害者ともいうべき、患者の存在を提示している」と一定の位置づけをしたのち、次のように批判している。しかし、何故、そのような状態が招来されたかについてである。「それを考えることは観る人にまかされている」。そしてその実例として彼は詳細に当面の問題点との脈絡をつけてのべている。

「たとえば、『資料・証言論』で、急性劇性患者の悲惨さについて語る徳臣教授が、何故その後、ハンター・ラッセル症候群に固執して追跡調査をやめてしまったか。同じく病因究明に大きな功績を残した伊藤元保健所長が、何故その後、県衛生部長としての潜在患者発見を怠ったのか——それこそが水俣病の社会病理であり、認定審査制度という形をとって被害者を救済から遠ざけ、医学をゆがめてきたのだ。」(傍点筆者)その「なぜ」という前に、名を挙げられた人々の役割についての私の知るところは宮沢氏とほぼ同じである。そのため熊大での教室占拠も知っており、患者による直接抗議行動も知っている。もしその力で、この公的所有に帰さるべき〝学用資料〟が解放されるだけの力量が運動にあったら、私たちはその運動の中から、この資料を患者の側にもち運ぶことが出来たであろう。当時の運動の力学が、この資料の公開を当時のスローガンの中心の柱としてたてたのではなく、医事行政における彼らの反患者的役割についての指弾に焦点をしぼられ〝学用資料〟までに及ばなかった情況の下で、映画、映像による資料の取得はまして不可能であった。むしろ、そうした緊張関係の中で、彼は資料を更に秘とく出来た。これを全的に私達にもちはこぶのは、別の系の、『医学としての水俣病』の製作への志向のみが針の穴のように細いメドであった。ゆえにその限定性も、運動上の部分性も承知の上の作業であった。

更に批判は「更にまた、医学はなぜ患者の側に立たず、認定審査制度にとりかこまれる形で行政に立つのか。本来の医学とは全くかかわりのない、各教室間のナワバリや対立が、なぜ水俣病という現実を前になくならないどころか、むしろ尖鋭になるのか。なぜ新潟と熊本では水俣病に対するアプローチのし方が異なり、救済のされ方が異ったままなのか。なぜ熊本第二次研究班（筆者註・この映画の主な登場者としてこの時期にまだ現役であった）が立派な成果をあげながら、いやむしろあげたがゆえに、立ち消えにされたのか」私はくりかえし〝なぜ〟に傍点を付した。この疑問こそ、映画のみならず現実の運動も、そこに迫るための闘いをつづけるための核心であろう。常識をこえ、理解を絶するために〝なぜ〟と問責しつづけてやまない。そしてこれこそ、現実にまだ克服できていない水俣病闘争総体の課題であり、今後の長い現実変革を要するものであろう。だが映画は現在においては〝なぜ〟以下の実態そのものを知ってもらうべきものとして、提示することに止まらざるを得なかった。

だが氏が、こう映画に〝医学〟を仮託されるとき、私は理解できない。「水俣病をめぐる状況がこの映画が作られつつあった時以上にくらい現在（註・〝昭和五十年四月二五日「水俣—患者さんとともに」〟紙上論文）不知火海周辺に放置されている無数の被害者にとって次に必要なのは、あるべき水俣病医学についてポジティブに語ってくれる映画（その圧倒的な説得力を信じるが故に）ではなかろうか。医学に欠如している方法論を映画が先取りして、現状を整理し直し、あるべき方向を示すこと……。」（以下略、傍点筆者）

私はこうした映画が次に再び「医学」の世界でとれるとはどうしても思えない。患者さんのもつ「水俣病像」とその治療についての針灸、薬草、マッサージ等の多くの試み、そして疫学についての圧倒的把握等の中からしか、新たな「医学」映画の出現はないと思うし、再び当分「医学世界」内を歩く興味もない。私としては、ポジティブな映画とは、次のドキュメンタリーの方法上の進歩としか受けとめ得ないのである。まして、「医学世界」の現状を整理し直し、あるべき方向を示すつもりは内発的にも外誘的にもないのである。患者とすぐれた医学者との関係と協力と共同の闘いだけが、私たちの参加できる作業であろう。

右にのべたのは私の映画の仕事の上での抗弁であり意見である。しかしこの宮沢論文の中で、しばしば運動者としての宮沢氏が私たちに送るはげましの中で、最も心うつ言葉は文中次のものであり、それは見出しともなっていた。

映画について〝何故〟とくり返し問いかけた自問についで「おそらくそれは、水俣病を発生させたと同じことがら、近代日本の根本的な病根、この日本に生まれあわせたことの不幸の根にかかわる問題だと思われるのだが、それらを考えることは観る人に課せられているのだ。この三部作は、観る側の作業を待って完成する陰画だといえよう。」（傍点筆者）この批判の核心と批評としての私の中での存在感はまさにこの一語に托すことが出来るし、私たちにとってのすくいである。運動を心にとどめつつも、映画をもって何事かをしたいとする私達が、異なったベクトルをもっていようと、時に陰画をもって描くことの未熟をもつこともあり得よう。その陽画への転位について、運動者としてかくも簡明直截にのべてくれた言を外に知らない。この映画が批評を得てはじめ運動の中に入れる気がしたのだ。

すでに上映してから四ケ月たった。その間、批判は数多く出された。それは主として、本来、ともに協力しあうべき〝白木糾弾共闘会議〟と森永ヒ素ミルクに対し闘う〝「犯罪」企業「森永」を糾弾する会〟からである。

前者は、主として『病理・病像篇』中、猿・ラッテを実験動物としてのオートラジオグラフによる水俣病像を解説した白木博次氏の登場シーンのさく除を要求したものである。後者は映画『不知火海』のなかの市の施設「明水園」の夕食シーンに映った森永牛乳についての批判であり、上映阻止、あるいは上映中止の形で批判し、とくに前者は全国の反医学諸組織に対し、糾弾することをアッピールしたものである。これに対し、ひとつひとつ克明に論点に則し私の意見をのべたいが、その機会をのちに留保したい。映画は表現であり、アッピール・ビラも運動者の表現である。少くとも、私たちはその表現物について阻止も中止もよびかけなかった。それは自由である。私たちの誤りも未熟もすべてはフィルムの上にある。それを見ての批評は全く自由であり、大衆的討議もこばむものでは決しない。しかし、「上映強行阻止」の声には私は表現者として服従することは出来ない。

ただこれらの事を通して、映画がかくも現実と厳しい接点をもつことを改めて知るとともに、映画の現実への関係について、たえず正確に測定しつづけなければならないことを痛感する。しかし映画は映画として自立し、その運動を遂げなければ、その測定も又、おのずから不可能なのである。

最近、『医学としての水俣病』・「臨床・疫学篇」の中で、大きなスペースをとって描いた問題例が、私たちの願いもむなしく現実的には敗退した。表現をつくしてもついに及ばなかった事例である。

昭和五十年七月二四日、環境庁はその裁決で、行政処分の訴えのあった棄却処分患者、浜本亨さん（熊本県芦北郡津奈木町浜）と柳田タマ子さん（水俣市内）の二人を熊本県に再審査するよう差戻し裁決を行った。それ以上の責任ある判断はとらなかった。この行政処分は、棄却された場合、患者にとって唯一のこされた抗告であり、熊本・水俣では、この種の問題が続出しているため、非常に注目されていたケースである。熊本大学・原田正純助教授の診断意見書や、その棄却の主な理由となっている〝脊椎変形症〟の専門医、川崎幸病院・整形外科の今井重信博士や、元東京都公害研の土井陸雄氏らのあしかけ二年におよぶ証言や資料提出の努力によってすら、ついに環境庁の〝認定〟を得られなかった。そして県はその一ヵ月後、再検診もせずに、再び両名を棄却処分に付した（八月二十二、三日、大橋登認定審査会会長）。

映画は、原田正純氏の再診断から撮影し、その男の子、胎児性水俣病様の精神障害児（目下・保留）をあわせ臨床的に記録したほか、その二百戸あまりの浜地区の地図をつくり、その生活歴、漁師歴のつながりをたしかめ、証言者としてすでに認定されている妹、いとこ、そして同じく申請中の隣人の「あん人が水俣病でなからんば、誰が水俣病ですか……」といった全員口をそろえての声をあつめてきた。いまも鮮魚商として、人一倍食生活の上で魚と密接に関係しており、撮影時は体と狂っていく頭をかばっての彼の行商の日々を記録した。（いまはついに廃業に追いこまれ、体も廃人同様となっている）そしてその妻には、夫には確かめられない激甚な典型的視野狭窄をまざまざと見つけ出した。（熊大筒井眼科）これは通常の映画記録としてではなく、撮影時も撮影後も引きつづき環境庁の裁決に付されていたため、その判断資料となる場合も考え、徹底取材と、疫学的には抜きさしならぬほどの証拠をフィルムにとどめたつもりでいた。環境庁でも無視できず、映画完成以前に四十分に及ぶ音声の入った仕上げ用《ラッシュ》フィルムを担当官だけで見たのだった。

〝脊椎変形症〟の診断で、水俣病を否定されているこのケースについて原田氏が苦しみ抜いたのは、知覚障害、難聴、振戦等がありながら、他の典型の症状は不備とされており、しかも現状、疫学的要素が無視されている認定審査会の結論に対し、いかに臨床的にもその影響をとり出しうるかというパズルのような作業に終始せざるをえなかったからだ。もし疫学が正当にとり上げられれば、その家族歴一つみても、その環境と生活歴のどの一片をとっても、いわば疫学的にみて典型ともいえるケースなのである。

水俣病について、〝医学者〟ではない私たちが、この「専門医学」の砦である認定審査会の結論に拮抗しうるドキュメントにするにあたって、被害者とたえず接触し、観察し、聞取り調査をし、原田氏やボランティア活動家の意見をきき、診断に立会い、その地区の全面的調査も行った。この努力は、審査会の委員が彼について費した努力の総量に決してひけをとるものではないと確信しうるまでつみ上げたつもりである。その記録が世の中に発表される、つまり、多くの医学者、患者、研究者にもひとしく見られるという事態の中で、平然と再診察、再審議もなしに、旧決定を出すことの厚顔と無恥心の前にまず暗澹たらざるを得ないのである。映画はかかる種類の〝現実〟には何の寄与もできないものであり、蛙の面に小便どころか、小便すらとどいていないのである。熊本で上映もしたし、心ある行政医学関係者に対しても、この映画を見る機会は充分に作ったはずである。しかし、何の影響力ももたなかった。だが、私たちは少しも萎えるものではない。現実はますますはっきりと存在しているのだから。映画はここにあるからである。

やはり映画を見せることからはじめなければならない。それだけでなく、運動と交合しての映画でなければ彼等に対しては役に立たないのである。

私たちの映画をいかに見せるか、又、その批評をいかにうけるか、そして映画をいかに人々の運動とかかわらせるかについて、この数年の経験をもってしてもまだ定型はない。今度、小さな常設映画会場を『思想運動』の諸君や出版社有志や若い労働者・学生たちの力で〝映画運動「試写室」〟の名のもとに始めることになった。私たちにとっては『医学としての水俣病』『不知火海』はじめ一連の水俣病の映画の上映の一つの場である。しかし、他の自主製作した映画全体の活動の場でなければ、私たちのものも活性化し得ないとの思いが切である。
映画運動全体の地層のせり上りなくして個の映画はなく、あらゆる全運動の地熱なくして映画のその個有の運動もまたないであろう。
持続することだけを胆に銘じて野たれ死にするまでやってみたいのである。その意味で「試写」の運動であり、前駆的活動の困難をひたいに刻印してはじめたものであるのだ。

映画は現実にどうかかわれるであろうかという一点を、現実にかかわらせ、その考え悩んでいる感懐の一端をのべたつもりである。そして解析できることのあまりの少なさにたじろぐばかりである。幸い私には近く二ケ月間、英語版の『医学としての水俣病』（三部作）他四本を携行して、新たに水俣病の発生が気づかわれるカナダの中部オンタリオ州のカナダ・インディアン居留地への上映活動が目前のものとしてある。今回、前半は患者さんに同行しての旅であり、後半はカナダの各主要都市横断の旅である。カナダ・インディアンの生活と受難というモチーフであれば、早々と映画にとれる題材ではないので、もっぱら「水俣病とは何か」を知らせるための旅となる。この映画行動がカナダの現実とどうかかわるか、いま考えつづけていることに加えるべき一つのささやかな試みと体験にしたいのである。

（一九七五・九・一〇）

あとがき

前著「映画は生きものの仕事である」の校正を現地水俣でやっていたのは二年前の夏、秋であった。その頃撮影していた『不知火海』『医学としての水俣病——三部作』をめぐっての仕事が真綿くずのようにひっかからんでの第二作となった。未来社の人びとの映画好き、とくにドキュメンタリーをめぐっての倦むことない談論もこの本の出版のひとつの原動力になった。

水俣病医学の映画による中間報告をめざし、資料性を第一に考えた『医学としての水俣病——三部作』、および『不知火海』。これらのシナリオを文章化する仕事は予想以上に困難であった。それは映画の単なる活字化だけでなく、資料と論理の厳密さを第一義にしたからである。この作業は、前作もその構成を担当してくれたスタッフ、小池征人氏に加えて、水俣に関する多くの医学的資料と事件史関係の資料について収集と研究をつづけてきた熊本・水俣病研究会の有馬澄雄氏によってはじめて可能となったものである。医学にたいして門外漢である私たちが、多くの協力者をえてこの映画をつくるべく出立させて頂いたうらには、今後、多様に出現するであろう水俣病像をいかに探索してくるかについての暗黙の合意と期待があり、有馬氏のような闘争の中から数年間の試練をへて生みだされた実践的研究者を配し、とにもかくにも青林舎（旧東プロ改め）の力量以上の無理を重ねてもひたばしりに走りつづけた結果の産物であり、かえり見て患者さんの二〇年の水俣病病像への執心があっての事である。非力であり、未熟であり、いまとなっては取返しのつかない過誤も含みながらも、記録という一事に思いを托してきた。裁判以後に再び訪れた逆境をいかに見たか、その意味で、この表題を選んだ。水俣に今後も〃順境〃があろうとは思えないのである。

この本を上梓するにあたって、石牟礼道子氏、原広司氏、日高六郎氏、そしていまも不知火の住民であるプロデューサー高木隆太郎氏等の文章を採録させて頂いた。心からうれしかったからである。

最後に、この本の〃出版〃というかたちで、ともすればたじろぎつづける私に次の水俣までの目標を与えてくださった未来社・松本昌次氏、米田卓史氏に心から感謝の意を表したい。

（一九七五・九・一〇）

疫学の世界としての不知火海――新装版あとがき

映画『医学としての水俣病・三部作』と『不知火海』の二編（と言っても三部作を含む事実上四本のフィルムだが）、その採録シナリオと、関連した論考をまとめた『逆境のなかの記録』が、前著『映画は生きものの仕事である』とともに三十年近くなって復刻、新装版になる。

来たる二〇〇六年は水俣病の公式発見の年（一九五六年）から数えて五十年、半世紀になろうとしている。この記録映画と著作の発表は公式発見から二十年の時点であり、最初の水俣病訴訟が患者側の勝訴に終わり、不知火海に潜在していた被害者が声をあげてつぎつぎに申請に立ち上がった一九七四年から七五年の状況のなかでのドキュメントが、この映画でありこの著作である。前作『水俣――患者さんとその世界』『水俣一揆――一生を問う人びと』などは、長く救済されなかった患者さんの闘いを記録したものだが、〝水俣病とは何か〟の医学の記録にはならなかった。国・県の企業擁護の犯罪的な経過も正面から描き得なかった。専らチッソを告発し、水俣周辺の被害者（原告）の世界を取り上げたものであった。水俣病医学の世界はそうした紛争から身を遠ざけて、資料の提供や学説の発表を控え、沈黙を守った。「裁判の一方に加担してはならない」という熊本大学医学部の内部規範が働いていたからである。裁判が終わり、公害問題への国民的関心が高まりをみせた時期、ようやく医学者が記録していた学用フィルムや、医学者に蓄積されていた研究の発表が許される気運となった。しかし、水俣病の医学は確たる解明には達していない段階であり、その途上のドキュメントにしかなり得ないことは明らかだった。だが、その現状のままの医学映画が強く求められた時期であり、多くの研究者、専門家の協力を得て、『医学としての水俣病・三部作』は製作された。これが三、四年遅れたら、「何をもって水俣病とするか」についての認定を厳しくした環境庁の七七年の政策と真っ向から抵触し、医学者諸氏の協力を妨げたであろう。つまり、水保病事件史のなかの希有の時点で、幸いにも、それまでの、すなわち水俣病発見以来二十年の医学の歩みの記録が残せたのだ。

かえりみて、その資料性はほぼ揺るがない。今日的な注釈や学説で補うことができれば映像に富んだ水俣病研究史として活用されるであろう。しかし、学説としては不十分というよりあきらかに失効しているものもある。当時は画期的とされ、『第二部 病理・病像篇』で取り上げた「末梢神経の感覚障害を水俣病の症状とみるかどうか」についての動物実験がそれである。それは当時は水俣病患者の訴えに応えるものとして評価されていた。四半世紀後、関西水俣病訴訟のなかでその学説は一顧だにされなかった。そして新研究にとって代えられた。

その動物実験とは、感覚障害についての宮川太平・熊本大学病理学教授の実験で、映画のなかでは、ラッテ(マウス)の知覚神経の有機水銀による障害を顕微鏡写真スライドで語っている場面が出てくる(本書一七九―一八二ページ参照)。これはラッテの脊髄から出ている運動神経と知覚神経の有機水銀による損傷の違いを電子顕微鏡によって鮮明に捉えたものである。「運動、つまり身体の動きは通常だが、感覚神経、つまり手足の知覚神経はダメージを蒙っている」という、当時、汚染地区に広く見られる所見に対応する研究だった。いわゆる四肢末端の感覚障害が水俣病かどうかが論争の的になっていたのだ。臨床は「そうした痺れは糖尿病やその他の原因で説明がつく。水俣病固有の症状ではないから水俣病とは判断できない」としていた。これは臨床医の主導する認定申請委員会の判断への反論になったものだ。

この四肢末梢の感覚障害を水俣病とみるか否かで水掛け論のような争いが以後二十年も続いた。その論争に宮川実験は登場しなかった。ラッテの実験としてはともかく、兎や猿のようなより高度の哺乳動物にはそうした損傷が追試で現れなかった。その後、末梢神経の痺れは大脳の中枢神経の損傷に起因するのではという新たな研究が開発され、ついに九〇年代後半、次世代の熊本大学病理学の浴野成生教授らによって証明された(氏の二点識別法については九九年に創刊された理論誌『水俣病研究』Ⅱ・Ⅲ号(編集・発行＝水俣病研究会)に詳しい)。これは水俣病関西訴訟の高裁判決（二〇〇一年）に採用され、原告患者を勝訴に導いた。じつに長い時間を費やしての立証である。一方、宮川教授の「末梢神経そのものの損傷」説は公式には撤回されていない。私はやはり当時の試行錯誤の時代の記録として、ここに付記し、同教授の自説の再コメントを待つつもりである。

日進月歩の医学の進歩の時代にあって、水俣病医学にとって奇異なことは、疫学軽視、あるいは無視とも言える永い停滞の歴史が一貫していることだ。水俣病史にあって疫学的に「魚が危ない」という判断は、水俣病発見の翌年には明らかにされていた。後の原因究明期において、熊本大学医学部が発表した有機水銀説にせよ、それに対して攪乱をねらったとされる「腐った魚」説、「海中に投棄された爆薬」説にせよ、「魚を食べるな！」という緊急措置に結びついて当然である。だが、熊本大学の研究者たちが魚食の禁止を提起したにも関わらず、通産省はこれを封じ、厚生省はそれに準じた。五九年の漁民闘争、患者の座り込みと〝見舞金契約〟と同時に認定審査会制度が作られたが、メンバーには疫学者は除外された。疫学的観点によって水俣病患者の認定基準が一挙に広がる可能性を恐れたのだろう。さらに水俣病問題の調査・研究の主管が厚生省から経済企画庁に移されたことで、水俣病への国家的策略は完成したのだ。

その疫学的思考が今回の水俣病関西訴訟の高裁判決では決め手となった。岡山大学環境疫学部津田敏秀講師による水俣地区周辺と宮崎の非汚染地区の漁民（集団）の比較調査がそれである。調査は、汚染地区の四肢末端の感覚障害が非汚染地区の百倍以上多発していることを実証した。水俣病関西訴訟の画期的意義は、浴野成生教授らの中枢神経説の採用と、津田氏の疫学が判決に生かされたことだ。今、最高裁に送られているが、それにしても何と長い時間が空費されたことか。「何をもって水俣病とするか」についての一九七五年の国レベルの水俣病認定検討会にも、八五年のさらに高度なレベルの水俣病医学専門家会議にも、疫学者の関与はなかった（津田敏秀講師論文による）。初期の水俣病発見・解明には疫学は大きな役割を果たしながら、認定審査会制度が始動した一九五九年以後、二〇〇一年の水俣病関西訴訟の時点まで、疫学は全く機能し得なかったのだ。

これへの疑問は撮影中ずっと感じたものだ。その違和感をもとに、医学の〝門外漢〟である私は自制しつつも、本書Ⅱ章の「水俣病の未来像を探りつつ」「「水俣」から「不知火海」まで」「水俣病の病像を求めて」などを詳しく書いた。映画を補完するものとして、撮影後、現場報告の形で渾身の力を込めて記述したつもりである。撮影に先立ち、取材予定の関係医学者各位に向けて書いた「演出ノート」では、これを出来合いの〝医学映画〟とするのではなく、現状の水俣医学のドキュメンタリーとする意図を表明している。各人各説であろうと水俣病専門家たちのそれまでの業績に敬意を払いつつ、しかし、記録として一定の距離を置いて撮る姿勢を滲ませた。しかし、ロケと編集、そして完成までの二年間の激動する水俣病医学状況の変化とブレには追いつかなかった。その失点回復のために、必死で文章によるドキュメントを書いたと言えよう。

医学者からは賛意もなく、批判もなかった。だが、運動サイドには読まれた。とくに「水俣病の未来像を探りつつ」は運動の関係者には知らされていなかった情報として届けられた。新潟県議会では野党議員はこれを手に県当局と水俣病救済策の論争がなされたと聞いた。映画と論文、このようないわば二本立ての表現は、これが最初で最後だった。

実は水俣病映画もこれで最後にしようかとも思った。一九六五年のTV番組『水俣の子は生きている』に始まり、七〇年から『水俣——患者さんとその世界』『実録公調委』『水俣一揆——一生を問う人びと』と相次いで連作してきたいわゆる水俣スタッフも、この『医学としての水俣病・三部作』と『不知火海』をもってひとまず終わりと思った。

私の場合はどうか。映画の場合、録音の完了が一作の終わりである。一年のロケ、一年の編集、一か月余の録音。その仕上げの最後の日のことははっきり覚えている。四谷の小さなスタジオでのエンド段階、『不知火海』のラスト・シーンである。春のフグ漁の最盛期の情景である。数えきれない漁船の蝟集した天草のフグの漁場で家族全員、赤ん坊を脇に寝かせて釣糸を垂らしている。活況あふるる場面である。七三年の天草での患者の発生によるパニックの頃の新聞やTV報道の「海は死んだ」とか「漁はできなくなった」という、二年前の記憶をひっくり返す不知火海の情景である。つまり、『不知火海』は甦えった海の話である。「水俣病、終わらず」の一方で、同じ海での自然の復活と漁民の賑わい、これが現実である。まるでブラックユーモアではないか。しかしこの活況は映画を強く締めくくらせた。やっと、ラストロールにOKをだしたが、編集仲間の女性はつい涙ぐんだ。録音の岩味技師が「ライフワークが終わったね！」と言ったが、しかし、私には終了の感じがなかった。水俣離れは所詮、実感するところではなかったのだ。

『医学としての水俣病・三部作』と『不知火海』は私のなかではひとつの作品だった。この後者は前者のフィルムが不思議な力で作用して出来たからであろう。

メインの『医学としての水俣病・三部作』の対象は、病める患者と医師、顕微鏡や解剖した脳の標本などナフタリン臭い世界が多かった。まったく海の風とは切り離された世界である。水俣病かどうか、未認定患者を前に苦悩する医師の姿を撮り続けた時間と、こうしたロケの一年のなかで、この漁民の生活を知らない水俣病の専門家の思考のカサカサしたものを見てきた。それに比べ、私たちはなんと心癒される海の風を吸ってきたことか。そこに生きて受難を背負った人びとの、自然への変わらぬ信頼を見てきた。それは水俣病医学を考える上で根源的な風景であろう。私は撮影しながら知り得た世界を、是非とも〝水俣病専門家〟諸氏に知ってもらいたい、諸氏が〝主流〟であるだけに、その思いは強かった。

一方、〝非主流〟の原田正純医学部講師（当時）や社会医学研究会の若い無名の学生たちが、ボランティアとして多発地帯や汚染地帯の離島を足で歩き、認定申請する患者のための診断、添付の診断書の作製に献身していた（『第三部　臨床・疫学篇』参照）。しかし、権威ある専門家たちのなかで、かつての水俣の奇病時代の村々以外の汚染地帯、まして不知火海を歩いた人がおられただろうか。否である。

当時、水俣病問題の焦点の水俣湾ですら凝視されただろうか。例えば七四年二月、行政が鳴り物入りで設定した水産庁・汚染調査検討委員会の水俣湾の視察（『不知火海』参照）がそうだ。参加した顔触れはそうそうたる水俣病医学の重鎮ばかりだ。ほとんどの先生たちは湾の汚染魚の実際を見たのは初めてだったようだ。子供のように汚染魚の見事さに驚嘆し、案内の漁民患者の話に燥ぐ。その視察は船上からの三十分に過ぎなかった。魚に手を触れる人はいない。もっぱら写真機である。それは微笑ましかったが、短時間の舟遊びで何ほどの事が分かるだろうか。漁民たちはその汚染魚すら自宅に持ち帰って家中で食べている。一時、食い控えはあっても、断固として魚を食べ続けている。それが理解できるだろうか。私たちは撮影のあとなど、それらをご馳走になっていたのだ。

また、『不知火海』で描いたフグ漁の盛大な天草沖水域について、認定審査会会長、病理学の武内忠男熊本大学教授が『第二部 病理・病像篇』のラストで警告をはなつシーンがある。手書き様の調査データの水域をペンで示し、「ここに危険な汚染魚がいる事は調査で明らかだ。漁業を禁止すれば漁師さんの生活が立ちいかない。しかし食べ続ければ必ず水俣病になる」と。武内教授の声は、私の、「獲りつづけていますよ！」という執拗な言葉に押され、次第に懇願調になる。机上のデータが生かされないことをお互いに知った上でのやりとりになるのだ。「漁民は絶対に食べるのは止めません！」という精いっぱいの私の声に、武内教授の声がかぶさり、そこでエンドマークにした。

私はこの医学映画ではあえて監修者を置かなかった。患者を知る原田正純さんや学究的な武内教授にひそかに傾倒していたが、もし私がそれらの方を監修者として選んだら、白木博次氏のような在野に下りた方を別として、他の熊大医学部の水俣病専門医学者の協力を得られただろうか。否である。もちろん私は医学には不案内である。そこで、あらかじめ「素人の私でも理解できる意見を」と申し上げ、「その意見（学説）はそのまま発表します」と約束して諸氏の協力を得、スタートしたのである。あとでの変更は避けたいので、取材現場では必ず、「言い直しはありませんか」と念を押し、時に録音テープで再確認して戴いた。そのシーンは登場した方の個々の責任です、という気持からだ。よくある全員一致の映画製作委員会方式ではこの医学映画は撮り得なかった。そして諸氏も暗々裏にその配慮を知悉しておられたと思う。しかし映画の方向に懸念を抱く方もあった。例えば、新潟水俣病の最高権威の新潟大学医学部・椿春雄教授がそうだった。当時、環境庁の水俣病認定検討会の議長としてその指導性を求められていた。編集時、氏からチェックを申し込まれた。これは異例のことだった。氏の関心はもっぱら新潟大学の後継者白川健一助教授の証言内容にあったようだ。それは〝遅発性水俣病〟や、熊本水俣病では棄却の理由とされた〝片麻痺の水俣病〟についてである。同じ症状、症度でありながら、新潟では水俣病とし、熊本では他の病名で棄却している症例なのだ。それに関しての白川助教授の説明を気にしてのことだった。原田正純氏はかねてから「もし新潟の基準で熊本水俣病を診たら、多くの棄却患者も認定されるだろう」と言われた。つまり同じ日本のなかで熊本水俣病と新潟水俣病とでさえその診断の基準・レベルが違っているのだ。さいわい白川助教授の説明はパスしたようだ。が、政治的配慮をする〝政医〟ともいうべき立場におかれた一瞬を垣間見た気がした。もし監修者制や映画製作委員会方式で作っていたら、この類いの〝力学〟がどう働いたであろうか。

しかし、協力者諸氏への隔てない配慮がときに自己抑制を生んだ。その点をズバリと指摘したのは水俣病研究会の宮沢信雄氏である。氏の批評は運動の機関紙「水俣」に載った。それは、患者の救済を狭めている困った医師たちへの「告発」誌上などでの批判と絡めて、私の姿勢を問うものだった。

『第一部 資料・証言篇』で奇病期の映像についてコメントを語ってもらった徳臣晴比古教授や、八ミリ記録を残した伊藤蓮雄元水俣保健所長について、彼らがその後果たしているマイナスの役割を明らかにしていないとして、「それでは日本の医学がすべて正しい足跡をとどめてきたと短絡はしないか」と。そして、「たとえば、『資料・証言篇』で、急性劇症患者の悲惨さについて語る徳臣教授が、何故その後、ハンター・ラッセル症候群に固執して追跡調査をやめてしまったか。同じく病因究明に大きな功績を残した伊藤元保健所長が、何故その後、県衛生部長としての潜在患者発見を怠ったのか――それこそが水俣病の社会病理であり、認定審査制度という形をとって被害者を救済から遠ざけ、医学をゆがめてきたのだ」。そして、「何故そのような状態が招来されたか」である。映画はそれを解明し、批判すべきではなかったかというのだ。それはいちいち当たっている。分かっていたことばかりだ。だが、彼らにその〝私物〟の映像を提供してもらい、彼らの見た急性劇症患者の目撃証言を語ってもらいながら、返す刀でその後の行動を批判できるかどうか。これら学用フィルムは裁判の済むまでは「裁判に影響を与えかねない」として、門外不出にされていたものである。だから、あえて裁判の終わりまで待った。

撮影者である諸氏のフィルムを観ながらのコメント――これはドキュメンタリーの普通の方法である――、それにナレーションを以て、その後の行動を批判するなどという失礼なことができるだろうか。また徳臣教授らの患者放置に対する、後年の患者の闘いもまた同じフィルム（『第一部 資料・証言編』）で、旧作の水俣映画を使って編年史的に一章として描いている。告発運動のための映画ではなく、観客の想像力に信をおく普遍的なドキュメンタリーと見てほしいと思っていた。

宮沢氏は恐らくそれらを察知した上で、運動紙「水俣」を借りて、読者（観客）と作り手をいかに繋ぐかを考えられたのだろう。宮沢氏は映画の全体を評価しつつ、映画に則し、不鮮明の恐れのある事象を鮮明にし、映画からより本質を解読できるように促すことを意図されたと思う。「この三部作は、観る側の〔考えるという〕作業を待って完成する陰画だといえよう」。陰画とはきつかったが、その観る側の作業に耐えるリアリティーは十分に備えていると思ったものだ。

その上で宮沢氏は言う。「水俣病をめぐる状況がこの映画が作られつつあった時以上にくらい現在、不知火海周辺に放置されている無数の被害者にとって次に必要なのは、あるべき水俣病医学についてポジティブに語ってくれる映画（その圧倒的な説得力を信じるが故に）ではなかろうか。医学に欠如している方法論を映画が先取りして、現状を整理し直し、あるべき方向を示すこと」だと。陽画の勧めと受け取った。私は、『不知火海』がそれに近い作品のつもりだった。それだけに首をかしげた。果たして宮沢氏は映画『不知火海』を観ておられただろうかと。

映画『不知火海』は、撮影中は『医学としての水俣病』の疫学の章に使うシーンとして撮り溜めたものだった。だが、不知火海の四季と海辺の人びとの暮らしを撮るうちに、疫学の基盤ともいうべき世界が撮れてきたのである。メインの『医学としての水俣病・三部作』を作りながら、認定のための医学が、無視、あるいは軽視してきた疫学、つまり〝生活としての水俣病〟〝風土に見る水俣病〟といったものに心惹かれた。患者の生活環境を判断にいれない臨床診断への批判が押さえきれなかった。宮沢氏の言う「状況を先取りして、医学に示すものを持つポジティブな映画」を、改めてこの『不知火海』に観て取って戴けないだろうか。これは〝陽画〟だと思うからだ。

ロケの最終段階で、それまで言うのを逡巡していた『不知火海』の話をロケ地に来た高木隆太郎プロデューサーに打ち明けた。予算の問題もあろうが、『医学としての水俣病・三部作』とはべつに編集させてもらえないかと頼んだ。同席のスタッフも、いつ〝隠し子〟のような、予定以外の『不知火海』を公然化するのか案じていた。しかし、高木氏は笑って承知した。「さすが高木！」とこの一夜の焼酎の味は格別だった。こうして映画『不知火海』は『医学としての水俣病』と双生児として誕生したのだ。

さて『医学としての水俣病・三部作』はイラクの有機水銀中毒事件でWHOからも注目されていたこともあって英語版を作った。それがすぐに役立った。

その年（七五年）の夏、カナダから同じく有機水銀に冒された原住民（当時は「インディアン」と呼んでいた）が水俣を訪れたのだ。この遠来の客の訪問は、二年前までの裁判闘争の疲れから、いっとき眠っていた水俣の訴訟派患者の眼を覚まさせることになった。患者は甲斐がいしく水俣湾を案内し、自分らの体を見せ、説明した。だが言葉が難物だった。その代わりに医学映画の英語版が生きた。とくに『資料・証言篇』の、じわじわと猫から人間が倒されるまで、そしてその奇病究明の過程での行政の隠蔽や、それと繋がる医学専門者のチッソ寄りの姿勢などは、汚染発見から十年間に、彼ら原住民の見たカナダ政府の対応や、アメリカの権威ある医学者（中毒学）の姿勢と酷似していた。これは偶然ではない。差別された人間社会に水俣病事件が起きたら、必ず同じ悲劇的な経過を辿ることを知らされたのである。

川本輝夫さんは「日本の水俣病の悲劇を伝えなかったために、同じ苦しみを味わわせたことを申し訳なく思う」と彼らに頭を下げた。そして患者も現地訪問団を組んで激励に行くことになった。私たち映画上映班も患者らに同行した。それがきっかけで七五年と翌七六年の二回、二州の汚染集落をはじめ、主要都市を横断する、延べ百五十日のカナダでのフィルム行脚の旅に発展した。すべて日本・カナダの自発的な民衆の行動としてだった。
この旅から、やはり、長編ドキュメンタリーとは別に、市民集会やカンパニアと両立する短編映画、水俣病問題の入門編のような映画が必要とされた。これは難問だった。そこで医学映画の素材と既成の水俣フィルムから構成し、四〇分の『水俣病・その二〇年』（日本語版）と、同時にカナダのケベックTV製作の『ミナマタからの世界へのメッセージ』（英・仏語版）を作った。英語版は世界でどれだけの人に見られたことか。昨年、アメリカで会ったフィリピンの映画人から、いまでも水銀汚染のミンダナオ島でNGOの手で英語版ビデオが集会上映されていると聞いた。どうやら海賊版らしいが、結構なことだ。本来、国家の国際交流事業として世界にただで頒布してほしい映画だからだ。
二回のカナダでのフィルム行脚から思い立ち、巡回上映できる機動力のある『水俣病・その二〇年』を作ったことから、やがては七七年には水俣病情報の届かなかった天草、離島でのいわゆる巡海映画上映が実現した（『わが映画発見の旅――不知火海水俣病元年の記録』筑摩書房、七九年）。ここから再び水俣映画と不知火海への旅という、私の後半生が始まった。そして今日まで延べ十七作を連作したが、ひとえにこの時期の医学映画体験、とくに疫学思考が、その母胎になった。今年発表した私家版ビデオ『みなまた日記――甦える魂を訪ねて』も、私には時空はるかだが、三十年前の『不知火海』の続編のような気がしている。こうした遍歴のきっかけは、やはりこの『逆境のなかの記録』の時代にあったと思うのだ。

最後に、この『逆境のなかの記録』とその姉妹作『映画は生きものの仕事である』を世に送り出して下さった未來社の元編集長・松本昌次氏、米田卓史氏の労に改めてお礼申し上げたい。また、新装版の担当の中村大吾氏、デザインの鈴木一誌氏に心からの感謝を捧げたい。そして、亡き妻、悠子と、映画同人シネ・アソシエの共同者、基子の二十年の助力に、再びありがとうと申し添えるのをお許し願いたい。

（二〇〇四・六・二〇）

初出一覧

I

何故映画か？——わが戦後30年の検証
　“赤心”の履歴……「東京新聞」1974年7月30日号
　幻想の「党」を求めて……「東京新聞」1974年7月31日号
　“水俣”というヤスリ……「東京新聞」1974年8月1日号

II

演出ノート……未発表
水俣病の未来像をさぐりつつ……掲載誌不詳
「水俣」から「不知火海」まで……「展望」1975年2月号
水俣病の病像を求めて……「朝日ジャーナル」1975年4月25日号

III

水俣から帰って……掲載誌不詳
水俣病について映画状況報告……「毎日新聞」1974年12月11日号
逆境のなかの記録……「東京新聞」1975年1月31日号
不知火海をみつめて……「朝日新聞」1975年2月18日号
ドキュメンタリー映画の制作現場における特にカメラマンとの関係について……掲載誌不詳
『医学としての水俣病』三部作は現代の資料である……「未来」1975年4月号

IV

医学としての水俣病　三部作……未発表
不知火海……未発表

*

映画と現実とのかかわりについて……書き下ろし

著者近影（2004年6月）
撮影＝田村尚子

著者略歴

土本典昭
（つちもとのりあき）

1928年岐阜生まれ。記録映画作家。

1956年、岩波映画製作所に入社し、映画の仕事に入る。翌年、フリーに。
『ある機関助士』（1963）、『ドキュメント路上』（1964）、
『留学生チュア・スイ・リン』（1965）、『シベリア人の世界』（1968）、
『パルチザン前史』（1969）を経て、
70年代より水俣映画の連作、『水俣―患者さんとその世界』（1971）、
『水俣一揆――生を問う人びと』（1973）、
『医学としての水俣病・三部作』（1974–75）、『不知火海』（1975）、
『水俣の図・物語』（1981）など、30余年のあいだに17作を製作。
80年代以降、アフガニスタンに取材をかさね、
『よみがえれカレーズ』（1989）に結実する。
近年は、私家版として
『もうひとつのアフガニスタン・カーブル日記1985年』（2003）、
『在りし日のカーブル博物館・1988年』（2003）、
『みなまた日記―甦える魂を訪ねて』（2004）などを発表。

70年代に『水俣』を世界各地で上映して以来、
その存在はすでに世界的なものとなっているが、
ロバート・フラハティ映画セミナー（2003、ニューヨーク）をはじめとして
各国の映画祭に招待されるなど、
現在、ますます世界の注目が集まっている。

著書に、
『映画は生きものの仕事である―私論・ドキュメンタリー映画』
『逆境のなかの記録』『わが映画発見の旅―不知火海水俣病元年の記録』
『水俣映画遍歴―記録なければ事実なし』『されど、海―存亡のオホーツク』ほか。

http://www2.ocn.ne.jp/~tutimoto/

［新装版］
逆境のなかの記録

1976年10月30日　初版第1刷発行
2004年 7 月20日　新装版第1刷発行

定価
本体3800円＋税

著者
土本典昭

装幀者
鈴木一誌

発行者
西谷能英

発行所
株式会社 未來社
〒112-0002 東京都文京区小石川 3-7-2
電話 03-3814-5521
振替 00170-3-87385
http://www.miraisha.co.jp/

印刷・製本
萩原印刷

ISBN4-624-41022-X C0074

関連書

〔新装版〕

映画は生きものの仕事である

私論・ドキュメンタリー映画

土本典昭著

「私にとって、映画をつくることは、人と出遭う事業である。」
ドキュメンタリー映画の記念碑的名作
『水俣——患者さんとその世界』はいかに撮られたのか。
社会病としての〈水俣病〉に接近すべく、
裁判闘争の渦中においてカメラを構えた
記録映画作家・土本典昭は、そのとき、何を思考したか。
演出ノート、映画論、ドキュメンタリー論、
旅日記、上映記録日誌、さらにシナリオ採録を集成。

3500 円

『ショアー』の衝撃

鵜飼哲・高橋哲哉編

ナチ絶滅収容所でのユダヤ人大虐殺の問題を
インタビューという方法によって描いた
映画『ショアー』の思想的意味を解読し徹底分析する
編者たちによる座談会と関連論考などを収録。

1800 円

〔新装版〕

ドキュメンタリィ映画

あるがままの民衆の生活を創造的に、かつ社会的関連において
解釈するための映画媒体の使用法について

ポール・ローサ＋
シンクレア・ロード＋リチャード・グリフィス著／厚木たか訳

ドキュメンタリィ映画運動の歴史と理念を総括し、
方向を示す古典。付写真。

4800 円

（価格は税別）